普通高等教育材料类专业系列教材

# 金属材料热加工设备

主　编　姜超平　陈永楠

副主编　张荣军　赵秦阳

主　审　郝建民　邢亚哲

西安电子科技大学出版社

## 内 容 简 介

本书内容共分三篇：铸造工艺及设备、锻压工艺及设备和热处理设备。本书在简要阐述金属热加工生产中常用的热加工工艺及设备的基础上，根据铸造工艺及设备、锻压工艺及设备、热处理设备的有关基础理论，分别讲述金属热加工工艺及设备的工作原理和特点、适用范围、设备结构、使用的材料、工艺手段以及所派生出的新生产方法等。本书注重理论联系实际，突出重点，并注意反映国内外最新的研究成果和发展趋势。

本书可作为高等院校金属材料工程专业、材料成型及控制工程专业的本科生教材，亦可供金属材料热加工领域的工程技术人员参考。

图书在版编目(CIP)数据

金属材料热加工设备 / 姜超平，陈永楠主编. —西安：西安电子科技大学出版社，2022.1
(2023.6 重印)
ISBN 978-7-5606-6209-1

Ⅰ. ①金… Ⅱ. ①姜… ②陈… Ⅲ. ①金属材料—热加工—设备 Ⅳ. ①TG306

中国版本图书馆 CIP 数据核字(2021)第 249711 号

策　划 陈 婷
责任编辑 陈 婷
出版发行 西安电子科技大学出版社(西安市太白南路 2 号)
电　话 (029)88202421 88201467　　邮　编 710071
网　址 www.xduph.com　　电子邮箱 xdupfxb001@163.com
经　销 新华书店
印刷单位 陕西日报印务有限公司
版　次 2022 年 1 月第 1 版　2023 年 6 月第 2 次印刷
开　本 787 毫米×1092 毫米 1/16 印张 18
字　数 423 千字
印　数 1001～2000 册
定　价 44.00 元
ISBN 978-7-5606-6209-1 / TG
**XDUP 6511001-2**

# 前　言

通过本书的学习，“材料成型及控制工程”专业的学生应能够熟悉控制金属成型、改性和热处理工艺过程，在保证产品质量和技术要求的前提下，对所需设备的基本原理、基本结构和工作过程具有较深的理解，并具有正确选用设备的能力。

为了适应金属材料热加工技术及国民经济建设发展的需要，满足高校“材料成型及控制工程”专业的教学需求，以及适应行业、技术的最新发展，编者根据多年从事热加工设备教学和材料类技术科研工作的经验，编写了本书。

本书共分为三篇 21 章，其中第 1～6 章为铸造工艺及设备篇，第 7～11 章为锻压工艺及设备篇，第 12～21 章为热处理设备篇。本书具有以下特点：

(1) 结合专业认证，以金属热加工设备课程大纲作为基础，对铸造、锻造和热处理设备分别进行叙述，知识面较宽。

(2) 遵循现代化教学模式，突出重点，尽量结合目前工业生产实际编排内容。

(3) 反映本学科的最新研究成果，对现代的重要生产设备进行讲解。

本书第 1～6 章由姜超平编写，主要讲述了铸造生产过程中采用的砂处理、造型、熔炼、浇注和清理等相关设备；第 7～11 章由陈永楠、赵秦阳编写，主要讲述了锻造过程中常见的锻压设备，如锻锤、旋压机、液压机和曲柄压力机等；第 12～21 章由张荣军编写，主要讲述了热处理设备的关键零部件及各种热处理炉。孙志平对本书进行了全稿校订；邢亚哲为本书撰写了绪论；刘王强、孙飞娟、路钧天、殷杨帆、赵东、张利祥等对本书的文字及图进行了编辑。

本书由长安大学姜超平、陈永楠主编，长安大学材料科学与工程学院郝建民和邢亚哲主审。

由于编者水平有限，书中难免有疏漏和不足之处，敬请读者批评指正。

编　者

2021 年 5 月

# 目　　录

## 第二篇 锻压工艺及设备

## 第三篇 热处理设备

# 绪　论

金属材料热加工主要包含铸造、锻压及热处理等内容。金属材料的热加工方法和手段，被广泛地应用于机械制造、石油化工、医疗器械、桥梁、建筑、动力工程、交通车辆、船舶、航天航空等各个领域，与金属切削加工等其他金属加工方法一起成为现代工业产品生产中不可缺少的加工手段。随着科学技术的发展和进步，特别是电子技术及微电子技术的发展，热加工设备日趋自动化和智能化，很大程度上降低了工人的劳动强度，同时保证了生产产品的质量一致性。进入21世纪后，中国已经成为了世界的加工厂，先进的加工设备和科学的管理模式使得中国的工业产品遍及世界。而加工设备的优劣直接影响着企业的竞争力，因此在本科学习阶段开设热加工设备这门课程具有重要的意义。

**1. 铸造技术及其设备发展**

铸造技术在中国具有悠久的历史，早在公元前1700—公元前1000年已进入青铜铸件的全盛期，工艺上已达到相当高的水平。中国商朝重达875 kg的司母戊大方鼎、战国时期的曾侯乙尊盘、西汉的透光镜(见图0.1)等，都是古代铸件的代表。司母戊大方鼎是利用陶范铸造的，铸型由腹范、顶范、芯、底座和浇口组成。曾侯乙尊盘复杂的镂空纹饰要用到失蜡铸造技术。这些都表现出中国古代高超的铸造技术。

图0.1　司母戊大方鼎、曾侯乙尊盘和透光镜

中国在公元前513年便铸造出了世界上最早有文字记载的铸铁件——晋国铸型鼎，重约270 kg。欧洲在公元8世纪前后也开始生产铸铁件。铸铁件的出现扩大了铸件在生活中的应用范围。例如在15～17世纪，德、法等国先后铺设了不少向居民提供饮用水的铸铁管道。18世纪工业革命以后，蒸汽机、纺织机和铁路等工业兴起，铸件进入为大工业服务的新时期，铸造技术开始有了大的发展。

进入20世纪后，铸造技术和设备的发展速度很快，对铸件产品的使用性能和加工性能要求也更高。一个重要的原因是机械工业自身和相关产业如化工、仪表、电子技术等的发展，为铸造业创造了有利的物质条件，因而铸造设备也向自动化方向发展。X 射线无损检测技术的发展，保证了铸件质量的提高和稳定，并为铸造理论的发展提供了条件；电子显微镜等的发明，帮助人们深入到金属的微观世界，探查金属结晶的奥秘，研究金属凝固的理论，从而更好地指导铸造生产。

如今，大量的工业机器人、计算机应用于铸造设备的控制、管理当中，使得铸造设备更加智能化和自动化，也成为现代铸造业生产的标志(见图 0.2)。铸造生产的自动化和机械化不但保证了铸件的质量，提高了生产效率，降低了成本，而且大大降低了铸造工人的劳动强度，改善了工作环境。在有色金属的铸造过程中，这种智能化表现得更加明显。由于这些产品的铸型往往采用金属型，可以重复使用，所以其设备具有较高的自动化水平和良好的工作环境。

图 0.2　铸造设备

现代铸件质量必须依靠机械化和自动化来保证。通过机械制造，砂型的紧实度高而且均匀，起模平稳，砂型精度高，从而可以获得较高的铸件成品率，同时减少制造成本，提高经济效率。机械浇注，易于控制浇注温度与浇注速度，有利于减少铸件缺陷，提高铸件质量。现在工业机器人正在步入铸造车间，高度智能化的设备正逐渐将人们从繁重、危险的工作环境中解脱出来。计算机辅助加工、辅助设计和辅助制造等在铸造车间的应用逐渐增多，把各个工序有机结合在一起，形成了计算机集成生产系统。

### 2. 锻造技术及其设备发展

锻压是金属加工及成形的一种重要的手段，它不但赋予金属产品一定的结构形状，同时能够直接改善金属材料的组织结构，改变材料的力学性能。在青铜器时代，人们便已掌握了锻造技术，但那时还依靠人力捶打。“干将莫邪”的故事足以说明中国古代人们利用锻造技术提高了宝剑的性能和使用寿命。锻造技术真正得以普及发展是在19世纪80年代的工业革命时期。1842年内史密斯(Nasmith)发明双作用锤，1860年哈斯韦尔(Haswell)发明了第一台自由锻水压机，这些设备标志着现代锻压技术成为一门具有影响力的学科的开始。后来的专家学者不断丰富金属塑性变形理论及金属学、摩擦学等相关科学，为锻造设备的设计及制造提供了必要的理论支持。

20世纪40年代和50年代，锻压以使用蒸汽锤、电动空气锤和蒸汽增压式液压机为主。现代的工厂中，上述设备虽然还在使用，但已增加了先进的计算机控制系统，使得锻压设备的控制更加精确和智能化。同时，大型、超大型液压机的使用，使得人们的生产能力得到空前提升。大型锻造水压机的锻造能力俨然成为一个国家生产能力的标志。2008年10月，与大飞机工程配套的大型模锻液压机项目——苏州昆仑先进制造技术装备有限公司正式落户周市镇。该公司联合清华大学等机构，整合各方资源，设计制造了世界上最大的10万吨大型模锻液压机，这一项目极大地提升了我国航空关键零部件的制造能力，使我国大型航空锻件的生产水平得到质的提升，并将改变世界航空大型锻件生产格局。

### 3. 材料热处理技术及设备发展

热处理是机械工业中的一项十分重要的工序，对提高机电产品内在质量和使用寿命，充分挖掘金属材料潜力，以及加强产品在国内外市场竞争能力具有举足轻重的作用。但是人们认识到这一点却花了相当长的时间，付出了很大的代价。热处理影响的是产品的内在质量，它一般不会改变制品的形状，不会使人直观地看到它的必要性，如果处理不好还会产生严重畸变和开裂，破坏制品的表面质量和尺寸精度，致使制造过程前功尽弃。在我国的制造业中长期存在着“重冷(冷加工)轻热(热加工)”现象，以致这个行业一直处于落后状态。

热处理设备是实现热处理工艺的基础和保证，直接关系热处理技术水平的高低和工件质量的好坏。而先进设备是高新技术的载体，是优质、高效、节能、低成本和环保的基本条件。我国的热处理产业起源于20世纪50年代初苏联援建的156个项目。其中的机械工厂都设有热处理车间和工段，购买了大批苏制热处理设备，包括箱式、井式、盐浴等三四十年代水平的电阻加热炉，并相应建立了第一批按苏联图纸生产这些类型设备的电炉厂。

一些高等工科学校经过院系调整后，在机械制造工艺系开设了热处理专业，于 1954—1956 年培养出了第一批专科和本科的热处理专业正式毕业生。20 世纪 50 年代末和 60 年代初，从苏联学习归来的一批热处理专业的留学生陆续建立的一些科研机构和专科院校，基本上能按照材料和应用发展的步伐开展热处理基础和应用技术的研究，开发出一系列的科研成果。由此，热处理从人才培养、研究与开发、生产技术的革新和设备制造等方面初步形成了一个较完整的专业体系。

自改革开放以来，通过引进国外先进的热处理设备和中外合资生产，我国热处理设备的设计制造水平和生产能力有了很大提高。

# 第一篇　铸造工艺及设备

机械化和自动化设备是现代铸件质量和精度的保证，可以提高铸件成品率，降低成本和提高生产效率。现代科学技术的发展，使得铸造设备的自动化程度不断提高，现代化的铸造车间工人数量大为降低，工业机器人在浇注、合箱、分箱和翻箱等工位逐渐取代了人工。本篇主要介绍造型、制芯设备的类型、基本结构及工作原理；新旧砂处理设备的基本结构、工作原理及工艺特点；熔化工部机械设备及浇注机的分类；铸造生产线上的运输设备和布置方式等。

# 第1章　造型及制芯工艺基础

造型和制芯机械化程度决定着铸造行业的生产效率、铸件质量以及工人的劳动条件。传统的砂型铸造中，造型和制芯是确保铸件质量和生产效率最为关键的因素。目前，黏土砂造型依然是各种生产规模的铸造车间进行铸钢、铸铁件造型的主流，黏土砂造型和制芯依然是现代化铸造技术的重要分支。因此，这里主要以黏土砂造型为对象进行阐述。

## 1.1　砂型紧实度及测量

造型和制芯具有相似的工艺流程，主要是填砂、实砂和起模。实砂则是其中最关键的环节。

### 1.1.1　紧实度

实砂就是采用某种紧实方法，使得型砂获得一定的强度和刚度。型砂被紧实的程度通常用单位体积内型砂的质量来表示，称为紧实度，即

$$\delta=\frac{m}{V} \tag{1-1}$$

式中：$\delta$ 为型砂的紧实度，g/cm$^3$；$m$ 为型砂的质量，g；$V$ 为型砂的体积，cm$^3$。

型砂紧实度和物理化学中密度的单位相同但是概念不同，型砂体积 $V$ 包含砂粒和砂粒之间的空隙。砂型中各部分的型砂紧实度存在差异，虽然砂型的平均型砂紧实度容易测量，但不同位置的紧实度的测量往往需要破坏砂型。因此，研究砂箱中型砂紧实度的分布规律非常重要，后续会结合不同压实方法来介绍。

### 1.1.2　紧实度测量

紧实度常用的测量方法有紧实度法、紧实率法和硬度法。常见型砂的紧实度如表 1.1 所示。紧实度法指采用一钢管或特制钻头将被测量部分的型砂取出，称出其质量并计算其体积。这种方法不易操作且准确度低，主要用于试验研究工作。为了简化操作，可以分别

测定出型砂紧实前后的紧实率，从而间接反映型砂的紧实度。常用的型砂紧实率测试仪见图 1.1。

**表 1.1　常见型砂的紧实度**

| 常用型砂类型 | 紧实度/(g/cm$^3$) |
|---|---|
| 十分松散的型砂 | 0.6～1.0 |
| 砂斗填到砂箱中的型砂 | 1.2～1.3 |
| 一般紧实的型砂 | 1.55～1.7 |
| 高压紧实后的型砂 | 1.6～1.8 |
| 非常紧实的型砂 | 1.8～1.9 |

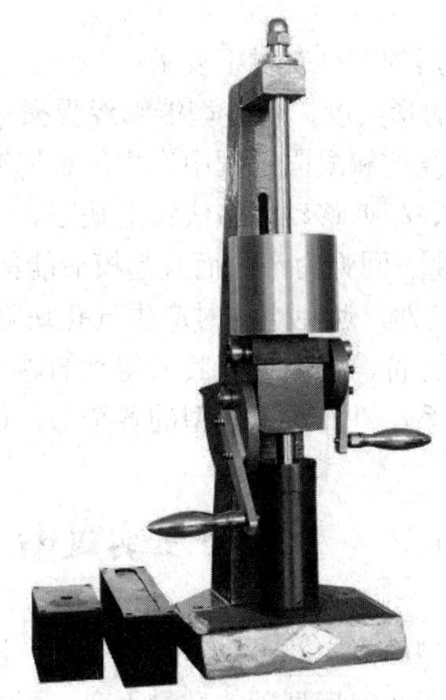

图 1.1　型砂紧实率测试仪

将型砂通过孔径为 6 目的筛网筛入高度为 140 mm 的圆柱形试样筒内(包括 20 mm 的筒座高度)，装满后用刮板刮平。试样受三次同样的冲击，冲杆红线在制样机紧实率刻度尺上的位置即可换算为该试样的紧实率，紧实率的计算公式如下：

$$\delta = \frac{h_0 - h_1}{h_0} \times 100\% \tag{1-2}$$

式中：$\delta$ 为型砂试样的紧实率；$h_0$ 为试样的原始高度；$h_1$ 为紧实后的试样高度。

在实际生产中测量型砂紧实度时，常采用砂型表面硬度计(见图 1.2)。一般砂型表面硬度为 60～80 个硬度单位；高压造型可达 90 个硬度单位以上。砂型硬度计分 A、B、C 三种型号。A 型和 B 型压头为球形，适用于细砂、粗砂及中压造型；C 型压头呈锥形，适用于高压造型。我国使用的砂型硬度计多为机械式的，准确度低，示值重复性差，无法满足严格铸造工艺的要求。近年来，出现了数显砂型硬度计，它克服了老式仪器的不足，准确度能达到 1%，重复性好，且数字显示无视差，提高了测量精度，为铸造件的产品质量保障提供了准确的数据。

图 1.2 砂型表面硬度计

### 1.1.3 对砂型紧实度的工艺要求

从铸造工艺角度，对紧实后的型砂有以下要求：

(1) 型砂紧实后要有足够的紧实度，使砂型能够经受搬运或翻转过程中的震动而不溃散、损坏，同时能够抵御铸件浇注和凝固过程中产生的金属冲刷、收缩压力和热应力。如果紧实度不足，容易出现黏砂、型壁移动而造成铸造缺陷。

(2) 紧实后砂型应起模容易，回弹力小，而且起模后能保持铸件的精度。

(3) 砂型应具备必要的透气性，避免浇注时产生气孔缺陷。

所以，对各种实砂方法的评价，主要应视其所得到的砂型能否达到以上要求，也要注意各个因素之间的相互制约关系，进而保证砂型的各个部位达到规定的紧实度。

## 1.2 型砂的压实过程

压实型砂就是直接加压使型砂紧实(见图 1.3)。压实时，压板压入辅助框中，使砂柱高度降低，型砂得到紧实。因为紧实前后型砂的质量不变，可得

$$H_0\delta_0 = H\delta \tag{1-3}$$

式中：$H_0$ 为砂柱初始高度；$H$ 为砂柱紧实后高度；$\delta_0$ 为砂柱初始紧实度；$\delta$ 为砂柱压实后紧实度。

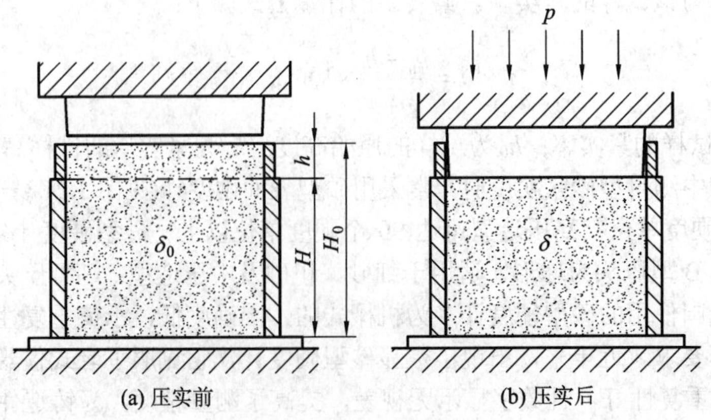


图 1.3 压实型砂

若砂箱的高度为 $H$，辅助框的高度为 $h$，则 $H_0 = H + h$，由式(1-3)可得

$$h = H\frac{\delta - 1}{\delta_0} \tag{1-4}$$

压实时，砂型的平均紧实度与所加压实力有关，压实力越大，则平均紧实度越高。压实力常用单位面积上的压力表示，称为压实比压($P$)。图 1.4 是图 1.3 中不同型砂的压实紧实度曲线。由图可见，不论哪一种型砂，在压实开始时较小的 $P$ 增加量即能引起 $\delta$ 很大的变化；但是当压实比压逐渐增高时，$\delta$ 的增加减缓；在高比压阶段，虽然压力增加很多，但 $\delta$ 的增加很小。

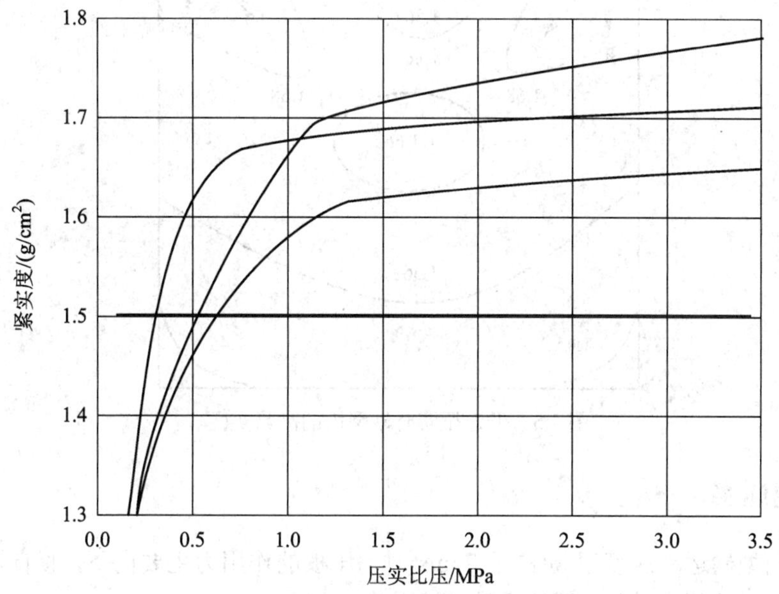


图 1.4 不同型砂压实紧实度曲线

型砂的平均紧实度与压实比压 $P$ 之间的变化关系反映型砂的紧实特性，观察压实紧实度曲线，可得出型砂紧实大致可分为三个阶段：

第一阶段：砂粒之间大的孔隙在外力的作用下被挤压消失，砂粒已经相互接触，砂柱相对高度下降得比较明显，紧实度增加迅速。

第二阶段：由于第一阶段砂粒与砂粒已经接触，再增加压实比压，砂粒只有通过位移或者旋转一定角度，使排列方式发生进一步变化而紧密分布，由于砂柱体积变化不大，因此紧实度增加相对缓慢。

第三阶段：这一阶段阻碍砂粒移动的主要因素是砂粒之间的摩擦力，此时如果要进一步提高紧实度，只能使压实比压按几何级数增大，因此这个阶段紧实度增加不是很明显。

压实时，砂箱内砂粒的移动、砂型的紧实度变化不仅与压板上的压力有关，同时与压板对型砂作用的速度有关，分为低速压实、高速压实、通常压实三种情况。

### 1.2.1 低速压实

当紧实加压的速度很低(低于 0.01 m/s)时，砂箱壁上的摩擦阻力对砂粒移动的作用较

大。压实开始时，箱壁上的摩擦阻力使压板边角处的应力升高，在压板下沿着砂箱壁形成一个高应力环形区(见图 1.5)。型砂的内摩擦力与压板向下的推力 $W$ 结合，形成一个向下、向中心的作用力 $T$，$T$ 交汇于砂型的 $G$ 点。随着压实过程的继续，在砂型的中心区 $G$ 形成一个倒拱的高紧实度区域。在砂型中心的高度上，紧实度差别最小，在大约砂型高度 2/3 的深度上出现极大值，即图 1.5 中 $G$ 点处出现极大值。在砂型的边角处，紧实度上高下低，特别是下边模板的边角处，紧实度很低。

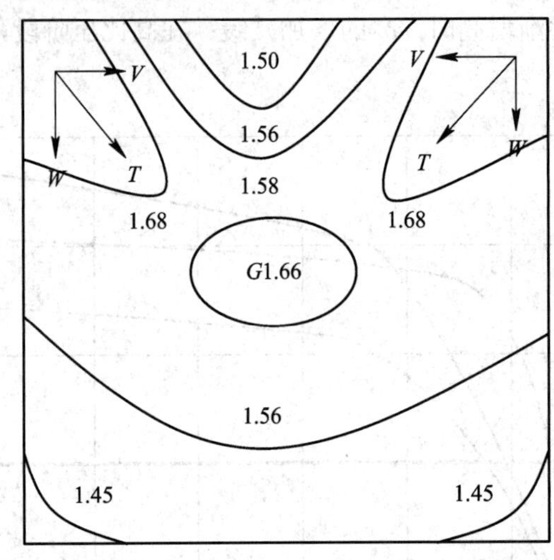


图 1.5 低速压实时砂型内的高紧实区

## 1.2.2 高速压实

当压板向型砂运动速度很高(高于 7 m/s)时，压板的作用力主要向下，横向的作用力相对比较弱，这时的压实过程大致可分为三个阶段：

第一阶段：型砂初步紧实并加速向下运动。压板高速拍击型砂，使得顶部的一部分型砂首先获得一定紧实度，并且被推动快速运动，见图 1.6(a)。砂层的紧实度与压板的速度、填砂的预紧实度等因素有关。上面一层型砂得到加速后，立即推动其下面的砂层，同样使其初步紧实与向下运动，这样层层由上向下形成紧实波。这种紧实波向下发展速度很快，可以达到压板速度的好几倍。图 1.6(b)是紧实波达到模板前的情况。

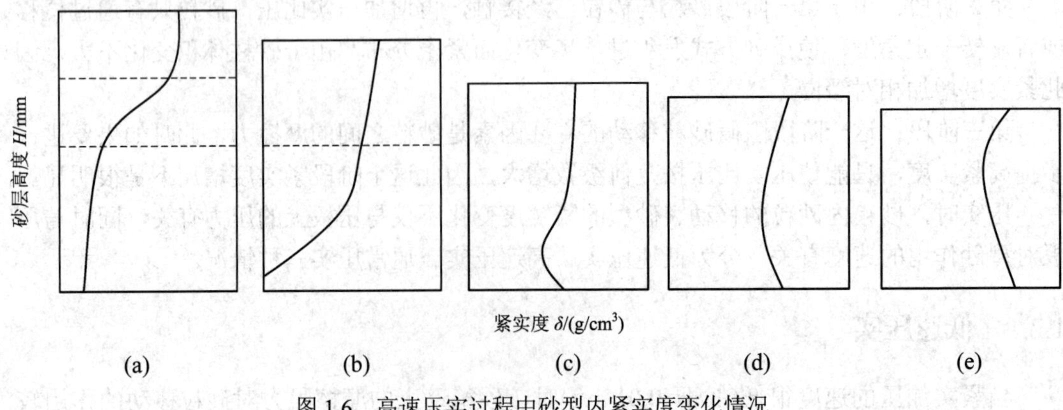


图 1.6 高速压实过程中砂型内紧实度变化情况

第二阶段：砂层冲击紧实阶段。当砂层紧实波达到模板表面时，高速运动的砂层产生很高的冲击力，使得砂层进一步得到紧实，达到较高的紧实度(见图 1.6(c))。模板上的砂层紧实后，它上面的砂层受到更上层砂层的冲击，也得到冲击紧实。如此，冲击波产生的冲击由下层向上，砂层层层得到紧实(见图 1.6(d))。

第三阶段：压板的冲击紧实阶段。砂层冲击将近结束时，高速运动的压板产生较大冲击力，使得砂型背面的砂层被充分紧实。高速压实所得砂型内的紧实度变化分布如图 1.6(e)所示，砂型的紧实度沿高度方向表现为顶部和底部高，而中部较低。

### 1.2.3　通常压实

通常压实是指在一般的低压压实造型机上的压实过程。这种压实过程与前面所说的过程基本相同，只是砂流的流向及冲击方向不同。这种压实方法中压板不动，而模板、型砂及砂箱等随着工作台由下向上运动，冲向压板，将型砂紧实。常用的震动造型机填砂结束后，会快速完成这种压实，砂箱内的型砂紧实度分布曲线如图 1.7 所示。

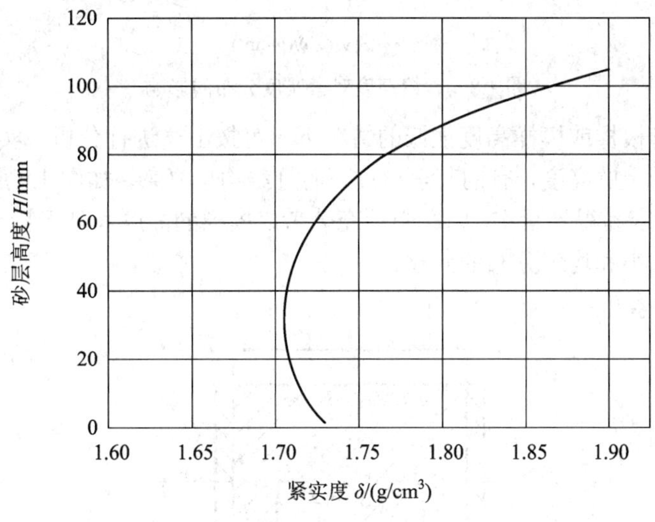


图 1.7　通常压实紧实度分布曲线

## 1.3　压实所得紧实度分析

在砂箱比较高，特别是模型较高的情况下，实砂过程中，由于砂粒与砂粒之间、砂粒与砂箱壁及模型之间都存在相互的摩擦力，阻碍型砂的紧实，因此砂型内各处压实后的紧实度是不同的。在近模板部位，有的紧实度甚至非常低。同时，因为砂箱高度的不同，砂箱中沿高度方向的紧实度分布和均匀程度也不相同，具体如图 1.8 所示。因此我们常见的砂箱多为长宽较大、高度较低的形状，有利于提高砂箱中型砂的紧实度和均匀性。

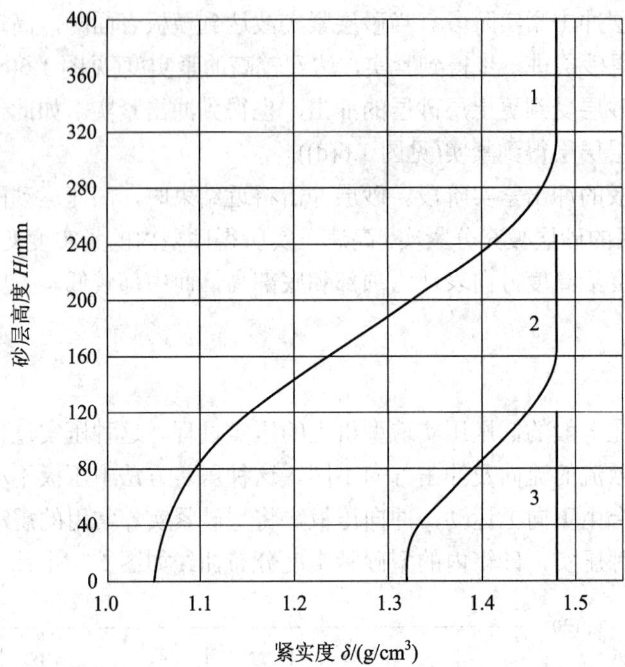


图 1.8　砂箱高度对紧实度分布的影响

在砂箱中没有模样或模样高度很低的情况下，可按上述进行分析。实际生产中，砂箱中的模样都具有一定的高度，有的甚至很高，而且结构也复杂，如图 1.9 所示，其中 1、2、3 部位上的型砂不容易得到紧实，因此必须充分考虑模样的高度和外形特点来分析紧实度，才能解决紧实度大小和均匀分布的问题。

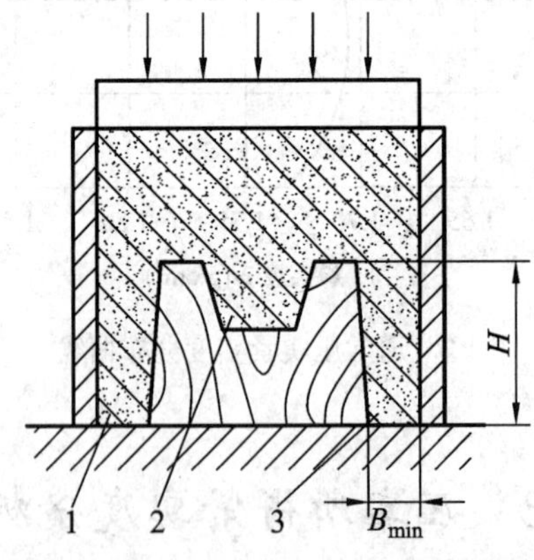


图 1.9　带高模样的砂型

## 1.3.1　深凹比

深凹处型砂的紧实度同砂型压实一样，只是模样上的摩擦力代替了砂箱壁上的摩擦力。深凹处的高与宽之比对此处型砂紧实度有影响，可用深凹比 $A$ 表示，如图 1.9 所示。

$$A = \frac{H}{B_{\min}} \tag{1-5}$$

式中：$H$ 为深凹处的高度(或深度)；$B_{min}$ 为深凹处短边的宽度。

深凹比 $A$ 越大，则深凹处底部型砂的紧实越不容易。根据生产实践经验，对于黏土砂压实，当 $A$ 小于 0.8 时，深凹处尚容易紧实，若 $A$ 大于 0.8 时，深凹处底部的紧实度难以得到保证。

### 1.3.2　压缩比

若把如图 1.10 所示砂型分成模样顶上和模样四周两个部分，假定在压实过程中，模样上层砂柱无侧向移动，各自独立受压。

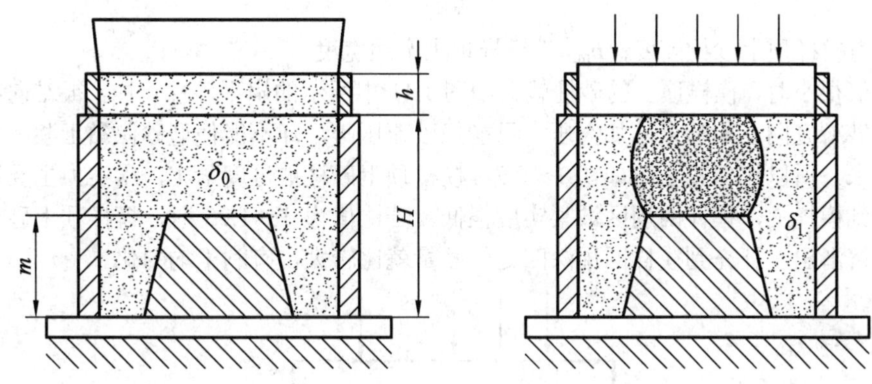


图 1.10　压缩比

对于模样四周有

$$(H+h)\delta_0 = H\delta_1 \tag{1-6}$$

对于模样顶上有

$$(H+h-m)\delta_0 = (H-m)\delta_2 \tag{1-7}$$

经过计算得到

$$\delta_1 = \delta_0 + \frac{h}{H}\delta_0 \tag{1-8}$$

$$\delta_2 = \delta_0 + \frac{h}{H-m}\delta_0 \tag{1-9}$$

式中，$H$、$h$、$m$ 分别为砂箱、辅助框和模样的高度；$\delta_0$、$\delta_1$、$\delta_2$ 分别为压实前型砂的紧实度、压实后模样四周及顶上的平均紧实度。

式(1-5)和式(1-6)中的 $h/H$ 及 $h/(H-m)$ 可以视为砂柱的压缩比，在 $h$ 相同的情况下，模样顶上的型砂的压缩比大，$\delta_2$ 增长很快，对压实的阻力迅速增长。尤其在较大 $m$ 时，压实的作用力主要通过高紧实度的 $\delta_2$ 区传到模样顶上而被抵消掉，这时的 $\delta_1$ 可能还很低。

### 1.3.3　型砂向四周填充的能力

以上分析的前提是假定模样顶上四周的砂柱独立受压，彼此没有联系。事实上，压实的过程中，模样顶上砂柱的型砂在受压时会向四周移动，使得 $\delta_1$ 与 $\delta_2$ 的差值减少，但一般黏土砂的流动程度不大。试验表明，除了用油脂做黏结剂及流态砂等湿强度很低的型砂外，一般的黏土砂在压实过程中并没有显著的横向流动。

### 1.3.4 模样顶上砂柱的高宽比

模样顶上的型砂在压实过程中能否向四周移动使紧实度均匀化，也与模样顶上砂柱的高宽比有密切关系，高宽比的表达式如下：

$$B = \frac{h_s}{b_{min}} \tag{1-10}$$

式中：$h_s$ 为模样顶上砂柱高度；$b_{min}$ 为模样顶上窄边宽度。

当比值很小时，模样顶上的砂柱就会如图 1.11 中所示的扁平砂柱一样，很难向四周流动。由于砂粒之间互相啮合，加大压力只能把砂粒压碎，却不能使型砂像黏土浆团那样从四周挤出来，所以比值较小时如 0.3～0.7，模样顶上砂柱被过度紧实，压实力主要通过这一砂柱传到模样上，模样四周区域紧实度很低。若比值为 1～1.25 时，模样顶上砂柱容易变形而被挤滑出，补充到模样四周深凹处的砂量就比较大，有利于均匀化。

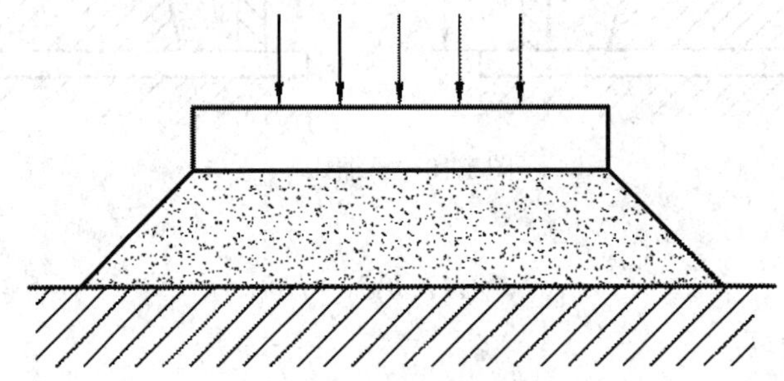

图 1.11 扁平砂柱压实

从以上分析可知，平板压实方法主要用于砂箱高度不超过 150 mm，而且深凹比比较小、模型高度较低的情况。若砂箱比较高，或是模样高且形状很复杂，就必须采用其他紧实方法，或者加以一定的辅助措施，使得紧实度不足的部位得到紧实。

虽然平板压实有一定的局限性，但是这种方法具有动作简捷、生产效率高、造型结构简单、无噪音的特点，所以在许多造型机上得到应用。

## 1.4 提高实砂紧实度均匀化的方法

对于较复杂的模型，造型过程中通过单纯的压实不能获得具有紧实度均匀的砂型，因此，需要根据模型、砂箱特点及其压实的方法，采用相应的措施来使砂型紧实度均匀化，从而满足生产要求。

### 1.4.1 减少压缩比

高模样引起的压缩比的差别是紧实度不均匀的一个主要原因，所以设法减小压缩比的差别是获得均匀紧实度砂型的有效措施。

### 1. 采用成型压头

成型压头是随模样顶部形状而变化的(见图 1.12(a))。对应于模样高度 $m$ 处，压板的深度为 $n$，为使整个砂型压缩比相同，应使

$$\frac{n}{m}=\frac{h}{H+h} \tag{1-11}$$

实际上压头形状变化不一定需要严格按照式(1-11)与模样相似，如图 1.12(b)所示的情况，若压头完全与模板对应，则压实后压头上的 $B$ 点与模样上的 $A$ 点距离太近，反而不利于实砂。因此只要压头的形状与模板顶部大致轮廓近似，避免模样上某些高点的砂柱顶住压板，保证深凹部，特别是模型周围有足够紧实度就可以了。但是成型压头也有缺点：每个成型压头只能对应一种模板，缺乏通用性，不适合大批量生产。

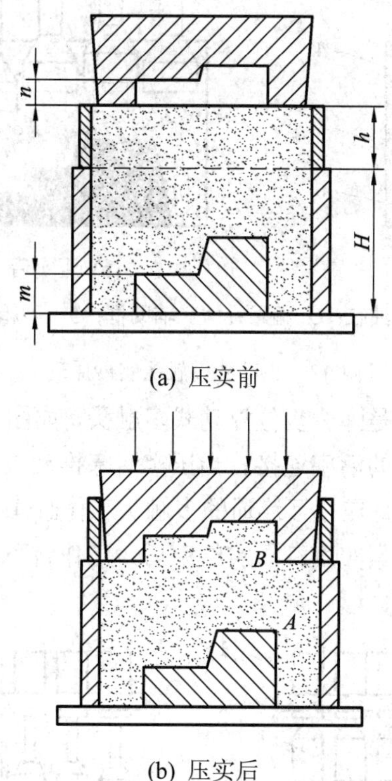


(a) 压实前

(b) 压实后

图 1.12　成型压头压实

### 2. 采用多触头压头

为了克服成型压头的缺点，可以采用多触头压头代替成型压头。多触头压头把整个压头分成许多小压头，每个小压头能按模样的形状自动调节各自的行程，使砂型的各部分具有大致相同的压缩比和紧实度，因此适用范围广。在通用的高压造型机中均采用多触头压头。多触头压头有主动式和浮动式两种形式。

主动式多触头压头工作时，高压油通过管道进入每个油缸，推动触头下移与型砂接触进而进行实砂。由于每个小触头后面油缸内的压力可以保持一致，每个小触头的压力也大

致一样，各个触头根据模样高度不同压入不同深度，从而使砂型各个部分获得较为均匀的紧实度(见图 1.13)。由于砂箱壁对型砂移动会产生较大的摩擦力，因此在某些设备中，为了进一步提高紧实度均匀性，可以在靠近砂箱边的一圈触头内通入高压液体，使得砂箱壁周围的型砂获得更高的压力，从而提高紧实度。

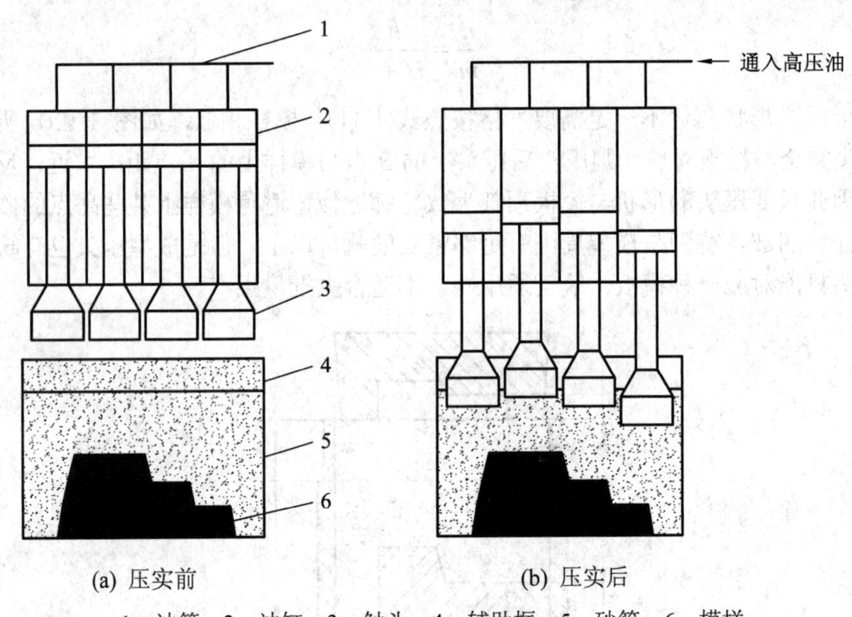


(a) 压实前　　(b) 压实后

1—油管；2—油缸；3—触头；4—辅助框；5—砂箱；6—模样

图 1.13　主动式多触头实砂原理

浮动式多触头使用较多的是弹簧复位浮动式多触头，如图 1.14 所示。弹簧安装于工作缸 1 中，弹簧的一边与多触头的活塞连接。当压实活塞推动工作台上移时，触头 2 将型砂从辅助框 3 压入砂箱 5，而自身在相互连通的多触头工作缸 1 内浮动，以适应不同形状的模样，使整个型砂得到均匀的紧实度。压实结束后，工作台下降，各个小触头在弹簧的作用下恢复到初始位置。

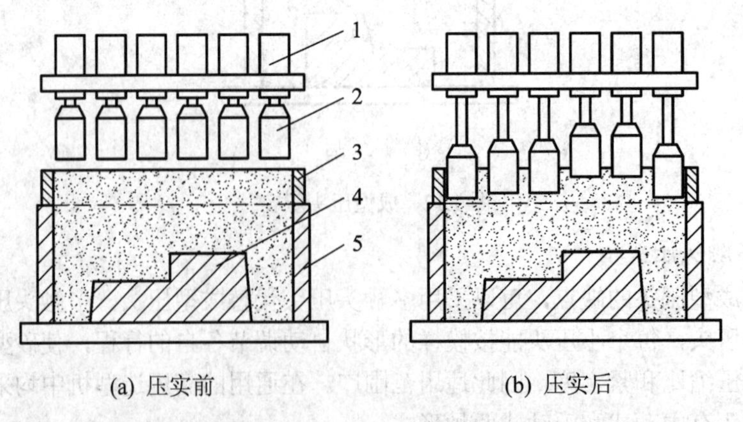


(a) 压实前　　(b) 压实后

1—工作缸；2—触头；3—辅助框；4—模样；5—砂箱

图 1.14　浮动式多触头实砂原理图

3. 压膜造型

压膜造型是用一块弹性的橡皮膜作为压头，压缩空气作用于橡皮膜，对型砂进行压实。这种橡皮膜可以视为自适应模样形状的压头，可使各处实砂力量相等，从而使紧实度均匀。压膜造型的缺点是橡皮膜容易损坏，砂箱上不能设置箱带。

### 1.4.2　模板加压法与对压法

1. 模板加压法

分析实砂紧实度分布，发现靠近压板处紧实度高而且均匀，而模板处，特别是深凹比比较大的区域紧实度非常低，不利于造型。如果在压实时压板不动，模板向砂箱压入，这样就能在模板附近获得高而且均匀的紧实度，浇注成型后有利于得到外形精准的铸件。

2. 对压法和差动加压法

如果把压板加压和模板加压结合起来，从砂型的两面进行加压，得到的砂型两面紧实度就都较高，这种方法叫做对压法。对压法又根据加压方向与水平工作台的方位关系而分为垂直分型的对压法(见图 1.15(a))和水平分型的对压法(见图 1.15(b)、(c))。垂直分型对压法常见于垂直分型无箱射压造型机，而水平分型对压法多用于水平分型脱箱射压造型机中。如果在对压时，分别控制压板和模板的加压距离或者加压顺序，以期得到所需的紧实度分布，这种加压方法称为差动加压法。

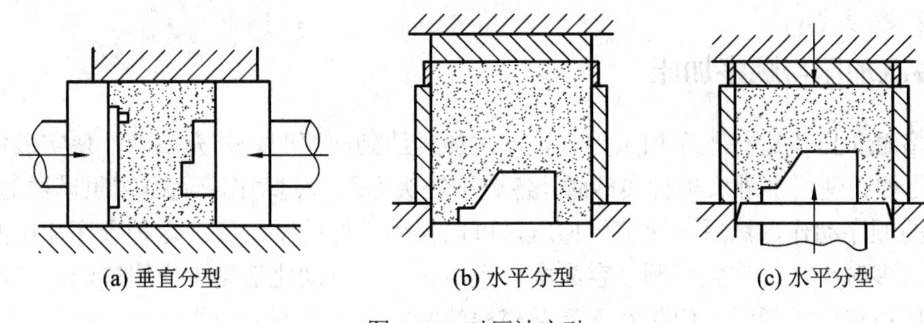

(a) 垂直分型　　(b) 水平分型　　(c) 水平分型

图 1.15　对压法实砂

### 1.4.3　提高压前紧实度

将式(1-8)与式(1-9)相减，可得

$$\delta_2 - \delta_1 = \frac{m}{H}(\delta_2 - \delta_0) \tag{1-12}$$

式中：$m$、$H$ 分别为模样及砂箱的高度；

$\delta_0$、$\delta_1$、$\delta_2$ 分别为压实前型砂的紧实度、压实后模样四周及顶上的平均紧实度。

从型砂的紧实特性看，在压实比压大时，$\delta_2$ 的变化不大，所以增加 $\delta_0$ 时，能够使得 $\delta_2 - \delta_0$ 的值减小，$\delta_2 - \delta_1$ 的值相应减小，模样四周和顶上的平均紧实度差别减少，砂型的紧实度趋于均匀。

1. 压前预实砂

射砂造型就是利用射砂的方法将型砂填入砂箱，使得型砂在紧实之前具有一定的紧实度，再在此基础上进行压实，可以得到均匀的高紧实度。国外还采用重力加砂或者抽真空负压加砂的方法提高压前预紧实，最终获得理想的压实效果。

2. 复合实砂

在压实前，例如在填砂阶段先用震动的方法将型砂预紧实，提高压前紧实度，使砂型最终紧实度均匀化。很多震动造型机采用这种复合实砂方法。

### 1.4.4 高压压实

压实比压对压实的过程有很大的影响，除了可以提高紧实度之外，还可以使砂型内紧实度分布更加均匀。即使对于扁平砂柱，提高压实比压也可以使深凹部和砂型侧壁的紧实度提高。高压造型虽然在一定程度上使紧实度均匀化，但是对于复杂的模样难以获得满意的结果。

过去有人认为，提高压实比压达到一定值后，再提高压实比压对紧实度提高的贡献作用有限。但是后来的实践证明，持续提高压实比压，可以提高型砂紧实度，减少浇注时型壁的移动，从而提高铸件的尺寸精度和表面光洁度。在工业发达国家，高压造型已基本取代了一般压实造型。然而也不能过高提高压实比压，压实比压太大会引起砂型回弹，除了影响起模及铸件精度之外，还可能使型砂的透气性降低，铸件容易产生气孔等缺陷。目前常用的压实比压为 700 kPa～900 kPa，而将一般为 300 kPa～400 kPa 的压实比压称为低压压实。

### 1.4.5 多次加压与顺序加压

应用多触头压头进行顺序加压是一种多次加压达到向深凹处补充填砂，使实砂均匀化的方法。比如在使用多触头进行实砂时，各个小触头不是一起动作，而是按照模样的形状，按照一定的顺序动作，然后一次整体加压，可以得到较好的紧实度。这种顺序加压的方法采用主动式多触头，动作先后顺序容易实现程序化，在自动化造型中应用广泛。多次加压和顺序加压虽然比较耗时，但是对于复杂模样的紧实具有良好的效果。

# 第 2 章　造型及制芯设备

造型和制芯是传统砂型铸造生产的核心环节，其机械自动化程度决定了产品质量和生产效率，同时改善了工人劳动条件。造型机和制芯机的改造升级改变了整个造型生产线的布置，同时还对运输机械、浇注设备、落砂机等的选用起着重要作用，在一定程度上决定着铸造车间生产机械自动化水平。因此，在现代化铸造车间建设和旧车间改造中，造型和制芯设备的先进性决定了整个铸造生产线的现代化水平。

## 2.1　震击及震击造型机

### 2.1.1　震击实砂

#### 1. 震击原理

震击实砂是将型砂填入砂箱，然后工作台将砂箱举升到一定的高度，并让其自由下落，工作台与基体发生撞击。撞击时，型砂的下落速度转变成很大的冲击力，作用在下面的砂层上，使型砂层层得到紧实。震击实砂机构根据进气的方式分为不断气式和断气式。图 2.1 为不断气式震击机构工作原理图及实物图。压缩气体从进气孔 4 进入震击缸，震击活塞及上面的砂箱受到压缩气体推力而向上移动，当活塞上升到图 2.1(b)所示的位置时，排气孔 5 打开，这时震击缸中的气体压力会减少，压缩气压作用在震击活塞端面上的力小于震击活塞及整个砂箱的重力，震击活塞则在惯性的作用下继续向上移动一段距离后向下移动。

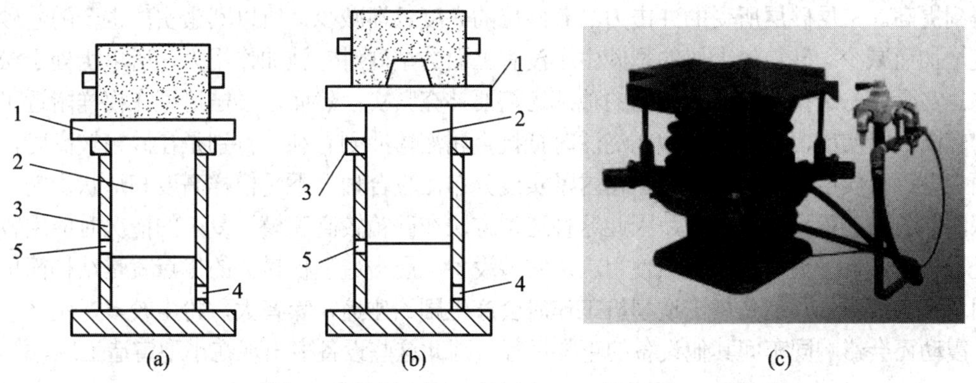


1—工作台；2—震击活塞；3—震击缸；4—进气孔；5—排气孔

图 2.1　不断气式震击机构原理图及实物图

当震击活塞再次到达图 2.1(a)所示位置时，排气孔关闭，震击气缸内的气体压力又急剧增加，但是震击活塞还是在自重作用下使得工作台 1 与震击缸 3 发生碰撞。在整个震击的过程中，压缩空气一直连续不断进入震击缸中。这种震击结构非常简单，但是会对压缩空气产生一定的浪费。震击造型机的实物如图 2.1(c)所示，结构简单，工作可靠。

图 2.2 所示为断气式震击机构工作原理图。震击开始时，压缩空气通过震击活塞 1 中的空腔，经气缸壁上的环形间隙，从进气孔 2 进入气缸，缸内气压上升，推动活塞向上运动。活塞上升起一段距离 $S_e$ 以后，空气的气路被切断，气缸不再进气，这段活塞运动的距离称为进气行程 $S_e$(见图 2.2(a))。这时，由于气缸内的气压仍然很高，它一面膨胀，一面推动活塞继续上升(见图 2.2(b))。活塞又向上移动一段距离 $S_r$ 后，排气孔 3 被打开，气缸内的压缩空气便迅速排出。这时气缸内气压降低，但是活塞仍惯性向上运动，继续上升(见图 2.2(c))。惯性上升一段距离 $S_L$ 后，上升惯性丧失，开始下落。下落时先关闭排气孔 3，一直落到活塞以相当大的速度与工作台发生碰撞，这时进气孔被打开，气缸又开始进气。震击工作台在撞击回弹力和气缸内压力的作用下，活塞及工作台重新上升，一个震击循环结束。这种循环重复进行就会产生连续的震击。

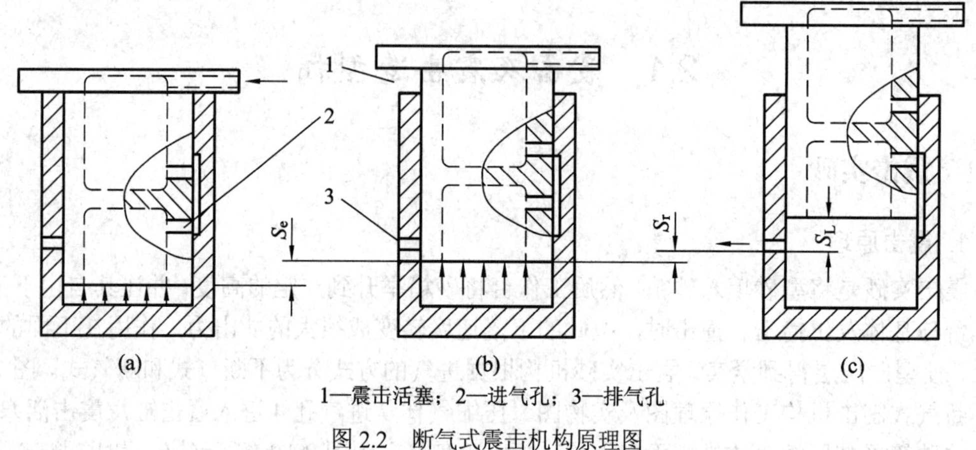


1—震击活塞；2—进气孔；3—排气孔

图 2.2　断气式震击机构原理图

### 2. 震击实砂效果和工程应用

震击过程中，砂层下层的型砂受到上面各层型砂的向下作用力，得到较大冲击力，紧实度得到提高。上层砂层所受的冲击力沿着砂层的高度逐渐减少，所以其紧实度也会随着砂层高度增加而减少。砂箱最上层的型砂由于没有上面的型砂对它施加作用力，所以仍处于松散状态。实际震击造型过程中，砂箱的顶部还需要补充紧实。然而，震击造型在模样附近可以获得较高的紧实度，这对于砂型在浇注时抵抗金属液体冲刷有利。特别是在砂箱较高时，分型面上型砂紧实度能够得到保证，箱内紧实度分布比较合理，不受模样高度和形状影响，砂型深凹部分都能得到较好紧实，因此这种造型方法在砂箱较高和模样复杂的情况时应用较为广泛。如今，许多造型工厂依然使用震击实砂设备。震击造型机最大的优点就是结构简单、通用性强和成本低。但是震击造型机工作时会产生剧烈碰撞，噪音大，粉尘较多，生产效率低，震动还会影响同车间其他设备的正常运行，因此这些设备多出现在小型铸造工厂。

## 2.1.2　微震实砂

### 1. 微震机构工作原理

微震机构是为了减少震击时对地面的冲击力和产生巨大噪音而设计出的实砂设备。图

2.3 所示是两种微震机构的原理示意图。图 2.3(b)为弹簧式微震机构，所有的震击机构与有关压实缸都被托在下面的弹簧上。在震击缸进气时，震击活塞上升，而气缸体则受缸内气压作用，压着弹簧向下运动。气缸排气时，震击工作台由于惯性上升一段距离后下落，与此同时，气缸则下降一段距离后受弹簧的推力而上升，下落的工作台与向上运动的气缸在一定位置相遇，发生撞击，两个运动着的物体互相碰撞而产生强烈的撞击。由于这种机构产生的震动具有较小的振幅，频率非常高，所以称为微震。图 2.3(a)为气垫式微震机构，与弹簧式微震机构最大的差别在于用一定压力的压缩空气代替了弹簧。

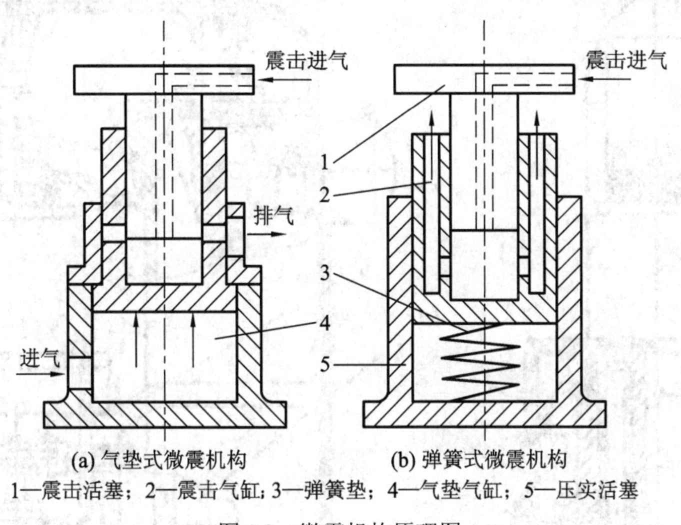


1—震击活塞；2—震击气缸；3—弹簧垫；4—气垫气缸；5—压实活塞

图 2.3　微震机构原理图

### 2. 压震机构工作原理

将微震机构与压实机构相结合(见图 2.4)，在对型砂进行压实紧实时，二者相互作用，形成压震实砂。微震紧实之前，压实气缸 1 首先进气，将压实活塞、工作台、砂箱等举起，以一定的压实比压压在压板 7 的下面，使其保持相对静止。震击活塞 5 进气时，使震铁 4 上下震动。震铁 4 每上下一次，就打击工作台下面的撞击面一次。不断地撞击，产生震动，从而实现震击与压实相结合的目的。由于压实气缸的存在，使得震动机构产生的震动较难传递到地面，因此具有一定的减震效果。

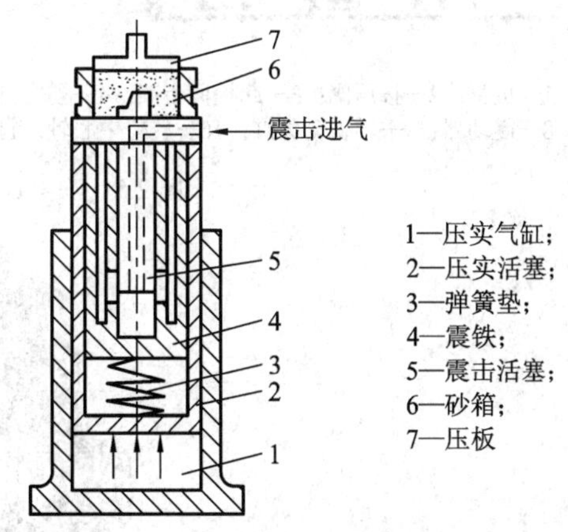


1—压实气缸；
2—压实活塞；
3—弹簧垫；
4—震铁；
5—震击活塞；
6—砂箱；
7—压板

图 2.4　压震机构原理图

## 2.1.3　震压造型机

以 Z145B 震压造型机为例(见图 2.5)，造型时，首先将砂箱放置于工作台上的模板框上，辅助框放置在砂箱上，然后向砂箱中填入型砂。在填砂时可以开动震击气缸 4，产生震击，使得在压震前型砂得到预紧实。填砂结束后，压实气缸进气，使得工作台 13 及砂箱一起上升，压板压入辅助框内，将砂箱上层的型砂紧实。随后打开微震机构，进一步使得砂箱内型砂得到紧实。工作台上升时，四根顶杆一起上升，当震压结束以后，工作台下降，而四根顶杆此时并不下降，将砂箱顶起，这时带有模样的工作台与砂箱分离，从而实现脱模。取出造型好的砂箱，四根顶杆下落，造型机又恢复到最初状态，完成一个造型循环。Z145B 震压造型机的实物设备如图 2.6 所示。

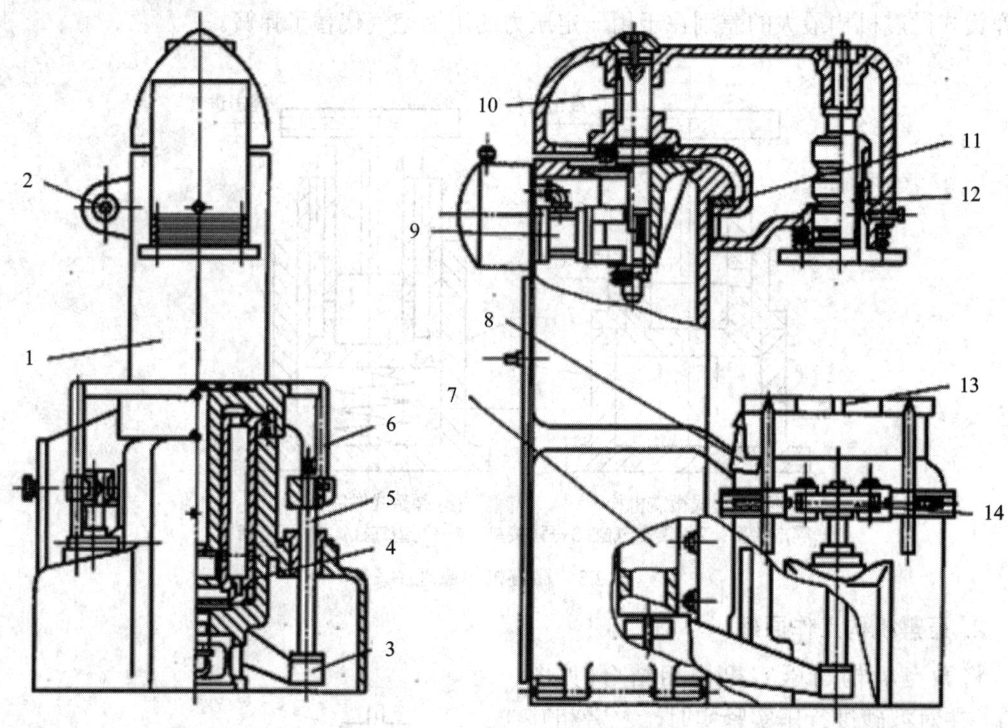


1—机身；2—按压阀；3—起模同步架；4—震击气缸；5—起模导向杆；6—起模顶杆；7—起模液压缸；8—震动器；9—转臂动力缸；10—转臂中心轴；11—垫块；12—压板机构；13—工作台；14—起模架

图 2.5　Z145B 震压造型机结构图

图 2.6　Z145B 震压造型机

## 2.2　多触头高压造型机

高压造型机始于 20 世纪 50 年代，进入 20 世纪 60 年代后，高压造型技术获得迅速发展。目前，国内外广泛应用的高压造型机基本上有两类：一类是各种高压射砂造型机，多用于批量较大的中小型铸件生产；另一类是多触头高压造型机，它不仅可以在大批量生产中满足造型工艺要求，保证砂型紧实度要求，而且适用于大型铸件的中批量生产。

目前常见的多触头高压造型机一般由机架、定量砂斗、多触头压头、进出箱辊道和微震压实机构组成，为了提高造型机的生产率，有时还配置模板更换装置。多触头高压造型机的压头能自行调整砂型各部分的实砂压力，不需要为每一种模板设计和制造相应的成型压头，适应力强，多用于批量生产。

### 2.2.1　多触头压头

多触头压头是由许多小的压头组成的一个压头体，每个压头体上的触头数目为 20～120 个，大型砂型的触头更多。触头一般呈矩形，单个触头边长为 100 mm～200 mm，相邻两触头之间的间隙为 6 mm～10 mm。边触头边缘与砂箱内壁之间应有 10 mm～15 mm 的间隙。推动多触头压头的动力可以是液压、气动或者气压油，气动和液压两种方式较为常见。根据加压的方式，液压的多触头主要分为主动式和浮动式两类。

### 2.2.2　提高多触头压头压砂力的方法

为了克服压实时砂箱内壁对型砂移动的阻力，并按照工艺的要求使沿砂箱内壁的型砂也有足够紧实度，可以采用以下三种措施：

(1) 把位于四周的边触头做成带凸棱的。

(2) 把边触头做成面积小一点的，提高边触头比压。

(3) 对于主动式多触头，给边触头后面另接高压回路，通高压油或者气体，提高比压。

### 2.2.3　加砂机构

加砂机构的工作情况对保证砂型所需型砂的定量具有重要作用，从而保证砂型的完整性和均匀的紧实度。多触头高压造型机常见的加砂机构有以下三种。

#### 1. 闸门式加砂斗

闸门有对开和单向开合两种。图 2.7 所示是两工位多触头高压造型机用的一种对开闸门式加砂斗。闸门分为两半，由位于闸门两侧的开合缸 3 驱动连杆机构 2 使闸门同步开合，斗内装设料位计以控制输入砂斗的型砂量。闸门打开时，一定量的型砂落入砂箱和辅助框内；闭合时，则铲平砂面并将多余的型砂关在砂斗内。

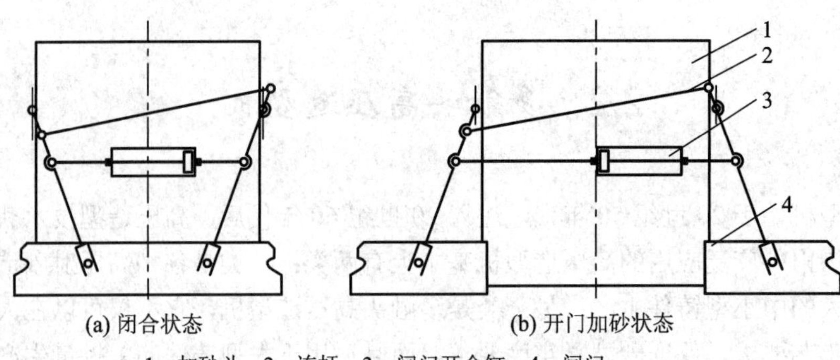

(a) 闭合状态　(b) 开门加砂状态

1—加砂斗；2—连杆；3—闸门开合缸；4—闸门

图 2.7　对开闸门式加砂斗

### 2. 箱式移动加砂斗

箱式移动加砂斗用于移动式压头的高压造型机上(见图 2.8)，与压头体组装在一起，可以在轨道 1 上左右移动。加砂斗是一个开底的箱体，加砂时，由移动缸 3 带动砂斗和触头一起移动，托砂底板 9 固定不动，于是加砂斗底部敞开，型砂依靠自身重力落入砂箱中。这时托板 8 将上方储砂斗 6 下口密封。加砂完毕后，加砂斗复位，在移动过程中，同时将砂箱中的型砂刮平。

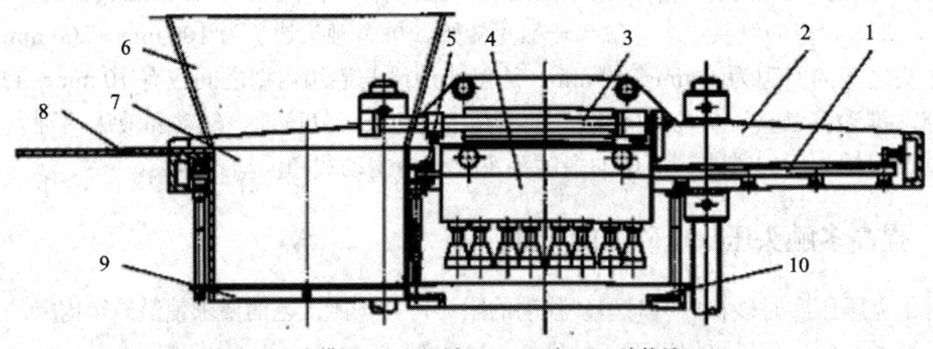

1—轨道；2—上横梁；3—移动缸；4—压头；5—连接销；
6—储砂斗；7—露底砂斗；8—托板；9—托板底板；10—辅助框

图 2.8　箱式移动定量加砂斗

露底式加砂斗结构简单，缺点是加砂不均匀，特别是砂箱的四角，填砂量偏少，而且常有一些不松散的砂团局部堆积于砂箱正对砂斗移动方向的一侧，通常通过加砂斗移动一定的超越行程，使加砂斗的前壁在行程终端能越过砂箱壁一段距离来解决上面的缺点。

### 3. 百叶窗式加砂斗

百叶窗式加砂斗是在箱形加砂斗中装有百叶窗式底板，型砂由带式输送机从上面送给，给砂量由装在砂斗内的砂位计或者其他方法定量控制(见图 2.9)。加砂时，加砂斗移动至砂箱上面，驱动缸 1 通过连杆 4 使百叶窗叶片 5 旋转到垂直状态，型砂均匀落入砂箱。加砂完毕，百叶窗底板关闭。该机构在大型造型中应用较多。

在实际生产中，还有带松砂转子的加砂装置和加面砂及背砂装置，可以与相应的加砂设备配合使用，既可以保证填砂的疏松性来保证实砂质量，也易于保证砂型内腔表面质量，从而使型砂紧实度达到较高的工艺要求。

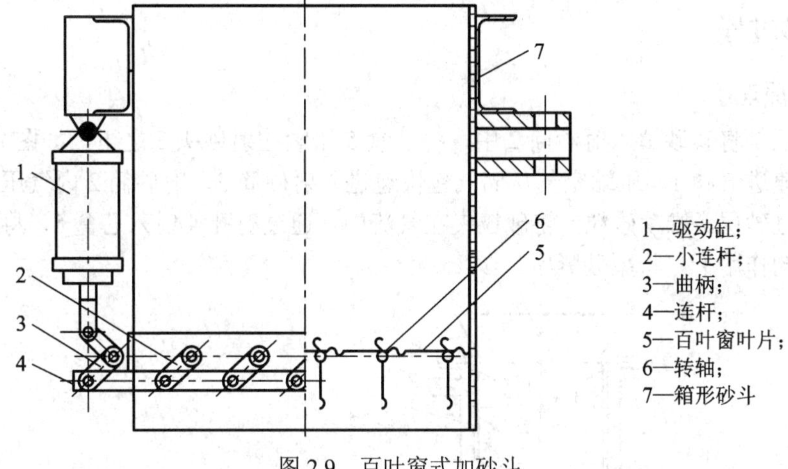


图 2.9　百叶窗式加砂斗

### 2.2.4　模板更换装置

在气动微震压实和多触头高压造型机上应用的模板和模板框的重量都达几百千克，甚至更多，对于机架为四立柱式的造型机，更换模板十分费力。因此，在设计中必须考虑设置更换模板用的可升降辊道。当需要更换模板时，松开工作台上的紧固螺栓，使辊道上升，托起模板框及其上的模板，直至与机外的固定边辊平齐，用人推或者拉至机外，换成另一个模板后推入造型机中，降下辊道，把模板框固定在工作台上。上述更换模板的操作必须在停机的状态下人工完成。

在高压造型机上，往往配有在不停机的情况下自动更换模板的机构。这不仅可以充分发挥造型机的生产效率，而且有利于复杂的铸钢件等造型时放置活块、冷铁，敷设防黏砂材料及清理等辅助工序的进行，并为单机交替生产上下型及合理地组织多品种、小批量生产创造条件。模板更换装置基本是由辊道、机动辊子、小车、升降台和推送缸等适当配合而成的。

## 2.3　射　芯　机

射砂方法生产的砂芯质量好，射芯工序简单且易于实现自动化。射芯机是采用覆膜砂制芯，根据芯砂在芯盒内的固化工艺可分为热芯盒、冷芯盒和水玻璃造芯等，这些造型的方法已经广泛应用于铸造行业中。用射芯机制造的型芯尺寸精确，表面光洁。射芯机的实物如图 2.10 所示，它主要由射砂筒、芯盒、储气包、控制机构、机身等部件组成。

图 2.10　射芯机

## 2.3.1 射砂过程

### 1. 射砂原理

射砂原理是将芯砂填入射砂筒 2 中，将芯盒 5 压紧在射砂头 3 之下，如图 2.11 所示；然后开启快速进气阀 1，压缩空气从储气包快速进入射砂筒 2，射砂筒 2 内气压急剧提高；压缩空气穿过砂层，推动砂粒，将砂粒夹在气流中，通过射孔 4 射入芯盒 5，将芯盒填满，同时在气压的作用下，将型砂紧实。

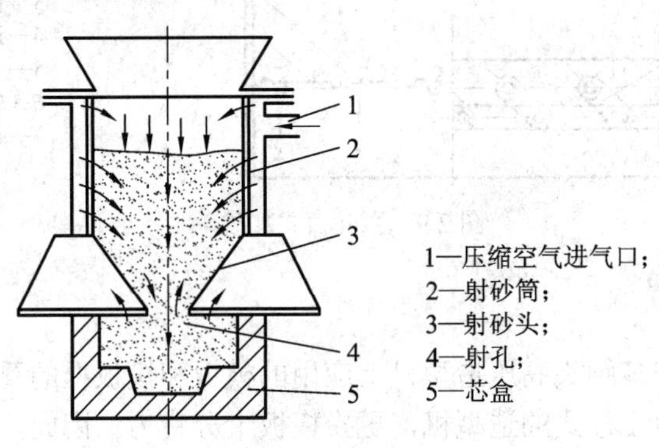


图 2.11　射砂原理图

### 2. 射砂过程

射砂过程很快，在小型射砂机上从射砂开始，压缩空气进入射砂筒到芯盒填满，仅需要 0.3 s～0.5 s。在射砂筒中气压达到最高点前后，已基本射完，芯盒已经填满。

射砂过程大致可以分为以下三个阶段。

(1) 射砂前期。快速进气阀打开后，射砂筒内的气压上升的最初阶段，型砂尚不能射出，当气压提高到一定程度，型砂才能从射孔射出。射砂前期的时间很短，为 0.008 s～0.011 s，射砂开始时，射砂筒内的气压约为 50 kPa。

(2) 自由射砂阶段。砂粒由气流推动，由射孔射出填入芯盒。这一阶段的特点是砂粒以气砂流形式穿过空间填入芯盒，自由射砂阶段时间不长，为 0.3 s～0.5 s，接近 80%～90%的芯砂已经填入芯盒。

(3) 压砂团阶段。芯盒基本射满后，自由射砂阶段结束，但是芯砂进入芯盒的运动并未停止，在射砂头内气压与芯盒上部气压差的推动下，芯砂继续向芯盒填充，射孔中原来稀疏的气砂流，这时成为砂团互相推压的密集流。这一部分后推入的型砂称作压砂团，它可使芯盒上部的型砂紧实度继续提高(见图 2.12)。

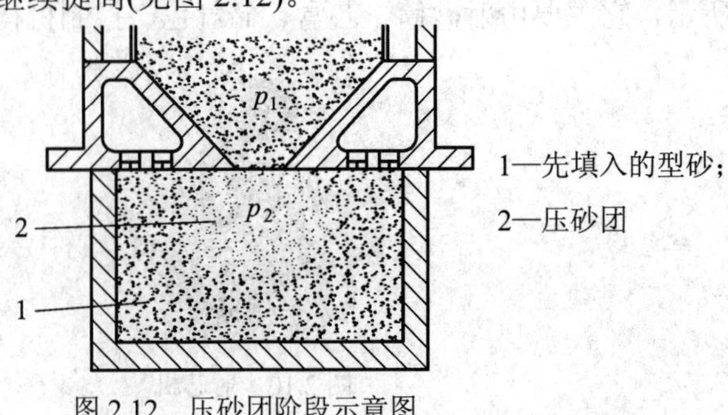


图 2.12　压砂团阶段示意图

## 2.3.2　射砂机构

### 1. 射砂机构的基本工作原理

射砂机构是射芯机或者射压造型机的基本部件。图 2.13 所示是一种典型的射砂机构，它由闸板、射砂腔、射砂筒、射砂阀、快速排气阀、射砂头及储气包等部分组成。

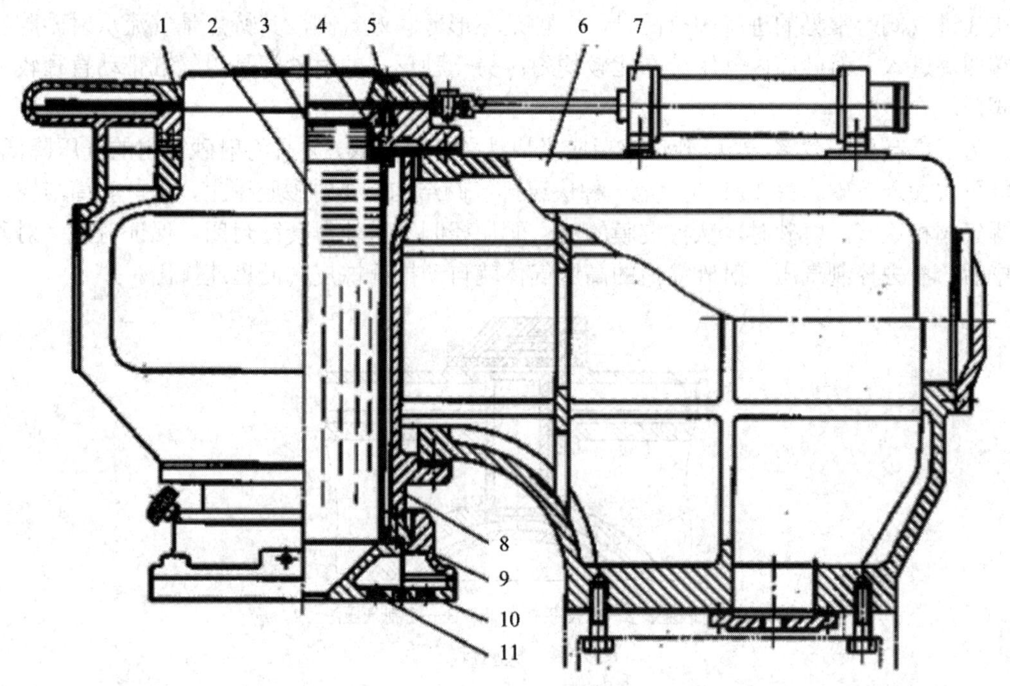


1—侧板；2—射砂筒；3—抛射筒；4—环形燃烧进气阀；5—闸板密封圈；6—横梁；7—闸板气缸；8—射砂粒；9—射砂头壳体；10—射砂头底板；11—排气孔

图 2.13　射砂机构结构图

射砂前，闸板气缸前伸，打开加砂口。贮在砂斗中的芯砂由振动给料器或者带式输送机通过闸板上的加砂口送入射砂筒。当送入的芯砂量达到设定量后，关闭闸板。把准备好的芯盒紧压在射砂头的射孔下面，同时在闸板密封圈下通入压缩空气，使闸板密封后，才进行射砂。射砂时，打开进气阀，压缩空气由贮气包经过进气阀，进入射砂腔，通过射砂筒顶部以及射砂筒壁上的缝隙迅速进入射砂筒，进行射砂。射砂在很短时间内完成，立即关闭进气阀，紧接着打开快速排气阀，将射砂腔内残留的压缩空气排出。接着将芯盒下降，闸板打开，再往射砂筒内加入芯砂。在射砂的过程中，一定要注意这一顺序，否则射砂腔内残留的高压空气喷出造成巨大的噪声，喷射出来的芯砂也会对工人造成伤害。

### 2. 射砂腔和射砂筒

射砂机构的射砂腔大多为圆形，中间插入一个射砂筒。射砂筒与射砂腔之间的缝隙约为 5 mm～12 mm。射砂筒用钢板焊成，为了防止筒体生锈，妨碍型砂的下降，筒体大多用不锈钢或者黄铜制成。射芯机上的射砂筒大多开有进气缝隙，分为横向缝隙与竖向缝隙两种。横向缝隙在筒的上面，约占筒高的 20%～25%，缝隙宽为 0.6 mm～0.8 mm，以利于空气从砂柱顶上进入。竖向缝隙较窄，约为 0.3 mm～0.5 mm，在筒的下部，占筒高的 75%～

80%，使空气从筒的四周进入，改变射砂时筒内的气压分布，利于芯砂的松散和射出，不易出现堵砂现象。

### 3. 射砂阀和快速排气阀

射砂机的射砂过程主要由进气阀来控制，因此进气阀往往称为射砂阀。为了使得芯砂快速从射砂筒内射出，需要大量的高压气体快速作用在射砂筒内的芯砂上，因此射砂阀应是快速进气阀。常见的进气阀有两种，一种是环形薄膜进气阀，其特点是气流从射砂腔的顶端四周进入，射砂筒内气压分布比较均匀；另一种形式的射砂阀是用气缸带动直径较大的阀门。

为了提高生产效率，当射砂结束后应当快速关闭进气阀，并且将射砂筒内的气压降低，才能再次加入芯砂。图 2.14 所示是一种快速排气阀结构。在射砂腔壁上，用一套筒与橡皮膜排气阀相连接，射砂时，从橡皮膜的另一面加控制气压使得套筒封闭，保证射砂。射砂完毕后，撤去控制气压，射砂筒内的高压气体就自动推开橡皮阀而迅速排出。

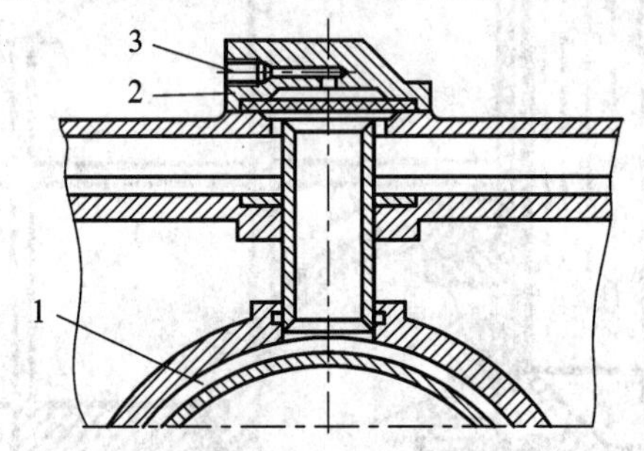


1—射砂腔；2—橡皮膜排气阀；3—控制气压进气口

图 2.14　快速排气阀

### 4. 储气装置

为了保证射砂开始时能够有足够的压缩空气进入射砂筒，需要一个足够大的储气装置，由射砂阀与射砂筒连接。常见的储气装置有三种：第一种，用一个独立钢制的储气罐作为储气包；第二种在射砂筒的外面包一个储气包；第三种是将机身做成密闭的空腔形状，直接与射砂腔连接，作为储气包使用。

### 5. 射砂头

射砂头是射孔所在处，根据砂芯的形状和芯盒结构的不同而采用不同形状。一般射芯机都具有多种射砂头。图 2.15(a)、(b)所示为通用的射砂头，图 2.15(c)所示是用于热芯盒射芯机的具有冷却结构的射砂头。

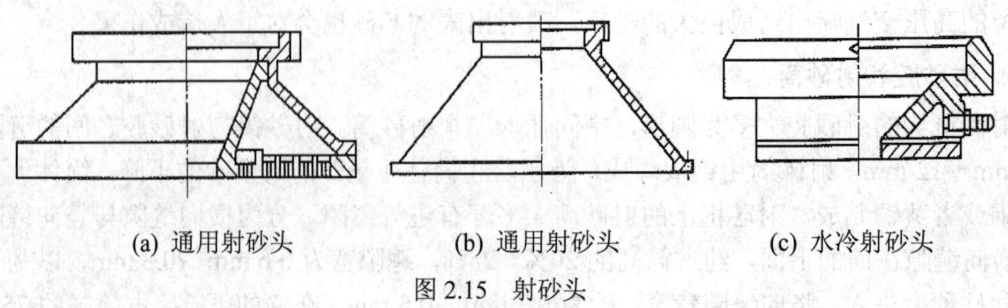

(a) 通用射砂头　(b) 通用射砂头　(c) 水冷射砂头

图 2.15　射砂头

### 2.3.3 射芯机

热芯盒射芯机工作原理是将以液态或固态热固性树脂作为黏结剂的芯砂混合料射入芯盒，砂芯在芯盒内被加热并很快硬化到一定厚度(约为 5 mm～10 mm)，将之取出，形成表面光滑、尺寸精确的优质砂芯制品。

1. Z8612B 热芯盒射芯机

Z8612B 热芯盒射芯机的结构如图 2.16 所示，1 为供砂斗，底部呈 7° 倾斜，由振动电机 8 带动，构成一个完整的电动振动供砂槽，主要负责为射砂筒 2 提供添加黏结剂混制好的芯砂。砂斗前面的有机玻璃罩 9 用于观察砂斗内存砂量及砂槽的供砂情况。排气阀 12 在射砂结束后打开，排出射砂筒内的高压剩余气体。由于热固性射芯机需对芯砂加热固化，留存在射砂头内的芯砂容易固化，影响射砂效果，因此射头 4 必须进行水冷。

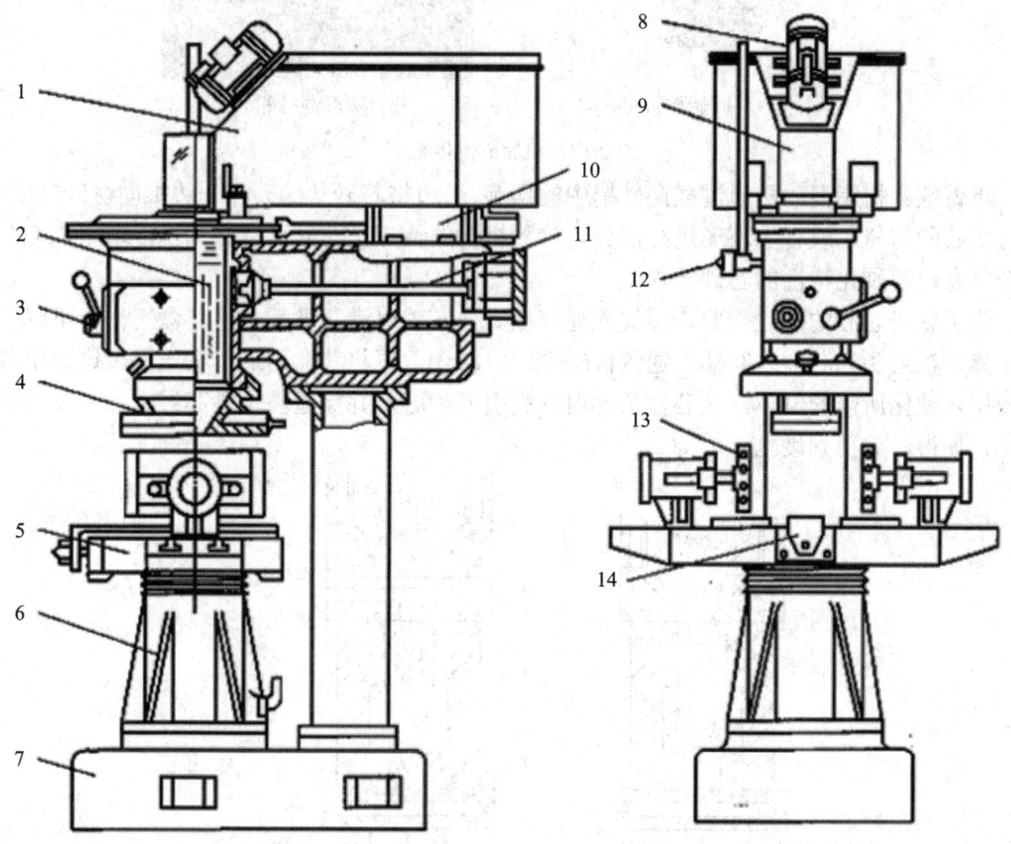


1—供砂斗；2—射砂筒；3—操纵阀；4—水冷射头；5—工作台；6—升降缸；7—底座；8—振动电机；9—有机玻璃罩；10—闸板气缸；11—射砂阀控制气缸；12—排气阀；13—加热板；14—气动拖板

图 2.16　Z8612B 热芯盒射芯机结构图

Z8612B 型射芯机利用机身内部的空腔作为储气包，应用射砂阀控制气缸 11 来控制射砂阀的开合，为了使射砂阀能够快速打开，射砂阀控制气缸的直径大于射砂阀的直径。机身的结构采用悬臂单柱式，属于开放式结构，便于对制备好的砂芯操作。立柱和机架都是空心结构，目的在于增加储气包的容积和保证机体刚度。该型号射芯机主要用于制造质量不超过 12 kg、芯盒面积不超过 400 mm × 400 mm 的实心或者中空的热固性砂芯。

### 2. 冷芯盒射芯机

冷芯盒射芯机与热芯盒射芯机最大的差别在于芯砂固化方式不同，如今冷芯盒射芯机大多采用气体硬化法，即对射芯成型后的树脂砂通入二氧化碳、三乙胺气雾或者二氧化硫等使得芯砂硬化，该射芯机构可以与普通射芯机构相同。不同点在于射砂机的混砂机构和芯砂硬化机构。由于冷芯盒用的树脂在通入二氧化碳后会固化，空气中也存在少量的二氧化碳气体，因此冷芯盒射芯机的芯砂必须快速混合并且在一定时间内使用完，因此这种射芯机上常用自带混砂机构。常见的有碗形快速混砂机和单臂螺旋混砂机，见图 2.17。

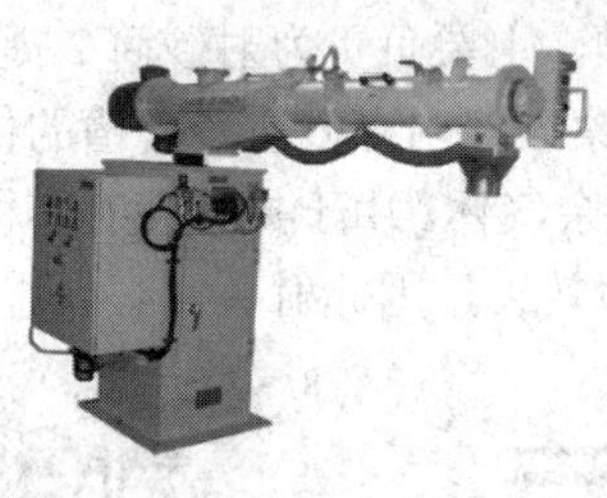

(a) 单臂螺旋混砂机

(b) 碗形混砂机

图 2.17　树脂砂混砂机

单臂螺旋树脂混砂机通过横向砂槽中的螺旋，一边将芯砂从储砂斗一边推向射砂筒中，一边将芯砂与树脂或者水玻璃进行混合。这种机构的特点是芯砂可以做到现混现用，完全符合具有快速硬化特性的芯砂要求。

为了完成芯砂的硬化需要，需加入通气板。当芯砂射满芯盒后，将芯盒工作台下降一段距离，在射头和芯盒之间插入通气板(见图 2.18(b))，再将芯盒与通气板压紧。这时由通气板引入硬化所需的气体，从芯盒顶部射砂孔引入砂芯，并穿过整个砂芯经下面的排气孔排出，使得芯砂得到硬化。

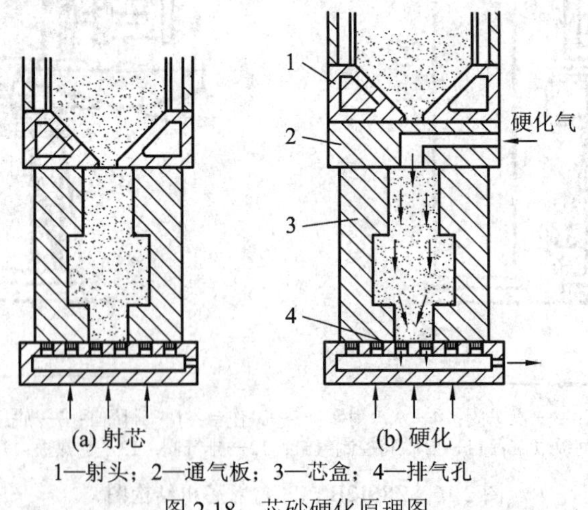


1—射头；2—通气板；3—芯盒；4—排气孔

图 2.18　芯砂硬化原理图

### 3. 普通射芯机

普通射芯机是指射制油砂芯、合脂砂芯、黏土砂芯等芯盒外固化砂芯的射芯机。在结构上与热芯盒射芯机基本一样，只是没有加热元件及托板等取芯机构，例如普通射芯机 Z8512 与 Z8612 的结构基本一样。

## 2.4　射压造型机

射砂紧实是一种高效快速的实砂方法，虽然高压喷砂会产生模具磨损，但可以采用耐磨材料制造模具或者适当降低射砂气体压力来减弱这些缺点。如果将射砂方法与压实方法结合起来，先利用射砂的方法填砂并使型砂获得一定的预紧实，再利用压实的方法进一步使得型砂获得紧实，从而获得紧实度高且均匀的砂型。将射砂和快速压实结合起来，可以有效提高制造砂型的效率。

射砂紧实具有紧实度分布比较均匀，无振动，无噪音，效率高，设备结构简单等特点，被国内外铸造企业广泛使用。通常造型都用砂箱，便于砂型的合型及搬运，但是砂箱会增加砂型的质量，落砂也不太方便；砂箱在造型的过程中必须及时送回造型机，也增加造型生产线的复杂性。因此，近年来大量新型的造型机采用射压的方法，如有箱射压造型机、垂直分型无箱射压造型机和水平分型脱箱射压造型机等，用来制备大批量中大型砂型。

### 2.4.1　有箱射压造型机

图 2.19 所示为有箱射压造型机结构图。其中，射砂筒 5 呈卡腰形，即文丘里筒，在卡腰处引入压缩空气，有利于型砂的射出，同时可以避免射砂筒体中产生气压差，防止型砂在射

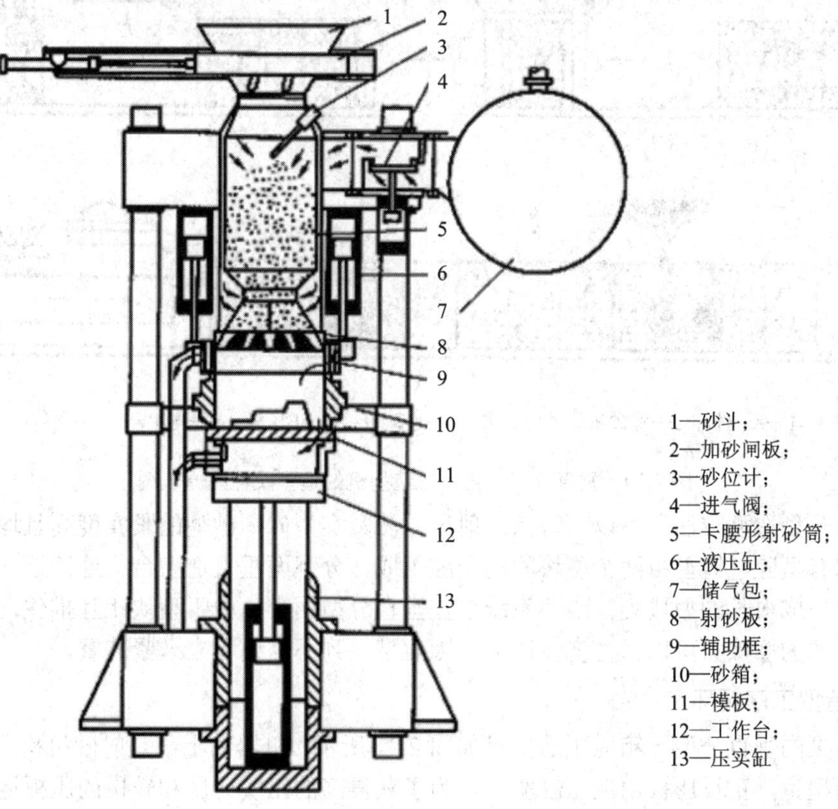


图 2.19　有箱射压造型机结构图

砂筒内被紧实。同样的，为了避免型砂在射砂筒内被紧实，可以适当地降低射砂气体的压力，一般射砂的压力为 250 kPa～300 kPa。8 是射砂板，兼作压板。9 是辅助框，在射砂阶段保证有足够的型砂用于造型。在射砂时，液压缸 6 将辅助框 9 压紧在砂箱 10 上，保证砂箱上端密封，辅助框和模板上有排气孔，有利于气体的逸出，保证射砂过程有较大的压力差。压实时，压实缸 13 顶着模板 11 及砂箱 10 向上，液压缸 6 排出液体，射砂板将型砂压实。

## 2.4.2　垂直分型无箱射压造型机

### 1. 工作原理

垂直分型无箱射压造型机的造型原理如图 2.20 所示，用于铸铁、铸钢及有色金属铸造行业有芯或者无芯中小型铸件的砂型制作。造型室由造型框及正反压板组成，正反压板上面具有模样，将正反压板和造型框组合到一起后，由上面的射砂机构进行填砂，再由正反两个压板加压，紧实成两面都有型腔的砂型(见图 2.20(a))；然后，反压板退出造型室并且向上翻起，让出型块通道(见图 2.20(b))；接着，正压板将制备好的型块推出造型室 3，并一直前推，使其与前一个型块推合，并且还将整个型块向前推过一个型块的距离(见图 2.20(c))；随后，正压板退回，反压板翻转，与正压板和造型框重新组合形成造型室，机器即进入下一个造型循环。

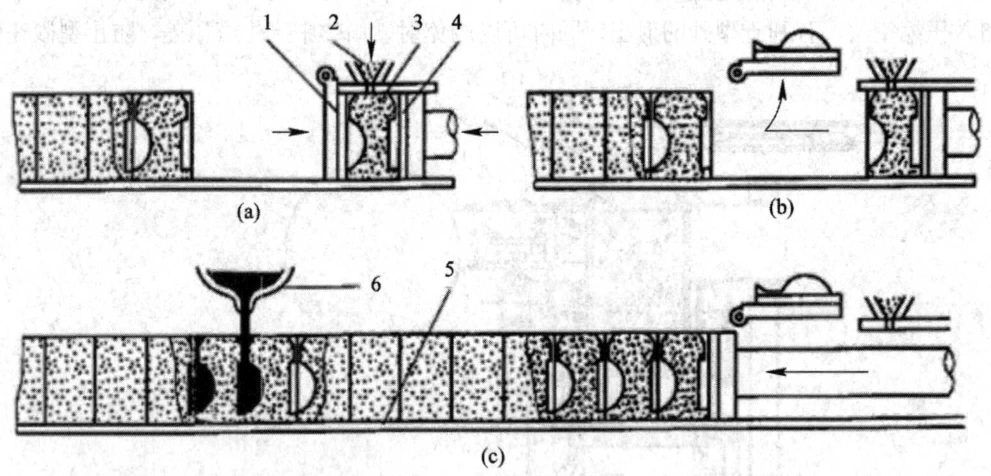


1—反压板；2—射砂机构的射砂嘴；3—造型室；4—正压板；5—浇注台；6—浇包

图 2.20　垂直分型无箱射压造型机的造型及浇注原理图

垂直分型造型方法具有以下特点：射压方法紧实型砂，砂型的紧实度高且均匀；型块的两面都有型腔，铸型由两个型块间的型腔组成，分型面垂直造型台；连续造出的型块相互推合，形成很长的型块列；浇注系统设在垂直分型面上，由于型块相互推住，型块与浇注平台之间的摩擦力可以抵住浇注压力，因此型块列不需要设立卡紧装置。

### 2. 造型工序循环

最常见的垂直分型无箱射压造型机如图 2.21 所示。机器的上部是射砂机构，射砂筒的下面是造型室，正反压板由液压缸驱动。为了获得高的压实比压和较快的压板运送速度，采用增速油缸。为了保证合型的精度，结构上采用四根刚度大的长导杆协调正反压板的运动。造型室前有浇注平台，推出的型块整齐堆放在上面。

机器的运动可以分为五个工序实现造型循环。

(1) 射砂。正反板将造型室关闭，进行射砂(见图 2.21(a))，射砂结束后，关闭射砂阀，打开排气阀，排出射砂筒内气体。

(2) 压实。经 *C* 孔进入液压油缸的高压油，作用在后活塞上，将型砂进一步压实(见图 2.21(b))。当砂型比压达到预定值后，压实板停止挤压。

(3) 起反向压板。高压油由 *B* 孔进入液压油缸，使得反压板先平行外移，反向压板的模样脱离型块，然后在导向凸轮的控制下向上翻起到水平状态，造型室前方被打开(见图 2.21(c))。同时，射砂筒上加砂板被打开，对射砂筒进行加砂。

(4) 推出合型。高压油由 *D* 孔进入增速油缸，并通过活塞使增速液压缸内的液压油经 *E* 孔流入主液压缸，作用于前活塞上带动压实板将铸型推出造型室，实现合型，并将整个型块列向前推进相当于一个型块厚度的距离(见图 2.21(d))。

(5) 起正压板。高压油由 *A* 孔流入前液压缸，使得正压板退回，实现正压板与型块分离(见图 2.21(e))。

(6) 关闭造型室。由 *D* 孔进入增速液压缸的高压油，推动活塞使增速液压缸的液压油经 *E* 孔流入主液压缸，使反压板返回初始位置。此时停止加砂，并开始下一循环(见图 2.21(f))。

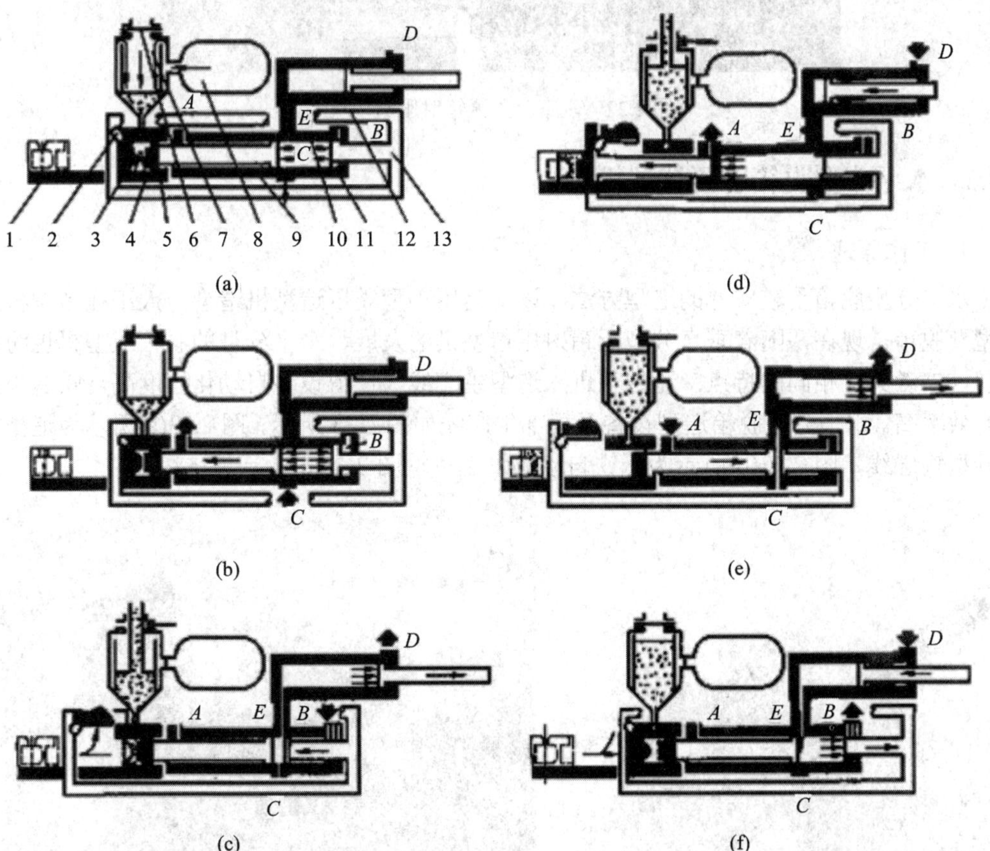


1—造好的型块；2—反压板；3—前模板；4—后模板；5—正压板；6—加砂闸门；7—射砂筒；8—储气罐；9—前液压缸；10—增速液压缸；11—后液压缸；12—导杆；13—后框梁

图 2.21　带增速油缸的垂直分型无箱射压造型机的工作循环

垂直分型无箱射压造型机具有设备自动化程度高，占地小，无噪音，所需人员少，紧实度的偏差小，生产效率高及节能环保等优点，其工作现场如图 2.22 所示。对于大批量生产中、小型灰铁件或球铁件的铸造工厂，垂直分型造型都占优势，但是垂直分型工艺在浇口方案与冒口形态上，以及在用复杂的芯子、过滤片、冷铁、套管、下芯等方面都受到限制。此外，用流动性好的合金铸造时，由于金属静压比较高，容易引起金属渗透黏砂。

图 2.22　垂直分型无箱射压造型机

## 2.4.3　水平分型脱箱射压造型机

### 1. 工作原理

水平分型脱箱是较成熟的造型方法，以前是用小型震压造型机造型，人工在造型机上合型及脱箱。现在，随着垂直分型无箱射压造型机的发展，水平分型的脱箱造型机也纷纷出现，二者具有相同的特点：无砂箱进入造型生产线，使得设备自动化程度高，噪音小，生产效率高。水平分型脱箱造型设备及局部生产线如图 2.23 所示，图 2.23(a)所示为造型机与砂型输送线，图 2.23(b)所示为压铁自动放置工位，图 2.23(c)所示为浇注工位。

(a) 射压造型机

(b) 压铁自动放置工位

(c) 浇注工位

图 2.23　水平分型脱箱射压造型机

水平分型造型机工作过程如图 2.24 所示。模板进入工作位置后(见图 2.24(a))，上下砂箱从两面合在模板上(见图 2.24(b))，随后上下射砂机构进行射砂，将型砂填入砂箱(见图 2.24(c))。随后射压板压入砂箱将型砂紧实(见图 2.24(d))。接着上下砂箱分开，从模板上起

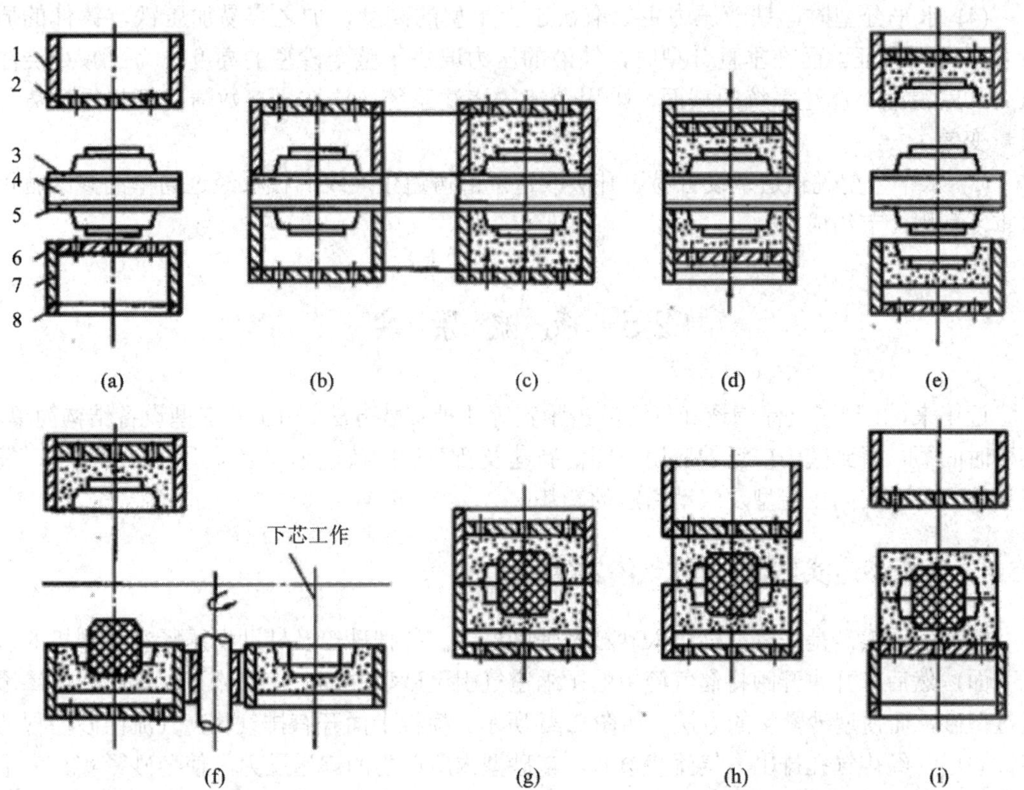


1—上砂箱；2—上射压板；3—上模板；4—模板框；5—下模板；6—下射压板；7—下砂箱；8—辅助框

图 2.24　水平分型脱箱射压造型机工作过程图

模(见图 2.24(e))。下砂箱留在转盘上并水平旋转 180°，旋转至下芯工位。而前一个下箱在下芯工位下芯完毕同时转入，转至合型工位(见图 2.24(f))。下芯完毕的下箱与上箱合型，如图图 2.24(g)所示。合型后，上射压板不动，上砂箱向上抽起脱箱(见图 2.24(h))。紧接着，下射压板不动，下砂箱向下抽出脱箱，如图 2.24(i)所示。

水平分型脱箱射压造型机，由于上下型都采用射压造型，而且射砂的方向垂直于模板，没有模样阴影区，型砂可以均匀填充到砂箱各处，压实后获得均匀的紧实度。下芯工位在生产线外方便下芯，具有一定优势。但是由于上下射砂以及脱箱，因此射砂筒、压实液压缸以及脱箱液压缸都集中在造型工位，设备的结构比较复杂，维修比较困难。

**2. 水平分型脱箱射压造型机的优点**

(1) 水平分型下芯和冷铁都比较方便，垂直分型时为了使下芯稳固，需加芯座，对一些较重芯头和复杂型芯很难处理。

(2) 水平分型时直浇道与分型面垂直，每个砂型单独浇注，模板利用率高。垂直分型时，浇注系统位于分型面上，而且为了尽量减小型块串列在步移输送过程中分型面上的推压比压，分型面上推压接触面积必须足够大。这样一来，模板面积利用率减小。

(3) 垂直分型射压造型时，如果模样比较高，则在模样下面射砂阴影处所得到的紧实度就偏低，压实后紧实度不均匀。而水平分型时，射砂方向垂直模板，型砂易于紧实。

(4) 水平分型时，铁液压力主要取决于上半型的高度，加之容易加压铁，铸件的质量容易得到保证。而在垂直分型时，铁液的压力取决于整个砂型的高度，为了减少浇注压力，就得缩小浇注系统的截面，采用节流的浇注系统，这在大多数情况下将导致铸件质量变差。

(5) 水平分型脱箱造型设备易于升级改造，旧铸造生产线的模板经过简单的修改就可以重复利用，节约成本。

## 2.5 气流紧实

近年来，出现了气流渗透和气流冲击紧实等几种实砂方法。由于其造型设备结构简单，实砂时间短，得到较为广泛的应用。国内新建及新改造的铸造车间多采用气冲造型机，发展极快，有取代高压造型及气动微震的趋势。

### 2.5.1 气流渗透实砂法(简称气渗紧实法)

气流渗透实砂是先将型砂填入砂箱及辅助框中，并把砂箱及辅助框压紧在造型机的射孔下面，然后打开快开阀将储气筒中的压缩空气引至砂型顶部，使气流在很短时间内渗透通过型砂，而使型砂紧实的方法，如图 2.25 所示。模板上面开有排气孔，气流由砂型顶部穿过砂层，经排气孔排出。气流渗透时，在砂型内所产生的渗透压力，使型砂紧实。为了避免高速高压气流从喷孔直射砂型的顶部造成型砂飞溅，气流通过分流板上的小孔进入砂型顶部，使气流能较均匀地作用于砂层顶面。

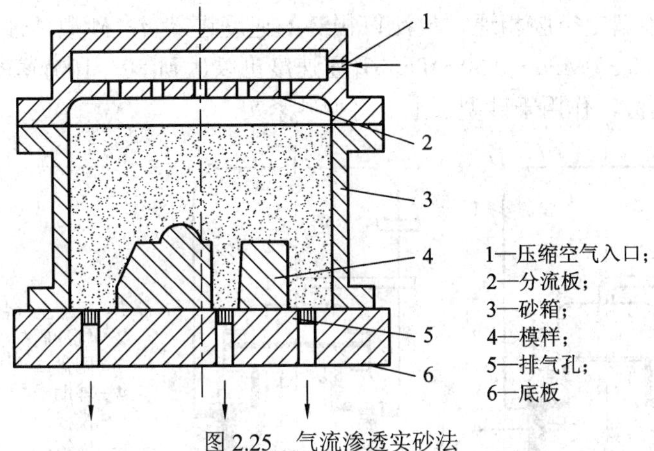


图 2.25　气流渗透实砂法

气流渗透紧实所得到的砂型内紧实度如图 2.26 所示。排气孔处的紧实度最高，砂型顶部紧实度最低，砂型中部的砂粒，因所受的气压差较低，因而其紧实度也较小。砂层越高，紧实度越低。在砂型顶面处由于没有气压差，所以紧实度最低，仍处于松散状态。如果模板上的排气孔布置适当，可以使砂型的深凹部得到较好紧实。气流渗透紧实时，砂层顶上的空腔必须保持较高的气压，才能建立起足够大的气压差。为此，快开阀的开阀速度应当尽可能快，要保证砂型顶部空腔气压升压速度为(5～7)MPa/s，才能获得较好的实砂效果。

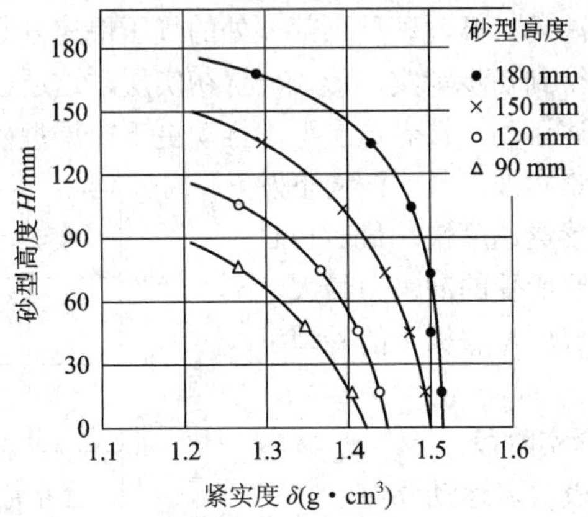


图 2.26　气流渗透所得紧实度

气流渗透实砂法虽然使得砂型深处获得较高紧实度，但就整体来说，紧实度尚比较低，特别是砂型的中上部紧实度不高。通常在气流紧实后再用压实法，使得型砂上部紧实度得到提高，称为气渗加压法。

### 2.5.2　气流冲击实砂法(简称气冲紧实法)

气流冲击实砂时，首先将型砂填入砂箱及辅助框中，并压紧在气冲喷孔的下面，随后快速打开冲击气阀，砂箱顶部空腔气压急速上升，产生冲击波，将型砂紧实。

图 2.27 所示是一种气冲紧实法的工作原理，1 为压缩空气包，包内充满压缩空气，内有气冲阀 2，气冲阀的阀盘 3 受压压紧在下面的阀座上，气冲阀处于关闭状态。气冲前，先将已填砂的砂箱、模板、辅助框等压紧在喷孔下面。气冲紧实时，阀盘 3 上面的高压气体快速排气，阀盘上部气压急剧降低，受储气包内高压气体推动，向上运动，使得压缩

空气包 1 直接与砂型定空腔相通，气流以极高的速度进入 $a$，砂型顶部气压急剧升高，在 0.01 s 内提高至 0.35 MPa～0.50 MPa，升压速度可以达到(80～100) MPa/s。这样急剧升高的气压产生冲击波，作用于砂型顶上，将型砂紧实。

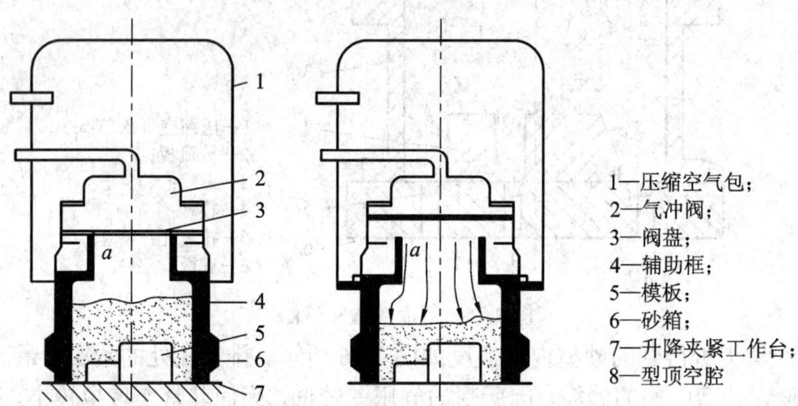


图 2.27　气冲紧实法原理图

气冲紧实的机理与气流渗透紧实有所不同，主要是气冲紧实型砂的顶部在极短的时间内获得高压气体，对砂粒产生很强的冲击。气冲紧实过程大致可以分为两个阶段。

(1) 自上而下的初步紧实及加速运动阶段。

气冲紧实开始时，气冲阀打开，砂型顶部 $a$ 处的气压快速升高。高压骤然作用于砂型顶面，使最上面一层型砂得到初步紧实，形成一层初实层，这层已具有一定紧实度砂层受到上面气压推动，向下加速运动，接着这层型砂推动更下一层型砂紧实并向下运动，如此形成一层自上而下的型砂紧实波。紧实波向下发展十分迅速，比空气向下渗透速度快，最后与底板发生冲击，模板在最底层所受的冲击力最大，冲击力可达数倍于原工作气压，底板上的砂型可以得到很高紧实度。

(2) 自下而上的冲击紧实阶段。

在上述紧实波到达底板时，运动停滞，产生冲击力，这时砂层仍有一定的运动速度。此时下面砂层已有一定紧实度，表现出较大刚度，所以第二次冲击很大，可以将型砂紧实到很高紧实度。这一冲击由下而上，一直到砂型顶部。

气冲紧实的紧实度分布如图 2.28 所示。相比气流渗透紧实，气冲紧实整体偏高。随着储气包内气压的升高，气冲紧实后砂型紧实度升高。

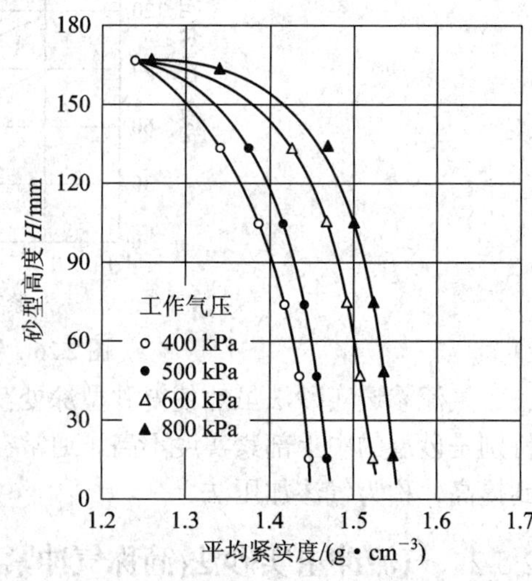


图 2.28　气冲紧实的紧实度分布曲线

## 2.6　负压造型

德国、日本和美国等发达国家为了改善铸造生产劳动条件，采用没有黏结剂的干砂，经过抽真空方式使得砂型获得一定紧实度。由于没有黏结剂，型砂几乎可以全部重复利用，并且省去了混砂、清砂、型砂降温、磁分等工序，大大提高了劳动生产率。常见的负压铸造有负压造型和消失模负压浇铸。

### 2.6.1　负压造型

#### 1. 负压造型的原理

负压造型是一种物理造型工艺方法，型砂中不加入黏结剂、水和其他附加物，因而减轻了砂处理的工作量，而且使造型和铸件落砂清理劳动量也大大减轻，旧砂回用率可达95%。这种铸造工艺是利用塑料薄膜密封砂箱，依靠真空泵抽出型内空气，造成铸型内外有压力差，使干砂紧实，以形成所需型腔的一种物理造型方法。负压造型与传统砂型铸造工艺相比，其设备投资可减少30%左右，造型用木制模板，用钢板焊接制造砂箱。所以模型和砂箱使用寿命长，生产周期短，材料利用率较高，铸件废品率降低，质量提高，从而铸件成本降低。利用真空负压造型可生产铸铁件、铸钢件和有色合金铸件，甚至可以制造薄壁大型铸件，但具体尺寸要根据铸件的形状来决定。

#### 2. 负压造型的工艺过程

(1) 模型与承接板固定。负压造型的模板和承接板具有抽气室和抽气孔。将模型固定在承接板上，模型的边缘以及关键部位开设透气孔，透气孔与承模板腔直接连通。当空腔处于负压时，空气通过透气孔被抽出去，如图 2.29(a)所示。

(2) 覆膜加热。将一块尺寸与承接板大小差不多的塑料薄膜加热到软化状态，薄膜厚度一般为 0.08 mm～0.2 mm，并具有良好的伸缩性和较高的塑料形变率，如图 2.29(b)所示。

(3) 抽真空。薄膜软化后，立即使真空装置开始工作，软化的薄膜被吸覆在模型上，真空吸力通过透气孔作用于薄膜上，使薄膜与模型紧贴在一起，再利用真空系统抽出覆膜后承接板及模型中的空气，使薄膜紧贴在承接板和模型上，形成填砂用的承接板(称为覆膜成型)，再向模型上喷上快干涂料，如图 2.29(c)所示。

(4) 放置砂箱。负压继续作用于模型承载板上，把带有过滤抽气系统的砂箱放在模型四周，并位于薄膜的上面(见图 2.29(d))。砂箱为双层箱壁结构，两层箱壁之间形成真空室，砂箱内壁上有透气孔，两层之间设有金属丝网，防止细砂粒和粉尘进入真空室。更大的砂箱可在内部设置真空软管，并将软管连接到真空罐与真空泵相连。

(5) 向砂箱中加砂。向砂箱内充填无黏结剂和附加物的干石英砂，启动振动台，将砂箱内的型砂振实并刮平砂面，放置浇冒口模样，在砂面上铺上塑料薄膜密封，打开抽气阀门，抽取型砂中的空气，使铸型内外形成压力差。由于压力差的作用，使砂型成型后有较高的硬度，硬度计读数达到 80～90，最高可达到 90～95，如图 2.29(e)所示。

(6) 砂型顶面覆膜。上型通过手工将浇口杯与直浇道相连，下型只需在覆膜前将砂子刮平即可。在砂型的顶部再覆上一层塑料薄膜，该薄膜不需要加热软化，只起密封作用，与消失模铸造用的密封塑料薄膜作用一样(见图 2.29(f))。

(7) 砂箱抽真空、起模。对砂箱抽真空，模型承载板的真空度得到释放。在大气压力作用下，砂型中的砂子得到紧实，并保持其原来的形状，然后将砂型与模型分开，即起模，如图 2.29(g)所示。

(8) 合箱、浇注。用同样的方法生产上下砂型，将上型放到下型上面进行合箱，形成的整个型腔都是被塑料薄膜包裹，如图 2.29(h)所示。此后铸型要继续抽真空，然后下芯、合箱和浇注。

(9) 落砂。浇铸后待金属液逐渐冷却凝固后，逐步减小负压度，当型内压力接近或等于大气压时，型内压差消失，砂型自行溃散，如图 2.29(i)所示。负压保持的时间要根据铸件厚度、大小来决定。冷却后，去除真空管，无需震动直接将砂子同铸件一起落下。干砂冷却后返回造型系统循环使用，铸件取出进入清理工部。

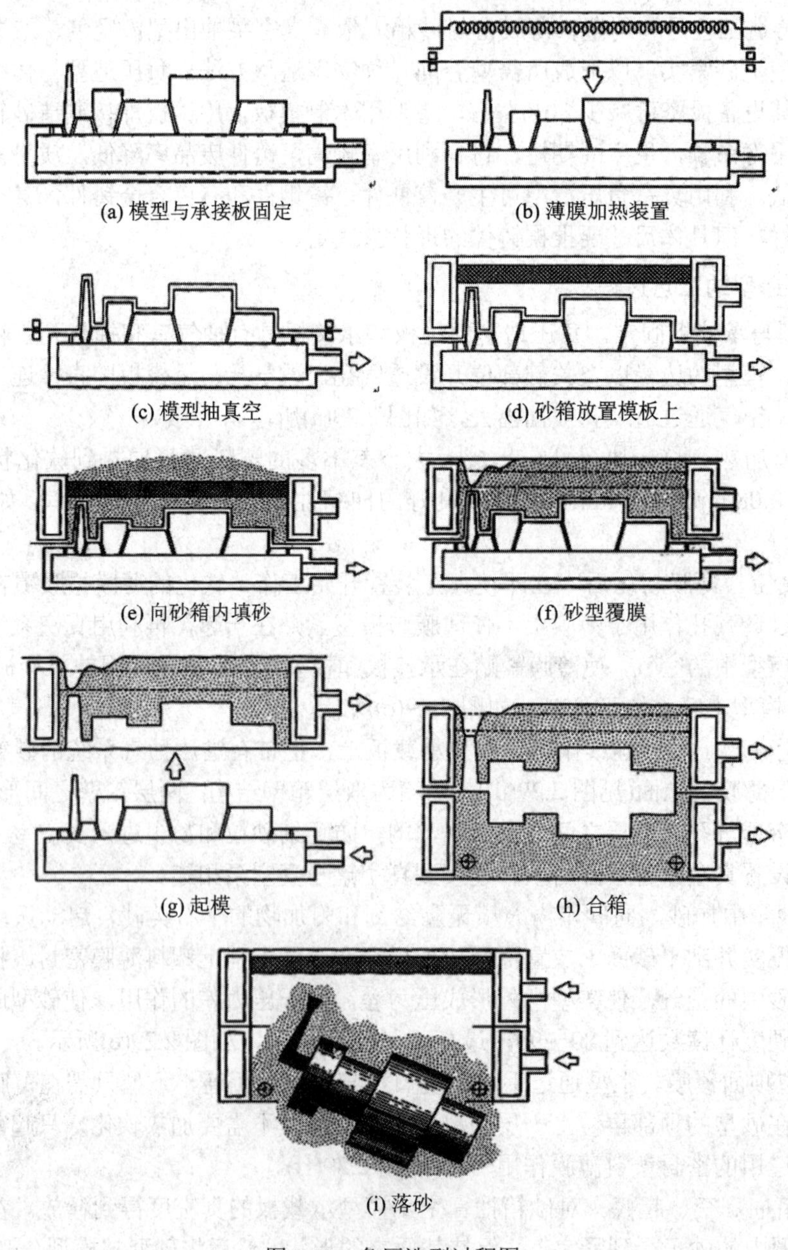
(a) 模型与承接板固定
(b) 薄膜加热装置
(c) 模型抽真空
(d) 砂箱放置模板上
(e) 向砂箱内填砂
(f) 砂型覆膜
(g) 起模
(h) 合箱
(i) 落砂

图 2.29　负压造型过程图

### 3. 负压造型的优点

与传统砂型铸造工艺相比，负压造型有如下优点。

(1) 砂型获得较高的紧实度、强度，提高铸件内在质量，铸件表面光洁，轮廓清晰，尺寸准确。

(2) 设备简单，节约成本，减少维修费用，省去黏结剂、附加物及混砂设备。

(3) 模具及砂箱使用寿命长，起模容易。

(4) 金属利用率高，浇注时金属液流动性好，充填能力强，砂型硬度高，冷却较慢，有利于补缩、减小冒口尺寸、减小加工余量。

(5) 有利于环保，型砂可反复使用，利用率高，不存在废砂对环境造成的污染。由于采用无黏结剂的干砂，省去了其他铸造工艺中型砂的黏结剂、附加物或烘干工序，减小了环境污染。

## 2.6.2　消失模负压浇铸

### 1. 消失模负压浇铸的特点

消失模铸造的浇注过程是钢液充型，同时泡沫模型(见图 2.30)汽化消失的过程，其工作原理如图 2.31 所示。

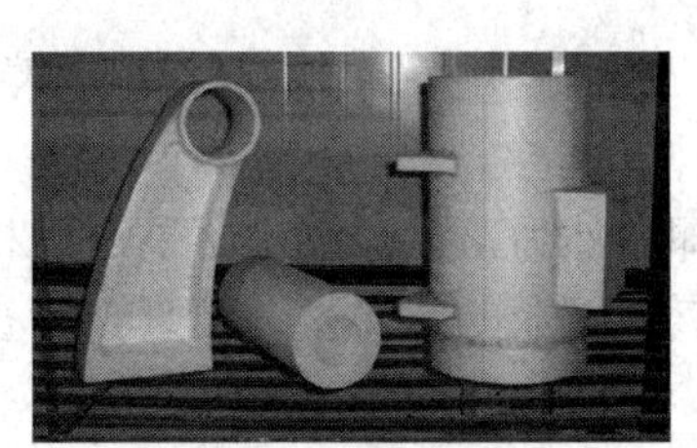

图 2.30　消失模浇注用的 EPC 模型

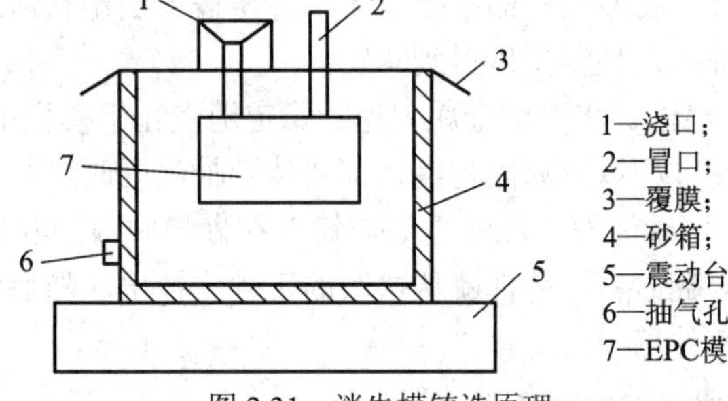


图 2.31　消失模铸造原理

整个过程中需要注意以下方面：

(1) 浇道自始至终要充满钢液，如若不满，由于涂料层强度有限，很容易发生型砂塌陷以及进气现象，造成铸件缺陷。

(2) 浇注钢液时一定要保证做到稳、准、快。瞬时充满浇口杯，并做到快速不断流，吨钢液大约一分钟左右浇铸完成。如果同箱铸件的钢液断流会吸进空气，有可能引起塌砂现象或者铸件产生气孔的问题，导致铸件报废。

(3) 消失模铸造采用负压封闭式，而且必须是在浇口杯以下封闭。钢液进入泡沫模型，其开始液化燃烧，并汽化消失，钢液前端短距离形成暂时的空腔，所以设计钢液充型的速度和泡沫模型消失的速度大致相同。为防止钢液高温辐射熔化同箱其他模型，浇道与铸件模型应该保持一定距离。浇道的位置选择整箱铸件最低位置。浇注时注意调节和控制负压真空度，浇注完毕后保持负压一段时间。负压停止、钢液冷凝后出箱。

### 2. 消失模负压浇铸生产的步骤

(1) 预发泡。模型生产是消失模铸造工艺的第一道工序，复杂铸件如汽缸盖，需要数块泡沫模型分别制作，然后再胶合成一个整体模型。每个分块模型都需要一套模具进行生产，另外在胶合操作中还可能需要一套胎具，用于保持各分块的准确定位。将聚苯乙烯珠粒预发到适当密度和粒径，一般通过蒸气快速加热来进行，此阶段称为预发泡。

(2) 蒸压成型。经过预发泡的珠粒要先进行稳定化处理，然后再送到成型机的料斗中，通过加料孔进行加料，模具型腔充满预发的珠粒后，开始通入蒸汽，使珠粒软化、膨胀，挤满所有空隙并且黏合成一体，这样就完成了泡沫模型的制造过程，此阶段称为蒸压成型。

(3) 模型簇组合。模型在使用之前，必须存放适当时间使其熟化稳定，典型的模型存放周期多达 30 天，而对于用设计独特的模具所成型的模型仅需存放 2 小时，模型熟化稳定后，可对分块模型进行胶粘结合，形成模型簇。分块模型胶合使用热熔胶在自动胶合机上进行或者人工完成。胶合面接缝处应密封牢固，以减少产生铸造缺陷的可能性。

(4) 模型簇浸涂。为了每箱浇注可生产更多的铸件，有时将许多模型胶接成簇，把模型簇浸入耐火涂料中，然后在大约 30℃～60℃的空气循环烘炉中干燥 2～3 小时。干燥之后，即可进行填砂紧实工序。

(5) 填砂、紧实。将模型簇放入砂箱，填入干砂并且振动，使干砂均匀填入模型簇的周围，确保所有模型簇内部孔腔和外围的干砂都得到紧实和支撑，并具有一定紧实度。放置浇口杯，将砂箱中的型砂刮平，并覆盖一层塑料薄膜，打开排气阀，将砂箱内砂粒之间的空气抽出，使得型砂得到紧实。

(6) 浇注。将熔融金属匀速、稳定地浇注于模型中，模型汽化被金属所取代形成铸件。注意浇注过程以及凝固初期，都要伴随抽气同时进行。

(7) 落砂清理。浇注之后，铸件在砂箱中凝固和冷却，然后落砂。铸件落砂过程相当简单，倾翻砂箱，铸件就从松散的干砂中掉出。随后将铸件进行自动分离、清理、检查，并放到铸件箱中运走。

### 3. 消失模铸造的优点

消失模铸造与传统的砂型铸造相比，具有以下优点：

(1) 取消了制砂、混砂和制芯等工部，铸件再复杂，都是一个白模即可。

(2) 造型时不需要分型，也就不需要进行分型面设计，工艺灵活。

(3) 浇冒口的设计十分灵活，内浇口可轻松设置在铸件任何位置，冒口可轻易安置在任何方向，不受分型、取模等传统因素制约，减少了铸件的内部缺陷。

(4) 使用干砂造型，不需要添加任何黏结剂，铸件落砂极为方便，砂子回用率很高，大大降低了铸造过程中落砂的工作量和劳动强度。铸件无飞边毛刺，使清理打磨工作量减少 50%以上。

(5) 生产效率高，用工人数少，容易实现机械化和自动化，且初期投资小，占地面积少。生产线弹性大，可在一条生产线上实现不同合金、不同形状、不同大小铸件的生产。利用消失模铸造工艺，可以根据熔化能力完成任意大小的铸件。

(6) 由于负压浇注和凝固，铸件致密度增大，铸件尺寸形状精确，重复性好，表面光洁度高，具有精密铸造的特点。

## 2.7 壳 芯 机

壳芯机是采用热芯盒工艺制作覆膜砂壳芯的设备。壳芯机的模板可以 180° 翻转，当芯盒加热使得芯盒内靠近芯盒的一定厚度的芯砂固化后，即将模板旋转 180°，倒出芯盒内部还没有固化的芯砂，这些芯砂可以再次利用，从而节约成本。覆膜砂固化的工作过程是填砂与紧实同时完成的，并立即在热的芯盒中硬化，减轻劳动强度，操作灵活轻便，容易掌握，采用电加热温度可自动控制，有利于保持良好的环境，为制芯过程的机械化、自动化创造条件。一个循环周期仅需十几秒至几十秒，便可生产出供浇铸用的砂芯。用壳芯机制造的型芯尺寸精确，表面光洁，广泛应用于铸造机械业中。壳芯机设备及其产品如图 2.32 所示。

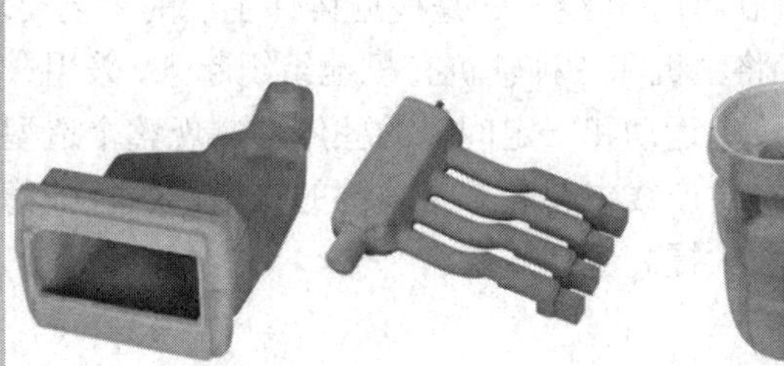

图 2.32　壳芯机及其产品

壳芯机的工作过程如下：

(1) 加热芯盒。芯盒用电或煤气加热。芯盒加热的温度由壳芯砂黏结剂、需要的壳厚、结壳时间和硬化时间等因素确定，一般为 260℃～280℃。

(2) 吹砂。具有热固特性的壳芯砂流动性好，因此吹砂斗内只需通入 0.1 MPa～0.3 MPa 的低压压缩空气进行吹砂，并在一定时间内(1 s～3 s)保持压力。准确掌握吹砂压力和保持时间，有利于获得轮廓清晰、完整和光洁的砂芯。

(3) 结壳。吹砂结束后，吹砂斗停留一段时间进行结壳，结壳时间一般为 15 s～50 s，壳厚按需要而定，一般为 3 mm～10 mm。

(4) 倒出余砂。达到规定的结壳厚度后，将砂斗翻转 180°，让未曾结壳的中心部分芯砂倒回吹砂斗。然后作左、右 45° 的摇摆，以倒净未结壳的芯砂。

(5) 硬化。将已结壳而尚处于塑性状态的薄壳继续加热一段时间，使塑性薄壳完全硬化。硬化时间视壳厚而定，一般为 2 min 左右。

(6) 顶芯、取芯。硬化结束，高强度的薄壳砂芯已经制成，可从芯盒中顶出，用人工或专用工具取出待用。再向芯盒内部喷一层涂料，进行下一循环，同时防止壳芯与芯盒黏结而无法脱出。

# 第 3 章　造型及制芯生产线

造型及制芯生产线的工序很多，在造型(制芯)的主机上可以完成其中的几个主要工序，如加砂、紧实和起模等。而要实现整个造型、制芯和浇注过程的机械化和自动化，就必须使铸型和砂箱的输送、翻箱、落箱、下芯、合箱、加压铁、浇注、落砂、分箱等辅助工序都实现机械自动化，并适当地配置成为流水生产线。这些辅助工序在整个造型过程中同样完成大量的工作，并具有非常重要的意义。用于完成上述辅助工序的设备称为辅机。为了充分发挥辅机的生产能力，减轻劳动强度，提高铸件质量，必须精心组织这些辅机来配合造型主机，组成完整的造型线。

所谓造型(制芯)生产线，就是根据铸件生产的工艺要求，利用运输设备(铸型输送机、悬挂输送机等)将主机和各种辅机有机地组织起来，采用一定的控制方法使其按照特定的规律进行一定速度的运动和一定间隔的驻停，实现整个造型工作有节奏、连续地进行。因此运输设备在整个生产线中起着非常关键的作用，运行平稳、有节奏和具有良好控制能力的运输设备可以大大提高造型效率。

## 3.1　造型及制芯生产线的运输设备

在造型和制芯生产线中，砂型、砂箱、砂芯及型砂等的运输工作量占总工作量的 50%左右，针对造型设备、生产规模选择合适的运输设备十分重要。运输设备可以分为地面和空中两大类。地面运输设备有铸型输送机、辊式输送机、皮带输送机以及鳞板输送机等；空中运输机有单轨吊车和悬挂输送机等。

### 3.1.1　铸型输送机

铸型输送机是造型生产线中将造型、下芯、合型、压铁、浇注、落砂等工序有机联系在一起的主要运输设备。常见的铸型输送机的分类如图 3.1 所示。

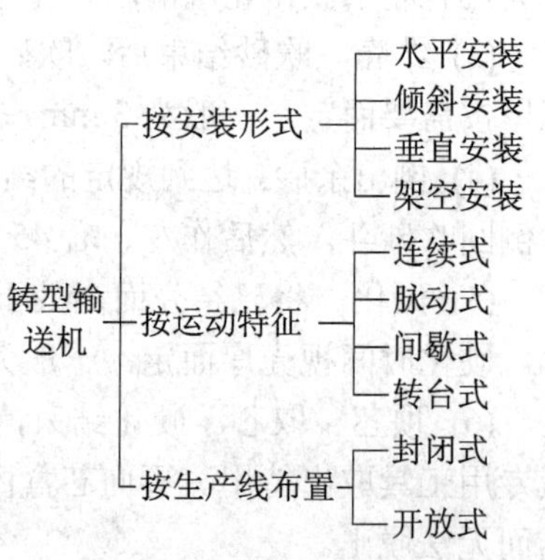

图 3.1　铸型输送机的分类

选用铸型输送机主要依据生产批量和组织生产的方式。一般在平行工作制、大量或者成批生产的情况下，宜采用连续式或者脉动式输送机。串通布线时以采用连续式为佳，而并通布线时采用脉动式较合适；在成批生产较大的铸型以及多品种、中小件连续造型间歇浇注的情况下，宜采用间歇式铸型输送机。

### 1. 水平连续式铸型输送机

我国水平连续式铸型输送机的定型产品有 SZ—60 铸型输送机，已经得到广泛的应用，如图 3.2 所示，它由输送小车、传动装置、张紧装置、轨道系统等部分组成。输送机将造型、下芯、合箱、压铁、浇注、铸型冷却、落箱以及砂箱运输等工序联系起来，组成各种形式的机械化、自动化的生产线。水平连续式铸型输送机目前广泛应用在生产批量较大的铸造车间。

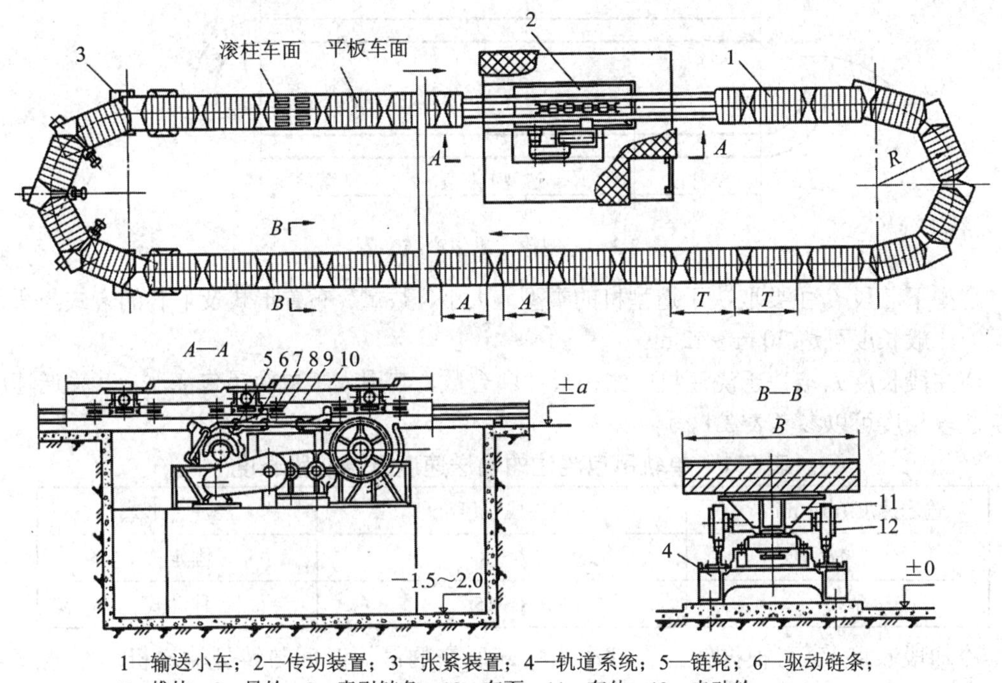


1—输送小车；2—传动装置；3—张紧装置；4—轨道系统；5—链轮；6—驱动链条；7—推块；8—导轮；9—牵引链条；10—车面；11—车体；12—走动轮

图 3.2　水平连续式铸型输送机

#### 1) 输送小车

输送小车是铸型输送机的承载部分，由车面、车体、走动轮、牵引链条和导轮组成，如图 3.2 所示。车面 10 通过销轴铰接于车体 11 上。车体两侧装有走动轮 12，为了减少摩擦阻力，走动轮一般没有凸出的边缘。车体下面牵引链条 9 的铰接处装有导轮 8，起导向作用。小车一般采用带有沟槽的铸铁板制成平板车面。除了平板车面外，还有滚柱车面小车，此小车在车面上装有两排滚柱，有利于铸型在其上运动。电机经减速将动力传给链轮，链轮带动链条及推块，牵引链条上的导轮使输送小车在走轮轨道上运行。

(1) 输送小车的选择。小车车面尺寸是输送机的主要参数，应根据砂箱尺寸大小进行选择。在用手工或吊车搬运砂箱时，车面的尺寸 $A$ 及 $B$ 应分别比砂箱外尺寸大 100 mm～150 mm；在采用落箱机等专用设备的情况下，通常车面长度 $A$ 略大于砂箱的长度，而车面宽度 $B$ 可与砂箱外框的宽度相同。车面标高根据生产工艺的操作要求来确定，一般 $H$ 为 500 mm～600 mm。

(2) 输送机运行速度。

$$V = \frac{nT}{60Z\eta} \tag{3-1}$$

式中：$v$ 为输送机的运行速度，m/min；$n$ 为每小时装到输送机到的铸型数；$T$ 为小车节距，m；$Z$ 为每个小车上放置的铸型数；$\eta$ 为装载系数，机械化生产线一般取 0.8～0.85。

(3) 输送机的展开长度 $L$ 及小车总数 $G$。铸型输送机一般由造型下芯段、浇注段、冷却段和落砂段组成，如图 3.3 所示。

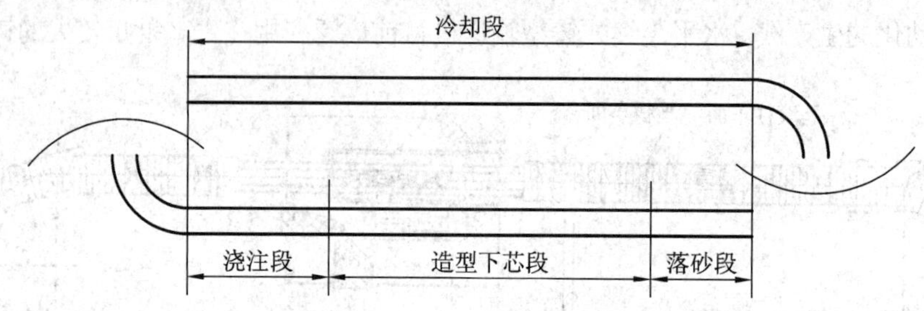


图 3.3　铸型输送机生产线布置

造型下芯段 $L_z$ 主要取决于造型机的类型、大小、数量、布置形式及下芯的方式与所需时间，一般长度可达 30 m～42 m。

浇注段长度 $L_j$ 取决于浇注机的结构尺寸和台数，若用人工单轨吊包浇注，其输送速度和浇注段长度可以参考表 3.1。

**表 3.1　单轨吊包浇注的输送速度及浇注段长度**

| 输送速度/($m \cdot min^{-1}$) | 浇注段长度/m | 浇注台形式 |
|---|---|---|
| <5 | 6～8 | 固定式 |
| >5 | 8～15 | 移动式 |

冷却段长度 $L_l$ 可根据铸件在砂型内冷却所需的最短时间与铸型输送机运行速度来计算。

$$L_l = V_{max} \cdot t_{min} \tag{3-2}$$

式中：$V_{max}$ 为生产过程要求输送机的最大速度，m/min；$t_{min}$ 为铸件在铸型内冷却所需的最短时间，min。

落砂段长度 $L_s$ 可根据所选的落砂机组的结构和作业环境要求隔振和隔噪程度来适当确定。

一般铸造工厂布置的水平连续式输送机展开后整体长度 $L$ 为

$$L = L_z + L_j + L_l + L_s \tag{3-3}$$

由此可以确定整条生产线上输送小车总数

$$G = \frac{L}{T} \tag{3-4}$$

式中：$G$ 为输送小车总数；$L$ 为输送机展开后的总体长度，m；$T$ 为小车的节距，m。

最终确定输送机展开后的总长度，尚需要根据轨道的布置及牵引链条的最大许可张力进行校核，其计算方法可查阅有关铸型输送机的书籍。

2) 传动装置

输送机的传动装置如图 3.2 所示。工作时，经过减速的链轮 5 带着驱动链条 6 及其上的推块 7，推动牵引链条 9 上的导轮 8，使输送机运动。

为了适应生产需要，输送机的运行速度 $V$ 在一定范围可以调节，因此传动装置常配有无级变速器，其动力常采用双速电机。为了避免转弯处导轨过分磨损，传动装置应该设置在转弯前 5～6 节小车处的直线段。

3) 张紧装置

输送机的螺旋张紧装置如图 3.4 所示，它装设在小车牵引链条张力较小的一端。在安装小车时借助张紧螺杆推移轨枕，其上的走动轮轨道和导轮轨道随之移动，使牵引链条产生一定的初张力，以保证输送机平稳运行。在张紧段轨道与固定轨道之间嵌入模型调整块，调整它即可保持上述两段轨道紧密平滑地相互衔接。

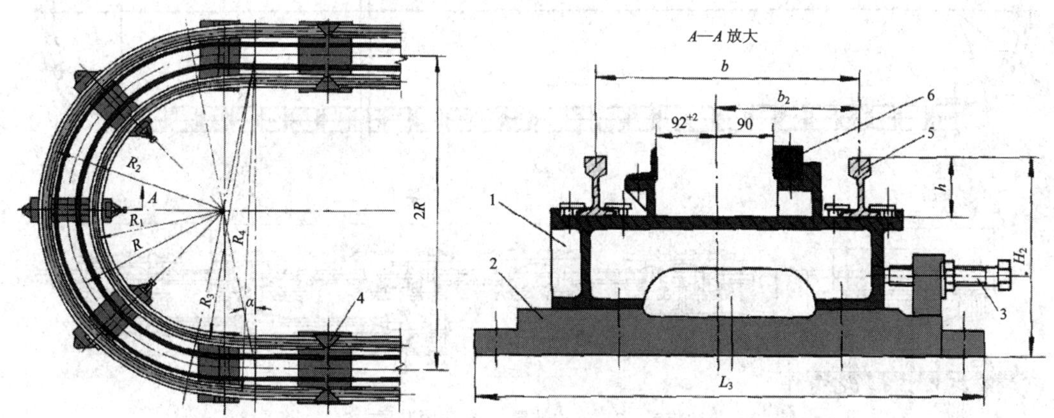


1—轨枕；2—滑槽底座；3—张紧螺杆；4—走轮轨道；5—导轮轨道

图 3.4　张紧装置

4) 轨道系统

轨道系统主要由走轮轨道、导轮轨道和轨枕组成。走轮轨道起承重作用，导轮轨道通过导轮控制输送小车的运动轨迹。在直线段中，走轮轨道中心线与导轮轨道中心线重合。当小车在圆弧段行走时，走轮导轮中心线必须与导轮轨道中心线进行必要的修正，以防止小车脱离轨道。

5) 轨道的布置

水平连续式铸型输送机可以根据工艺要求铺设成各种复杂的路线，在生产中广泛使用，如图 3.5 所示。但是在这种输送机组成的造型生产线上，落砂、浇注、加压铁等工序都必须在小车运动过程中进行，这就会使实现这些工序的机械化设备复杂化，所以应该对其进行改进，可以将传动装置改造成脉冲式，以保证浇注、加压铁和取压铁工序在静态下进行。

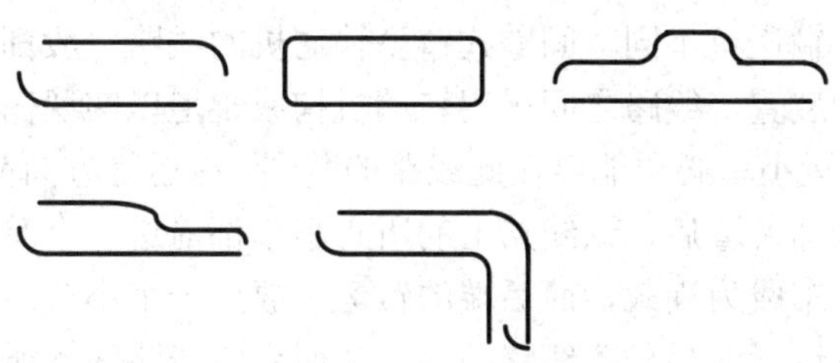

图 3.5　布置输送机常见的几种形式

### 2. 脉动式铸型输送机

脉动式铸型输送机的运动是有节奏的，按工艺要求设定停顿及运行的间隔时间，每次运行移动一个小车距离，且要求定位准确，以便实现下芯、合型、浇注等工序的自动化，其结构如图 3.6 所示。

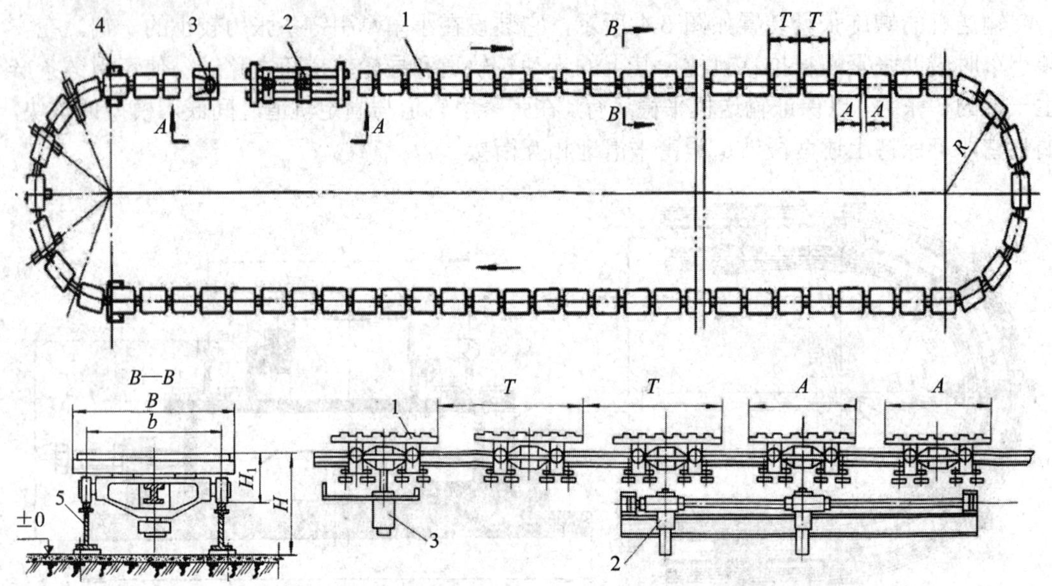


1—小车；2—传动装置；3—定位装置；4—张紧装置；5—轨道系统

图 3.6　脉动式铸型输送机结构图

脉动式铸型输送机大多采用液压传动。工作时，传动装置的插销缸首先动作，把插销插入车体的圆销孔内，同时拔出定位销，驱动缸随即带动车体前进一个节距，待定位装置的插销插入定位销孔后，拔出驱动装置的插销，驱动缸退回到原始位置，如此有节奏地往复循环，小车即脉动地前进。脉动式铸型输送机的张紧装置和轨道系统与水平连续式铸型输送机的基本相同。脉动式铸型输送机的优点是：小车每次移动的距离不变，能在静态下实现下芯、合型、浇注等工序。其缺点是：传动装置的制造精度要求较高，成本高，维修工作量大。

### 3. 间歇式铸型输送机

间歇式铸型输送机的静止与移动是根据需要而定的，是非节奏性运动。其传动方式可分为液压传动、机械传动及手动。间歇式铸型输送机的特点是输送小车为分离的，互不连接。

与连续式或脉动式输送机不同，间歇式铸型输送机的线路一般都设计成非封闭式，各条线路都有单独的传动装置，线路之间采用转动机构或辊道以实现循环运输。当它的某一条线路开始运行时，转运小车必须能停在此线路的两端。在运行方向前端的转运车为空载，而后端为满载。开动传动装置后，该线路上的所有小车都前进一个节距后停止。此时，前端的转运车承接一个小车成为满载，而后端的转运车放出一个小车后成为空载。之后转运小车都作横向运动至欲运行的另一条线路两端，从而完成线路间的循环运输。

间歇式铸型输送机结构简单，布线紧凑，能在静止状态下实现落箱、下芯、合型、浇注等工序，工作节奏可以灵活安排或随时任意改变；但动力消耗大，控制系统复杂，工作时间不连续，生产效率不高，适用于多品种的批量生产。

### 3.1.2　鳞板式铸件输送机

鳞板式铸件输送机主要用于铸造车间灼热铸件以及散装物体的输送，可根据铸件的大小设计鳞板的大小和传动装置。BL 型鳞板输送机是一种通用型固定式机械化输送设备(见图 3.7)，它用钢板做运载槽体，可用于大量散状物料及单件铸件的输送。尤其适用于大块的、沉重的、灼热的以及腐蚀性的物料，并能在输送过程中同时完成冷却、干燥、加热、清洗及分类等工艺过程。鳞板式输送机广泛应用于机械、铸造、冶金、化工、建材、动力、矿山等工业部门。

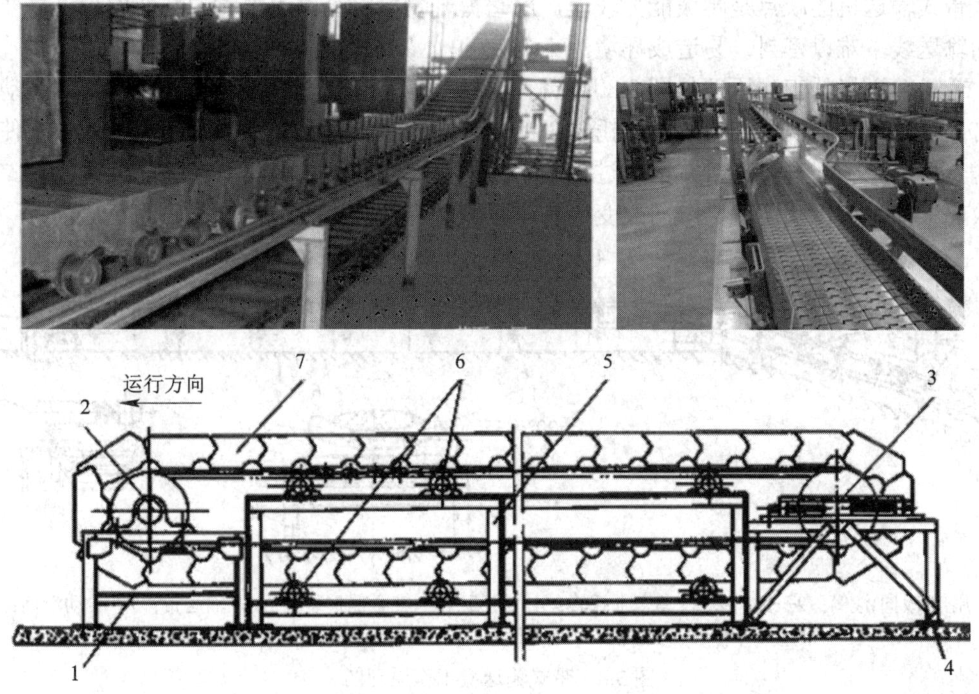


1—头轮支架；2—头轮装置；3—尾轮装置；4—尾轮支架；5—中间支架；6—上、下托轮；7—鳞板装置

图 3.7　鳞板式铸件输送机

驱动电机经过减速机将电动机速度降低，并且增大扭矩，再利用联轴器与头轮连接，驱动头轮转动。头部链轮经驱动后，鳞板链条装置中的牵引链与链轮啮合，带动整个鳞板沿输送机的纵向中心线运动，而滚轮则沿着固定在机架上的轨道行走，从而完成输送工作。牵引链主要有片式链、冲压链、铸造链、环形链等方式可采用。其中片式链条耐冲击，运行平稳，工作可靠，使用较普遍。

鳞板式输送机有以下优点：

(1) 鳞板式输送机牵引力大，槽板刚性好，可以运送质量较大的铸件及其散装物；

(2) 由于鳞板利用钢板制成，具有耐冲击、耐热及耐腐蚀的特性，可以输送高温铸件及落砂后温度较高的砂子；

(3) 鳞板式输送机结构简单，可以水平安装，也可以倾斜一定角度安装，且可以长距离输送；

(4) 铸件输送过程中也可以完成清除冒口、冷却、干燥和喷丸等加工工序，适应性强。

### 3.1.3　造型用粉料输送机

#### 1. 带式输送机

带式输送机是铸造工厂常用的运输设备，其具备以下优点：可以运送多种物料，如新砂、回用砂、型砂、焦炭及石灰石等；运输能力强，结构简单，工作可靠，维修方便；可以远距离输送，也可以多点卸料，工作效率高，无振动，噪音小，安装和调整方便；在输送线上可以布置如磁选、增湿、松砂或者破碎等工序；胶带运行速度便于调节。

带式输送机的缺点是爬坡能力较差，用它提升物料将会占用很大的地面面积，需要较长的输送线，难以密封，易造成环境污染。

带式输送机的工作原理如图 3.8 所示。电机经过减速将动力传递给传动滚筒 7，驱动输送带 6 运动，由于输送带铺设在上托辊 3 上，边托辊外侧向上有 20°～35° 的倾角，使得输送带边缘上翘，粉体材料在运输过程中不易掉落，对粉体材料具有较强的运载能力。尾部改向滚筒 1 可以实现输送方向改变或者压紧输送带使其增大与传动滚筒的包角。

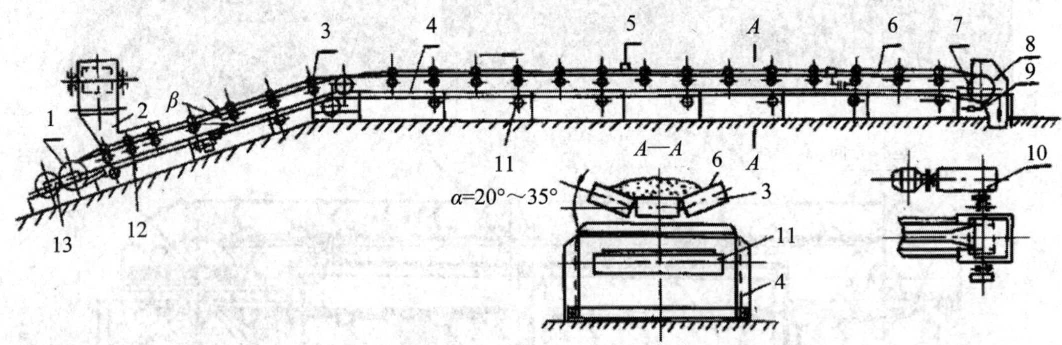


1—尾部(改向)滚筒；2—加料装置；3—上托辊；4—机架；5—安全保护装置；6—输送带；7—传动滚筒；8—卸料装置；9—清扫器；10—驱动装置；11—下托辊；12—缓冲托辊；13—拉紧装置

图 3.8　带式输送机工作原理图

#### 2. 垂直斗式提升粉体输送机

垂直斗式提升机用于垂直提升散颗粒状物料，它实际上是一个垂直运行的带式输送机。在胶带上等距离地用螺栓固定着用钢板或者尼龙制造的料斗，如图 3.9 所示，从提升机下部的加料溜槽加料，在提升机的顶部靠离心惯性力和重力卸料。料斗的形状应有利于装料和卸料。

在选用斗式提升机时应该注意以下问题：

(1) 运送的物料应该干燥、松散。如提升回用砂，一定要经过磁选、破碎和冷却处理，再均匀地送入加料溜槽中；

(2) 为了使物料直接流入料斗中，从加料溜槽到改向滚筒的中心线，应该有 3 个料斗柜，即应有 4 个料斗等待接料，加料溜槽与水平夹角应大于 60°；

(3) 选用时，应该根据物料的情况选择生产功率略大的型号，或者按照料斗容积的 60%

计算回用砂的提升量；

(4) 为了防止水汽凝结，斗式提升机的顶部应设置通风除尘装置，随时将热气和粉尘排出。

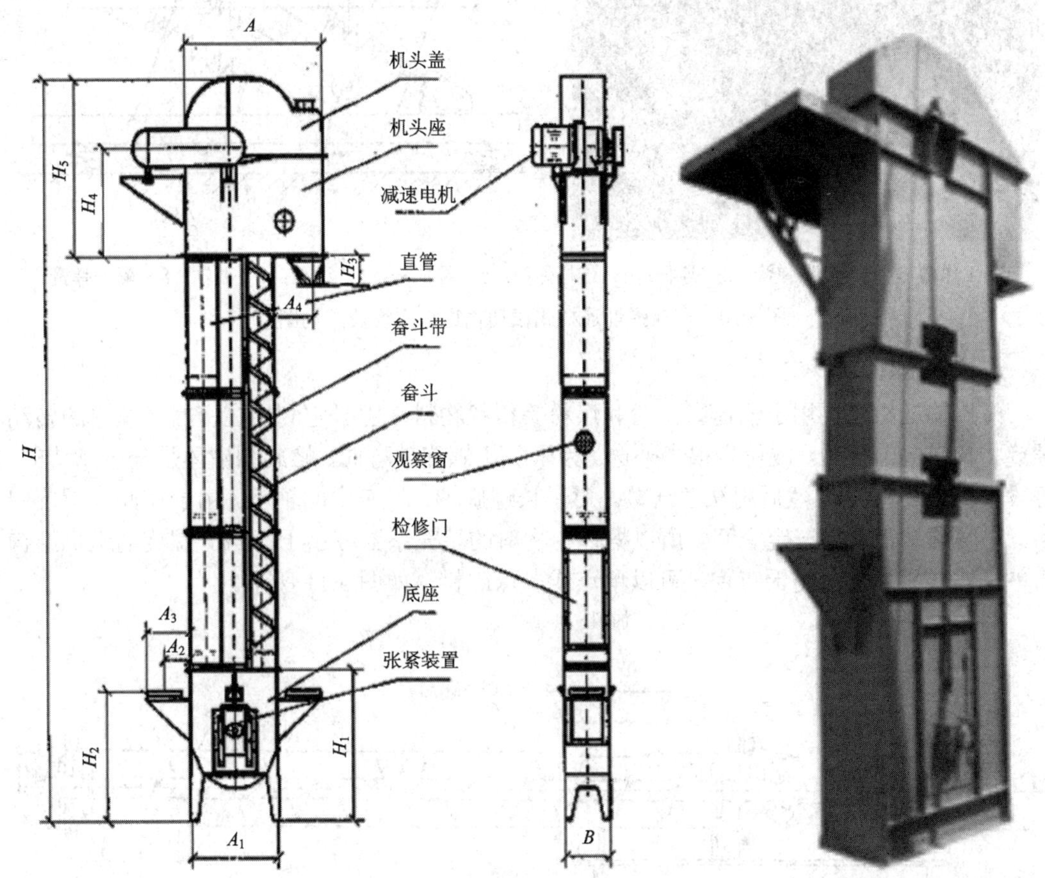


图 3.9　斗式提升机结构及实物图

### 3. 振动输送机

振动输送机是利用槽体的定向振动，将其上面的物料不断抛出并向前运送。由于槽体用钢板制成，故振动输送机常用于输送落砂后的热砂。若采用管状输送器，也可输送粉状物料。振动输送机属于中短距离的运输设备，在铸造工厂常用的有弹性连杆式和振动电机式两种。

弹性连杆式振动输送机的工作原理如图 3.10 所示。振动机的工作槽体用导向杆及主振弹簧与机架连接，机架经过隔振弹簧安装在基础上。装在机架上的电机通过 V 形胶带与曲柄轴连接；连杆的一端与曲柄铰接，另一端经过连杆弹簧与工作槽体连接，组成弹簧连杆激振系统。启动电机后，曲柄旋转使连杆往复运动，连杆通过其端部的弹簧使槽体沿导杆所确定的方向作近似于直线的振动，这样就使槽体上的物料连续向前运送。由于有隔振弹簧，可以减轻由于机架振动传给基础的惯性力。如果将机架直接安装在基础上，就是单质弹性连杆式振动输送机，这时工作槽体会引起基础振动。这种输送机适于输送回用砂，也可以在输送过程进行诸如筛分、冷却或烘干等工艺操作，输送距离一般为 10 m～50 m。

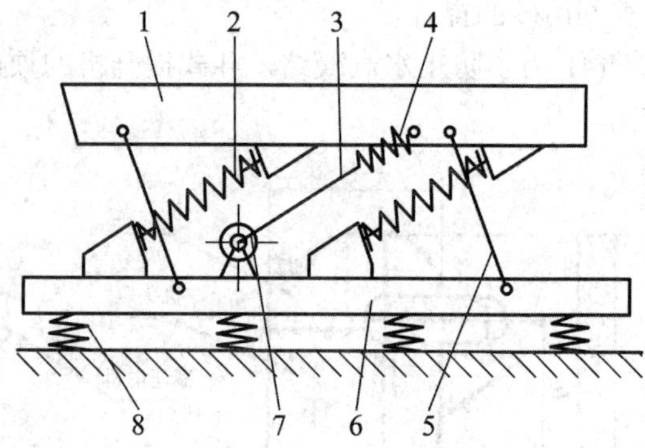


1—工作槽体；2—主振弹簧；3—连杆；4—连杆弹簧；5—导向杆；6—机架；7—曲轴；8—隔振弹簧

图 3.10　双质弹性连杆式振动输送机实物及结构图

### 4. 螺旋输送机

螺旋输送机主要用于输送黏土粉和煤粉等粉状物料，由于它利用在密封槽体内的转动螺旋将物料向前推送，故粉尘很少外逸。为了防止螺旋轴弯曲，螺旋和槽体是分段制造的，每段长约 2 m～3 m，然后用法兰连接。对于长螺旋轴，设有中间轴承。由于在此处螺旋中断，中间轴承又占据一定空间，所以槽体中物料的填充系数应小于 50%。螺旋输送机结构简单，外形尺寸小，便于布置，可以单点或多点卸料，如图 3.11 所示。

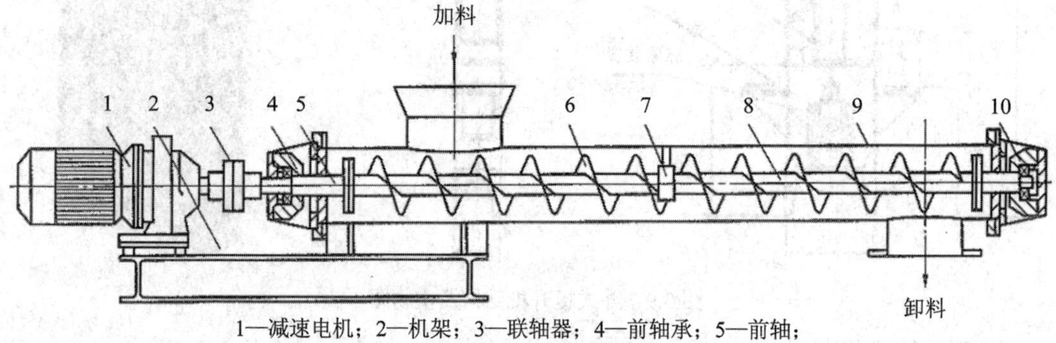


1—减速电机；2—机架；3—联轴器；4—前轴承；5—前轴；6—螺旋；7—中间轴承；8—后轴；9—槽体；10—后轴承

图 3.11　螺旋输送机工作原理图

### 5. 气力粉体输送机

气力粉体输送机一般由受料器(如喉管、吸嘴、发送器等)、输送管、风管、分离器(常用的有容积式和旋风式两种)、锁气器(常用的有翻板式和回转式两种，既可作为喂料器，又可作为卸料器)、除尘器和风机(如离心式风机、罗茨鼓风机、水环真空泵、空压机等)等设备和部件组成。受料器的作用是进入物料，形成合适的料气比，使物料启动、加速。分离器的作用是将物料与空气分离，并对物料进行分选。锁气器的作用是均匀供料或卸料，同时阻止空气漏入。风机的作用是为系统提供动力。真空吸送系统常用高压离心风机或水环真空泵；而压送系统则需用罗茨鼓风机或空压机。

气力粉体输送机是利用压缩空气通过真空发生器产生高真空实现对物料的运输，具有结构简单、体积小、噪音低、控制方便、易于除尘等优点。当压缩空气供给真空发生器时，真空发生器产生的负压形成真空气流，物料被吸入给料嘴，形成物气流，经过吸料管到达上料机的料仓内，过滤器把物料与空气彻底分离，物料从出料口流出。气力粉体输送机的工作原理见图 3.12。

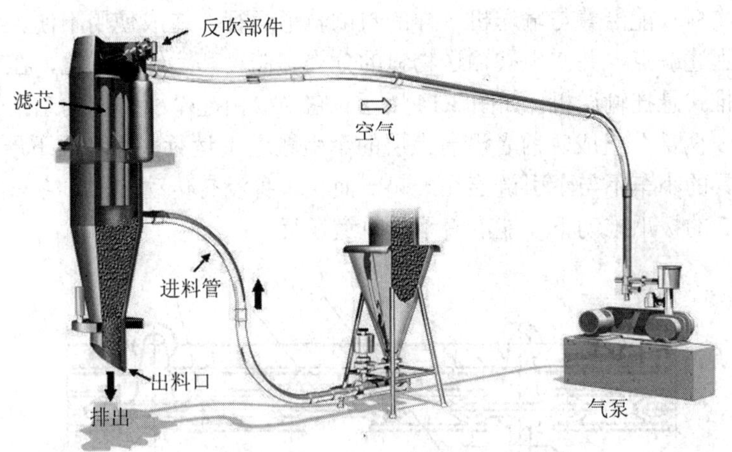


图 3.12　气体粉体输送机工作原理图

### 3.1.4　悬挂铸件及型芯输送机

#### 1. 悬挂输送机

悬挂输送机广泛应用于大量生产的铸造车间。它主要用于运送型芯和清理工部运送铸件。落砂结束后的红热铸件输送时可进行铸件冷却，也可用作铸件喷底漆及烘干。

(1) 普通悬挂输送机。

在架空轨道上，把许多承载吊具的行走滑车用链条连接在一起，可以组成悬挂输送机，如图 3.13 所示。它配有传动装置 2，使得悬挂在输送机上的载荷 6 能沿着架空轨道 4 连续地运行。悬挂输送机的轨道可在空间上下坡和转弯，布局方式自动灵活，占地面积小，输送的距离长，工作可靠。普通悬挂输送机广泛应用于机械、汽车、电子、家用电器、轻工、食品、化工等行业的大批量流水生产作业中。

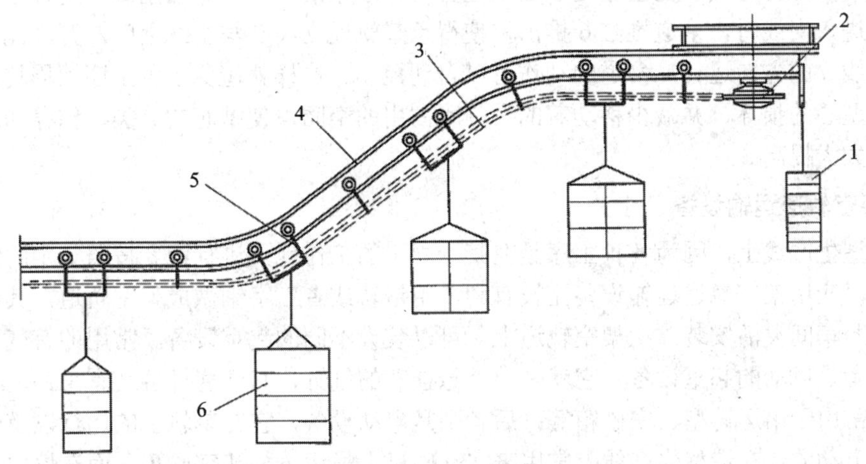


1—垂直式张紧装置；2—传动装置；3—牵引链；4—架空轨道；5—承载吊具的滑架；6—载荷

图 3.13　普通悬挂输送机结构图

(2) 推式悬挂输送机。

普通型悬挂输送机承载吊具的滑架和传动链条是在一起的，工作状态下不可以分开，使得被吊运的物料只能沿着与输送机一样的封闭轨道运行，造成使用不便。为了克服普通悬挂输送机的上述缺点，并实现被输送物料的分类、储存和运输自动化，在有些铸造车间中使用了一种推式悬挂输送机，如图 3.14 所示。它主要由起牵引作用的悬挂输送机 4 和承载吊具的小车 3 两部分组成，前者沿着上层的牵引轨道 1 运行，后者沿下层的承载轨道 5 运行。承载吊具的小车不与牵引链连在一起，而且本身没有传动装置，它只是在悬挂输送机的推进滑架 2 的拨爪推动下才能沿着承载轨道运行。

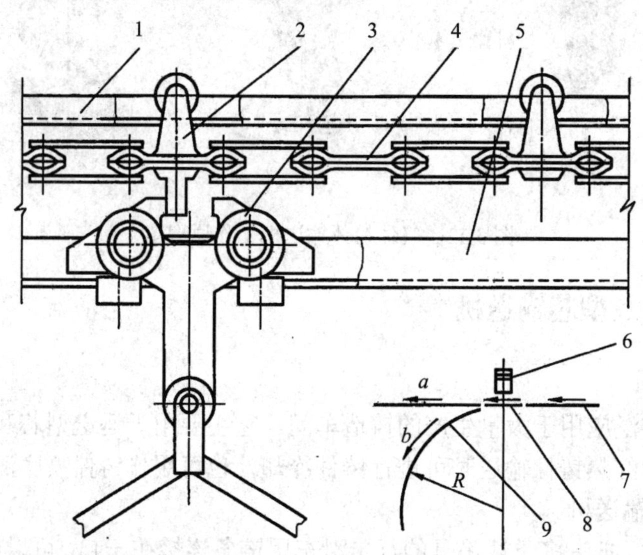


1—牵引轨道；2—推进滑架；3—承载吊具的小车；4—悬挂输送机；
5—承载轨道；6—岔道推缸；7—主线；8—岔道；9—支点

图 3.14　推式悬挂输送机结构图

利用小车能够脱离一条承载轨道进入另一条承载轨道的这个特点，可以灵活地安排小车带着载荷的运行路线。在岔道处于图示位置时，小车沿着箭头 $b$ 在主线上运行，当小车不再需要进入支线时，岔道推缸 6 推出，使得承载轨道支线 9 与主线之间断开，此后小车即沿着主线 $a$ 的方向运行，岔道的动作可以自动控制。这样就避免了各工序间周转时人工搬运及对型芯的损坏，并减少移动着的吊具所占用的空间，使型芯的分类、储存和运输自动化程度大大提高。

## 2. 架空轨道运输设备

在造型生产线上，因为各种工序是在某一固定的工作地点进行或者按照一定的线路工作的，所以应用架空轨道运输设备比较有利。用钢轨或者工字钢做成架空轨道，其结构简单，可以跨车间灵活安装。在架空轨道上，可以装设不同的起重设备。常用的有气吊和电葫芦，前者是风动的起重设备，它就是一个悬挂着的气缸，其活塞杆端装有吊钩，在造型生产线上常用于吊运铸型、空砂箱等；后者则是电动设备，它在单轨上的运行以及吊钩的升降都是电动的。在造型生产线上常用来在落砂机上吊运铸型和空砂箱，而在熔化、砂处理和清理工段中，则常用来运送炉料、型砂和铸件。

### 3. 起重机

在一些生产批量较小、铸件尺寸大的铸造车间，主要运送设备是桥式起重机或悬臂起重机。在生产批量大的造型生产线上，这些起重机还可以用来转运型芯、辅助浇注以及落砂等。

## 3.2　造型及制芯生产线的辅机

在自动化和半自动化造型生产线上，除了造型机外还有各种辅机，用来完成除加砂、紧实以外的其余辅助工序。这些辅机的类型很多，结构各异。辅机主要有：刮砂机、铣浇口机、翻箱机、落箱机、合型机、下芯设备和落砂设备等。为了保证这些辅机和主机能够协调、自动地运行，要求其结构有足够的强度，运行时动作迅速、平稳，拥有可靠的定位、缓冲，有良好的导向和密封等。零部件要有较好的通用性，便于制造和维护，这样才能保证整个铸造生产线高效、长时间运行。

本节主要介绍几种造型线上常见的辅机及装置。

### 1. 刮砂机、铣浇口机和扎气孔机

一般造型机都采用模板上带冒口棒和气孔针的办法来形成铸型的浇冒口和通气孔，但高压造型机及气冲造型机等所出的铸型强度很高，采用上述的方法效果不佳。另外在单机交替制作多品种砂型时，浇口与气孔的位置需要改变，这些情况下配置刮砂机、铣浇口机和扎气孔机显得至关重要。

对于中、低压造型机，常在出箱侧装设犁形刮砂机，当造好的砂型通过其下方时，即将砂型刮平。对于高压造型机，需装设旋转刮砂机，它是一个电动机带动镶有数个叶片刀的转子，转子的转动方向与砂型移动方向一致，铸型通过其下方时，砂面即被叶片刀削平。

铣浇口机是用高速旋转的成形刀刃切削硬度较高的砂型，做出浇口杯的形状，刀刃的旋转可以气动或者电动。根据其在造型线上的布置位置采用不同的形式，如在上箱翻转前用上铣式，翻转后则用下铣式。

通气孔可用扎气孔机的气孔针扎出，但是气孔细而深时，排气效果不佳，此时则需用气动钻代替气孔针方可满足要求。

### 2. 翻箱机

翻箱机的作用主要是将造好的下型翻转 180°，使得型腔向上，便于砂芯的放置。有的上型也需要翻转，目的是检查砂型有无缺损、修型和翻落浮砂，然后再翻转回原来的状态。翻箱动作可以是手动或自动。

#### 1) 手动翻箱机

手动翻箱机用人工翻转 180°，可用于简单的机械化造型中，使用它的砂箱必须要有箱把。有的工厂也把类似的一种叉形翻箱机构装设在小件脱箱造型机的震击机构两侧，造型完成后，翻箱托叉升起拖住双面模板的转轴，这样可以减轻手工翻箱的劳动强度。

#### 2) 自动翻箱机

自动翻箱机常采用通过式、差高式、下降式以及 90°转向等翻箱方式。这类翻箱机通常采用较为经济的压缩空气作动力，并采用良好的油液缓冲，控制系统较为简单，动作平

稳。有的翻箱机采用气缸中心定位夹紧，并且是对中翻转，转动惯量小，故工作十分可靠。

### 3. 落箱机

落箱机主要用于把已翻转的下型或已合完型的铸型平稳地放置到铸型输送机上。其动作不多，结构也比较简单。按其落箱升降缸装设的位置、边辊道的结构和开合方式等可以组合为多种形式。

图 3.15 所示是上抓式落箱机。当砂箱进入机械手 5 上的边辊时，升降缸 3 带动滑动梁沿立柱 6 下降，使砂箱放在铸型输送小车上。落箱后，机械手缸将机械手张开，接着升降缸上升，然后机械手缸使机械手合拢复位。

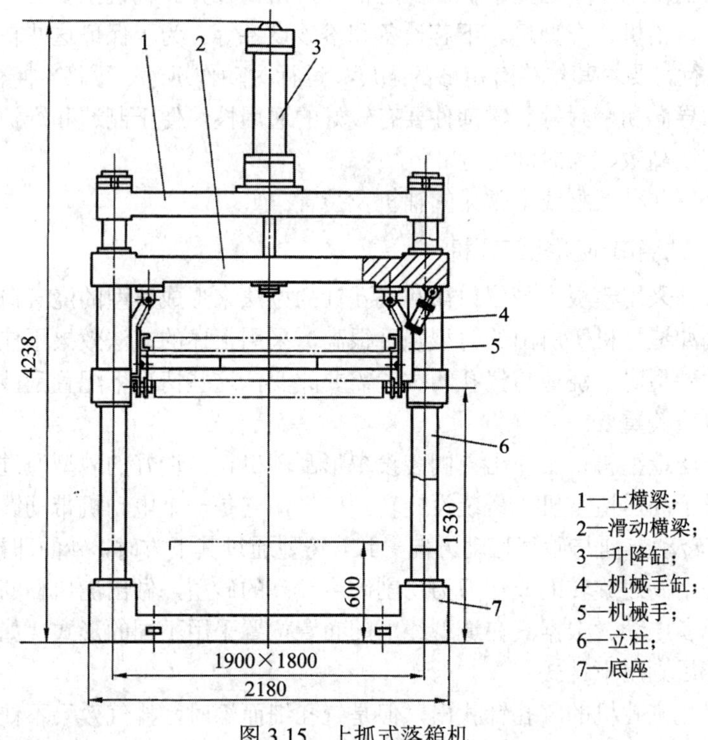


图 3.15　上抓式落箱机

### 4. 合型机

在造型线上的各辅机中，合型机处于非常重要的地位，因为合型的质量优劣，直接关系到铸型乃至铸件的好坏。设计合型机应该满足在合型过程中，上、下砂型要对得准确；动作平稳，无冲击；动作迅速灵活，能与主机及其辅机协调，充分发挥生产线的效率。在造型生产线上常使用的合型机有静态合型机和动态合型机两类。

#### 1) 静态合型机

静态合型机是在合型过程中，上、下砂型在水平方向没有运动。这种合型方式动作准确，容易保证质量，机器结构也较简单，目前被普遍采用。静态合型可在辊道上进行，也可直接在脉动式铸型输送机上进行。前一种情况是在辊道上合型好，再通过落箱机将已合拢的上下型放在连续式铸型输送机小车台面上。也可使合型、落箱两个工序由同一台机器完成，通常称为合型-落箱机。后一种情况多用于脉动式铸型输送机上，因为可以直接在输送机小车上进行合型。这样，就不需放置单独的合型辊道和落箱机，使造型生产线的布置简化紧凑，并可克服在辊道上来回运送铸型而造成塌型和错箱的弊病，适合于型芯重而复杂以及尺寸大的铸型。

图 3.16 所示是上抓式合型机。它有两只可以开合的上型辊道 13，在滑动梁 4 的两侧上方固定了两只合型销缸 15，它们的中心距正好等于砂箱销孔的中心距。立柱 12 下部装有下型辊道 10，它们浮动地支承在四颗钢球 9 上，在合型时，辊道连同下型可以在水平方向几毫米的范围内浮动，这样可以提高精度和减小合型销的磨损。上型进入合型机械手后，合型销缸 15 的合型销 14 立即插入上箱销孔。此时下型早已进入合型位置，合型缸 1 推动滑动梁 4 下降，合型销缸的合型销又插入下箱销孔，实现合型。直至上型边辊脱离上箱箱翼之后，合型销缸随机将合型销退出销孔，机械手张开上升复位，同时推杆推入另一个下型，并将合型后的铸型推出。采用此种合型机的铸型仍需要设箱销，否则容易产生错箱。

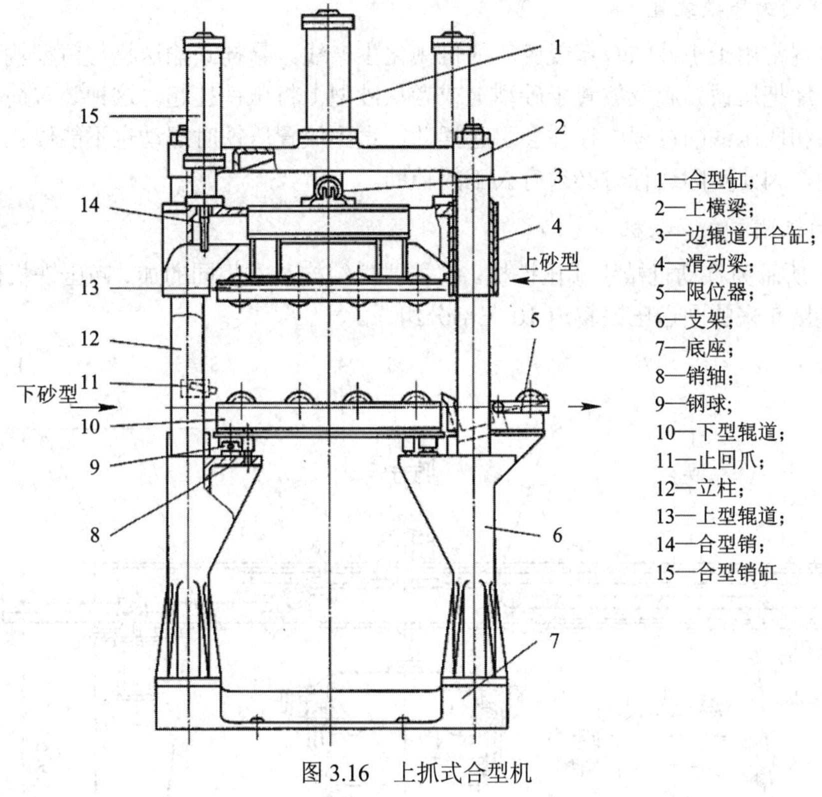


图 3.16　上抓式合型机

2) 动态合型机

动态合型是上、下砂箱在水平方向运动的过程中进行合型。为了保证合型准确，合型时，上、下砂箱在水平方向的运动必须同步，并准确而平稳地合在一起，因此这就导致动态合型机结构复杂，且较难保证动作平稳和准确，易出现故障。尽管曾使用多种形式的动态合型机，但均易出现故障，所以实际生产中运用得较少。

并不是所有的造型生产线上都需要合型机，如消失模振动负压造型或者垂直分型射压造型等生产线，前者只需要一个砂型，并且用的全是无黏结剂的干砂；后者虽然有两个砂型，但是制造后一个砂型时，推杆将砂型推出后便与前一个砂型紧靠合型，因此也不需要在其生产线上添加合型机。

### 5. 下芯设备

目前，由于型芯的尺寸、形状、数量及下芯方式和位置各不相同，下芯工序机械化和自动化难以解决，所以大多数造型生产线的下芯工作还处于半自动化，仍需要手工辅助完成。型芯的吊运可以通过推式悬挂输送机运送至下芯工位，再由小型起重机将其吊运至下型上并缓慢放入型腔内部，此时的定位往往需要人工完成。

### 6. 压铁设备

已合型的铸型在浇注前，为了克服浇注时液体金属的抬箱力，需要加放压铁。浇注了的铸型冷却到一定温度后，需将压铁取走以备循环使用，因此造型线上就出现了压铁机，主要用于加压铁、取压铁和运输压铁。

1) 吊链式加压铁装置

此种装置常用于小件的有箱或脱箱的机械化生产线。悬挂式输送机与铸型输送机同步进行，自动地把压铁升起及放置于砂型上或者从砂型上将压铁挂起。这种装置简单易行，但是加压铁和取压铁的过程中往往会引起摆动，直到放置压铁时摆动也不能停止，严重时会破坏砂型，因此实际运行时必须有人工的辅助。

2) 移动机械手式压铁机

图 3.17 所示为移动机械手式压铁机。它主要由结构基本相同的加、卸压铁机械手 3、9 和把它们连接起来的回送压铁辊道 10 三部分组成。

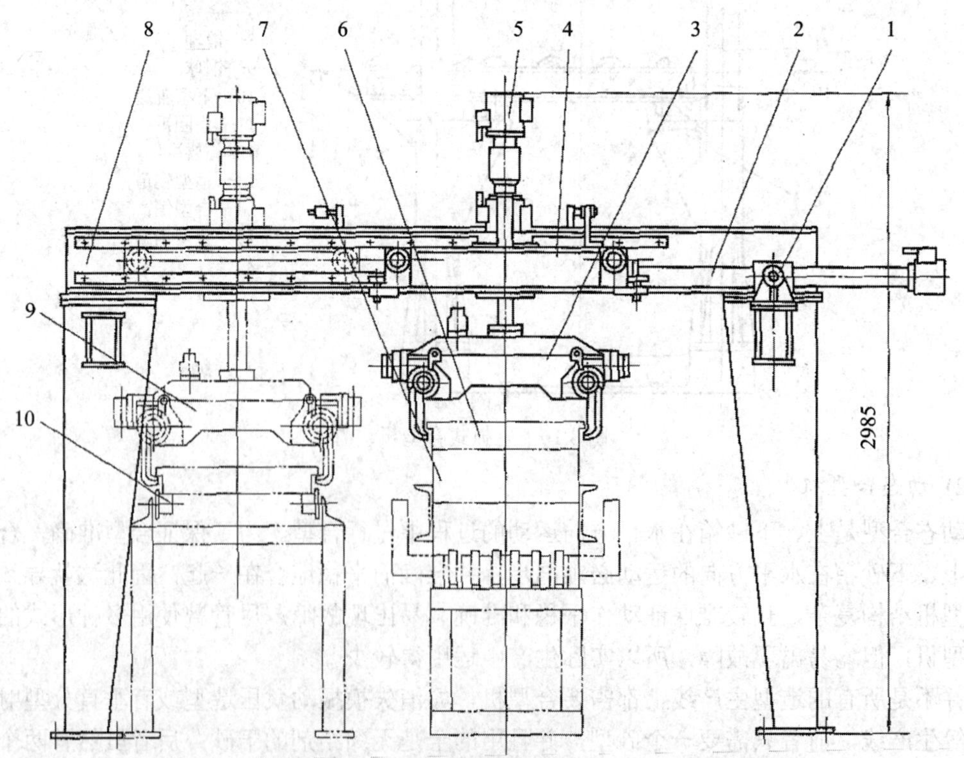


1—铰支座；2—移动缸；3—加压铁机械手；4—移动小车；5—提升缸；6—压铁；7—铸型；8—机架；9—卸压铁机械手；10—回送压铁辊道

图 3.17　移动机械手式压铁机

工作时，卸压铁机械手 9 从浇注冷却后的砂型上抓起压铁 6，放置到回送压铁辊道 10 上，由它将压铁一块一块地移送到加压铁机械手 3 下方。提升缸 5 下降，机械手合拢抓起压铁，提升缸升起的同时移动缸 2 缩回，将压铁 6 带到铸型 7 上方，提升缸 5 下降，同时机械手张开将压铁加在铸型上，之后上升复位。移动缸伸出准备抓取下一块压铁，卸压铁机械手 9 的动作与之前相同。

**7. 自动落砂装置**

自动落砂装置指的是把铸型从砂箱中取出，并分别把空砂箱及铸件送出的装置。对于无箱造型，则仅是指待落砂的铸型由铸型输送机送出的装置。

1) 无箱铸型的落砂装置

普通无箱铸型的落砂，因为没有回送砂箱的问题，所以工序简单。在落砂处用推杆将铸型由输送机上推入落砂装置即可，易于实现自动化。

2) 有箱铸型的落砂装置

对于有箱铸型，为了便于实现落砂自动化，在同一条生产线上应尽可能使用统一尺寸的砂箱和无箱挡的砂箱，这样可以利用捅箱机或者铸件顶出机对铸型进行落砂。捅箱机是将铸型自上而下从砂箱中捅出的装置，可以在半自动化造型生产线上采用捅箱机的自动落砂装置。这种方法的优点是结构简单，噪声小、生产效率高，砂箱不受振动冲击；缺点是推型时砂箱下平面与小车台面相互摩擦，不仅使铸型输送横向受力，而且使砂箱箱口产生磨损。铸型顶出机是把铸型由上而下捅落到落砂机上。而为了不摔坏薄壁的铸件以及需要在型砂包覆下延长冷却时间的铸件，则最好采用铸型自下而上顶出砂箱的顶出机。

**8. 其他辅助设备**

造型生产线上还有很多其他辅助设备，如分箱机和换向机分别用来实现分箱和改变砂箱运行的方向；小车台面的清扫机及将造好的型芯和芯盒翻转的翻芯机；用于型芯组装的组装机；将烘干后的型芯分型面磨平的磨芯机；洗涤烘芯板的清洗机等。

## 3.3 造型和制芯工段的布置及生产线

造型生产线是根据铸件生产的工艺要求，按一定的工艺流程，将选定的造型机以及相应的辅机，用适宜的运输设备、浇注设备以及落砂设备联系起来而组成的。设计与选用造型生产线就是根据生产线的生产纲领及其要求的不同，在进行工艺分析的基础上选用造型机、辅机及其他设备，并进行生产管理。

### 3.3.1 造型生产线布置的原则

造型生产线布置的原则如下：

(1) 生产线的布置要根据实际条件和具体要求来决定，切不可一味追求先进性而盲目提高机械化和自动化程度；

(2) 生产线所选的铸造工艺必须经过试验，已证明是切实可行的，并经过可行性论证，应满足生产纲领要求；

(3) 生产线尽量实现浇注机械化，这不仅能使铸造工人从危险和繁重的劳动中解放出来，而且能提高生产线的利用率；

(4) 注意解决造型生产线中各工序的生产平衡问题。发挥主要设备的最大生产能力，应使各工序、各个工部的设备能相互配合，运输形式宜采用柔性连接，或在工序间增设缓冲环节；

(5) 生产线各机械传动方式宜采用电动、液动、气动机械和油阻尼的综合传动，并有自动润滑系统，且控制系统宜采用分散控制；

(6) 生产线有较高的可维护性；

(7) 有良好的建筑适应性，占地面积小，在场内没有大的动载荷及地坑。

(8) 应尽量降低能耗，注重环保以及减轻工人劳动强度。

## 3.3.2　简单机械化和机械化的造型生产线

### 1. 用连续式铸型输送机组成的造型生产线

(1) 造型机成组布置的生产线。由成组布置的造型机分别造上、下箱，用单轨气吊在输送机上进行下芯、合型。浇注、落砂后的空砂箱则由辊道送回造型机旁继续使用。

(2) 造型机成对布置的生产线。该类型的生产线特别适合较大一些的砂型和下芯工作量大的情况。因为它设有下芯及合型用的辊道，铸型造好后，先放在这些辊道上修型、下芯及合型，然后再吊运到铸型输送机上。

### 2. 用辊式输送机组成的生产线

用铸型输送机组成封闭环式的生产线，对实现连续生产是有利的，但是它要求造型与熔化相平衡，铸型输送与浇注相平衡。如果熔化不是用冲天炉连续进行，而是间歇地用电炉炼钢，或坩埚炉化铜，则有可能发生熔炼期间铸型造好后无处放置；在浇注期间却又由于输送机按照一定速度前进而不适当地拖长浇注时间，使后浇的铸型因浇注温度过低而产生废品。在这种情况下，使用辊式输送机或者辊道将有利于均衡地组织生产。另外，还有用辊道组成的造芯生产线。

## 3.3.3　半自动化造型生产线

### 1. 半自动化造型生产线布置的要求

(1) 在满足铸造工艺要求的前提下，应力求线路布置简单、通畅，占用厂房面积和空间小，基建投资小；

(2) 全线辅机种类应该压缩到最低限度，辅机动作少且准确可靠；

(3) 生产线使用的动力种类应尽量减少，控制方式也应统一，便于操作和维修。

(4) 生产线中各个环节间应留有充分余地，构成弹性连接。

### 2. 半自动化生产线布置的类型

(1) 造型机的台数。

一般造型线上都设置一对造型机，分别造上、下型。在生产较大的砂型，而且产量要求不很高的情况下，也可以只用一台造型机交替制造上、下型。

(2) 封闭或者开放式生产线。

封闭式造型生产线是由连续式或脉动式铸型输送机组成不间断的环形流水线；开放式造型生产线是采用间歇式铸型输送机组成直线分布的流水线。

封闭式造型生产线和开放式造型生产线相比有如下特点：开放式对铸型来说能形成一个合适的储存段和较为灵活的冷却段，而封闭式无法做到；开放式布线较灵活，受车间限制少，而封闭式布线受车间限制较大；封闭式铸型转运少，辅机类型少，对控制系统较为有利，开放式则正好相反。

(3) 串联与并联。

按照造型机与铸型输送机位置的不同，有串联和并联两种布置方式。造型机可以布置在线内或线外。

串联式布线的特点是造型好的上型从造型机到合型机之间的运行方向，与造型段或下芯段的铸型输送小车运行方向平行或者重叠。

(4) 冷却段的结构。

根据浇注后铸件要求的冷却时间以及厂房布置的限制，生产线的冷却段布置可以有不同的结构形式，大致有单线式、同速多排式、异速多排式和多排顶出式(见图 3.18)。

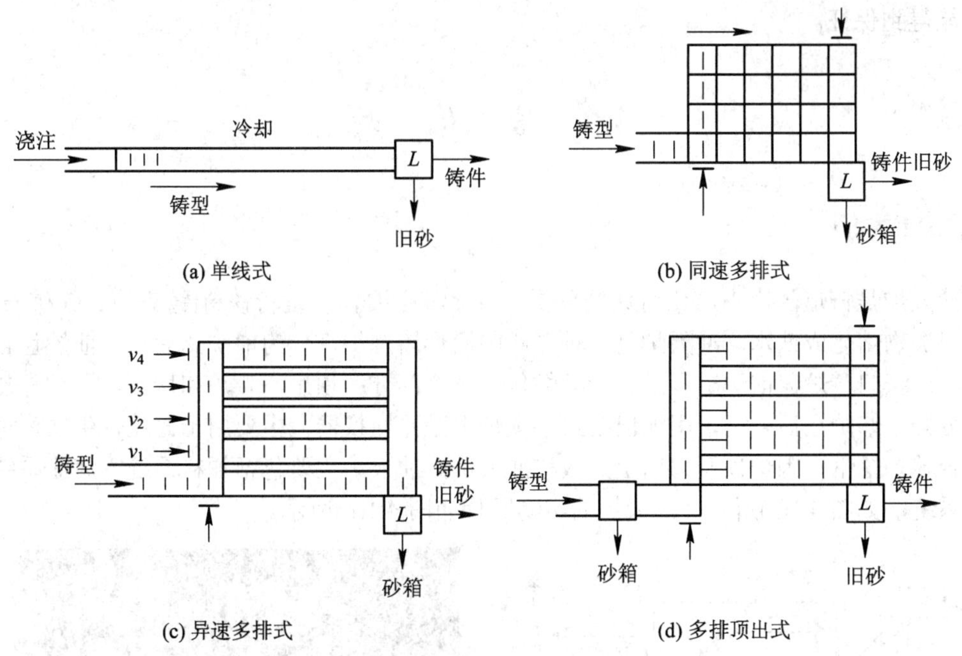


图 3.18　冷却段的结构形式

# 第 4 章　熔化工部机械化设备

铸造车间的熔化工段，从炉料的准备到冲天炉配料、加料以及浇铸工作，环境恶劣，温度高，工作十分繁重。其机械化与自动化对于改善工人劳动条件，提高劳动生产效率，保证铁水及铸件的质量具有重大意义。机械化浇注易于控制浇注温度与浇注速度，有利于减少铸件的缺陷，提高铸件质量。近年来，出现了不少半自动化及自动化浇注设备，代替了原来的悬轨浇包，改变了浇注温度高，劳动条件差、强度大的情况，而且可以降低浇注废品率，减少铁液浪费，提高铸件成品率。现代化浇铸车间中，炉料的准备采用了各种机械化的设备，冲天炉的配料和加料实现了机械化和自动化，大大提高了生产效率。电子计算机控制深入到冲天炉配料自动化设备，使得炉料的成分更加准确，铁水质量更能得到保证。

## 4.1　熔　化　炉

### 4.1.1　冲天炉

冲天炉是铸造生产中熔化铸铁的重要设备，其主要作用是将铁料(铸铁块、铁矿石)和一些附加物熔化成铁水。冲天炉是一种竖式圆筒形熔炼炉，分为前炉和后炉。前炉包含出铁口、出渣口、炉盖前炉缸和过桥。后炉包含三个部分：顶炉、腰炉和炉缸。腰炉与热风围管分开，修炉之后合上，用泥巴密封。顶炉上是热交换器，主要用于铸铁件生产，也用以配合转炉炼钢，因炉顶开口向上，故称冲天炉。冲天炉主要包括加料系统、熔化系统和除尘系统，如图 4.1(a)所示。冲天炉的实物照片如图 4.1(b)所示。

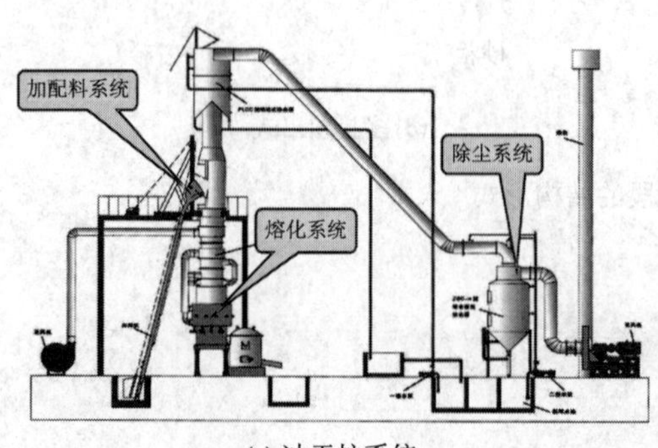


(a) 冲天炉系统

(b) 冲天炉工作现场

图 4.1　冲天炉系统的结构及实物图

冲天炉的工作过程为：先将一定量的煤炭装入炉内作为底焦，底焦高度一般在一米以上。点火后，将底焦加至规定高度，从风口至底焦的顶面为底焦高度。然后按炉子的熔化率将配好的石灰石、金属炉料和层焦按次序分批从加料口加入。在整个开炉过程中保持炉料顶面在加料口下沿。经风口鼓入炉内的空气同底焦发生燃烧反应，生成的高温炉气向上流动，对炉料加热，并使底焦顶面上的第一批金属炉料熔化。熔化后的铁水下落到炉缸的过程中，被高温炉气和炽热的焦炭进一步加热，这一过程称为过热。随着底焦烧失和金属炉料熔化，料层逐渐下降。每批炉料熔化后，燃料由外加的层焦补充，使底焦高度基本上保持不变，整个熔化过程连续进行。炉料中的石灰石在高温炉气的作用下分解成石灰和二氧化碳。石灰是碱性氧化物，它能和焦炭中的灰分和炉料中的杂质、金属氧化物等酸性物质结合生成熔点较低的炉渣。熔化的炉渣下落到炉缸，并浮在铁水上。

在冲天炉内，同时进行着底焦的燃烧、热量的传递和冶金反应三个重要过程。根据物理、化学反应的不同，冲天炉以燃烧区为核心，自上而下分为：预热带、熔化带、还原带、氧化带和炉缸等五个区域。由于炉气、焦炭和炉渣的作用，熔化后的金属成分也发生一定的变化。在铸铁的五大元素中，碳和硫一般会增加，硅和锰一般会烧损，磷则变化不大。铁水的最终化学成分，就是金属炉料的原始成分和熔炼过程中成分变化的综合结果。冲天炉主要应用于钢铁、冶金、矿山等行业。

冲天炉的基本结构如图 4.2 所示，炉身为钢板弯成的圆筒，内部砌以耐火砖炉衬。炉身上部有加料口、烟囱、火花罩，中部有热风胆，下部有热风带，风带通过风口与炉内相通。从鼓风机送来的空气，通过热风胆加热后经风带进入炉内，供燃烧使用。风口的下方是炉缸，熔化的铁液及炉渣从炉缸底部流入前炉。前炉上主要由炉身、炉盖、出渣口和出铁水口组成。

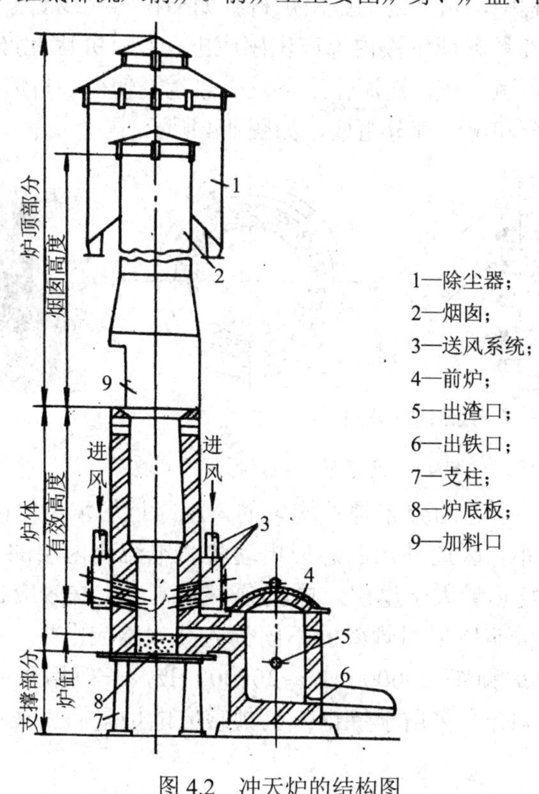


1—除尘器；
2—烟囱；
3—送风系统；
4—前炉；
5—出渣口；
6—出铁口；
7—支柱；
8—炉底板；
9—加料口

图 4.2　冲天炉的结构图

### 4.1.2　电炉

感应电炉熔炼是利用交流电感应的作用，使坩埚内的金属炉料本身发出热量，将其熔化并进一步使液态金属过热的一种熔炼方法。感应电炉根据构造可分为有芯式和无芯式两种。有芯式感应电炉完全按照变压器的原理工作，感应线圈绕在一个硅钢片叠成的闭合铁芯上，作为变压器的初级线圈，炉子底侧有一条充满金属的熔沟环绕感应线圈，相当于变压器的次级线圈，如图 4.3 所示。有芯炉电效率、热效率和功率因数都比无芯式的高，占地少，但是起熔时间长，对熔沟耐火材料的要求高，修筑炉麻烦，更换铁液成分比较困难。

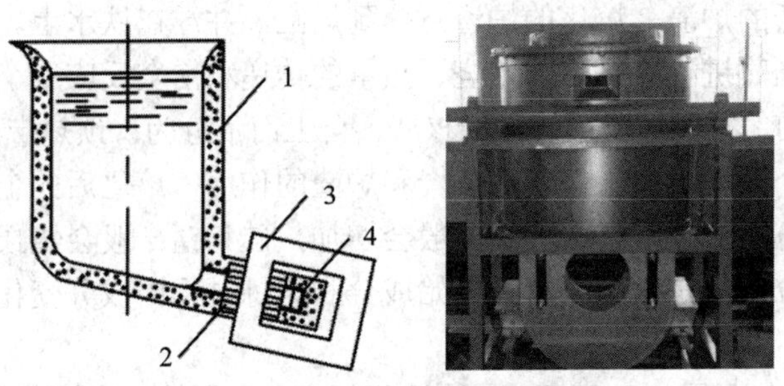


1—坩埚；2—感应线圈；3—铁芯；4—熔沟

图 4.3　有芯感应电炉原理及实物图

炼钢用的无芯式感应电炉，其工作原理是在一个耐火材料修筑成的坩埚外面，有螺旋形的感应器。在熔炼过程中，坩埚内的金属炉料犹如插在感应线圈中的铁芯。当线圈通交流电时，由于感应作用在炉料或钢液内部产生感应电动势，并因此产生感应电流(涡流)。由于炉料或钢液本身有电阻，故在涡流作用下发出热量，使得炉料熔化或钢液过热。无芯感应电炉主要由炉体部分和电气部分组成，如图 4.4 所示

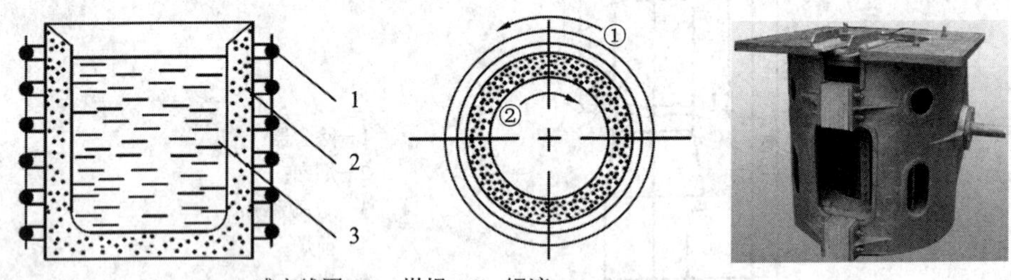


1—感应线圈；2—坩埚；3—钢液

图 4.4　无芯感应电炉原理及实物图

在炉料(钢液)内部，磁通的分布是不均匀的，越靠近坩埚壁，磁通量密度越大，越靠近坩埚内部，密度越小，因此外部的感应电动势和电流比内层的大，即“集肤效应”，使得炉料(钢液)外层的发热量大于里层。电流频率越高，集肤效应越明显，因此电流频率与坩埚直径要适应。依照所采用频率的不同分为高频感应电炉、中频感应电炉、工频感应电炉。高频感应电炉频率 200000 Hz～300000 Hz，一般用于科学实验研究；中频感应电炉 500 Hz～2500 Hz，多用于炼钢；工频感应电炉采用工业用电频率 50 Hz，一般用于冶炼铸铁。

由于感应电炉的感应器是一个很大的电感，再加上磁通是经过空气闭合的，所以感应电炉的无功功率相当大，功率因数低，一般只有 0.1～0.11，因此必须采用相应的电容器与感应器并联，以补偿无功功率，提高功率因数。

电炉筑炉及生产工艺如下：

(1) 筑炉。酸性感应电炉的炉衬所用耐火材料是硅砂，黏结剂一般为硼酸和水玻璃。碱性感应电炉的耐火材料为镁砂，黏结剂为硼酸和水玻璃。

(2) 炉料及装料。酸性感应电炉由于不能脱磷和脱硫，因此所用的炉料必须是低磷和低硫的。酸性感应电炉通过造碱性炉渣能起到脱磷、脱硫作用，炉料的含磷含硫量可以稍高一些，但脱磷、脱硫能力远低于碱性电弧炉。感应电炉炼钢一般不采用氧化法。由于没有氧化脱碳沸腾冶炼手段，故应减少气体和杂质物的来源。炉料的化学成分应该明确，并要求精确的配料，炉料不应过大或过小，原则是使炉料装得紧实，以利于导磁导电。

(3) 为了加速炉料的熔化，一般来说，大炉料应装在坩埚壁附近，小炉料应装在中间或者炉底，因为靠近坩埚壁处炉温高，中心部分和炉底部分温度较低。大炉料的空隙中间用小块料填充。

(4) 熔化。炉料装好后就可以通电熔化。刚开始 10 min 内用小功率，以防电流波动太大，待电流稳定后，就可以增大功率，直至炉料全部熔化或过热。当大部分炉料熔化后，加入造渣材料，生成炉渣。常用的造渣材料分酸性和碱性。酸性造渣材料：造型用新砂 65%、碎石灰 15%和氟石粉 20%，也可以用玻璃碎片。碱性造渣材料：石灰石 80%和氟石 20%。

炉渣的作用主要有：

① 收集与清除钢液中的杂质。钢液中的杂质来源有炉料中的杂质，金属元素被氧化而生成的氧化物，以及被侵蚀或者碰掉的炉衬材料。杂质与造渣材料化合成为炉渣，由于其密度小，浮在钢液上面并与金属液分离。

② 去除钢液中的有害元素 S 和 P。

③ 控制钢液的氧化和还原。

④ 保护钢液不被大量氧化和免受气体侵入。

⑤ 炉渣导热性差，漂浮于钢液表面，避免钢液大幅降温。

(5) 脱氧出钢。采用不氧化法炼钢时，炉料熔清后就可以进行脱氧。一般采用将脱氧剂(硅铁、锰铁)直接加入钢液中进行脱氧(沉淀脱氧)。脱氧后进行钢液化学成分的调整，随后插入 Al 进行最终脱氧。脱氧结束后，钢液即可出炉。

## 4.2　备料机械

炉料(包括生铁锭、回炉废旧铸铁、浇冒口、焦炭和石灰石等)在加入冲天炉前都需要经过一系列处理。回炉废旧铸铁及浇冒口需要用清理滚筒清除黏附于其上的砂粒；生铁锭及大块废铸件需要用压断机或者落锤破碎成小块；焦炭需用平筛或滚筒筛筛去小块焦炭。因为小块的焦炭不利于其在冲天炉内下落，过小的焦炭会增加送气阻力，使风不能到达炉中心，造成中心燃烧恶化，增加焦炭用量，降低铁液温度；石灰石则需要用颚式破碎机碎成小块。

### 4.2.1 生铁压断机

**1. 偏心轴式生铁压断机**

偏心轴式生铁压断机主要由电机、偏心轴、导轨、滑块、刀座、轧刀和机架等组成。电动机产生的动力经过减速，传递至偏心轴，再经过导轨，将旋转运动变成往复运动，作用在轧刀上，把生铁锭压断。

**2. 液压式生铁剪断机**

液压式生铁剪断机(见图 4.5)的主要部件有电机、液压泵、控制阀、液压缸、机架、工作活塞、刀架和压料板等。电机经过液压泵产生高压液体，由控制阀控制其流入或者流出液压缸。缸体由两个半销轴安装在机架上的剪切缸支座上，活塞杆的头部采用销轴与刀架连接，当压力油进入油缸作用在活塞杆上时，活塞杆在缸体内作往复运动，带动刀架绕刀架轴转动，完成剪切及剪切回程运动。

图 4.5　液压式生铁剪断机图片

**3. 气锤式生铁压断机**

气锤式生铁压断机用压缩空气作为动力，通过气缸将锤头提起，然后在气缸推动下靠锤头快速下落的动能将生铁锭击断。气锤式生铁压断机结构简单，操作方便，但是噪音大，打击力小，往往需要打击多次才能将生铁击断。同时，生铁击断时常伴有小铁屑飞出，容易伤人。

### 4.2.2 落锤

大的废铸件一般采用落锤破碎。落锤上的重锤通常悬挂在与滑块铰接的吊钩上。启动卷扬机，钢丝绳拉吊钩上升，将重锤提升到一定高度，当吊钩碰到挡铁时吊钩旋转，重锤自动脱钩落下，将放在砧铁上的废旧铸件击碎。

落锤一般设置在铸造车间外面，以免锤击时产生的震动影响厂房内设备。为了防止破碎的碎铁飞溅伤人，支架的周围要用木板做成防护栅。有的铸造车间的露天料场不用卷扬机提升重锤，而是用电磁盘吸住重锤吊升到废铸件上面，放落下来，砸碎铸件。

## 4.3　冲天炉配料及加料机械化

在冲天炉的配料工作过程中，用手工作业搬运及称量物料劳动量很大。在机械化程度比较低的车间，有的用带台秤的小车，在日耗柜前的铁轨上来回移动，用人工从日耗柜中取铁料，劳动强度大。在现代化的铸造车间，所有这些繁重的劳动都被现代化的设备代替。配料的方式按铁料的取运及称量方法不同，可以分为电磁配铁秤配料(称量及搬运)和用固定的或移动的小车称量斗配料。焦炭和石灰石则大都应用称量计配料。

对于冲天炉配料工作，经过破碎或过筛的碎料、焦炭和石灰石等分别存放在炉料日耗柜中，配料时首先从这些日耗柜中取出炉料；其次进行称量，按照配料所要求的比例将各种炉料精确称量，这是保证铁水成分准确的重要条件；最后运送至加料机的料桶或铁料翻斗。

冲天炉的加料是将配好的炉料(包括铁料、焦炭和石灰石等)提升至装料口并装入炉中，比较常见的加料机有爬式加料机和单轨加料机。

### 4.3.1　冲天炉配料机械化

#### 1. 电磁配铁秤配料设备

(1) 电磁配铁秤。

电磁配铁秤的电磁盘在吊车上(见图 4.6)，当电磁盘从铁料日耗柜中吸取铁料时，用一电传感器测量所吸住铁料的质量，通过电子电位差计及控制屏，调节电磁盘中的电流，使所吸住的铁料等于预定的质量，然后通过吊车移动将所吸住的铁料运送到加料机中去。

电磁配铁秤是炉料仓库中常见的一种工具。它利用电磁的力量吸住铁料，铁料在电磁盘吸引状态下被运送，断电则卸料。铁料质量的检测元器件是一个拉力传感器，其作用就是将物料质量转变为电信号，当这个信号传至驾驶室中的电子电位差计后，经过一个自重调零装置除去电磁盘的质量，就可以直接在仪表中读出所吸引铁料的质量。

图 4.6　电磁配铁秤图片

电磁配铁秤的配料过程要求电磁盘吸取一定质量的铁料，并不能靠给电磁盘一定大小的激磁电流来实现。因为铁料的形状、堆积状态差异很大，而且不同的铁料磁导系数不同，其磁阻值也不相同，所以用一定大小的激磁电压加于电磁盘上去吸引同样的铁料时，吸引到电磁盘上的铁料质量往往存在较大的差异。同时，这种方式吸引的铁料在转运的过程中，处于边缘处的铁料经过震动容易掉落而发生安全事故。为此，在实际操作过程中，先使得电磁盘吸引铁料的值大于预定值，再通过降低电磁盘的电流将超重的铁料慢慢放掉，直至达到预定值，这种方法称为慢放料。

慢放料的工作原理如图 4.7 所示，首先将开关 $S_1$ 闭合，电磁盘通电，产生强大的磁场，吸住足够多的铁料。然后将 $S_1$ 断开，闭合 $S_2$ 开关，电磁盘线圈通过一个电阻 $R$ 放电(见图 4.7(a))，这时点磁盘中电流按指数衰减，如图 4.7(b)所示。当电磁衰减到一定程度时，电磁盘最下面的铁料就开始不受磁力控制而下落。当达到预定质量后，再将开关 $S_1$ 闭合，$S_2$ 断开，则电磁盘通电，产生强大的磁力将尚未掉落的铁料牢牢吸住。

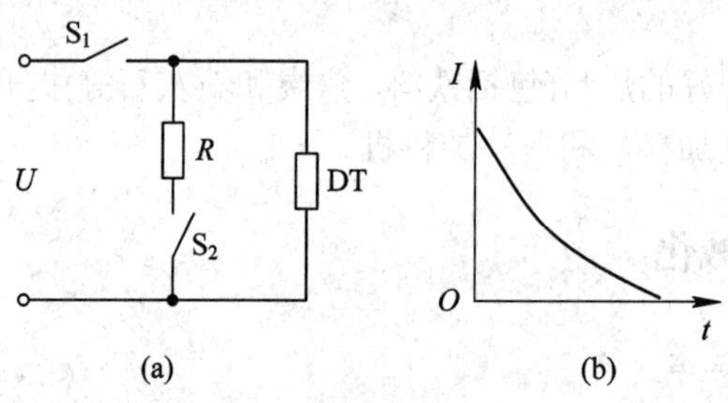


图 4.7　电磁配铁秤工作原理图

(2) 铁料翻斗及过渡料斗。

铁料翻斗是一种倒料装置，它是用电磁配铁称配料时的一种辅助设备，装设在冲天炉加料机的料筒上方。电磁配铁秤称量完毕的各种铁料，逐个吸运卸在铁料翻斗中，然后再倒入料桶。如果过渡料车与加料机的料桶不能布置在一起，而相距一定距离，需要过渡料车作为中间运输。过渡料车的结构型式很多，通常由电机驱动在轨道上行驶，当走到卸料位置时，限位铁块将撞钩碰脱，由于料斗重心在前方，自行翻转将料卸出。

**2. 称量斗配料装置**

称量斗配料方式是将炉料装在料斗中，料斗的底部开有出料口，并有给料器将炉料送到一个称量装置中。当给了预定质量的炉料时，停止给料，然后将称量好的炉料送到冲天炉加料机的料桶中。这种配料设备的主要部件有料斗、给料器、称量斗或者称量小车。目前焦炭和石灰石基本用称量斗配料，而铁料的配料基本为电磁配铁秤，只有少数车间使用称量斗。

(1) 料斗及给料器。

焦炭和石灰石的料斗多采用悬挂式的圆形或方形料斗。料斗用钢板焊成，支承于钢结构上。焦炭及石灰石用带式输送机或抓斗从顶上装入料斗中，需用时从料斗的下面给出，出口处装有电磁振动给料器。由于铁料比较笨重，而且容易搭棚，所以大都采用钢板焊接成斜底的料斗，下面用鳞板给料器将铁料送出。为了进一步解决搭棚问题，可以在有斜底的铁料斗上附加凸轮震击装置，或气缸驱动的震击装置，以便于消除搭棚现象。

(2) 称量装置。

用于冲天炉配料的装置需要满足以下条件：称量准确，以保证铁水成分准确；动作可靠，能适应铸造车间粉尘大、温度高的特点；对于称量铁料的装置，还必须能承受铁料加载时的冲击力，不致损伤机械，而且要求称量结果反应快，不致因指针摇摆动荡，拖长得出结果的时间；控制容易实现自动化。另外，用作冲天炉称料的装置，大致有机械(杠杆、弹簧)称量方式和电子测量方式。

## 4.3.2　冲天炉的加料装置

### 1. 爬式加料机

爬式加料机按其结构的不同可以分为固定的、回转的及简易翻斗的等几种。另外，从加料机的料桶坑与冲天炉是不是在同一车间跨度内，可以分为短尾型和长尾型两种。在布置冲天炉及配料设备时，往往希望加料桶地坑放在炉料仓库的跨度中间比较方便，这时加料机的尾部较长，属于长尾型。图 4.8 所示为一种爬式加料机，主要部件有电机、机架、轨道、料桶和钢缆等。

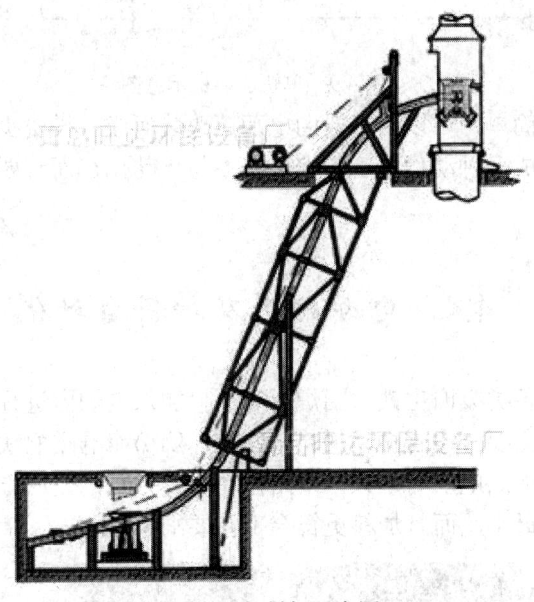

图 4.8　爬式加料机示意图

### 2. 单轨加料机

单轨加料机由电葫芦、活动横梁及料桶等几部分组成，如图 4.9 所示。料桶为双开底式，装料时桶底关着，由配料工段推到冲天炉旁，用单轨加料机电葫芦上的吊钩钩住，向上提升到冲天炉装料口。开动电葫芦将料桶从装料口深入冲天炉内，吊钩将料桶放下。由于料桶旁装有三个活动的挂钩将桶体的外缘钩住，使料桶桶体不能下降，而桶底继续下降并自行打开，炉料卸入冲天炉内。卸料完毕，桶底上升并关闭。桶体继续上升超过挂钩的高度后，将料桶从冲天炉装料口退出。当料桶下落时，桶体的边缘与挂钩的上沿相碰，迫使挂钩向外旋转，于是空料桶可以顺利脱出下降，直到地面配料处。这时摘下空料桶，换上另一个已装好炉料的料桶，就可以开始下一次加料。

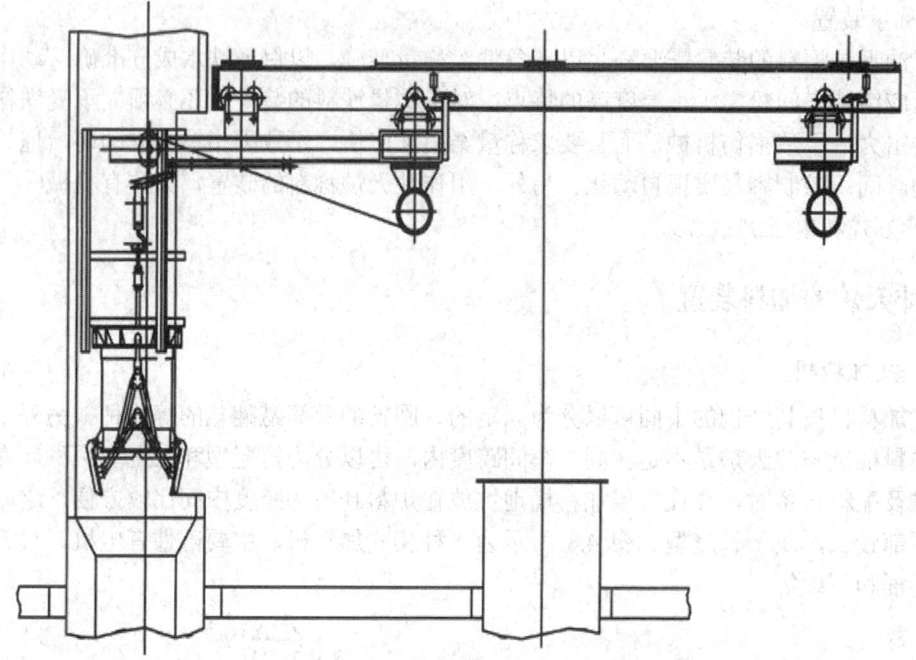

图 4.9　单轨加料机示意图

单轨加料机结构简单，可以用一般的电葫芦改装而成，投资少，占用面积小；其缺点是每加一次料，需完成多种动作，工作繁忙，不易自动化，而且要求厂房高度比较高，加料平台的面积较大。

## 4.4　电炉配料及加料自动化

电炉主要用于将各类废旧生铁、回炉料等铁料加入电炉内进行冶炼，因此电炉的加料设备相对比较简单，主要有电磁振动加料车(见图 4.10)和电磁配铁秤等。电磁振动加料车主要负责将铁料均匀加入电炉内，该车采用振动加料方式，使用方便，加料平稳，可将料块对炉体撞击降低到最小，而且加料更符合工艺要求。

图 4.10　电磁振动加料车图片

电炉加料车根据行走方向不同，可以分为单向直行式、双向直行式两个型式。单向直行式，每台电炉配一台加料车。双向直行式，一台加料车可以满足多台电炉加料需要，加料车可以横向、纵向移动。车体和槽体一般采用可更换的耐磨衬板。电磁配铁秤则可以称量铁料的重量，同时可以对铁料进行较长距离的运输。

## 4.5 浇注的机械化和自动化

近十年来，浇注的机械化与自动化发展很快，出现了各种新型的浇注机械。在一些自动化程度较高的造型生产线上，已经应用新型浇注机械代替了原来的单轨吊运浇包，改变了浇注工作温度高、劳动量大的情况，提高了浇注铸件的成品率，减少了铁水的浪费，提高了铸件的质量。本节主要介绍浇包及其自动化浇注机。

### 4.5.1 浇包

浇包是铸造车间不可缺少的基本设备，再先进的铸造厂都能发现它们的身影。浇包主要有两大功能，即完成铁水的转运和铸型浇注。浇包吊杆、吊环由锻压制成，比用普通钢板切割强度好，安全可靠。

浇包主要由蜗轮蜗杆减速器、倾转手轮、吊架、包身、可拆卸包嘴、保护板等组成，如图 4.11(a)所示。为了防止金属熔液表面氧化物和浮渣流入铸型，可以采用如图 4.11(b)所示的壶形浇包。倾转机构均有自锁功能，可保证浇包使用的安全。

(a) 普通浇包

(b) 壶形浇包

图 4.11 浇包

图 4.12 为手动升降移动浇包，在一些自动化程度不高的工厂应用较为普遍，它主要由行走机构、升降机构和浇包机体组成。浇注时，可使用同步浇注台，也可由工人以与铸型

输送机同步的速度，推着浇包一边移动一边浇注。浇包沿着与铸型输送线平行的顶部轨道运行。

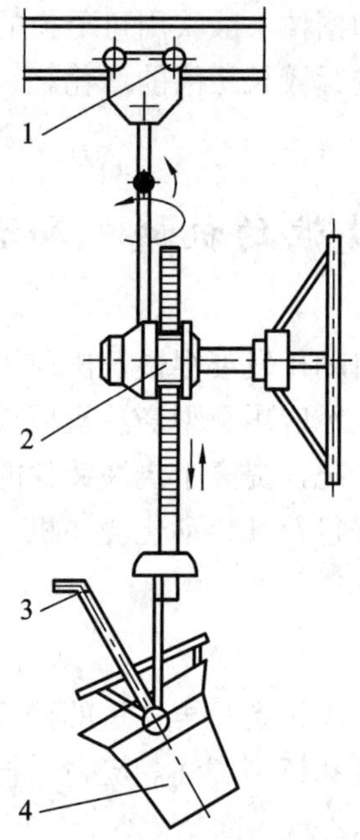


1—行走轨道；2—升降机构；3—倾转手柄；4—浇包

图 4.12　手动升降移动浇包

### 4.5.2　浇注机

按照其工作原理不同，浇注机有以下几种类型。

**1. 倾转式浇注机**

倾转式浇注是通过倾转浇包把液体金属浇注出来，如图 4.13 所示。倾转式浇包的转轴可以有三种不同位置，如图 4.14 所示。

图 4.13　倾转式浇注机示意图

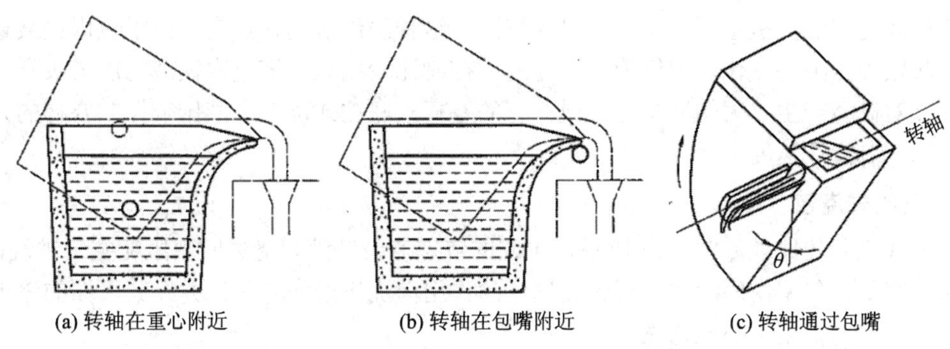


(a) 转轴在重心附近　(b) 转轴在包嘴附近　(c) 转轴通过包嘴

图 4.14　倾转式浇包转轴位置示意图

图 4.14(a)中的浇包转轴在重心附近，这是一般吊车浇包的结构，这种结构的倾转机构质量轻，所需倾转力矩比较小，倾转比较省力；但是在浇注过程中，为了保持包嘴与铸型间距离一定，浇包除了倾转之外，同时还必须向上提起，因此控制浇包运动的机构比较复杂。这种转轴位置用于一些早期的浇注机上，新的浇注机很少采用。图 4.14(b)中的浇包转轴在包嘴附近，且与金属熔液流出的方向垂直。这种方式便于包嘴对准铸型，目前有很多浇注机采用这种方式。图 4.14(c)中的浇包转轴位置正好通过包嘴，而且与金属熔液的流出方向一致。这种方式的包嘴容易对准铸型；转轴轴线通过包体，结构性好；而且浇包体做成扇形，铁液的浇出量与倾转角度成正比，易于控制浇注速度与浇出量，所以被一些最新的浇注机所采用。

倾转式浇注包的优点是结构比较简单，其缺点是包嘴通常与铸型的浇入口距离较大，浇注时不易对准；浇包需要另设撇渣装置；除扇形倾转浇包外，浇注速度不易控制。

### 2. 底注式浇注机

底注式浇注机如图 4.15 所示，所用的底注包大都是塞杆式的。与倾转式相比，由于铁液从包底浇出，避免了熔渣落入砂型浇口，有利于保证铸件质量。另外，浇注时浇包直接位于砂型上方，铁液流容易对准砂型浇口，塞杆启闭比较灵活。塞杆式浇包的关键是塞杆和浇注口的材质要求用高耐火度的材料制造。

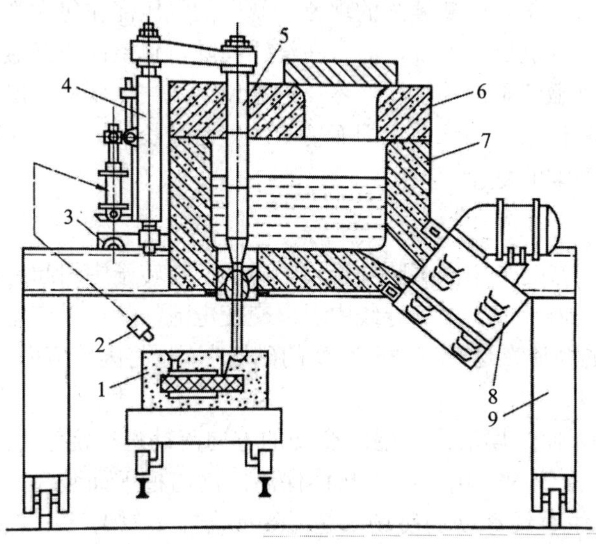


1—砂型；
2—光电管；
3—横向移动小车；
4—控制塞杆的液压缸；
5—塞杆；
6—浇包盖；
7—浇包机；
8—有芯工频炉；
9—浇注机架

图 4.15　塞杆底注式浇注机

塞杆底注式浇注机主要用于定点自动浇注，这种浇注机的缺点是：由于包内铁液量的变化引起铁液压力头变化，使铁液浇注速度的控制比较困难。浇包内铁液的压力头高，浇注时往往对砂型产生过大的冲击力。现在有的塞杆式底注式浇包用液压缸控制塞杆的开启度，可以控制浇注速度。

### 3. 气压式浇包

气压式浇包的原理如图 4.16 所示，中间的包室盛装铁液。浇注时由压缩空气进气口 3 通入压缩空气，包室内的液体金属因受气压的作用向浇出槽中升起，并经其下面的流出口浇入砂型。浇入槽用于补充铁液。

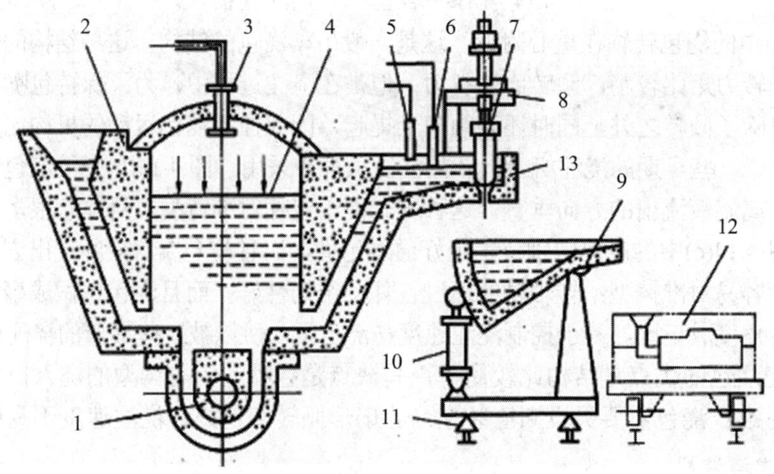


1—有芯感应加热炉；2—浇入槽；3—压缩空气进气口；4—包室；5—防溢电极；6—液位控制电极；7—塞杆；8—塞杆开闭控制器；9—扇形中间浇包；10—中间浇包中转缸；11—质量传感器；12—铸型；13—浇出槽

图 4.16　气压浇注包及中间浇包

以前，气压浇注包在浇注时充气，停止浇注时撤气，但充气和撤气往往需要一定的时间，因此在浇注停止时，金属液流常有断断续续的现象。现在的气压浇注包大都在浇出槽中装有塞杆，使浇注开始和停止都能迅速实现，而且在浇注间隙，包室内不必撤压。气压式浇注与底注式一样，可以得到撇渣干净的金属熔液；通过调节浇注气压，可以比较容易控制浇注速度；浇包本身并没有机械运动部分，因而使用的寿命较长，检修浇包的间隔时间主要决定于保温的感应加热熔沟的寿命。

### 4. 电磁泵浇注装置

感应电动机的工作原理是：在定子中沿着圆周旋转的磁场，在转子中引起感应电流，推动转子转动。如果将圆的定子摊开成平面，导线中通以交变电流，就可以产生沿着直线方向移动的磁场，如果有导电的介质在这一移动而交变的磁场中，也将因感应而引起电流，在磁场的推动力作用下向前移动。

电磁泵就是利用这一原理，使金属液沿着磁场交变的方向流动进行浇注。图 4.17 是其工作原理图。金属熔体在炉膛 3 内，由电阻加热棒保温。浇出槽下面装有导线 4，如果导线 4 中通以交变电流，产生直线移动的磁场，这磁场就会在金属熔液中引起感应电流，产生推动力，使金属熔液向上运动，从出口流出。调节感应电流的大小，就可以调节金属熔液流动的方向。导线 4 中空，可以通水冷却。电磁泵浇注主要用于密度较小的铝、铜等非铁合金。其优点是容易调节浇注速度和浇注量，实现浇注的自动化；设备也没有机械运动部分。此外，电磁力对熔渣不起作用，所以浇注时只有金属熔液向浇出口移动，因而能保证浇入砂型的金属熔液纯净。缺点是：电功率因数很低，而且结构上用铜较多。

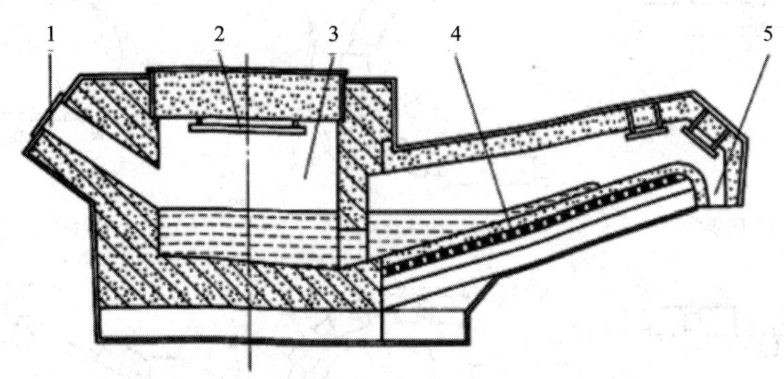


1—加料口；2—电阻加热棒；3—炉膛；4—导线；5—浇出口

图 4.17　电磁泵浇注装置的原理图

## 4.6　浇注自动化的相关问题

### 4.6.1　浇注包的保温

机械化和自动化的浇注装置，大多需采取加热保温措施，这样可以使金属熔液的温度保持恒定，减少由于浇注温度波动而产生的铸件废品。同时，保温包往往是金属熔液的储存包，在电炉、坩埚等间歇出炉的情况下，在熔化和造型、浇注之间起均衡生产的作用。此外，有了保温的储存包，随时都有热的金属熔液供给浇注，生产线不会因缺乏金属熔液浇注而停机，因而可以提高造型生产线的利用率。

除了在炉衬上加一层绝热性能良好的保温层之外，浇注包的保温绝大多数要配备加热设备，使金属熔液在保温炉中不仅温度不下降，而且必要时还可以略有提高，以适应调整浇注温度的需要。对于铅、铝、铜等非铁合金，大多在保温包内装以电阻丝来加热金属熔液；铸铁和铸钢的浇注温度较高，大都用单熔沟的有芯工频炉进行加热保温。有芯工频感应加热的特点是热效率高，但是要求熔沟必须经常有铁液，所以晚间和节日期间都不能将铁液全部倒出，而且仍需通电保温。它对熔沟的耐火材料要求比较高，检修也比较费事。有的浇包采用短线圈无芯工频保温装置，在不浇注时可以将金属熔液全部倒出，结构和维修相对比较简单。

### 4.6.2　浇注包与砂型的对准和同步

为了避免浇注时金属熔液飞溅和浇出型外，浇注时浇包必须与砂型浇口对准，砂型固定不动。例如，当铸型输送机为脉动式或步移式时，对准并不困难。不过浇注装置也必须能在生产线的纵向及横向调整移动，以适应砂型上浇口位置的变化。如果铸型输送机是连续运动的，就只能在同步运动状态下进行浇注。同步运动可以有如图 4.18 所示几种布置。

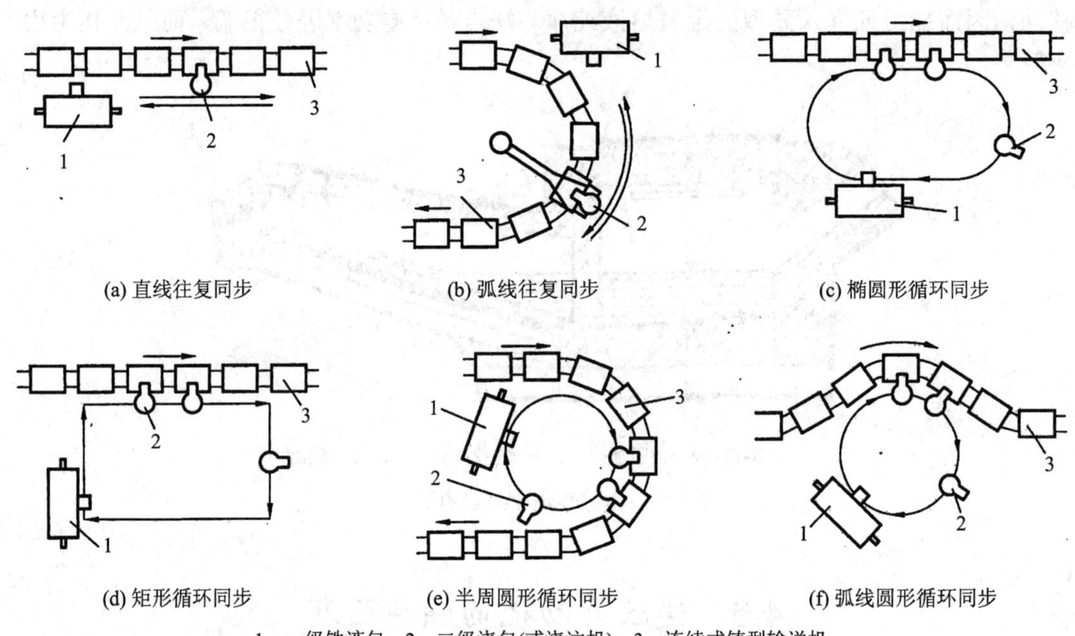


1—一级铁液包；2—二级浇包(或浇注机)；3—连续式铸型输送机

图 4.18　浇注机布置的形式

### 4.6.3　浇注速度的控制

浇注速度的控制直接影响浇注质量，是浇注自动控制的重要内容。浇注速度是指浇包向砂型的浇口系统倾注金属熔液的速度，这与金属熔液进入型腔的工艺上的浇注速度有区别，但二者必须相互适应。通常浇包的浇注速度必须保证砂型的浇口杯中保持一定的金属液面高度，有的浇注装置对浇注速度的控制更进一步，要求浇注速度能根据铸件结构的不同，按规定的程序进行调节，亦即要求在一个砂型的浇注过程中，浇注速度能按一定的规律变化，因此各种自动浇注装置都设法控制浇注速度。

桶形倾转式浇注包的浇注速度大多由人工控制，扇形倾转式中间浇包，如图 4.13(c)所示，其浇注的量与转轴的转角成比例，浇注速度比较容易控制，只要控制转轴的转角变化即可控制浇注速度。如果与凸轮机构相结合，甚至可以达到程序控制。

底注包及气压浇注包中浇出槽中金属熔液浇出的情况如图 4.19 所示。由此可见，不论是底注包还是气压浇注包，都可以用下式计算其浇注速度。

$$G = \rho gFv = kF\rho g(2gH)^{1/2} \tag{4-1}$$

式中：$G$ 为质量浇注速度；$F$ 为浇注口的截面积；$H$ 为包内或浇出槽内金属熔液压力头高度；$v$ 为铁液出口时的线速度；$\rho$ 为铁液的密度；$k$ 为流量系数；$g$ 为重力加速度。

底注包在浇注过程中，随着包内金属熔液量的减少，$H$ 也逐渐变小，所以底注包的浇注速度较难控制。

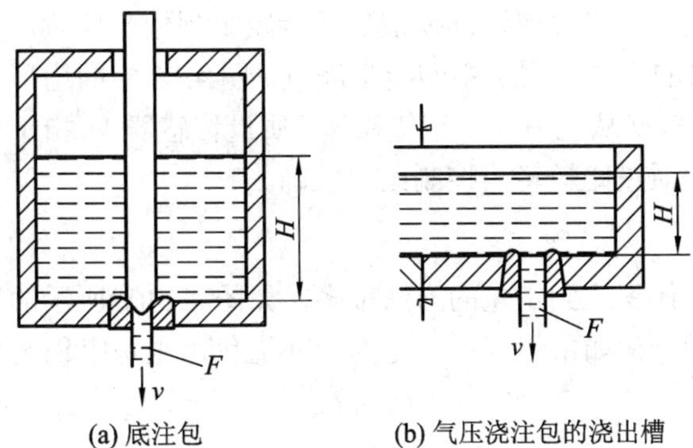


(a) 底注包　　(b) 气压浇注包的浇出槽

图 4.19　影响底注包与气压浇注包浇注速度的示意图

气压浇注包的浇注速度控制相对比较容易，其浇出槽金属熔液的高度 $H$ 比较容易控制。图 4.16 中的气压浇注包浇出槽中的液位由液位控制电极 6 控制，改变 6 的位置，可以改变浇注速度。近年来，有的气压浇注包采用光学方法控制浇注槽中的液位，以控制浇注速度。图 4.20 是一种激光控制液位的原理图。激光由激光发生器 3 射向金属液的液面。旁边一个摄像装置 2 可以从激光自液面的反射位置感知液面的高低。摄像装置 2 将信号输入计算控制器 5，由计算控制器 5 发出控制信号，一方面调节包内气压，另一方面控制塞杆升降液压缸 6，调节塞杆的开口大小或者启闭，以控制浇注速度和浇注的启停。

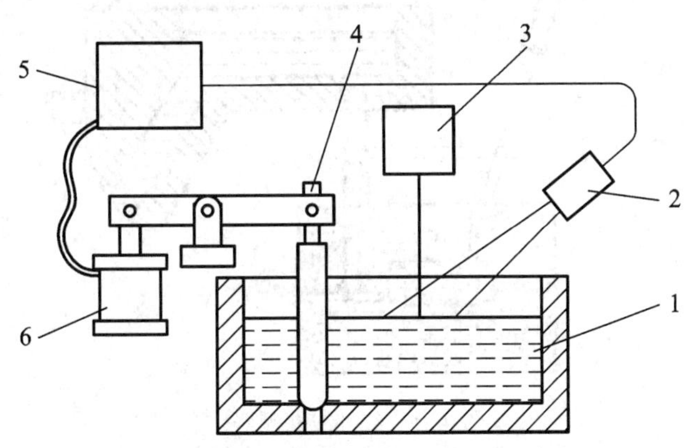


1—气压包浇出槽；2—摄像装置；3—激光发生器；
4—塞杆；5—计算控制器；6—塞杆升降液压缸

图 4.20　激光控制浇出槽中的液位高低示意图

### 4.6.4　浇注终点或浇注量的控制

自动浇注必须准确地掌握浇注的终点或需要浇注的金属熔液量，因为如果铸型尚没有浇满就过早地停止浇注，会造成废品。相反，如果铸型已浇满还不停止浇注，不但浪费金属熔液，而且熔液飞溅容易造成事故。

控制浇注终点或浇注量大致有以下几个方法。

#### 1. 质量控制

用称量的方法实现定量是现在常用的方法。在浇包的底下装有质量传感器，可以测知铁液质量的变化。浇注时，当浇包连同铁液的质量减少到预定值时，质量传感器即发出信号停止浇注。质量定量的方法多用于中间定量浇包。图 4.16 中的扇形中间浇包 9 就是一个典型例子。扇形中间浇包 9 从包室 4 中承接铁液，质量传感器 11 指示出中间浇包中铁液的质量。由于中间浇包的质量比较轻，控制比较准确。

2. 容积定量

用控制金属熔液的体积达到定量的方法很多，如图 4.14(c)所示的扇形浇包，控制倾转角度就可以控制浇注量。又如采用容量一定的中间浇包，也是容积定量法。

3. 时间定量

当浇注速度一定时，控制浇注时间的长短就可以控制所浇注金属熔液的量。例如对于气压浇包及电磁泵，很容易通过浇注时间达到定量浇注的目的。

4. 红外线探测器或光电管

红外线探测器的方法如图 4.21 所示，在砂型上除了浇口外，另外开设一个开放式的冒口，对着冒口装一个红外探测器或者光电管。当铸型接近浇满时，铁液沿冒口上升，红外线探测器或者光电管立即发出信号，停止浇注。

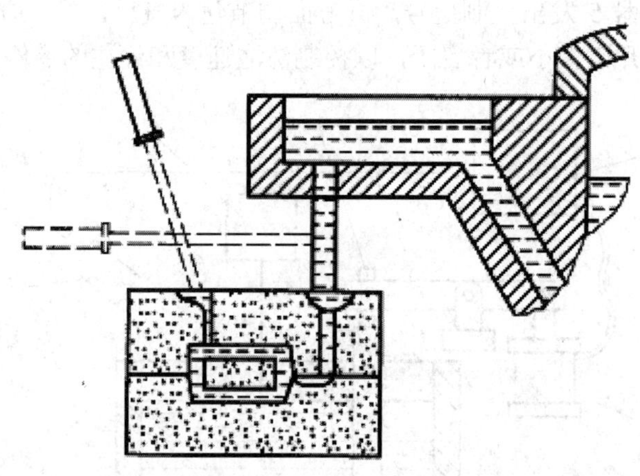

图 4.21　红外线探测器

红外线探测器除了可以控制冒口中液位外，还可以用来监控铸型漏铁液的情况以及包嘴上铁液的流动情况，以控制浇注时间。

以上定量浇注方法各有优缺点，应用也有局限性。质量定量和容积定量往往可能因浇注包上结疤或者包衬受腐蚀而造成定量不准。红外线探测器则可能受到铸型冒口中发出火苗的干扰而提前停止浇注。因此，为了可靠的实现对浇注终点的控制，在一些自动浇注装置中，往往采用两种或者三种控制方式，如既用质量定量，又用红外线探测器，有的则将时间定量与红外线探测器并用。

# 第 5 章　砂处理机械化

虽然受近年来有机和其他无机黏结剂砂型发展的影响，但是以膨润土为黏结剂的传统湿型铸造，在工艺和设备方面也都有很大的进步，应用范围仍在迅速扩大。这主要是因为随着科学技术的发展，一方面对金属与砂型间的界面作用理解得更为深入，对湿型砂的配方和制备、型砂性能的检测与调节更为完善和有效。另一方面，近代造型方法和先进造型机械也有较大突破，制出的砂型紧实均匀，起模平稳，而且生产效率高，质量优良而稳定。

目前用于生产的湿型砂中回用砂占 90%左右，虽然这些回用砂经过反复制备已具有一定性能，但是它在每次造型、浇注、冷却、落砂和处理过程中还会产生成分、水分和温度等方面的许多变化。更何况由于生产的铸件不同，砂箱中的砂铁比也因而变化，又将引起回用砂成分、水分和温度变化的波动。湿型砂的成分和混制特点，以及众多工艺和生产因素的影响，就决定了湿型砂制备是混制难度大、影响因素多、难于检测和调节的生产过程，它不同于一般液体或固体颗粒间的混合。

## 5.1　新砂的处理和制备

湿型铸件质量基本取决于湿型砂性能的均匀性和稳定性，铸件废品中有 50%以上是由于型砂性能波动引起的。当前各种高紧实度自动造型线的出现，使型砂质量对铸件生产的影响更为突出。因此湿型砂的制备和质量控制，如同金属材料及其熔炼一样，对于铸造生产都是十分重要的。

湿型砂是由硅砂、膨润土、水和一些附加物按一定比例制备而成的塑性混合物。膨润土是湿型砂的黏结剂，但是膨润土只有在吸附一定水分后才具有黏结性和可塑性。湿型砂中水分与膨润土的合适比例一般为 30%左右，用 30%的水分湿润膨润土在砂粒表面形成薄而均匀的黏土膜，方能完成湿型砂的制备。

### 5.1.1　新砂烘干设备

原砂中含有较高水分时，为了便于控制型砂中的水分，新砂需要烘干；当原砂中水分不高，型砂中要求水分较高，且能有效控制型砂水分或对型砂的含水量要求不严时(如干模砂)，原砂可以不经过烘干。目前用于生产的烘干设备主要有热气流烘砂装置、振动沸腾烘砂装置、滚筒烘砂机等。

### 1. 热气流烘砂装置

热气流烘砂是把型砂的烘干和气力输送结合在一起，如图 5.1 所示。在吸送式气力输送中，用温度为 400℃～500℃的热空气，在砂粒悬浮前进输送的过程中，使每一个砂粒与热气流充分接触，将砂中的水分蒸发得到烘干。热气流烘砂与砂的输送装置系统基本相同，只是多了一个热源装置，因此也需要有分离器、除尘装置、风机等。热风炉可用煤、焦炭、煤气和重油等作为燃料。

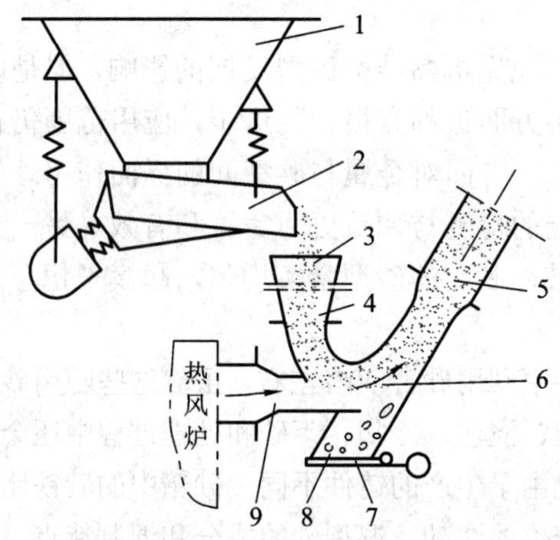


1—砂斗；2—振动给料器；3—料槽；4—进料口；5—烘砂管；
6—喉管；7—闸板阀；8—辅助风口；9—进风口；

图 5.1　热气流烘砂装置结构图

### 2. 振动沸腾烘砂装置

振动沸腾烘砂装置是由热风系统、振动系统和除尘系统组成。热风系统是产生热气流的。风机将加热至 200℃～300℃的热风送进振动沸腾槽体的风箱中，穿过振动沸腾槽的很多小孔吹到砂层而使砂层达到沸腾状态，砂与热气流充分接触，进行热交换，蒸发砂粒表面的水分而使砂子得到烘干。由于烘干过程中会产生大量的水蒸气和粉尘，在振动沸腾槽上装有除尘罩，废气经由除尘器排出。

### 3. 滚筒烘砂机

滚筒烘砂机是一种比较老的设备类型，虽然占地面积较大，生产效率低，设备庞大，应用受到一定的限制，但它使用起来较为可靠，现在有些工厂仍然在使用。滚筒烘砂机由加热炉、烘砂滚筒和除尘机构组成，如图 5.2 所示。

以重油为燃料的烘干滚筒为例，型砂从进砂口落入滚筒的有螺旋状叶片部分，在这里叶片将型砂分布到滚筒各单独的轴向槽，然后热气流经过槽中与砂子进行热交换，使砂子得到干燥，这种热交换的方式称为逆流式热交换。逆流式热交换由于是最热的气体首先遇到烘干后的砂子，所以在气流温度非常高的情况下，容易使砂子过热，引起砂中含泥成分失去结晶水而失去其黏结性能，所以要严格控制气流的温度。

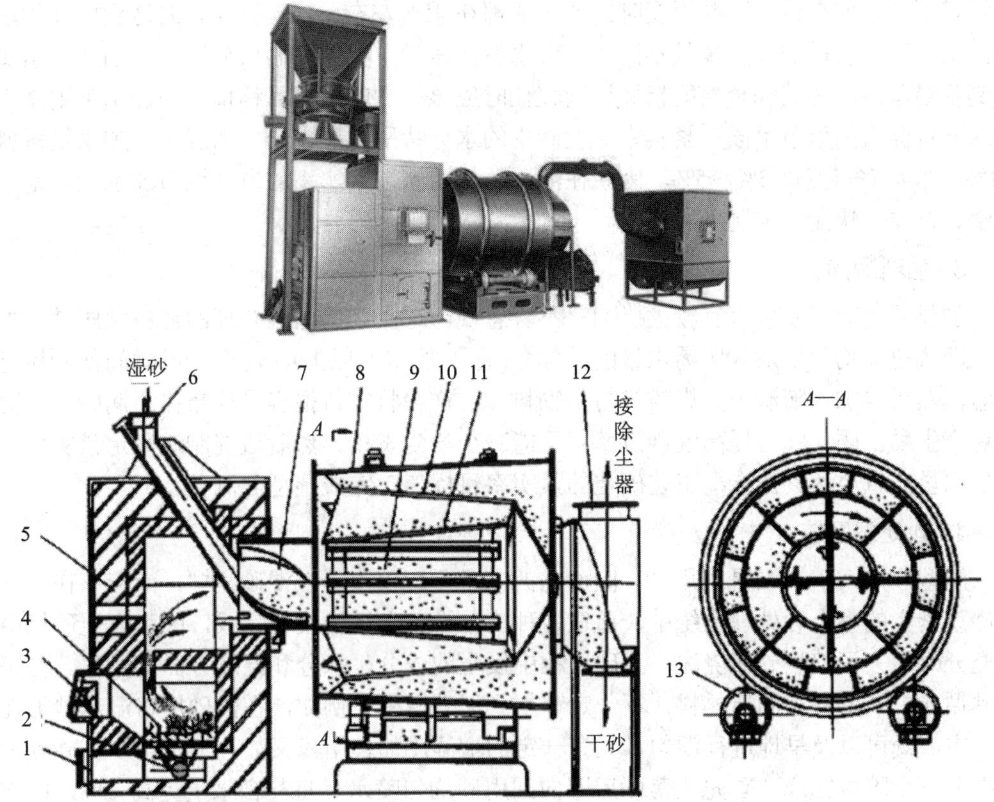


1—出灰门；2—进风口；3—操作门；4—炉篦；5—炉体；6—进砂管；7—导向筋；
8—外滚筒；9—举升板；10—中滚筒；11—内滚筒；12—沉降室；13—驱动滚轮

图 5.2　滚筒烘砂机实物及结构图

### 5.1.2　湿型砂制备工艺

#### 1. 型砂的混制

转子混砂机的出现，打破了碾轮式混砂机制备湿型砂的垄断局面。不同类型的混砂机，其特征就在于混砂工具的结构形式及其参数不同。在型砂混制过程中，混砂工具对机盆内的物料施以机械力，促使物料在该力的作用下产生规律运动，从而实现型砂的混制。机械力可以是碾压力，也可以是冲击力、剪切力，机械力应适当，如过强将会引起物料发热，使混砂功率消耗增加。物料必须迅速、充分和蓬松地在水平方向和垂直方向反复运动，使物料间快速地滑动、滚动和穿插，频繁地接触、碰撞和摩擦，将物料混合均匀，使膨润土充分吸收水分，并在所有砂粒表面均匀地包覆上黏土膜。

水是最廉价、最方便的型砂成分，也是最需要调节的型砂成分，因为湿型砂只在含有适量水分，即干湿程度适宜时，才具有较好的综合性能，而这时的含水量称为调匀水。因此在湿型砂制备过程中，如何准确而迅速地判断其干湿程度并调节加水量，以便获得较好的型砂综合性能，显然是十分重要的。

#### 2. 紧实率测定

近 20 年来，紧实率测定已成功地用于判断型砂的干湿程度。因为尽管型砂的成分不同，加水量不同，但在较好干湿程度时的紧实率都在 45%左右。换句话说，要达到同样的紧实率，每种型砂所需的加水量是不同的，含水量的差异主要由型砂成分决定。因此，紧实率是制备湿型砂，使其综合性能指标达到较佳时应该控制的最终目标值，而加水量则是为达到这一目标值的调节手段。紧实率对型砂中的水分特别敏感，一般情况下，加水量每增减 0.1%，紧实率将变化 3%～5%。因此在混砂时，用测定紧实率的方法调节加水量，是一种科学、方便、快捷的控制手段。

3. 加料顺序

加料顺序对混砂效率有较大影响，不容忽视。近年来提倡的合理的加料顺序是：加砂后立即快速而均匀地加入所需水量的大部分(通常为 50%以上)，混合一段时间使砂粒充分润湿，然后再加入膨润土、煤粉等粉状物料。这样粉状物料很容易分布在湿润砂粒表面，避免产生黏土团，既可提高混砂效率，又能减少粉尘飞扬。然后边混制边测定紧实率并调节加水量，直至达到由造型工艺确定的紧实率目标值，完成湿型砂制备。

4. 砂处理系统

湿型砂中 90%左右是回用砂，因而它的制备不应仅限于在混砂机中，而应该在从落砂到砂型紧实的整个砂处理系统中，通过各种工艺设备和运输设备完成，因为在混砂机中没有充分时间去调整型砂在浇注、落砂过程中发生的成分、水分和温度方面的变化。在每次型砂循环中需要补充的新材料，不一定都加到混砂机中。例如，在落砂后将湿新砂加在回用砂中，既可以及早地进行混匀，又有一定的增湿冷却作用。又如，加水可以在砂处理系统中分三个阶段完成。首先在落砂后即向回用砂均匀喷水，将其含水量提高 2%，以防止粉尘飞扬，并达到一定的增湿冷却效果。其次，在冷却机中加水，使冷却后回用砂含水量为 1.5%～1.8%，为在混砂机中最终调节加水量提供有利条件。最后在混砂机中加入调匀水，以达到预定的紧实率。相应地，回用砂的冷却也不是只在冷却机中完成，在砂处理系统的其他环节采取措施，也能产生一定的冷却效果。

## 5.2　旧砂处理设备

从落砂机下来的旧砂(也称回用砂)，由于含有铸件浇冒口、铁片、铁钉和铁豆等铁磁性物质，以及芯头和碎木片等杂物，所以要经过磁分离、破碎和筛分等工序，将旧砂中的杂质去除，将大砂块破碎。对于造型生产线上用的旧砂，由于循环周期短，砂温不断升高，需进行冷却降温。有的铸造车间为了减少新砂的加入量，提高旧砂的使用性能，还需要进行旧砂再生。

### 5.2.1　磁分离设备

磁分离设备按磁源分为电磁和永磁两种，这两种我国都有系列产品。电磁分离设备的型式与永磁设备相同，只是需要直流电源、铁芯和线圈。永磁分离设备不需要直流电源，结构简单，可以在较高的温度下工作，磁场分布均匀，使用维修方便，目前得到广泛应用。永磁分离设备的磁源是永磁块，它是锶铁氧体($SrO_6Fe_2O_3$)用粉末冶金法制成，充磁后具有很高的剩磁值。一般的永磁块尺寸为 85 mm × 65 mm × 18 mm，使用时根据所需的磁场强度，用环氧树脂将几个磁块粘在一起，充磁后就可以形成磁极。用永磁块制成的分离设备有永磁分离滚筒、永磁带轮、带式永磁分离机等。在回用砂处理中，将这些型式的分离设备合理布置，可以提高分离效果。

### 1. 永磁分离滚筒

永磁分离滚筒的工作原理如图 5.3 所示，磁极与磁极底板黏结后，用非磁性螺钉固定在磁轭上，磁轭则安装在轴上不动，包有橡胶保护层及胶棱的滚筒由传动装置驱动旋转。工作时，由给料机或其他工艺设备均匀地向分离滚筒供应回用砂，使砂层厚度为 45 mm～75 mm，最大可达 100 mm。回用砂因惯性落于滚筒左侧，而铁磁性物料则被固定磁系吸住，由转动的滚筒及胶棱带至滚筒右侧，在脱离磁场后下落，这样就将砂与铁料分离。橡胶保护层可以使滚筒不受冲击和磨损，也能避免热砂黏附在滚筒上。胶棱的作用是迫使被磁系吸住的铁料运动。

### 2. 永磁皮带轮

永磁皮带轮作为带式输送机的传动滚筒，在转卸回用砂的同时进行磁分离工作。应按带式输送机的型式和规格选用永磁皮带轮。带式输送机的带速小于 1 m/s，砂层厚度为 100 mm 左右时，分离效果最好。永磁皮带轮的工作原理如图 5.4 所示，磁极为偶数，一般为 10 个，其中 N 极和 S 极按圆周间隔排列，沿轴向则每组极性相同。滚筒体采用非导磁性材料以避免磁短路，而磁极底板和磁轭则用导磁性好的低碳钢制成。

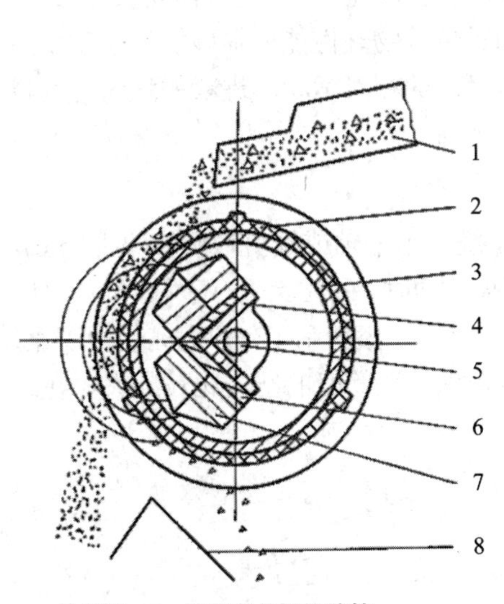


1—给料机；2—橡胶保护层及胶棱；
3—转动滚筒；4—固定磁轭；5—固定轴；
6—磁极底板；7—固定磁系；8—分料溜槽

图 5.3　永磁分离滚筒结构图

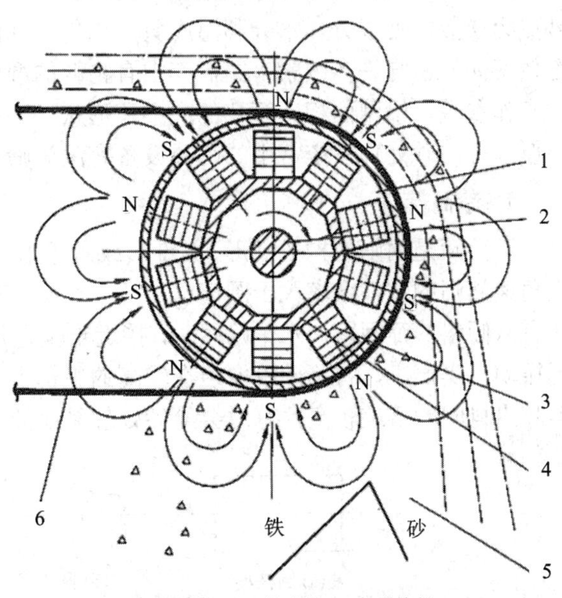


1—永磁带轮；2—传动轴；3—磁块组；
4—磁极底板；5—分料溜槽；6—输送胶带

图 5.4　永磁皮带轮原理图

### 3. 带式永磁分离机

带式永磁分离机由一个平面永磁磁系及一个短的环形胶带机组成，它支撑或吊挂在带式输送机的上方，对输送过程中的物料进行磁分离。这种分离机的布置形式有两种，一种是与输送设备平行布置，另一种是与输送设备垂直布置(见图 5.5)。当回用砂在带式永磁分离机下面通过时，其中的铁料被磁系吸起，由带有胶棱的环形胶带拖离磁系，在废料斗上方落下。

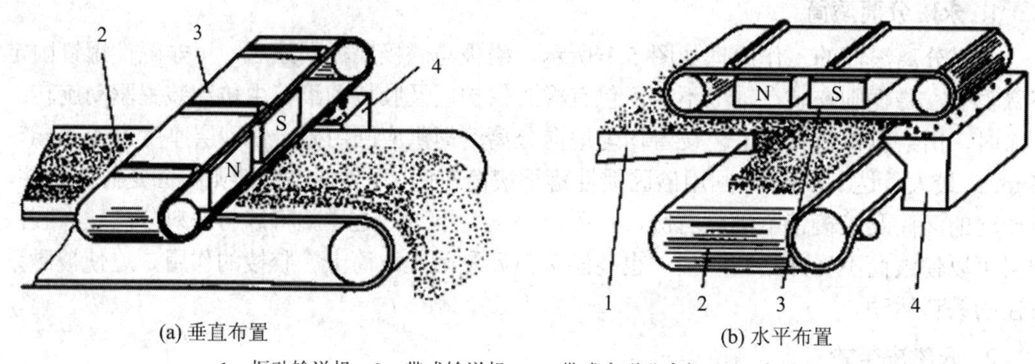


(a) 垂直布置　(b) 水平布置

1—振动输送机；2—带式输送机；3—带式永磁分离机；4—废料斗

图 5.5　带式永磁分离机布置图

### 5.2.2　筛分设备

筛分的主要目的是筛除回用砂中的芯块、砂块及其他非金属杂物。过筛也可以使回用砂更为松散，使成分、水分和温度更为均匀，并能排除部分粉尘。物料能否顺利过筛或过筛效率如何，与许多因素有关，其中有物料的湿度和黏性等物理性能，筛砂机的运动状态和工作参数，筛网面积、筛孔的大小和形状，物料与筛网的相对运动，进料的均匀性及料层厚度等。砂处理系统常用的筛分设备有滚筒筛和振动筛。

**1. 滚筒筛**

滚筒筛是由筛网构成圆形、圆锥形或六角形滚筒，绕其水平轴或倾斜轴旋转(见图 5.6)。六角滚筒筛的过筛效率大于圆筒筛，因为当六角滚筒筛转动时，砂粒除平行于筛网运动外，还有从倾斜的筛网落向水平筛网时，接近于垂直筛面的运动。滚筒筛工作平稳，使用可靠，无振动，噪声小，将筛砂机安装在较高的平台上更为合适。滚筒筛的结构比较庞大，在进料和出料间的落差较高，有时会给砂处理系统的布置带来一定困难。

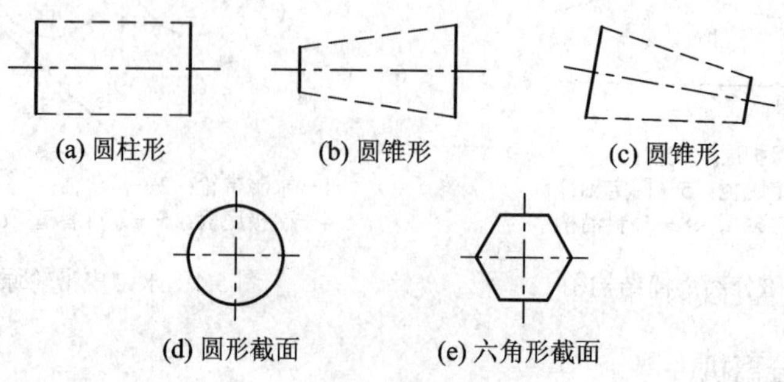

(a) 圆柱形　(b) 圆锥形　(c) 圆锥形

(d) 圆形截面　(e) 六角形截面

图 5.6　滚筒筛示意图

2. 振动筛

砂处理系统中常用的振动筛有两种，即单轴惯性振动筛和振动电机筛(见图 5.7)。单轴惯性振动筛的传动轴旋转时，装在轴两端的可调偏重产生离心惯性力，使筛体在弹簧上作周期性振动。处于筛网上的物料由于筛网施给的惯性力被抛掷向上，然后靠自重下落过筛。因为物料的运动方向与筛网近于垂直，而且高振动频率对物料有分层作用，小颗粒在下面易于过筛，筛网也不易堵塞，因此振动筛的过筛效率高。单轴惯性振动筛结构简单，不需要专门的电动机，使参振质量小，故振幅大而功率消耗少。

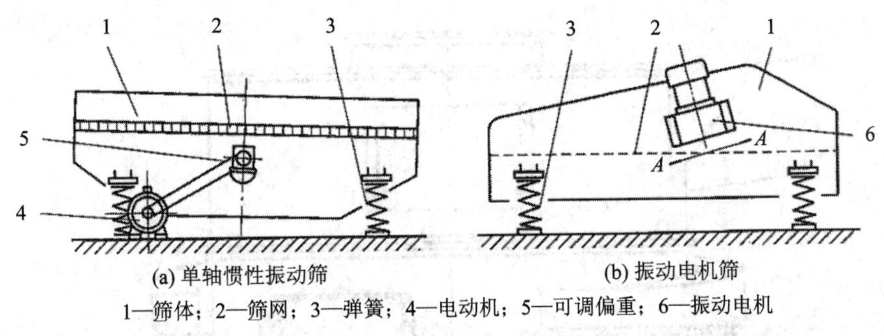


(a) 单轴惯性振动筛　(b) 振动电机筛

1—筛体；2—筛网；3—弹簧；4—电动机；5—可调偏重；6—振动电机

图 5.7　振动筛工作原理图

振动电机筛的高度比滚筒筛低，结构紧凑，物料落差小。它的偏重多设计成可调的，以便能按工艺要求调节激振力的大小。

### 5.2.3　旧砂冷却设备

1. 回用砂冷却要求和冷却方法

回用砂的升温现象在砂铁比小、生产厚壁铸件、造型线生产率高、型砂周转快的情况下尤为严重。热回用砂必须经过冷却降温，进入混砂机中的回用砂温度应在 49℃以下，最好低于 38℃。因为砂温大于 60℃，特别是超过 70℃时，加入的水分会立即蒸发，很难在混砂时控制水分，制备的型砂性能也不稳定。当型砂温度高于 49℃时，其紧实率、透气性、湿压强度、干压强度和砂型风干强度都会降低；型砂中的水蒸气会凝结在较冷的砂斗壁和模样上，造成砂斗挂料和模样黏砂；用高温型砂紧实的砂型，其表面水分极易散失，使型腔边角处的强度降低，导致铸件缺陷。

冷却回用砂有两种方法，一种是加大混砂量，即提高砂处理系统的砂铁比，将混制型砂的一部分送去造型，另一部分与落砂后的热砂混合在一起，使砂温降低。砂处理系统的砂铁比愈高，则冷却效果愈好。这种方法不需要专用的冷却设备，可以提高混砂效率，但要增加型砂制备和运输、储存能力。另一种方法是在砂处理系统中设置冷却设备，虽然目前有各种冷却装置，但普遍采用增湿冷却原理，即将水均匀地喷入热砂中，通过冷却设备使水分与热砂充分搅拌，水分吸收热量后汽化，同时吹入冷空气将水汽排走，加速冷却过程。

2. 热砂冷却设备

1) 双盘搅拌冷却机

双盘搅拌冷却机由两个相同直径的圆盘相交组成底盘，每个底盘上都有一个搅拌器，它们的转速相同但转向相反(见图 5.8)。每个搅拌器有五块刮板，即内刮板、外刮板、壁刮板和两个中刮板。刮板的安装角度和高度不同，当搅拌器转动时，刮板就将物料上下、内外地翻腾搅拌。经过磁选、过筛、增湿的回用砂由加料口均匀加入，在搅拌器的作用下一面搅拌，一面按 8 字形路线在两个盘上反复运动。由鼓风机吹来的冷空气，经过变截面风箱及围圈上的进风管进入冷却机内，吹向翻动的砂层，冷风与湿热砂充分接触并进行热交换，使砂冷却。含尘的湿热空气经过上部的沉降室，沉降较大的颗粒后，由排气系统排出，及时排出湿热空气也促进水分的蒸发，加速冷却过程。

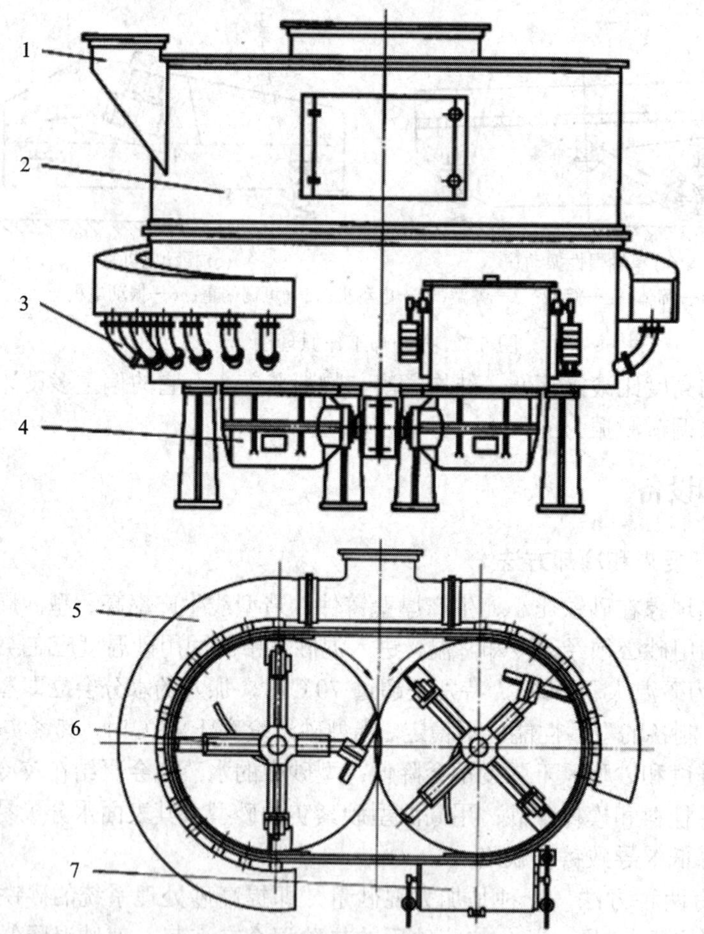


1—加料口；2—沉降室；3—进风口；4—减速器；5—风箱；6—搅拌器；7—卸料口

图 5.8　双盘搅拌冷却机结构图

回用砂的增湿可以在冷却机外或机内进行，因此双盘搅拌冷却机具有增湿、冷却和预混三重作用。

2) 振动沸腾冷却装置

气体通过固体颗粒流动，使固体颗粒呈现出类似于流体的状态，称为流态化。在铸造生产中利用流态化的方法实现新砂烘干、热砂冷却和热法再生工作(见图 5.9)。当气体自下而上通过一个在多孔板上的颗粒床层，气体流速较低时，颗粒不动，这时称为固定床。当气体流速增加，颗粒开始松动，但不能自由运动，床层略有膨胀。如果流速再增加，颗粒被气体吹起并悬浮于气流中自由浮动，颗粒间相互碰撞混合，床层高度上升，床层中的颗粒不再由多孔板支持，而是全部由气体承托。这时整个床层呈现出类似流体的状态，这种状态的颗粒床层称为流态化床，或称沸腾床。流态化床具有明显的上界面，也有一定的密度、热导率、比热容和黏度。当气体流速再继续增加到某一极值时，流化床的上界面消失，颗粒分散悬浮于气流中，并被气流带走，这种状态就是气力输送。

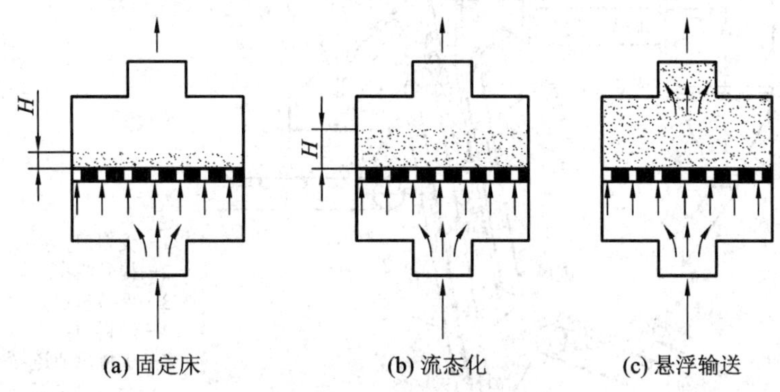


图 5.9　液态化原理图

振动沸腾装置(见图 5.10)由气体沸腾和振动沸腾实现物料的流态化。它的振动槽体用多孔板隔成上下两个部分，上部通过物料，下部是风箱，气体经过风箱及多孔板使物料流态化。利用振动电机或弹性连杆机构使槽体产生直线振动，将处于多孔板上的物料不断地抛向斜上方，即将物料向前运送，又增强了气体流态化的作用，而且可以克服气体流态化可能产生的不沸腾区和局部料层被吹穿的缺点。

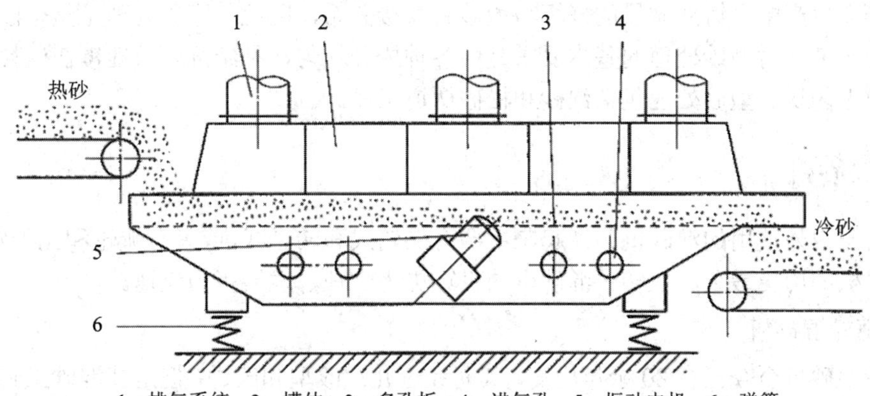


1—排气系统；2—槽体；3—多孔板；4—进气孔；5—振动电机；6—弹簧

图 5.10　振动沸腾装置结构图

#### 3) 冷却提升机

冷却提升机兼有提升和冷却回用砂的双重作用，其工作原理如图 5.11 所示。经过磁选、增湿、筛分以后的热砂，被均匀地送入冷却提升机中。提升带是一条环形耐热橡胶带，在带上每隔 175 mm 用硫化加压法胶合上胶棱，就利用胶棱提升热砂。因为带速较高(2.0～2.5 m/s)以及调节板的挡砂作用，提升的部分砂被挡回，呈松散状态下落，另一部分砂被抛向卸料口排出。变动调节板的位置，可以调节回落砂和卸出砂的比例，以满足冷却效果和生产率要求。回用砂在提升和回落过程中，与由壳体上进入的冷空气充分接触，以对流形式换热使砂冷却。热湿空气经过冷却提升机上部排至旋风除尘器。落到提升机底部的冷砂与送入的热砂混合，也有一定的冷却效果。冷却提升机占地面积小，对砂处理系统的布置极为有利，但是由于热砂在设备中停留时间较短，冷却效果不甚理想，而且维修也不方便。

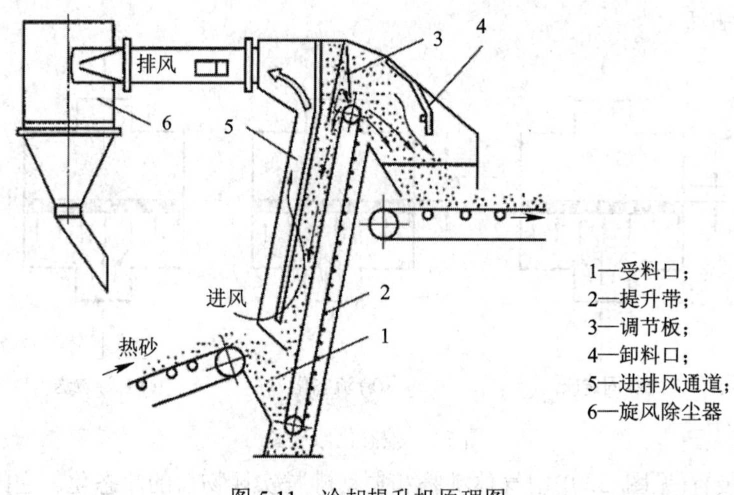


图 5.11　冷却提升机原理图

## 5.3　型 砂 处 理

在铸造生产中，铸件质量的好坏与型砂有直接关系，因此，型砂处理是整个砂处理系统的中心环节。对型砂处理的基本要求是：各种成分均匀，黏结剂有效地覆在砂粒表面，型砂松散无团块。型砂处理包括混砂和松砂两道工序。

### 5.3.1　混砂机

目前国内外使用的混砂机归纳起来主要有碾轮式和转子式，或者有碾轮和无碾轮两类。碾轮混砂机的历史最久，但转子混砂机的设计更为合理，发展极为迅速。

#### 1. 碾轮混砂机

碾轮混砂机至今已有 80 余年历史，其间经过几次改型和改进，但是其混砂工具仍是碾轮与刮板，其实物如图 5.12 所示。碾轮混砂机工作原理见图 5.13，电动机通过减速器使混砂机主轴旋转，在主轴的顶端装有十字头，两个碾轮通过碾轮轴和曲柄装在十字头侧，十字头的另外两侧固定着垂直的内刮板和外刮板。加料后，由固定的底盘和围圈构成的机盆内有一定厚度的砂层。碾轮一方面随主轴公转，另一方面由于与砂层摩擦又绕碾轮轴自转，在转动过程中将处于碾轮前方的松散砂层压实。随十字头一起转动的刮板接着将压实的砂层推起、松散，并把砂送入下一个碾轮的工作区域，供碾轮再一次碾压。内刮板将砂从底盘中心向外送，外刮板将围圈附近的砂向里推，也起到一定的混合作用。

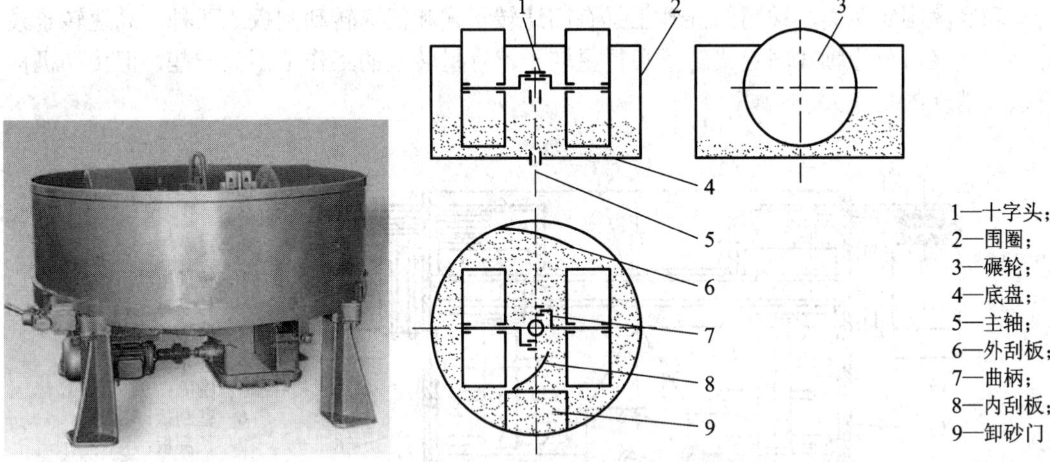


图 5.12　碾轮式混砂机实物图　　图 5.13　碾轮混砂机工作原理图

碾轮混砂机的混砂原理是靠碾轮的重力，即碾压力压实砂层，使物料在压实过程中相对运动，互相摩擦，将湿润的黏土逐渐地包覆在砂粒表面形成黏土膜。随着铸件生产的发展，碾轮混砂机有许多重大改进，如将高刮板改为垂直的矮刮板；适当提高无砂时碾轮与底盘的间隙，在不增加碾轮前进阻力的条件下，提高砂层厚度；还可以采用碾轮弹簧加减压装置，如图 5.14 所示。

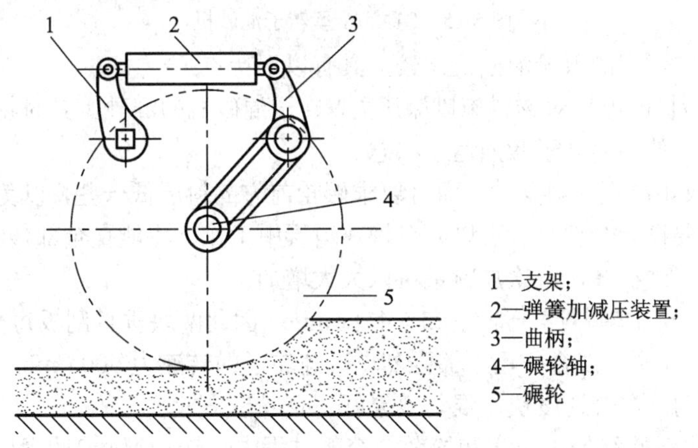


图 5.14　弹簧加减压装置原理图

弹簧加减压装置有如下优点：

(1) 弹簧加减压装置可以在保持一定碾压力的条件下，减轻碾轮自重，从而可以适当增加碾轮宽度，扩大碾压面积；也可以提高主轴转速，加快混砂过程。

(2) 碾压力随砂层厚度自动变化，加料量多或型砂强度增加，则碾压力增加；当加料量少或在卸砂时，碾压力也随之降低。这不仅符合混砂要求，而且可以减少功率消耗和刮板磨损。

### 2. 转子混砂机

在 20 世纪 60 年代后期，西欧一些国家开始用无碾轮的转子混砂机制备湿型砂，这在混砂机发展史上是一个重要突破。现有的转子混砂机都是盘式混砂机(见图 5.15)，有底盘转动和底盘固定两类，采用的混砂工具有高速转子式和低速转动刮板式两种。高速转子式混砂工具又可分为轴线固定式转子和行星转子，行星转子的工作范围大一些，但传动机构复杂，消耗的功率大。

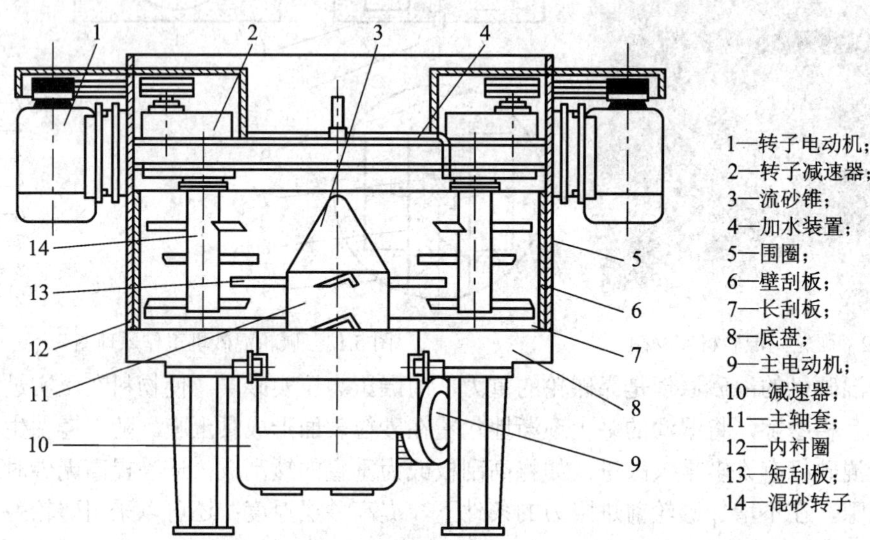


图 5.15　S1420A 型转子混砂机

转子混砂机与常用的碾轮混砂机比较，具有以下特点：

(1) 碾轮混砂机的碾轮对物料施以碾压力，转子混砂机的混砂工具对物料施以冲击力、剪切力和离心力，使物料处于激烈运动状态。

(2) 碾轮不仅不能埋在料层中，而且要求碾轮前方的料层低一些，以免前进阻力太大。转子混砂工具只要设计合理，就可以完全埋在料层中工作，将能量全部传给物料；因而料层比同盘径碾轮混砂机高，一次加料量可以大大增加。

(3) 碾轮混砂机主轴转速一般为(25～45) r/min，因此两块垂直刮板每分钟只能将物料推起和松散 50～90 次，混合作用不够强烈。高速转子的转速为 600 r/min 左右，使受到冲击的物料快速运动，混合速度快，混匀效果好。

(4) 碾轮使物料始终处于压实和松散的交替过程中，转子混砂工具则一直使物料处于松散的运动状态，这既有利于物料间穿插、碰撞和摩擦，也减轻了混砂工具的运动阻力。

(5) 当需要提高混砂产量时，碾轮混砂机只能采取增加盘径的方法；转子混砂机既可增加盘径，又能提高料层厚度。因此转子混砂机用较少的盘径尺寸，能满足较多的产量要求，可以大大简化系列设计，减轻制造工作量。

(6) 转子混砂机结构简单，便于维修。

## 5.3.2　松砂机

混好的型砂要用松砂机给以松散，破碎其中的饼块，提高型砂的流动性和可塑性。特别是用碾轮式混砂机混制的型砂，松砂更有必要。松砂机的基本原理是：利用高速旋转的构件对型砂进行切割、敲打或抛击。目前国内应用的松砂机的种类很多，主要有轮式、叶片式、梳式和带式。本节对轮式松砂机进行简要介绍。

在砂处理系统使用比较普遍的是双轮松砂机，因为它安装在运送型砂的带式输送机上方，在运送的同时进行松砂，不存在物料通过松砂机的落差问题。双轮松砂机(见图 5.16)的两个松砂轮由电动机通过 V 形胶带传动，使两轮顺着型砂运送方向旋转，松砂轮下表面距胶带为 10 mm～5 mm，当型砂送至松砂轮处，松砂轮(见图 5.17)的棱条将型砂切割、松散并抛击到前面的松砂轮或弹簧钢丝上。经过松散后的型砂再落回胶带上被送往造型工部。松砂轮是具有两排棱条的空心轮，棱条呈八字形排列，其目的是使抛出的型砂集中在胶带中间。棱条表面堆焊硬质合金，以增强其耐磨性。双轮松砂机也可用作高紧实度造型的回用砂破碎，这时应在罩壳上增设通风除尘装置，以便于对回用砂进行冷却和除尘。双轮松砂机应按输送机的型式和规格选用，一般应装在带式输送机的水平段上。

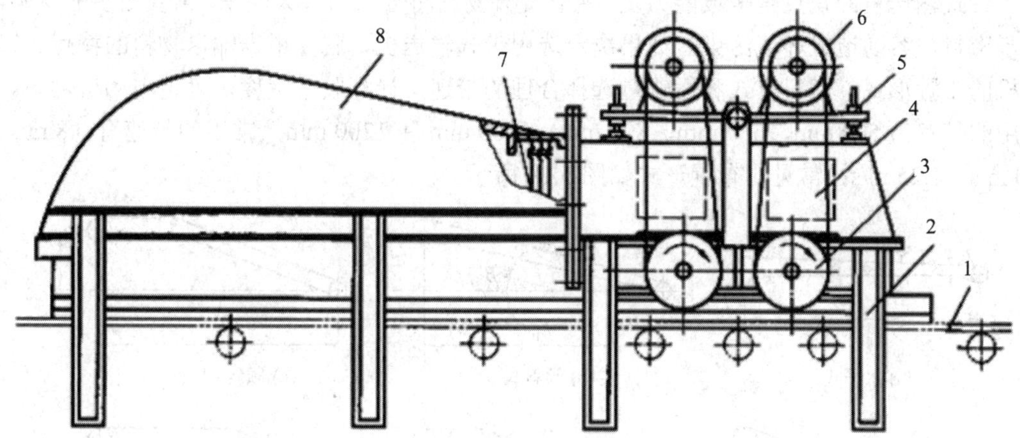


1—带式输送机；2—支架；3—V 形带轮；4—V 形胶带；5—张紧装置；6—电动机；7—弹簧钢丝；8—罩壳

图 5.16　双轮松砂机结构图

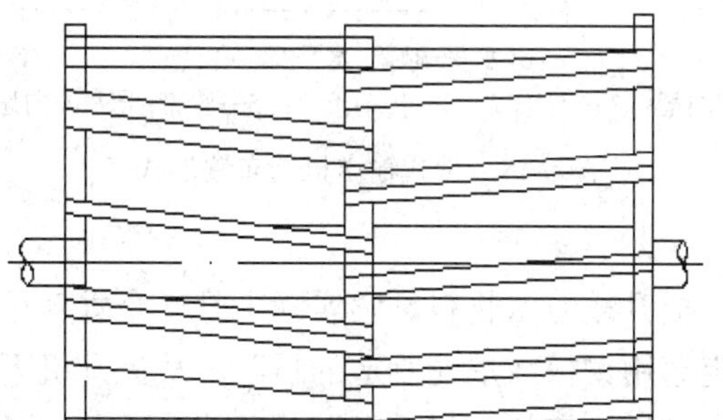

图 5.17　松砂轮结构图

## 5.4　砂处理系统的运输设备和辅助装置

砂处理系统的工序多，运输量大，而且任何一个环节发生故障都会引起整个系统的停顿，迫使造型工部停产，造成重大的经济损失。因此在选用运输设备和辅助装置时，除了根据工艺流程、平面布置和产量要求选定其型式和规格外，还应注意使用可靠，维修方便，并有利于环境保护。

## 5.4.1　砂处理系统的运输设备

### 1. 带式输送机

带式输送机是铸造工厂常用的运输设备，因为它具有以下优点：可以运送多种物料，如新砂、回用砂、型砂、型芯、焦炭及石灰石等；运输能力大，结构简单，工作可靠，维修方便；可以远距离输送，也可以多点卸料，功率消耗小，无振动，噪声小，安装和调整方便；在运行过程中可以进行工艺操作，如磁选、增湿、松砂或破碎等；胶带运行速度的调节比较方便。

带式输送机的缺点是爬坡能力差，用它提升物料将会占用很大面积，需要更多的支架，难于密封，容易造成环境污染。如果决定选用带式输送机，就要根据输送物料的特点、输送机的布置形式、卸料方式和运输量选择合理的带速，计算胶带宽度，确定电动机功率。常用的带宽为 500 mm、650 mm、800 mm、1000 mm 和 1200 mm；常用的带速有 0.8 m/s、1.0 m/s、1.25 m/s；常见的布置形式如图 5.18 所示。

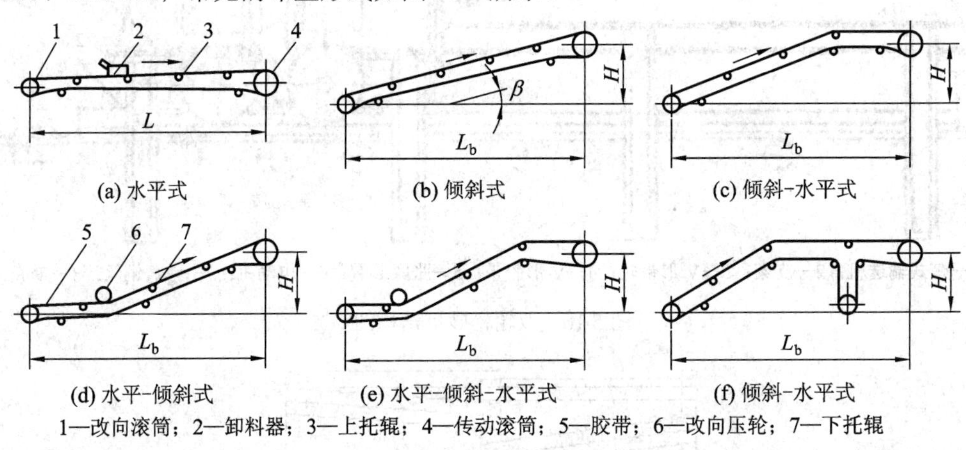


1—改向滚筒；2—卸料器；3—上托辊；4—传动滚筒；5—胶带；6—改向压轮；7—下托辊

图 5.18　带式输送机的布置形式

### 2. 斗式提升机

斗式提升机用于垂直提升散粒状物料，它实际上是一个垂直运行的带式输送机，在胶带上等距离地用螺栓固定着用钢板或尼龙制造的料斗。从提升机下部的加料溜槽加料，在提升机顶部靠离心惯性力和重力卸料。料斗有深斗和浅斗两种，料斗的形状应有利于装满物料，也便于卸净物料。

### 3. 螺旋输送机

螺旋输送机主要用于输送黏土粉和煤粉等粉状物料，由于它利用在密封槽体内的转动螺旋将物料向前推移，故粉尘很少外逸。为防止螺旋轴弯曲，螺旋和槽体是分段制造的，每段长约 2 m～3 m，然后用法兰连接。对于长螺旋轴设有中间轴承，由于在此处螺旋中断，中间轴承又占据一定空间，所以槽体中物料的填充系数应小于 50%。螺旋输送机结构简单，外形尺寸小，便于布置，可以单点或多点卸料。

4. 振动输送机

振动输送机是利用槽体的定向振动，将其上面的物料不断抛起并向前运送。由于槽体用钢板制成，故振动输送机常用于输送落砂后的热砂。如果采用管状输送器，也可输送粉状物料。振动输送机属于中短距离的运输设备，在铸造厂常用的有弹性连杆式和振动电机式两种。

## 5.4.2　料斗、给料机、定量器和辅助设备

1. 料斗

砂处理系统中的料斗按其功能分为储料斗和中间斗。储料斗用于储存新砂、回用砂、型砂和废砂，以及黏土粉和煤粉。中间斗也称平衡斗，用于调节工序间物料的不平衡，例如设在集中卸料设备和连续运输设备之间，或设在需要稳定而均匀地供料设备之前，它的容积比储料斗小。储料斗的出口可以安装闸门或给料机，中间斗的出口一定要安装给料机，以便将前面的脉动料流，经过中间斗和给料机变成连续的料流。

加料时一定要使物料均布于料斗中，最大限度地利用料斗容积，防止发生偏料现象。小料斗采用单点加料，加料点在斗中心；大料斗常用多点同时加料的方法。卸料时，物料应能总体流动，没有斗壁挂料、物料堵塞或管状流动现象，而且先加入的物料应先卸出。图 5.19 所示是常用的几种料斗卸料方法，应根据物料的种类和性能，以及对卸料的要求予以选择。其中鄂式闸门多用于中小型料斗，料斗出口可以是正方形或圆形，用气缸启闭或手动操作。

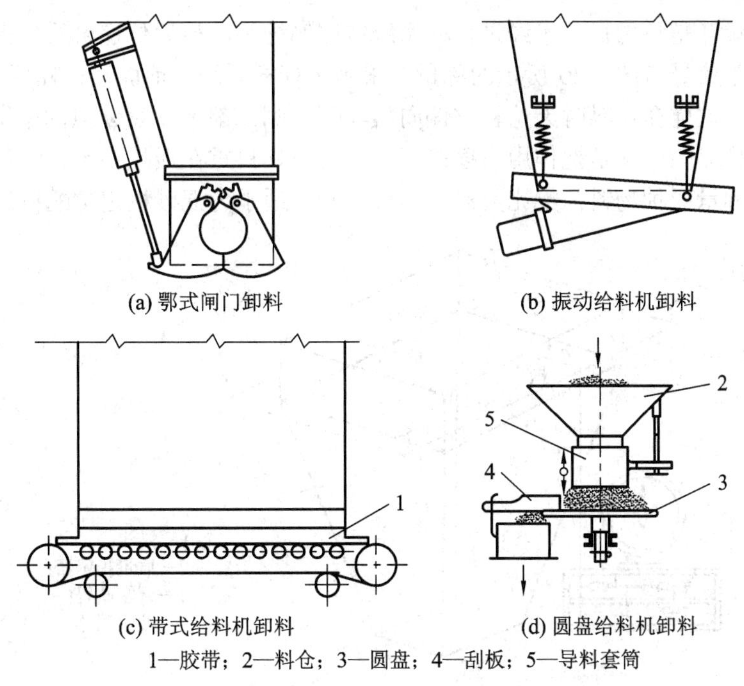


(a) 鄂式闸门卸料　(b) 振动给料机卸料

(c) 带式给料机卸料　(d) 圆盘给料机卸料

1—胶带；2—料仓；3—圆盘；4—刮板；5—导料套筒

图 5.19　料斗的卸料方法

2. 给料机

给料机设置在储料斗、中间斗的下面，启动时将斗内物料均匀送出，停运时就起闸门

的作用。给料机也设置在间歇卸料设备的下面，或者需要均匀供料的设备前面。许多运输设备，如带式输送机、振动输送机等都可以作为给料机使用，只是在结构和工作参数方面略有不同。

1) 振动给料机

振动给料机多用于中型料斗，一般向下倾斜 10°～15° 安装，以利于物料流动。与振动输送机比较，它的特点是振动频率高、振幅小、槽体刚度大。目前常用的有惯性振动给料机和电磁振动给料机，后者没有机械传动零件，不需要润滑，维修工作量小，使用方便。

2) 带式给料机

带式给料机用在有矩形出口的大型料斗下面，胶带宽度比出口宽度每边多 100 mm，胶带距出口下缘为 100 mm～200 mm，这有利于物料流出。也可以在料斗前方设置可调挡板，调节给料量。料斗出口两侧装有橡胶板，其下缘与胶带接触，防止物料撒落。胶带承受的物料压力很大，而且要求给料平稳，故带速较低，一般只有(0.15～0.6)m/s。上托辊密集排列，节距为 115 mm～150 mm。

### 5.4.3 定量器

各种物料的精确定量是混制湿型砂的必要条件，加入混砂机中的料重偏差应为±2%。定量方法有质量定量、容积定量和时间定量。质量定量的精度高，应优先采用。

**1. 杠杆式称量斗**

杠杆式称量斗是将物料质量经过杠杆系统按比例缩小，最后传递给质量指示器直接显示，并发出料重信号。图 5.20 所示的称量斗采用多杠杆系统，前面一级杠杆 *a*、*b* 是使料斗有几个支点，这样在加料时无论料重偏向料斗哪一侧，都不会对 *A* 点的平衡力有影响。后面的几级杠杆 *c*、*d*、*e* 是把作用力逐级减小，使所称料重在质量指示器的范围内。这种称量斗能陆续称量四种物料，配比灵活，称重准确，适于为混砂机定量配料。

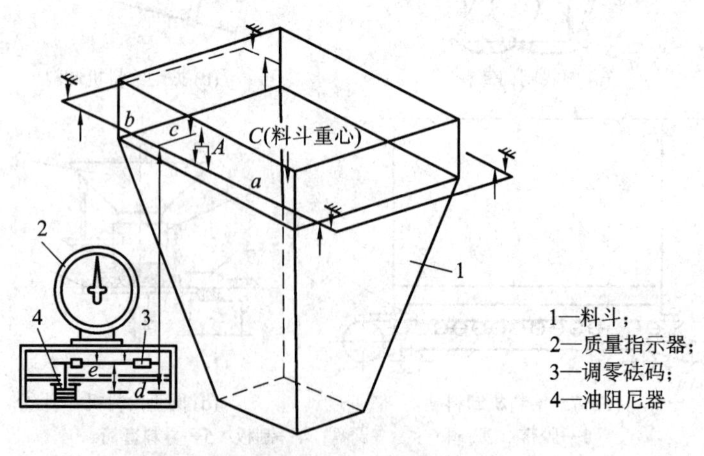


图 5.20　杠杆式称量斗示意图

**2. 电子称量斗**

电子称量斗的结构如图 5.21 所示。当用给料机向斗中加料时，料重作用于三个拉力传感器上，并输出电信号，当达到设定值时即停止给料。称量斗采用吊挂式，有一定的摆动余量，使传感器受力均匀，称量准确。向称量斗中加料应避免较大的冲击力，也不应偏斜。电子称量斗输出电信号，便于接入控制系统，操作管理很方便。

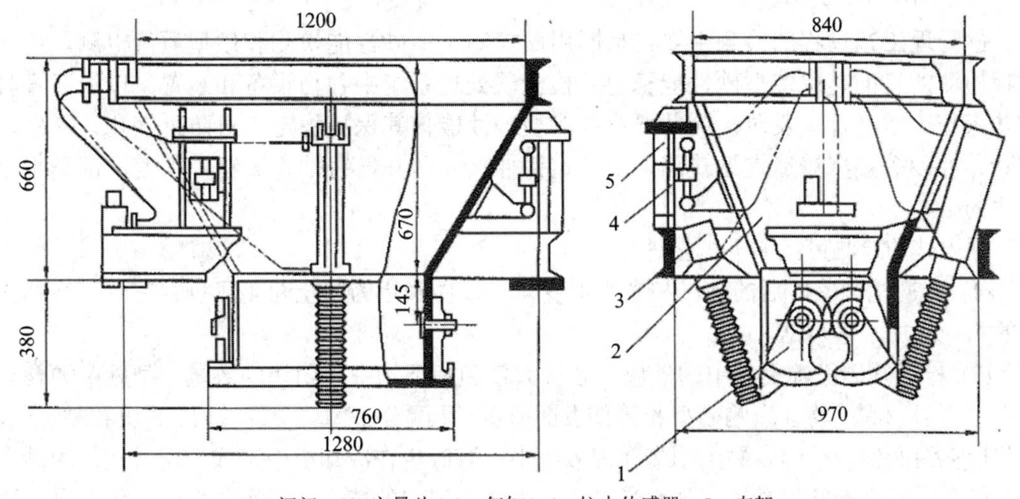


1—闸门；2—定量斗；3—气缸；4—拉力传感器；5—支架

图 5.21　电子称量斗结构图

### 3. 粉料称量及压送联合装置

图 5.22 所示是一种粉料称量及压送联合装置，用于称量膨润土和煤粉，然后将其压送入混砂机中。工作时，用气缸开启闸门，螺旋给料机将粉料送出并落入发送罐中，待达到预定质量时，荷重传感器发出电信号，停止螺旋给料机并关闭闸门，第一种物料即称量完毕。经过 1 s 延时，按同样程序再称量第二种物料。当混砂机控制系统发出加料指令时，关闭发送罐入口处的蝶阀，向发送罐及其出料口通入压缩空气，经过管道及开在混砂机围圈上的切向进料口，将粉料压入正在混合的砂流中。一台这样的装置可以为几台混砂机进行配料和压送，节约投资，减少占地面积；且用管道输送，便于布置，有利于环境保护。

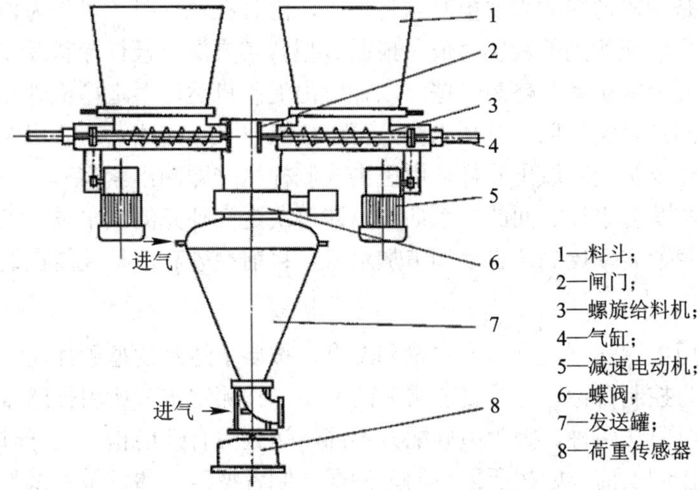


1—料斗；
2—闸门；
3—螺旋给料机；
4—气缸；
5—减速电动机；
6—蝶阀；
7—发送罐；
8—荷重传感器

图 5.22　粉料称量及压送联合装置结构图

### 5.4.4　检测装置

#### 1. 回用砂检测

砂处理工艺过程的检测主要包括回用砂检测、型砂性能检测和砂型质量检测。工艺过程检测的目的是保持型砂性能稳定，检验砂处理系统中各种设备和装置，以保证各种工艺操作正常运行。及时检测并严格控制型砂性能使其保持稳定，对防止气孔、夹砂、黏砂、冲砂等湿型铸造常见缺陷，对稳定铸件尺寸和降低铸件表面粗糙程度，都是十分重要的。

回用砂的检测可按如下工艺进行。

(1) 定期检测落砂后的砂温和含水量变化，以便确定为防止粉尘飞扬并有一定冷却作用的第一次加水量数据。

(2) 检查筛砂机筛上物中的砂块、芯块数量和筛下物中小团块的数量。型砂中如含有5%以上的小团块，将会影响砂型和铸件表面质量。要区分小团块中的砂块、芯块和黏土团，并分析它们产生的原因。黏土团多在混砂机中，有时也在冷却机中形成，而且在回用砂中含泥量多，膨润土补加量大，加水量多，先干混后湿混的情况下最容易发生。由于黏土团中膨润土、煤粉和水分含量高，它的形成会影响这些成分在型砂中的均匀分布，将降低混砂效率并影响型砂性能。

(3) 测定冷却机前回用砂的砂温和含水量，决定冷却用增湿水量；测定冷却后的砂温和含水量，检查冷却机工作状态。

(4) 定期检查各处除尘器的除尘效果，分析粉尘中有效成分和失效成分含量，在必要时可将有效成分高的粉尘返回到回用砂中以调节总含泥量。

#### 2. 混砂过程的水分测定

目前在生产中常用的测定并调节混砂水分的方法有紧实率法和电测法。

1) 紧实率法

紧实率不仅是型砂性能的重要检测项目之一，而且在混砂时可以作为调节加水量的依据。混制完毕的型砂应达到的紧实率值，根据砂型紧实方法、模样形状及其布置等工艺因素决定。混砂时应使紧实率值略高一些，以补偿由混砂机运送至造型机砂斗过程中的水分损失。在混砂时测定紧实率以调节加水量，可以由操作人员完成，或者用仪器自动进行。简单的方法是操作人员及时取出砂样，用锤击式制样机立即测出紧实率，由试验得出的该种型砂的紧实率与其含水量之间的关系曲线，即可决定应补充的加水量。当然，如果条件允许，也可以采用紧实率控制仪自动调节加水量。目前型砂有多种性能在线检测仪器。

2) 电测法

调节混砂时用电测法测定物料含水量和温度，按要求达到的型砂性能调节混砂时的加水量，以水分作为控制目标，也是目前常见的方法。按测定水分所用传感器的工作原理，主要有电容法和电阻法两种。因为型砂配方不同，达到综合性能指标较好时的总加水量不同，所以在使用控制仪前，应按所采用的型砂配方制备型砂，通过系列试验决定总加水量中的基本水量和剩余水量、混砂周期，以及物料温度与补偿水量之间的关系。

### 3. 型砂主要性能的在线检测

型砂主要性能在线检测的目的在于快速测定型砂的主要性能，及时调整成分，稳定型砂质量。为实现在线检测，应着重解决三个基本问题，即确定检测的主要型砂性能、选择检测方法和仪器、解决型砂性能与其成分间的相关关系。型砂性能日常检测的项目很多，在线检测应该选择最能反映型砂综合性能，具有代表性，又适用于快速检测的主要项目。紧实率反映湿型砂的调匀程度和最适宜含水量，对水分十分敏感，可以用于调节混砂时的加水量。当紧实率一定而加水量有变化时说明型砂中载水物质的含量产生变化，而且紧实率测试方法简单、速度快。因此，型砂紧实率是在线检测的主要项目。

型砂性能在线检测仪有单工位和多工位之分，在多工位检测仪中又有转台式和往复式两种。图 5.23 所示是一种转台式型砂性能在线检测仪，在间歇转动的四工位转台上有四个砂样筒。当制备好的型砂在带式输送机上运送时，取样气缸的活塞杆带动取样器下降，从胶带上取样后提升，然后推样气缸动作，将砂推入松砂装置，再加到砂样筒中。在转台转动过程中，将样筒上的多余型砂刮去，在第二工位测定紧实率。转台转至第三工位，测定抗剪强度及剪切极限变形量。至第四工位，将样筒清理干净，以便进行下一循环的检测。每一工位的最少停留时间为 10 s，测定的数据输入微处理机进行处理和储存。

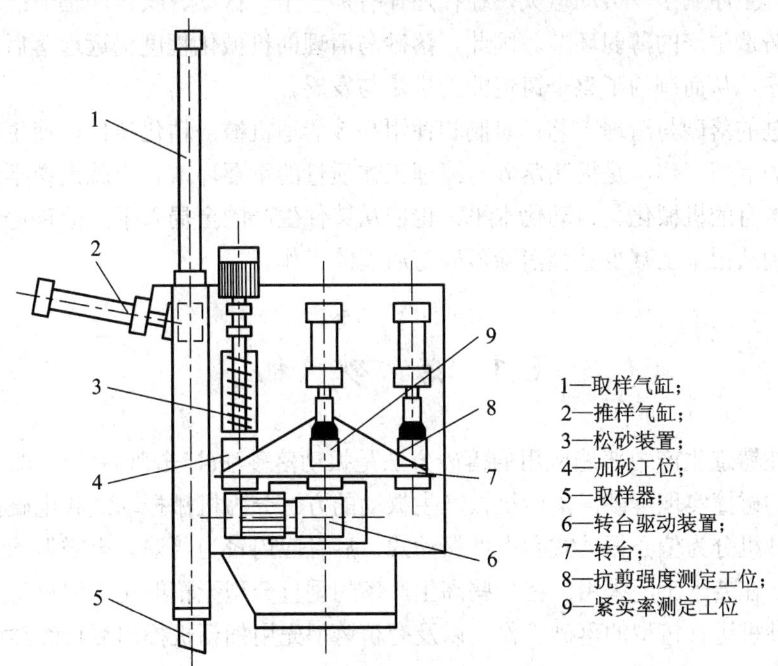


图 5.23　转台式型砂性能在线检测仪示意图

# 第 6 章　落砂与清理机械

铸件的落砂是砂型铸造生产过程中的重要工序之一。落砂就是在铸型浇注并冷却到一定温度后，将铸型破碎，使铸型与砂箱分离，铸件与型砂分离。近年来，落砂设备虽然有了一定的发展，但其机械化程度远远落后于造型机械化的发展。因此，如何进一步提高落砂清理的机械化与自动化程度是一项很迫切的任务。

清理属于铸件后处理工序，它包括清砂、除芯及清除铸件表面残留砂，去除浇冒口，表面清理，去除飞翅、浇冒口残余等多余金属，热处理，缺陷检查，修补与矫正，涂底漆等工序。清理工序繁多，劳动量大，往往还伴有烟、尘、振动、噪声和辐射热，生产效率低，一直是铸造生产的薄弱环节。因此，落砂与清理的机械化程度仍远远落后于造型等铸件前处理工序，从而制约了整个铸造业的进步与发展。

采用先进的落砂与清理工艺；研制和使用高效清理机械；精化铸件，使生产出来的铸件具有最少的清理工作，是提高落砂与清理工作质量的重要环节。也就是说不仅要注意提高清理工作本身的机械化、自动化水平，也应从铸件生产的全局入手，改善铸件的前处理工序，以达到从根本上减少甚至消除落砂与清理的工作。

## 6.1　落　砂　机

目前，在铸造生产中普遍应用的落砂方法是振动落砂法(撞击落砂法)，即利用铸型与落砂机之间的碰撞实现落砂。落砂机按产生振动的方法分为机械振动式和电磁振动式。机械振动式落砂机分为偏心振动式和惯性振动式，后者应用较为普遍。电磁振动式落砂机为我国首创，已在若干工厂采用。在一些高生产率的垂直分型无箱射压造型机生产线上，采用了滚筒落砂机进行铸型的落砂工作，以及有箱铸型先用捅箱机捅出后再经滚筒落砂机进行落砂的方法。

### 6.1.1　振动落砂机

振动落砂法是指由周期振动的落砂栅床将铸型抛起，然后铸型自由下落与栅床相碰撞。如此不断撞击而使砂型破坏，铸件及型砂从砂箱中脱出，达到落砂的目的。

**1. 偏心振动落砂机**

偏心振动落砂机是机械振动落砂机的一种，它的工作原理如图 6.1 所示。它靠一根转动的偏心轴 3 带动整个落砂机框架和栅格运动。偏心轴通过一对支架轴承 4 支承在底座的支承架 10 上，而轴的偏心部分通过一对框架轴承 5 与框架 8 及栅格 6 连在一起。当电动机 1 通过 V 带 2 带动偏心轴旋转时，使落砂机框架产生振动。放在栅格上的铸型不断地被抛起，然后又靠自重下落与栅格发生撞击，从而使铸型破碎，型砂经栅格孔落下运走，砂箱及铸件分别用运输设备送出。平衡重 9 与偏心轴相对布置，用以减轻支承轴承 4 所受的动载荷。

偏心振动落砂机的主要缺点是撞击力全部由偏心轴及轴承所承受，并经由轴承传给机器的基础，因而大大降低了轴承等机件的使用寿命，并提高了对机器基础的要求。

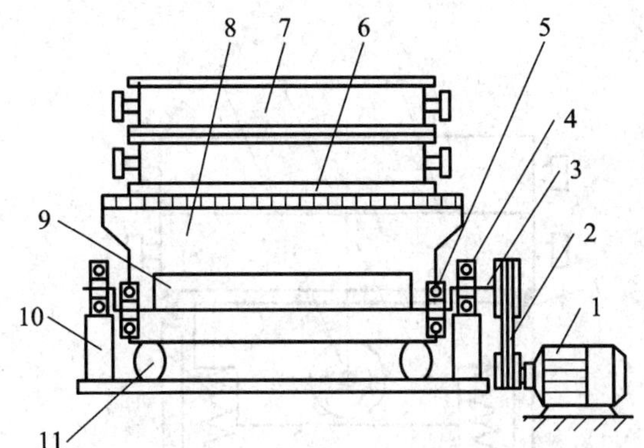


1—电动机；2—V 带；3—偏心轴；4—支架轴承；5—框架轴承；
6—栅格；7—铸型；8—框架；9—平衡重；10—支承架；11—减振支承橡胶弹簧

图 6.1　偏心振动落砂机结构简图

### 2. 单轴惯性振动落砂机

(1) 惯性振动式落砂机(非输送式)。

惯性振动式落砂机的工作原理如图 6.2 所示。落砂栅床 2 被弹簧 4 支承于机座 5 上，落砂栅床上装有带偏重的主轴 3，当主轴旋转时，偏重产生的离心力(激振力)使落砂栅床振动，并与砂箱发生撞击而进行落砂。

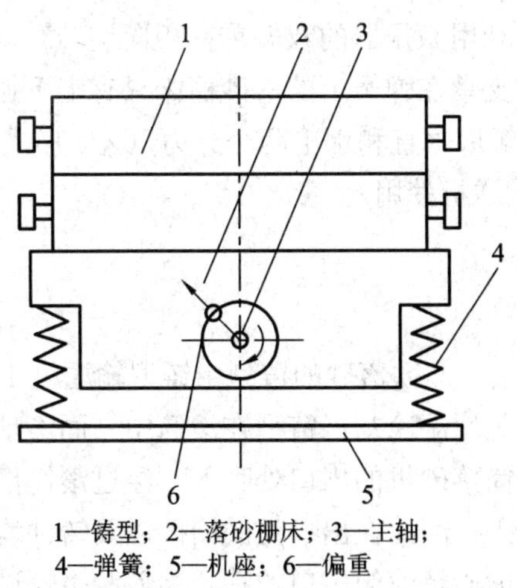


1—铸型；2—落砂栅床；3—主轴；
4—弹簧；5—机座；6—偏重

图 6.2　惯性振动式落砂机原理

惯性振动式落砂机由于整个落砂栅床支承在弹簧上，落砂时撞击力的一部分被弹簧吸收，主轴及其轴承所受到的冲击力减小，因此，机器的使用寿命(尤其是主轴轴承)较偏心振动落砂机长。此外，机器基础所受到的振动减小，因此对基础的要求降低，当加载质量越大时，这一特点越突出。因此大型落砂机一般均为惯性振动式。

(2) 惯性撞击式落砂机。

惯性撞击式落砂机的工作原理如图 6.3 所示。铸型放在固定支架上，下面安置惯性落砂机，靠落砂栅床的撞击而进行落砂(落砂机顶面距支架顶面间的间隙为 5 mm～8 mm)。由于载荷不是始终加在落砂机上，振幅变化的影响相对减小，机器对载荷变化的适应性增强，额定载荷可以提高。

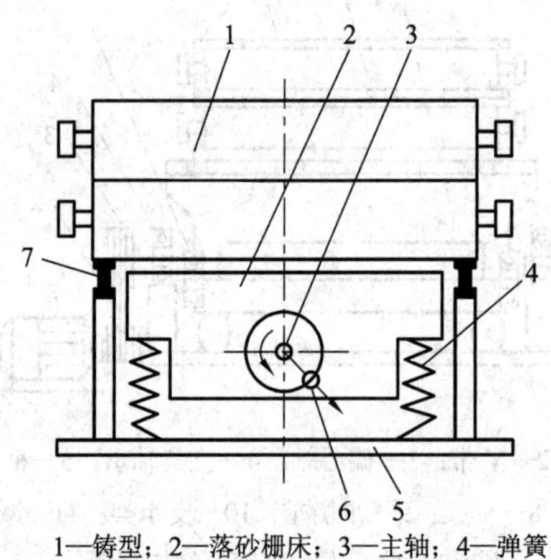


1—铸型；2—落砂栅床；3—主轴；4—弹簧；
5—机座；6—偏重；7—固定支架

图 6.3　惯性撞击式落砂机原理

通常，在相同载荷情况下，撞击式落砂机比一般惯性式消耗功率较少。这主要是近共振区工作的落砂机可以充分利用振幅放大现象，能用较小的激振力，达到较好的落砂效果。当然，撞击式落砂机也有不足之处，就是振动剧烈，噪声大，对地基影响也较大。

### 3. 双轴惯性振动落砂机

双轴惯性振动落砂机是利用激振器的双偏重在相向旋转时，由于水平惯性力相互抵消，只有垂直惯性力的作用，使支承在弹簧上的落砂栅床只有上下振动。如果将激振器倾斜于栅床安装，那么激振力便分解成垂直和水平两个分力，这就形成了输送式落砂机(也称落砂输送机)，还可做筛砂机或输送机使用。

## 6.1.2　滚筒落砂机

图 6.4 所示为冷却落砂滚筒。欲落砂的铸型由铸型输送机 1 逐个送入滚筒落砂机 4 的入口，并喷适当的水，目的是增湿冷却；铸型在滚筒中一面滚动，一面进行破碎，型砂进行混合，用风机将空气由滚筒落砂机的出口处吸入，经过滚筒由滚筒入口的除尘罩排出，这样达到降温冷却及除尘效果，因此在出口处的旧砂以及铸件均得到冷却。铸件落入铸件输送机 5 中送往清理工部，旧砂经滚筒出口的筛孔漏入胶带输送机 6 上送出。

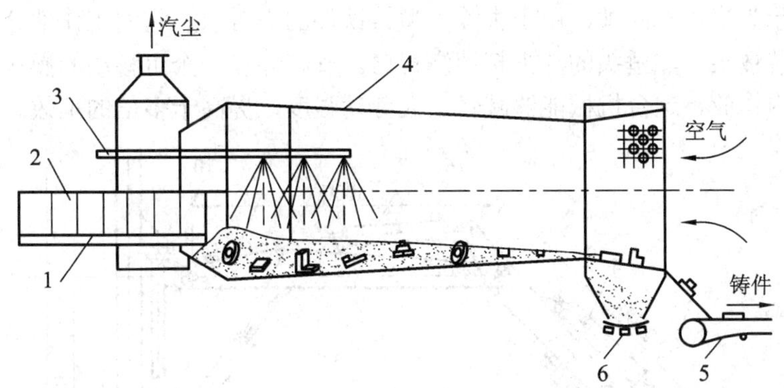


1—垂直分型无箱铸型输送机；2—铸型；3—冷却水管；4—滚筒落砂机；5—铸件输送机；6—胶带输送机

图 6.4　冷却落砂滚筒工作原理

滚筒落砂机由于可以做到完全密封，所以粉尘及噪声容易控制，劳动条件好。冷却滚筒落砂机可以同时完成落砂、铸件冷却、型砂破碎及冷却等几个工艺过程，所以目前应用越来越广。落砂滚筒机的缺点是薄壁铸件在滚筒落砂过程中容易撞坏。

# 6.2　清 理 机 械

## 6.2.1　去除浇冒口机械

去除浇冒口的方法很多，应根据铸件的材质、质量和生产批量来进行选择。对于脆性金属铸件，如灰铸铁、可锻铸铁(退火前)和球墨铸铁小件，可采用锤断或压断的方法去除浇冒口。虽然简便经济，但断口不整齐，还需进行后处理(铲或磨)。图 6.5 所示为颚式浇冒口裂断机。机身 3 上装有两块活动颚板 2，颚板之间为一液压缸 4 驱动的楔形板 1。机身可以悬挂在单轨或单梁上，工作时将颚板插入冒口与铸件之间并使之紧密接触，开启手动阀 5，高压油进入液压缸，推动模板伸出，两颚板则向左右张开，靠挤压力使冒口裂断脱离铸件。当油泵压力为 30 MPa，功率 7.5 kW 时，张力可达 180 kN。颚式浇冒口裂断机可用于去除球墨铸铁件的冒口，最大裂断面为 65 mm × 47 mm。它轻便灵活，操作简单，生产效率高，无环境污染，是一种值得推广的机具。

(a) 浇冒口裂式机实物图

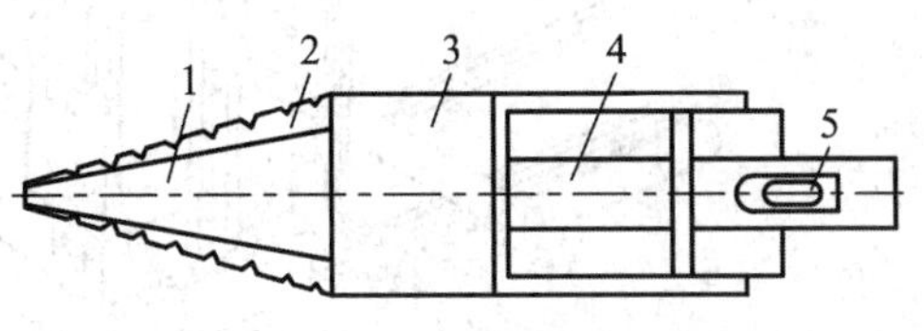


(b) 裂式机的原理图

1—楔形板；2—颚板；3—机身；4—液压缸；5—手动阀

图 6.5　颚式浇冒口裂断机

图 6.6 所示为气动多向锤，用于去除大型铸铁件的浇冒口。它的工作部分为气缸，在其活塞杆端部装锤头，靠锤头的冲击打掉浇冒口。气缸装在一个可移动的操作机上，可以在很大的范围内作业。这台机械能够减轻工人劳动强度，提高十多倍的工效。

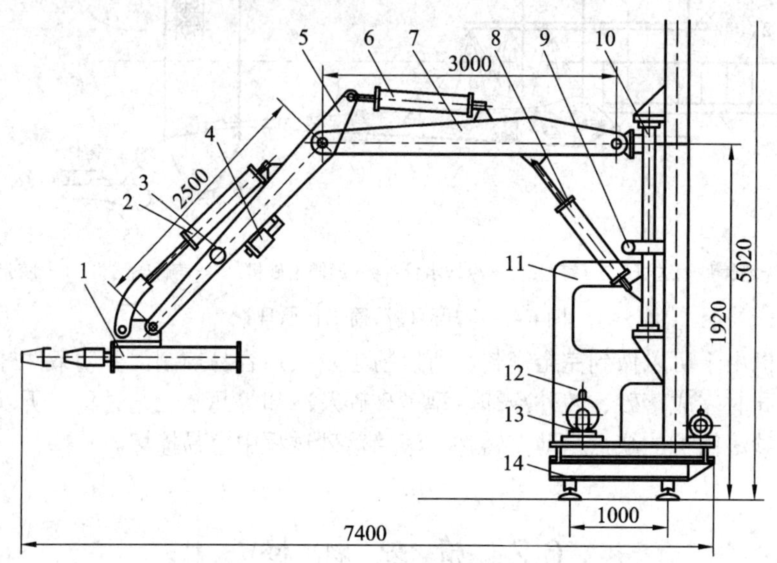


1—工作气缸；2—变向液压油缸；3—贮气罐；4—气阀；5—小臂；6—伸缩液压油缸；7—大臂；8—升降液压油缸；9—回转液压油缸；10—转柱；11—操纵室；12—电动机；13—油泵；14—小车

图 6.6　气动多向锤

采用机械加工的方法(剪、铣、锯)去除浇冒口，断口整齐，一般不需后处理，但生产效率低，刀具磨损严重，故机械加工法一般只用于较软的非铁合金铸件。

对于碳素钢铸件，气割浇冒口是最有效的方法。冒口越大，这一方法的优点越显著。气割枪也可以装在操作机上，工人在控制室内进行遥控操作。在此基础上，还可进一步实现程序控制或按轮廓线跟踪切割。图 6.7 所示为铸钢件冒口自动气割机，它有一个带转盘 2 的移动小车 1，转盘上装有立柱 3。可垂直移动的滑架 9 装在立柱内，滑架上装有横杆 10，其端部装着转臂 6，装有割枪 5 的切割器 4 随转臂 6 活动。立柱侧面是控制室 11，另一侧是电气柜。控制室上的固定架 8 是用于支承软管和电缆的。

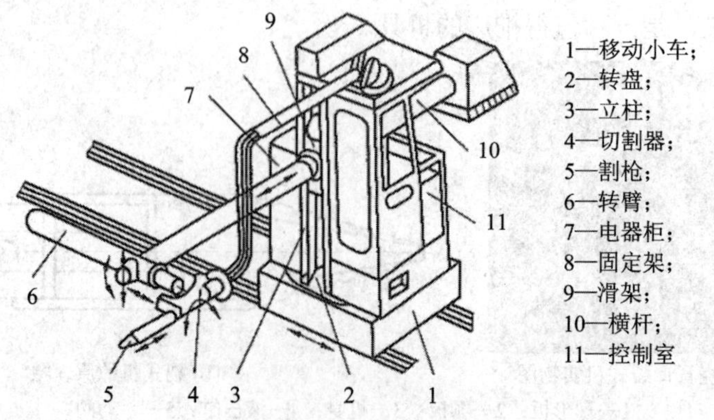


1—移动小车；
2—转盘；
3—立柱；
4—切割器；
5—割枪；
6—转臂；
7—电器柜；
8—固定架；
9—滑架；
10—横杆；
11—控制室

图 6.7　铸钢件冒口自动气割机结构图

### 6.2.2　打磨机械

打磨是去除铸件飞翅的主要方法，故铸件清理需使用各种砂轮机。对于较厚的飞翅可采用气割(铸钢件)、等离子电弧切割(高合金钢件)或电弧气刨(铸铁件)等方法。

对于小型铸件，一般采用固定式砂轮机打磨。中型铸件可采用悬挂式砂轮机；大型铸件则用手提式砂轮机打磨。近代出现了砂带打磨机，它的优点是可以保持恒定的磨削速度，散热好，磨具(接触轮)半径可以很小，可清理复杂铸件；更换迅速且工作安全，砂带损坏时无危险，振动小。有些小型电动砂带打磨工具功率只有 450 W，小巧轻便，操作灵活，可清理铸件的死角。

### 6.2.3　表面清理机械

表面清理机械按工作原理分为抛丸清理机、喷丸清理机和摩擦式清理机。

**1. 抛丸清理机**

抛丸清理是利用高速旋转的叶轮将弹丸抛向铸件，靠弹丸的冲击打掉铸件表面的黏砂和氧化皮。抛丸清理机一般由以下几个部分组成。

(1) 抛丸器。

抛丸器是抛丸机械的核心部件，决定着抛丸机械的工作质量和效率。抛丸器按进丸方式分为机械进丸式和风力进丸式。图 6.8 所示为鼓风进丸式抛丸器。弹丸在喉管中被鼓风机送来的气流预加速后，经喷嘴送到叶片上，再由叶片进一步加速后抛出。调整喷嘴的出口位置，可以改变抛射方向。这种抛丸器的优点是减少了易损件(以喷嘴取代了分丸轮和定向套)，结构简单，但增加了风机的动力消耗和设备安装面积。其抛丸量受风力限制，通常在 200 kg/min 以下。

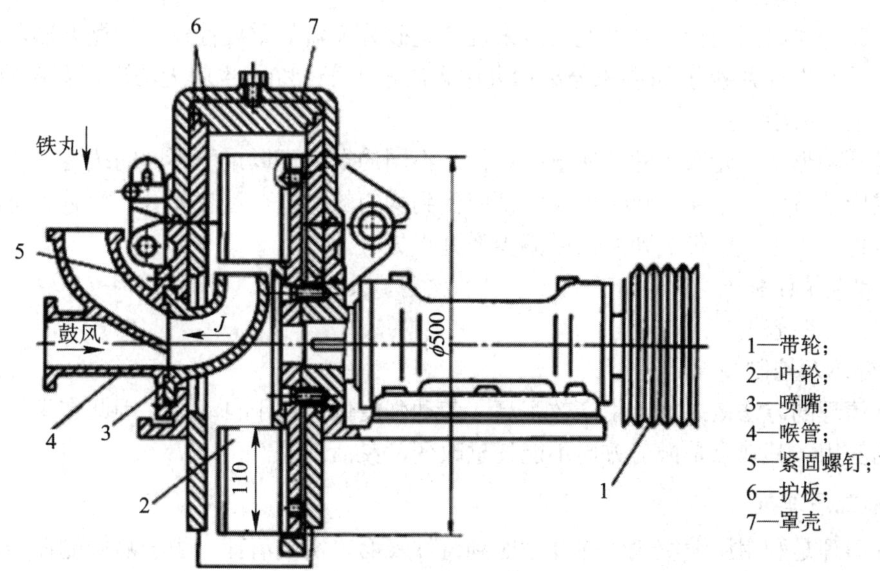


图 6.8　鼓风进丸式抛丸器

图 6.9 所示为机械进丸式抛丸器，它由进丸管 4、分丸轮 3、定向套 2、装有叶片 5

的叶轮 8 和传动轴 10 组成抛射机构。这是目前使用最广泛的一种抛丸器，抛丸量范围很宽，从每分钟几十千克到几百千克，最大已达 285 kg/min。抛射速度因叶轮直径(通常为 300 mm～500 mm)和转速(通常为(2000～3000)r/min)而定，一般为(60～80)m/s。

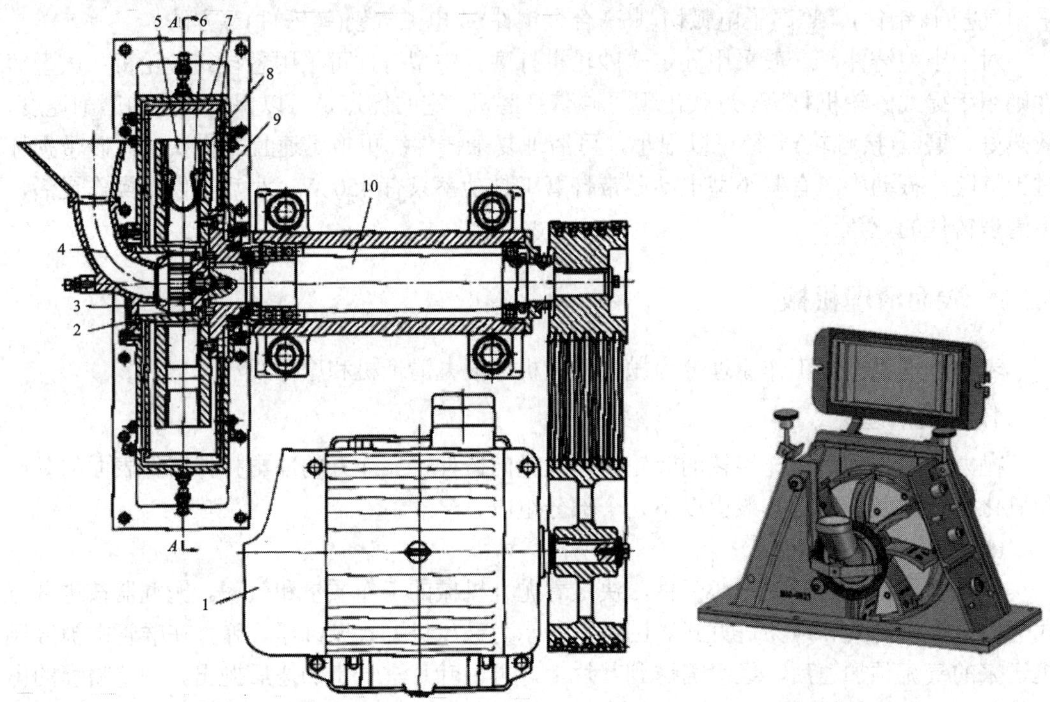


1—电动机；2—定向套；3—分丸轮；4—进丸管；5—叶片；6—弹簧；7—护板；8—叶轮；9—罩壳；10—传动轴

图 6.9　机械进丸式抛丸器

(2) 丸砂分离器。

对于铸件表面清理特别是抛丸清砂来说，丸砂分离器的重要性仅次于抛丸器，因为如果不能成功地进行丸砂分离(要求分离后丸中含砂量小于 1%)，也就无法进行有效的清理。

(3) 铸件载运装置。

针对不同形状、轮廓尺寸、质量的铸件，不同的批量可以采取不同的载运方式。好的载运方式应使铸件各个面，包括内表面都应受到均匀的抛打，没有死区；而且尽可能地使抛完的铸件不带走或少带走弹丸，以减少弹丸损失。

(4) 弹丸循环系统。

(5) 除尘系统。

(6) 外罩及控制装置。

抛丸清理的方法效果好，生产效率高，劳动强度低，易于自动化，因此在生产上得到了广泛的应用。其缺点是抛射方向不能任意改变，灵活性差。

### 2. 喷丸清理机

喷丸清理是利用压缩空气将弹丸喷射到铸件表面来实现清理。由于喷枪能在一定范围内移动，操作灵活，故可用于清理复杂铸件，特别适于清理具有复杂内腔和深孔的铸件。喷丸清理机与抛丸清理机的主要区别在于清理所使用的动力装置为喷丸器，而其他部分，如铸件载运装置、丸砂分离及输送系统、除尘系统等则基本相似。

喷丸器是喷丸清理机的关键装置，其工作原理如图 6.10 所示。弹丸由加料漏斗 1 及锥形阀门 2 加入圆筒容器 3 内。工作时，打开三通阀 9，压缩空气进入容器，自动关闭锥形阀门 2，弹丸被压入混合室 6。打开截止阀 8，由管道 7 进入的压缩空气将弹丸经胶管 5、喷嘴 4 喷出。这种喷丸器为单室式，在补充弹丸时，必须停止工作。而双室式喷丸器则可连续工作，其原理如图 6.11 所示，其下室 4 始终处在压缩空气压力作用下，而上室 2 则交替地处在压缩空气压力和大气压力下。当需要加丸时，三通阀 8 处于图 6.11(a)状态，上室与大气相通，上锥阀开启，下锥阀关闭，上室进丸。进丸完毕，三通阀 8 换位(见图 6.11(b))，上室通入压缩空气，上锥阀关闭，由于上、下室压力相等，故下锥阀开启，弹丸由上室流入下室。这样，喷丸器可以连续工作。

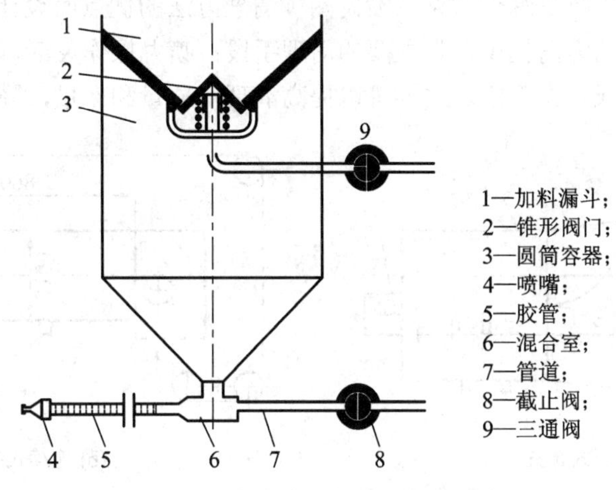


图 6.10　单室式喷丸器工作原理图

(a)　(b)

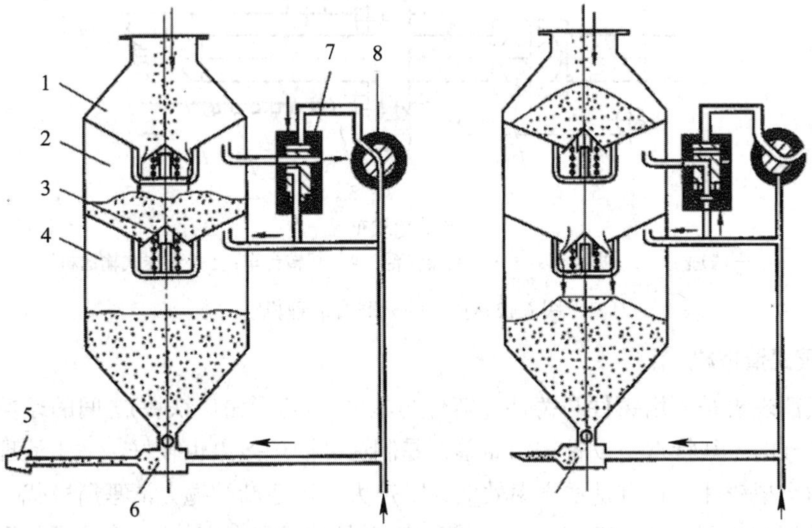

1—加丸漏斗；2—上室；3—锥形阀；4—下室；5—喷嘴；6—混合室；7—转换阀；8—三通阀

图 6.11　双室式喷丸器工作原理图

喷丸所需压缩空气的压力取决于铸件材质、弹丸材质和弹丸粒度。一般是铸件的表面硬度越高，弹丸的密度和粒度越大，所需气压越高。当采用不同材质的弹丸时，压缩空气的工作气压可参考相关的数据进行选择。

喷嘴孔径直接关系着生产效率和压缩空气消耗量。一般应不小于弹丸直径的3.5～4倍，常用孔径为4 mm～15 mm，大者可达22 mm，用于重型铸件的清理。

喷丸消耗能量和所需动力较大，为抛丸清理的几倍到十几倍；生产效率较抛丸清理低；清理时需要工人操纵喷枪，有时甚至需要工人进入清理室持喷枪操作，劳动条件较差；不易实现自动化，故一般用于清理复杂铸件或作为抛丸清理的补充手段。

### 3. 抛、喷丸联合清理机

抛、喷丸联合清理机是综合抛丸、喷丸两种清理方法的优点而设计的(见图 6.12)。抛丸清理生产效率高，动力消耗少，是主要的清理手段；喷丸操作灵活，可清理复杂件的内腔和深孔，作为辅助或补充手段，这样可以提高清理的质量和产量，降低清理成本。

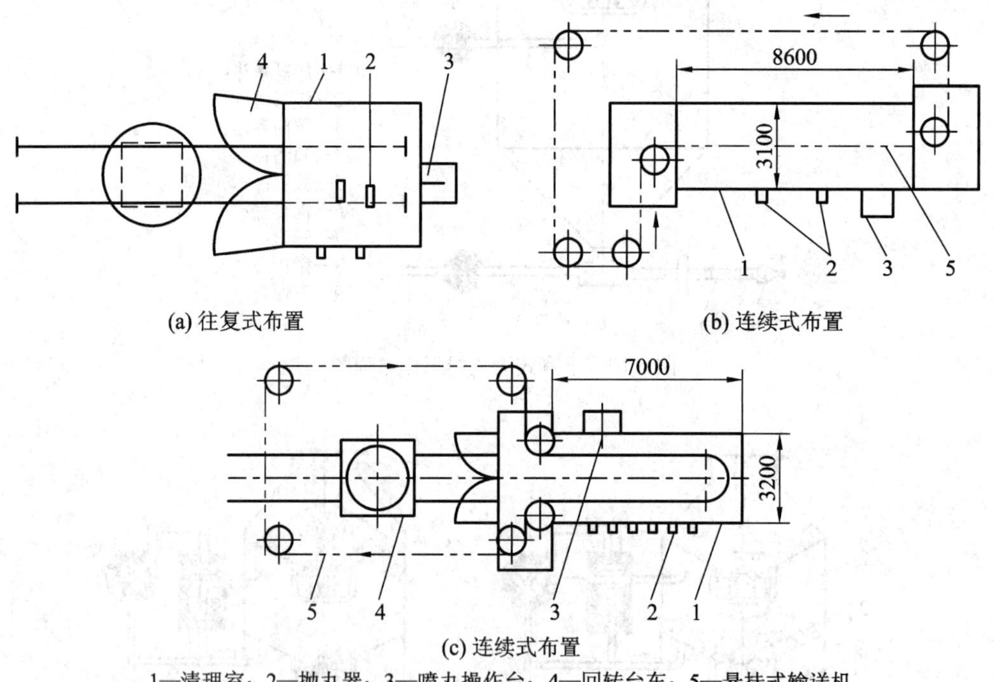


(a) 往复式布置　　(b) 连续式布置

(c) 连续式布置

1—清理室；2—抛丸器；3—喷丸操作台；4—回转台车；5—悬挂式输送机

图 6.12　抛、喷丸联合清理机

### 4. 摩擦式清理机

摩擦式清理机是利用铸件与铸件、铸件与星铁(多角形白口铁块)之间的摩擦和轻微撞击来实现清理的。其特点是设备结构简单，易制造，清理效果也较好，适于清理形状简单不怕碰撞的小型铸件。缺点是生产率效低，噪声大，已逐渐被抛丸清理所取代。清理机械按其铸件载运方式可分为滚筒式、转台式和室式(悬挂式和台车式)。滚筒式用于清理小型铸件；转台式用于清理壁薄而又不宜翻转的中、小型铸件；悬挂式用于清理中、大型铸件；台车式用于清理大型和重型铸件。

(1) 清理滚筒。

普通清理滚筒虽然结构简单，清理效果也较好，但生产效率低，机械化程度低，特别是噪声大，故已逐渐被抛丸滚筒所取代。但一些连续式清理滚筒，因其完全机械化作业，可装在清理流水线上，在生产线上仍有使用。图 6.13 为连续清理滚筒的结构简图，滚筒轴线与水平倾斜，内壁焊有纵向肋条，以利铸件翻滚撞击。铸件由左端进料口进入滚筒，一面前进一面与星铁、滚筒内壁以及相互间发生撞击、摩擦，从而进行清理，最后由右端出料口卸出。清掉的砂子通过滚筒中段内、外层的筛网落入下部的集砂斗。星铁在出口端附近通过滚筒内层孔眼落入内外层之间，由螺旋叶片送回进口端，重新进入滚筒内层循环使用。

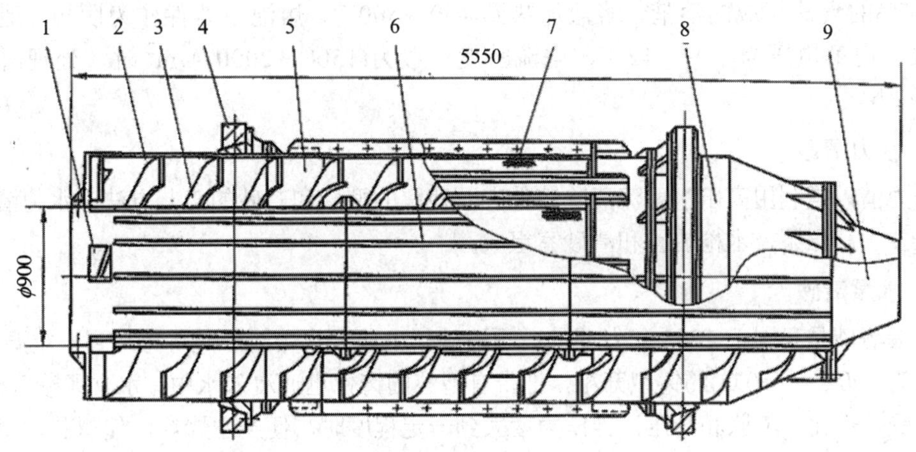


1—星铁循环进口；2—滚筒前段；3—螺旋叶片；4—轮圈；
5—滚筒中段；6—肋条；7—筛网；8—滚筒后段；9—出料口

图 6.13　连续清理滚筒结构图

(2) 振动落砂机。

振动清理是将铸件和星铁(或砂轮碎块、大粒铁丸、碎瓷片等)装在一个振动容器中，由激振器带动振动，靠铸件与铸件、铸件与磨料相互摩擦和轻微撞击而达到表面清理的目的。一般振动频率为每分钟一百次到一千多次，振幅为 2 mm～3 mm。振动容器的装载系数一般为 0.75，铸件与磨料的体积比为 7∶10。星铁块度为 20 mm～25 mm。每次清理时间为 20 min～30 min。此法主要用于表面质量要求比较高的小型铸件。

## 6.2.4　其他清理方法

### 1. 化学清理

对于一些特殊铸件，用常规的清理方法达不到质量要求时，可以采用化学清理，化学清理是用碱或酸浸渍铸件。

碱浸法是将铸件浸入 400℃～500℃熔融的碱液(通常用苛性钠或苛性钾)，或苛性钠的质量分数为 20%～30%的沸水溶液中，铸件上的黏砂与碱产生化学反应，即

$$2NaOH + SiO_2 = Na_2SiO_3 + H_2O \tag{6-1}$$

反应产物为水玻璃，它溶于水，故铸件上的黏砂得以清除干净。碱煮后的铸件需用热水清洗，以免腐蚀。

酸浸法则是用稀盐酸或稀硫酸浸渍铸件以清除氧化皮。

化学清理方法与抛丸清理相比，其优点是可以保持精密铸件原来的光洁表面，可清理具有复杂内腔的铸件，例如液压阀体。缺点是清理周期长，成本高，酸、碱都有强腐蚀性，需要采取防护和防污染措施。

**2. 电化学清理**

电化学清理是指将铸件浸入碱液熔池中，再通入直流电进行清理。电解液为苛性钠或 80%苛性钠(质量分数，下同)和 20%的苛性钾溶液，也可为 85%～95%苛性钠和 5%～15%的食盐组成的溶液。熔盐加热到 450～500℃。熔池中铸件作为阴极，池壁作为阳极。电解电压为 3 V～12 V，电流密度一般为(1500～2000)A/$m^2$ 时，处理时间为 0.5 h～2 h。

**3. 水力清砂**

水力清砂是利用高压水射流清除铸件表面残留的型砂和芯砂的工艺方法。水力清砂的设备主要由高压泵、水枪装置和清砂室组成。

**4. 水爆清砂**

水爆清砂是我国于 1965 年发明的一项清砂新工艺。水爆清砂是将冷却到一定温度(铸钢一般为 400℃～650℃)的铸型开箱，把带有型芯的铸件迅速浸入水中。水立即渗入砂芯、砂型并受热汽化、膨胀和升压。当压力增大到一定程度时，便产生爆炸，使型芯、型砂与铸件分离。水爆清砂过程主要分为进水、汽化和增压爆炸三个阶段。

**5. 电液压清砂**

电液压清砂是利用在水中高压脉冲放电所产生的液压冲击能清除铸件砂芯(型砂或芯壳)的工艺方法。20 世纪 60 年代初，苏联首先将这一工艺用于实践。电液压清砂是利用电液压效应(又称为电水锤效应)进行铸件清砂的。利用高电压大电流发生装置在水中进行极间高电压强电流脉冲放电，通过水的电流密度高达 10 kA/$mm^2$。这一电流将水加热汽化成温度高达数万度和数千个大气压的等离子通路，进而产生冲击波，使电能转化为机械能，使得铸件产生弹性变形，以及将黏砂层直接破碎。

## 6.3　清理的机械化

对于具有一定批量铸件的清理，应尽可能地采用机械化清理生产线。这样可以获得较高的生产效率，稳定的清理质量，较好的劳动条件和占用较少的生产面积。

随着近代机器人工业的迅速发展，铸造厂开始使用操作机和机械手取代人工操作，这是铸造机械化，也是铸件清理机械化、自动化的发展方向。尽管从 20 世纪 70 年代初，压铸生产已开始使用机械手和机器人进行铸型喷涂、浇注和取件，以后扩展到精密铸造和砂型铸造车间，用于制壳、扎气孔、喷涂料、下芯、抓取和搬运铸件等，但从全世界机械手、机器人的使用分布上看，发展是很不平衡的。

### 6.3.1　操作机和机械手

操作机是手动遥控机械，是由工人操纵手柄进行工作的，其特点是机器的结构可以制作得很坚固，工作范围大。工作情况取决于工人的熟练程度。

机器人是一种具有铰接式结构(类似人类的臂和肘关节)，可以独立实现(人不参与操作控制)人类机械功能的通用自动机。高级机器人还具有视觉、听觉和感觉(装有各种传感器)，可以根据周围环境状况决定自己的行为。与人不同之处是它没有人类的大脑，只有起类似人类大脑作用的事先由人编好的各种程序和指令。正因为它具有模拟人类运动的铰接式结构，所以不可能做得很坚固，承受的负载有限。

机械手是介于操作机和机器人之间的一种机械。它具有像操作机那样坚固有力的工作机构，可以承受大的负载，而其控制方式又接近机器人，与机器人不同的是操作人员仍直接起控制作用。

铸造车间常用的是操作机和机械手。起初只用在搬运或分捡铸件上，现已发展到完成各种清理工艺操作，如切割浇冒口、打磨、上底漆和检验等。采用操作机和机械手可以显著提高清理质量。例如人工操作的悬挂式砂轮机，其最大功率不超过 25 kW，磨削能力为(5～10)kg/h；机械手操持的砂轮磨削机，功率可达 55 kW，磨削能力可达(100～150)kg/h。此外无论是操作机或机械手，都是遥控操作，操作室可以封闭起来，并通入新鲜空气。操作者避开了现场产生的粉尘与噪声危害，人身安全也有了可靠的保证。操作机和机械手按其运动方式分为四类(见图 6.14)，分别为直角坐标式、圆柱坐标式、球坐标式和多关节式。

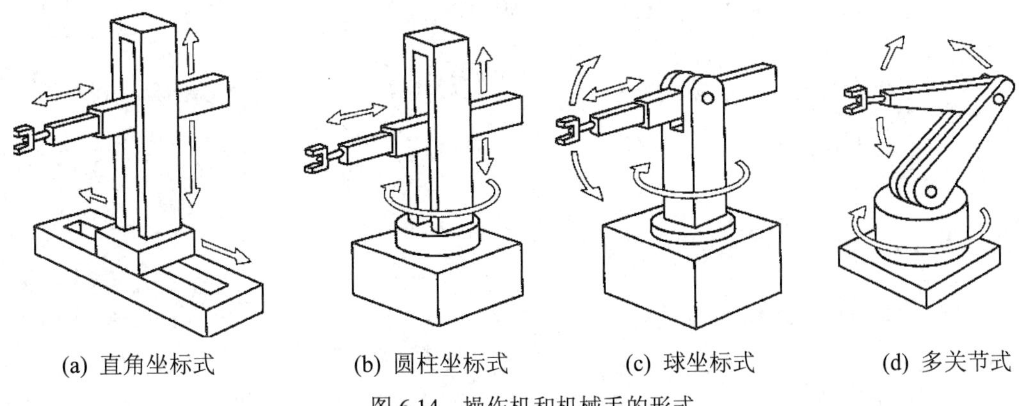

(a) 直角坐标式　(b) 圆柱坐标式　(c) 球坐标式　(d) 多关节式

图 6.14　操作机和机械手的形式

### 6.3.2　清理机械化生产线

图 6.15 所示为一小型铸铁件(35 kg 以下)的清理机械化生产线示意图。带有浇冒口的热铸件由鳞板输送机 1 从落砂工段运来，落到倾翻式装料斗 2 上。待集中到一定数量后倒入冷却悬挂输送机 3 的吊桶内。吊桶中的铸件在悬链上经过 2 h 冷却到达连续清理滚筒 5 的

进口处时，由卸料机构将其倾入旋转着的连续清理滚筒内。清出的废砂由带式输送机 6，经斗式提升机 10 送往废砂库 9。清理后的铸件从滚筒末端落到另一条鳞板输送机 4 上，由人工进行检查、分类堆放，送到下道工序处理。这条机械化清理生产线可完成铸件的冷却、清砂和表面清理等几道工序，布置也比较紧凑。

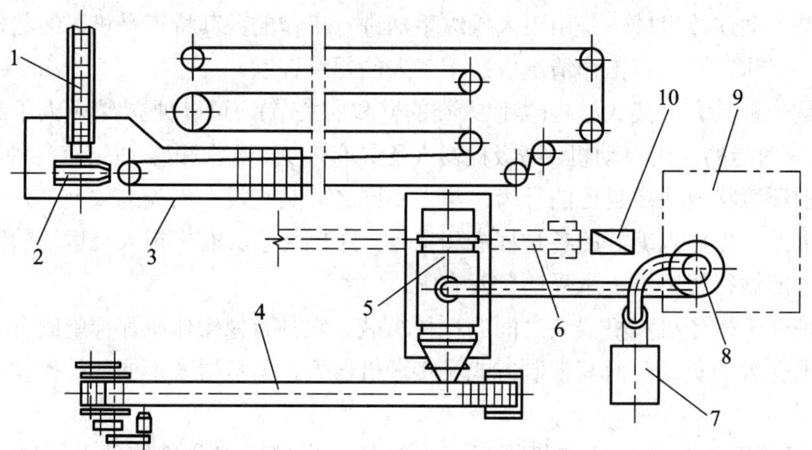


1、4—鳞板输送机；2—倾翻式装料斗；3—冷却悬挂输送机；5—连续清理滚筒；6—废砂带式输送机；7—自激式除尘器；8—旋风除尘器；9—废砂库；10—斗式提升机

图 6.15　小型铸铁件清理机械化生产线示意图

# 第二篇　锻压工艺及设备

# 第7章　金属压力加工及工艺

各种钢和有色金属都具有不同程度的塑性，因而可在冷态或热态下进行压力加工。金属的压力加工是指借助各种外力的作用，使金属坯料产生塑性变形，从而获得具有一定形状、尺寸和机械性能的毛坯或零件的加工方法。通过压力加工(如锻造、冲压、拉拔、轧制等)使金属材料的外形、内部组织和结构发生变化，可消除铸造过程中晶粒粗大、不均匀、组织不致密及杂质偏析等缺陷。压力加工的实质就是塑性变形。

金属在外力的作用下，首先产生弹性变形，当外力达到一定限度后，产生塑性变形。弹性变形是在外力作用下，金属内部原子被迫离开原来的平衡位置，从而改变其相互间的距离。弹性变形中原子位能升高，外力去除后，原子随即返回原来的平衡位置，弹性变形也随之消失；塑性变形是在外力的作用下，金属晶粒各部分之间产生相对滑移的结果，外力去除后，塑性变形依然存在。

图 7.1 是用不同方法制造螺栓的纤维组织分布情况。当采用棒料直接用切削加工方法制造螺栓时，其头部与杆部的纤维组织不连贯而被切断，切应力顺着纤维组织的方向，螺栓截面发生变化的地方容易产生裂纹，故质量较差，如图 7.1(a)所示；当采用局部镦粗法制造螺栓时，纤维组织不被切断，纤维组织方向也较为合理，故质量较好，如图 7.1(b)所示。因此某些零件，如曲轴、齿轮、螺柱等零件都会利用锻造的这种特点。

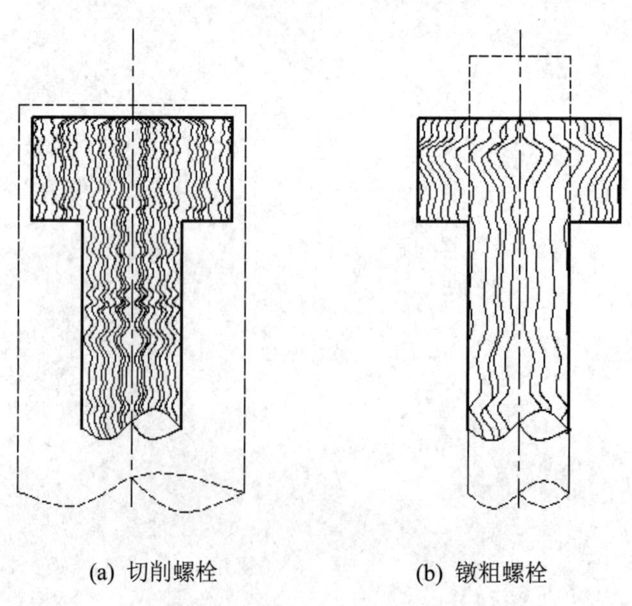

(a) 切削螺栓　　(b) 镦粗螺栓

图 7.1　螺栓的纤维组织分布情况

## 7.1　压力加工概述

压力加工方法主要包括拉拔、挤压、轧制、自由锻造、模型锻造和板料冲压等，前三种方法以生产产品为主，后三种方法以生产毛坯为主，如图 7.2 所示。

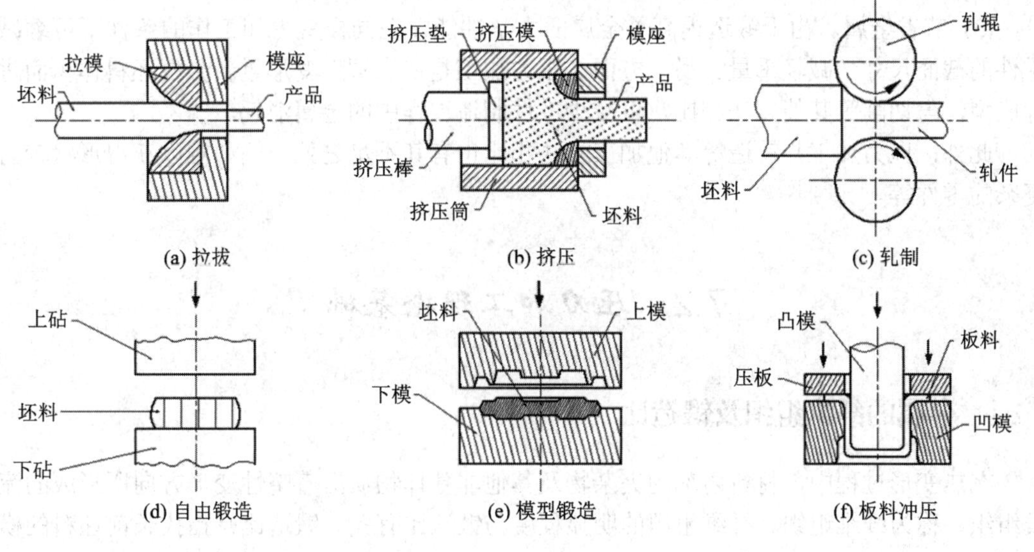


(a) 拉拔　(b) 挤压　(c) 轧制

(d) 自由锻造　(e) 模型锻造　(f) 板料冲压

图 7.2　金属压力加工方法

(1) 拉拔。将金属坯料从拉拔模的模孔中拉出而变形的方法，称为拉拔。它主要应用于拉制金属丝和薄壁管。

(2) 挤压。挤压是将置于模腔中的金属坯料从挤压模的模孔中挤出而变形的加工方法。它主要应用于生产低碳钢、有色金属及其合金的型材、管材等。

(3) 轧制。使金属坯料通过回转轧辊的孔隙，以产生连续变形的加工方法，称为轧制。它主要应用于生产钢板、无缝钢管及各种型钢。

(4) 自由锻造。使金属坯料在上下砧之间承受冲击力或压力，以产生变形的方法，称为自由锻造。它主要应用于单件小批量生产、力学性能高、形状简单的零件毛坯，是制造大型锻件的唯一方法。

(5) 模型锻造。使金属坯料在锻模模腔内承受冲击力或压力，以产生变形的方法，称为模型锻造。它应用于生产成批大量的形状较复杂的中、小型锻件。

(6) 板料冲压。使金属板料在冲模间受压，以产生切离或变形的加工方法，称为板料冲压。它主要应用于生产成批大量的形状复杂的薄板件、仪表件、中空零件或汽车覆盖件等。

压力加工在汽车、船舶、冶金等多个行业以及国防工业中均得到广泛应用。在机械制造业中，凡是承受重载荷的机器零件，常采用锻造的方法来制造毛坯，再经过切削加工、热处理等而制成。金属压力加工之所以得到广泛应用，是因为与其他方法相比，其具有以下特点：

(1) 生产效率高。大多数压力加工方法都是使金属连续变形，且变形速率很快，故生产效率高。如采用多工位冷镦工艺生产内六角螺钉，生产效率比切削加工提高 400 倍以上，材料利用率是切削加工三倍以上。

(2) 力学性能好。金属经塑性变形后，可以获得细晶组织，结构致密，缺陷降低，其力学性能提高，因而，承受重载荷的零件一般都采用锻件作毛坯。近年来，采用形变热处理的方法可同时获得相变强化和形变强化，进一步提高零件的力学性能。

(3) 节省金属。由于锻造提高了金属的力学性能，在同样受力和工作的条件下可缩减零件的截面尺寸，减轻重量。另一方面，压力加工是依靠塑性变形重新分配坯料体积而进行成型，与切削等其他方法相比，可减少零件制造过程中的金属消耗。

此外，压力加工与铸造等其他加工方法相比也有其不足之处，例如难以获得形状较为复杂的零件等。

## 7.2　压力加工理论基础

### 7.2.1　金属的纤维组织及锻造比

在热变形过程中，材料内部的夹杂物及其他非基体物质沿着塑性变形方向所形成的流线组织，称为纤维组织。纤维组织的明显程度与锻造比有关。锻造比是指拔长前坯料的横截面积与拔长后坯料的横截面积之比，即用拔长时的变形程度来衡量，表达式为

$$Y = \frac{F_0}{F} \tag{7-1}$$

式中：$Y$ 为锻造比；$F_0$ 为拔长前坯料的横截面积；$F$ 为拔长后坯料的横截面积。

锻造比的大小影响锻件的质量和力学性能。通常情况下，增加锻造比有利于改善金属组织和力学性能，一般来说 $Y = 2 \sim 5$ 时，在变形金属中开始形成纤维组织，纵向(顺纤维方向)的强度、塑性和韧性增高，横向(垂直纤维方向)的同类性能下降，机械性能出现各向异性；$Y > 5$ 时，钢料的组织细密化程度已接近极限，力学性能不再提高，各向异性则进一步增加。因此，选择合适的锻造比十分重要。

纤维组织的稳定性很高，不会因为热处理而改变，采用其他方法也无法消除，只能通过合理的锻造方法来改变纤维组织在零件中的分布方向和形状。因而，在设计和制造零件时，必须考虑纤维组织的合理分布，充分发挥其纵向性能高的优势，限制横向性能差的劣势。设计原则是：使零件工作时承受的最大正应力与纤维方向一致，最大切应力与纤维方向垂直，并尽可能使纤维方向沿着零件的轮廓分布而不被切断。图 7.3 所示为生产齿轮时的纤维分布图。

图 7.3(a)所示是采用轧制棒料经切削加工而成，受力时齿根处产生的正应力垂直于纤维，性能最差；图 7.3(d)所示纤维组织分布合理，齿轮的使用寿命最高，材料消耗最少；图 7.2(c)所示次之；图 7.3(b)中所示顺纤维方向的齿根处正应力与纤维方向重合，质量好，但垂直方向的质量较差。

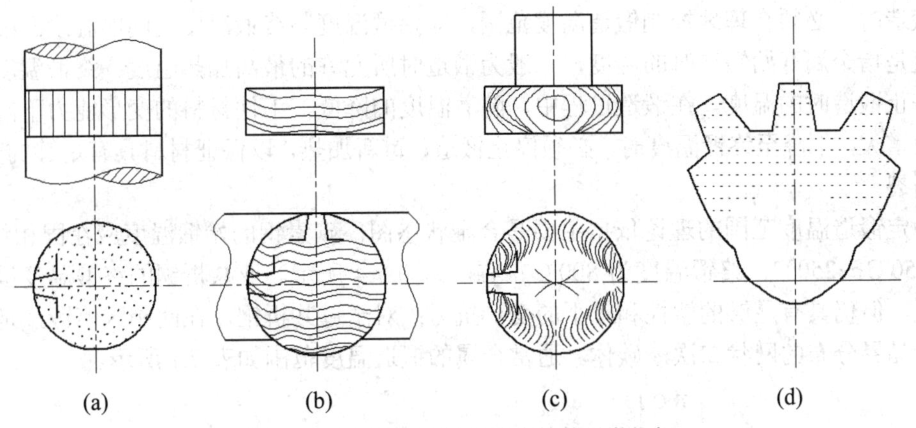


图7.3　不同加工方法制成齿轮的显微组织

## 7.2.2　金属的锻造性能

金属的锻造性能(又称可锻性)是衡量材料经受压力加工难易程度的工艺性能，它包括塑性和变形抗力两个因素。塑性高，变形抗力小，则可锻性能好；反之，可锻性能差。

### 1. 影响金属锻造性能的因素

1) 金属的本质

(1) 化学成分的影响。

一般来说，纯金属的锻造性能优于合金的锻造性能。合金元素的含量越多，成分越复杂，则金属的锻造性能越差。碳素钢中含碳量增加使其锻造性能降低，因此，低碳钢的锻造性能优于高碳钢，碳素钢的锻造性能优于合金钢，低合金钢的锻造性能优于高合金钢。

(2) 组织结构的影响。

相同成分的金属存在形变不同的组织结构时，其锻造性能有很大差别。固溶体组织具有良好的锻造性能，因而锻造时常常将钢加热至奥氏体状态；合金中化合物的增加会使其锻造性能迅速下降，所以金属在单相状态下的锻造性能优于多相状态，因为多相状态下各相的塑性不同，变形不均匀会引起内应力，甚至开裂；细晶组织的锻造性能优于粗晶组织，因而锻造时要控制好加热温度，避免晶粒长大。

2) 变形条件

(1) 温度。

变形温度对材料的塑性和变形抗力影响很大。一般而言，随着温度的升高，原子的动能增加，原子间的吸引力削弱，减少了滑移所需要的力，从而使塑性提高，变形抗力减小，改善了金属的锻造性能。热变形的变形抗力通常只有冷变形的1/5～1/10，故在生产中得到广泛的应用。

金属的加热应控制在一定的温度范围内，否则会产生“过热”和“过烧”两种加热缺陷。过热是指由于加热温度过高或高温下保温时间过长而引起晶粒粗大的现象。过热组织可通过正火使晶粒细化，以恢复其锻造性能。过烧是指加热温度过高，接近金属的熔点时，使晶界出现氧化或熔化的现象。过绕组织的晶粒非常粗大，且晶界的氧化破坏了晶粒间的结合，使金属完全失去锻造性能，是一种无可挽回的加热缺陷。

锻造时，必须合理地控制锻造温度范围，即始锻温度与终锻温度之间的温度间隔。始锻温度是指金属开始锻造时的温度，一般为锻造时所允许的最高加热温度；终锻温度是指金属停止锻造时的温度。在锻造过程中，随着温度的降低，工件材料的变形能力下降，变形抗力增大，下降至终锻温度时，必须停止锻造，重新加热，以保证材料具有足够的塑性，防止断裂。

确定锻造温度范围的理论依据主要是合金状态图。碳素钢的始锻温度应在固相线 *AE* 以下 150℃～250℃，终锻温度为 800℃左右，如图 7.4 所示。亚共析钢的终锻温度虽处于两相区，但仍具有足够的塑性和较小的变形抗力；对于过共析钢，在两相区停锻，是为了击碎沿晶界分布的网状二次渗碳体。通常金属的锻造温度范围如表 7.1 所示。

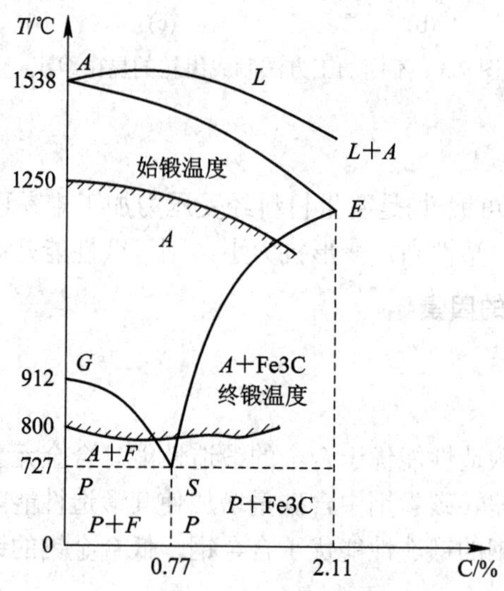


图 7.4　碳素钢锻造温度范围示意图

**表 7.1　常用金属的锻造温度范围**

| 合金种类 | 牌号 | 始锻温度/℃ | 终锻温度/℃ |
|---|---|---|---|
| 碳钢 | 15，25 | 1250 | 800 |
| | 40，45 | 1200 | 800 |
| | T9，T10，T12 | 1100 | 700 |
| 不锈钢 | 1Cr13，2Cr13 | 1150 | 750 |
| | 1Cr18Ni9Ti | 1180 | 850 |
| 结构钢 | 20Cr，40Cr | 1200 | 800 |
| | 20CrMnTi，30Mn2 | 1200 | 800 |
| 工具钢 | 9SiCr | 1100 | 800 |
| | Cr12 | 1080 | 850 |
| 黄铜 | H68 | 830 | 700 |
| 硬铝合金 | LY1，LY11，LY12 | 470 | 380 |
| 紫铜 | T1～T4 | 950 | 800 |

(2) 速度。

变形速度指单位时间内材料的变形程度，与锻造性能的关系如图 7.5 所示。变形速度有一个临界值 *C*。低于临界值 *C* 时，随变形速度增加，金属变形抗力增加，塑性减小。当高于临界值 *C* 时，由于塑性变形产生的热效应加快了再结晶过程，使金属塑性提高，变形抗力较小，锻造性能得以改善。高速锤锻造便是利用这一原理来改善金属的锻造性能的。

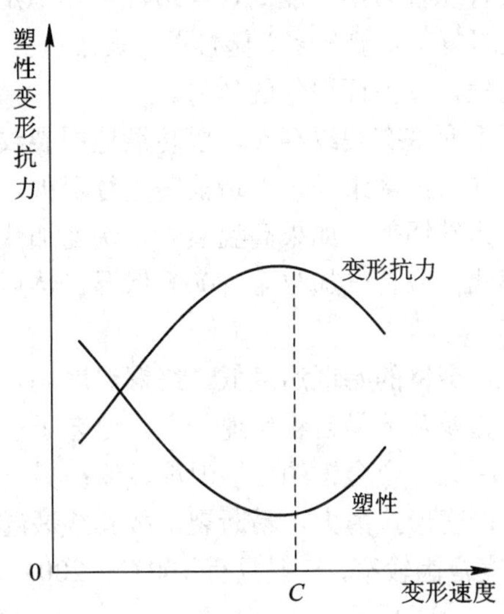


图 7.5　变形速度对塑性及变形抗力的影响

(3) 应力状态。

变形方法不同，在金属中产生的应力状态也不同，即使采用同一种变形方式，金属内部不同位置的应力状态也可能不同。例如金属在挤压时，表现出较高塑性和较大变形抗力；拉拔时两向受压一向受拉，表现出较低塑性和较小变形抗力，适合塑性较低的金属压力加工；平砧镦粗时，坯料内部处于三向压应力状态，但侧表面层在水平方向却处于拉应力状态，因而在工件侧表面容易产生垂直方向的裂纹，如图 7.6 所示。

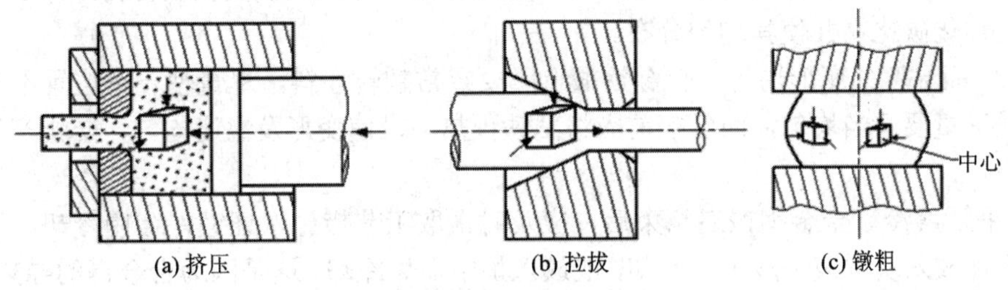


图 7.6　金属变形时的应力状态

在选择变形方向时，对于塑性好的金属，变形时出现拉应力是有利的，可减少变形时的能量消耗。而对于塑性差的金属材料，应避免在拉应力状态下变形，尽量采用三向压应力下变形。如有些合金拉拔成丝较困难，但采用挤压却容易加工成线材便是这个道理。另外，坯料的表面状况对材料的塑性也有影响，特别在冷变形时尤为显著。坯料表面粗糙，或有刻痕、微裂纹和粗大夹杂物等，都会在变形过程中产生应力集中而引起开裂，因此加工前应对坯料进行清理和消除缺陷。

2. 常用合金的锻造特点

各种钢材、铝、铜合金都可以锻造加工。其中 Q195，Q235，10，15，20，35、45、50 钢等中碳钢，20Cr，铜及铜合金，铝及铝合金等锻造性能较好。

1) 合金钢

与碳钢相比，合金钢具有综合力学性能高，淬透性和热稳定性好等优点，但钢中由于合金元素的加入，其内部组织复杂、缺陷多、塑性差、变形抗力大，锻造性能较差。因此，锻造时必须严格控制工艺过程，以保证锻件的质量。

首先，选择坯料时表面不允许有裂纹存在，以防锻造中裂纹扩展造成锻件报废，并且为了消除坯料的残余应力和均匀内部组织，锻造前需进行退火。

其次，合金钢的导热性比碳钢差，如果高温装炉，快速加热，必然会产生较大的热应力，致使金属坯料开裂。因此，应首先加热至 800℃保温，然后再加热到始锻温度，即采用低温装置并缓慢升温。

最后，与碳钢相比较，合金钢的始锻温度低，终锻温度高。这是由于一方面合金钢成分复杂，加热温度偏高时，金属基体晶粒将快速长大，分布于晶粒间的低熔点物质熔化，容易出现过热或过烧缺陷，因此，合金钢的始锻温度较低；另一方面合金钢的再结晶温度高，再结晶速度慢，塑性差，变形抗力大，易断裂，故其终锻温度较高。

因此，合金钢的锻造温度范围较窄，一般只有 100℃～200℃，增加了锻造过程的困难，必须注意以下几点：

(1) 控制变形量。始锻和终锻时应使变形量小，加大中间过程变形量。因为合金钢内部缺陷较多，在始锻时，若变形量过大，易使缺陷扩展，造成锻件开裂报废。终锻前，金属塑性低，变形抗力增大，锻造时变形量大也将导致锻件报废。而在锻造过程中间阶段如果变形量过小，则达不到所需的变形程度，不能很好地改变锻件内部的组织结构，难以获得良好的力学性能。

(2) 增大锻造比。合金钢钢锭内部缺陷多，某些特殊钢种，钢中粗大的碳化物较多，且偏析严重，影响了锻件的力学性能。增大锻造比能击碎网状或块状碳化物，可以消除钢中缺陷，细化碳化物并使其均匀分布。

(3) 保证温度、变形均匀。合金钢锻造时要经常翻转坯料，尽量使一个位置不要连续受力，送进量要适当均匀，而且锻前应将砧铁预热，以使变形及温度均匀，防止产生断裂现象。

(4) 锻后缓冷。合金钢锻造结束后，应及时采取工艺措施保证锻件缓慢冷却。例如，锻后将锻件放入灰坑或干沙坑中冷却，或放入炉中随炉冷却。这是因为合金钢的导热性差，塑性低，且终锻温度较高，锻后如果快速冷却，会因为热应力和组织应力过大而导致锻件出现裂纹。

2) 有色金属

(1) 铝合金。

几乎所有锻造用铝合金(变形铝合金)都有较好的塑性，可锻造成各种形状的锻件，但是铝合金的流动性差，在金属流动量相同的情况下，比低碳钢需多消耗约 30%的能量。铝合金的锻造温度范围窄，一般为 150℃左右，导热性好，应事先将所用锻造工具预热至

250℃～300℃。操作时，要经常翻转，动作迅速，开始时要轻击，随后逐渐加大变形量时，则应重打。铝合金的流动性差，模锻时容易裁模，要求锻模内表面粗糙度 *Ra* 在 0.8 μm 以下，并采用润滑剂。

(2) 钛合金。

钛合金是飞机、宇航工业常用的有色金属材料，钛合金可锻造成各种形状的锻件。钛合金的可锻性要比合金钢差，其塑性随着温度的升高而增大，若在 1000℃～1200℃下锻造，变形程度可达 80%以上。但随着变形量下降，变形抗力急剧增大。因此。操作时动作要快，尽量减少热损失。锻造温度：$\alpha$ 钛为 850℃～1050℃，$\alpha+\beta$ 钛为 750℃～1150℃，$\beta$ 钛为 900℃～1050℃。因为钛合金的流动性比钢差，所以，模锻时模腔的圆角半径应设计大些，而且钛合金的黏膜现象比较严重，要求模腔表面粗糙度要达到 $Ra = 0.2～0.4$ μm。

### 7.2.3　金属的变形规律

对于依靠金属的塑性变形而进行的压力加工技术而言，只有掌握其变化规律，才能合理制订工艺规程，正确使用工具和掌握操作技术，达到预期的变形效果。本节主要介绍金属变形的两个基本定律：体积不变定律和最小阻力定律。

#### 1. 体积不变定律

体积不变定律是指金属坯料变形前后的体积恒定的规律。金属塑性变形过程实际上是通过金属流动而使坯料体积进行再分配的过程，因而遵循体积不变规律。但是，坯料在变形过程中，其体积总会有一些减少，例如钢锭在锻造时可消除内部的微裂纹、疏松等缺陷，使金属的密度提高，不过这种体积变化量极其微小，可以忽略不计。

#### 2. 最小阻力定律

最小阻力定律是指金属变形时，首先向阻力最小的方向流动。一般而言，金属内某一质点流动阻力最小的方向是通过该质点向金属变形部分的周边所做的法线方向。例如方形或长方形截面则分成四个区域，分别朝垂直于四个边的方向流动，最后逐渐变成圆形或椭圆形，而圆形截面的金属却朝径向流动，如图 7.7 所示。由此可知，圆形截面金属在各个方向上的流动最均匀，因而，镦粗时总是先把坯料锻成圆柱体。

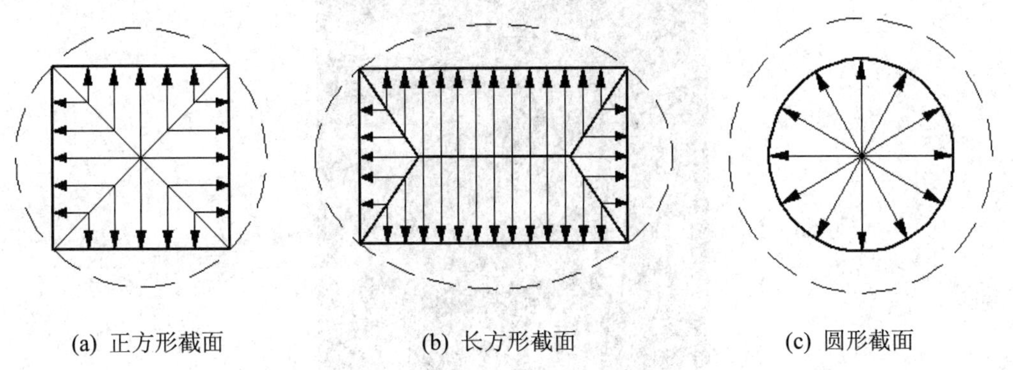

(a) 正方形截面　(b) 长方形截面　(c) 圆形截面

图 7.7　不同截面金属的流动情况

# 第 8 章　锻　　锤

锻锤是锻压设备中应用最广泛的一种，它是由重锤落下或加入外力使其高速运动产生动能而对坯料做功，使之发生塑性变形的机械。锻锤也是最常见、历史最悠久的锻压机械，它结构简单，工作灵活，使用面广，易于维修，适用于自由锻和模锻。缺点是振动较大，较难实现自动化生产。

锻锤的工作原理：利用蒸汽、空气、液压等传动机械使落下部分(活塞、锤杆、上砧、模块)产生运动并积累能量，将此动能施加到锻件上，使锻件获得塑性变形能，以完成各种锻压工艺过程。

锻锤的特点：锻锤结构简单，工艺适应性好，是现今主要的锻造生产设备；锻锤一般分空气锤(蒸汽锤)、对击锤、电液锤等。由于空气锤存在振动大、噪声高的特点，故适用于中、小吨位；大吨位锻锤原则上用对击锤、电液锤等设备。按照用途，锻锤可分为自由锻锤、模锻锤等。

## 8.1　蒸汽-空气锤

### 8.1.1　蒸汽-空气锤简介

蒸汽-空气自由锻锤是生产中小型锻件的主要设备，它落下部分的重量为 0.5 T～5 T，蒸汽或压缩空气的压力通常为 $7\times10^5$ MPa～$9\times10^5$ MPa，如图 8.1 所示。以来自动力站的

图 8.1　蒸汽-空气锤图片

蒸汽或压缩空气作为工作介质，通过滑阀配汽机构和汽缸驱动落下部分作上下往复运动的锻锤，称为蒸汽-空气锤。工作介质通过滑阀配汽机构在工作汽缸内进行各种热力过程，将热力能转换成锻锤落下部分的动能，从而使锻件变形。

### 8.1.2　蒸汽-空气锤的结构

按照结构形式，蒸汽-空气自由锻锤可分为单柱式、双柱拱式和双柱桥式。单柱式蒸汽-空气锤锤身的正面和左右三面都可以进行操作，一般下落部分的重量比较小，操作和测量都很方便，但锤身刚性较差，主要用于锻造质量为 70 kg 以下的成型锻件和 250 kg 以下的光轴类锻件。双柱拱式蒸汽-空气自由锻锤前后两个方向可以进行操作，锤身刚性较好，适于锻造质量为 70 kg 以下的成形锻件和 1500 kg 以下的光轴类锻件。双柱桥式蒸汽-空气自由锻锤可以在砧座周围四面进行操作，锤身结构庞大，刚性较差。

蒸汽-空气锤主要由蒸汽发生装置和锤身两大部分组成，这里重点介绍锤身本体机构。锤身支撑气缸，是锤头运动的导向，并承载锤头偏心打击时的工作负荷，保证气缸和锤头的中心线重合，其上的导轨可以调节。

蒸汽-空气锤下落部分主要由活塞、锤杆、锤头和上砧等部分组成，具体见图 8.2。

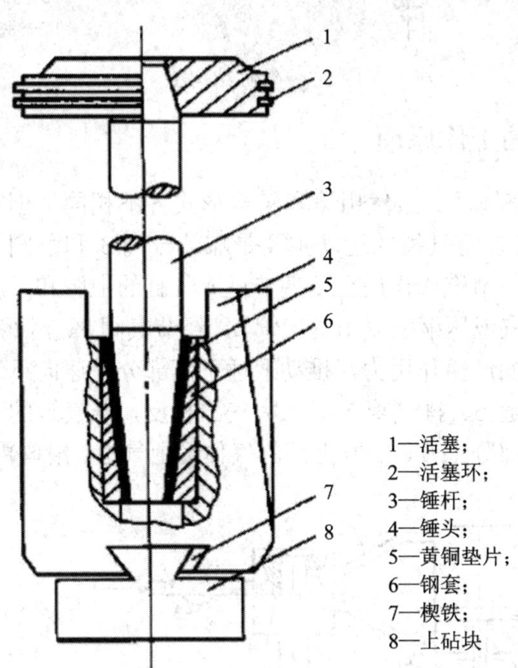


图 8.2　蒸汽-空气锤下落部分结构图

缸体是蒸汽空气锤的重要部件，缸体内一般镶有钢套，便于磨损后修理或更换。气缸(见图 8.3)的顶部装有保险缸，起到缓冲作用，避免锤杆折断或者操纵机构损坏或者操作不当时，活塞猛烈向上撞击缸盖而造成严重设备故障和人身事故。缸体的工作原理为：当工作活塞撞击保险活塞时，保险活塞把保险缸的进气口封闭，形成气垫，吸收落下部分向上运动的动能，保护缸盖。气缸下端锤杆装有密封装置，防止漏气或者漏水。

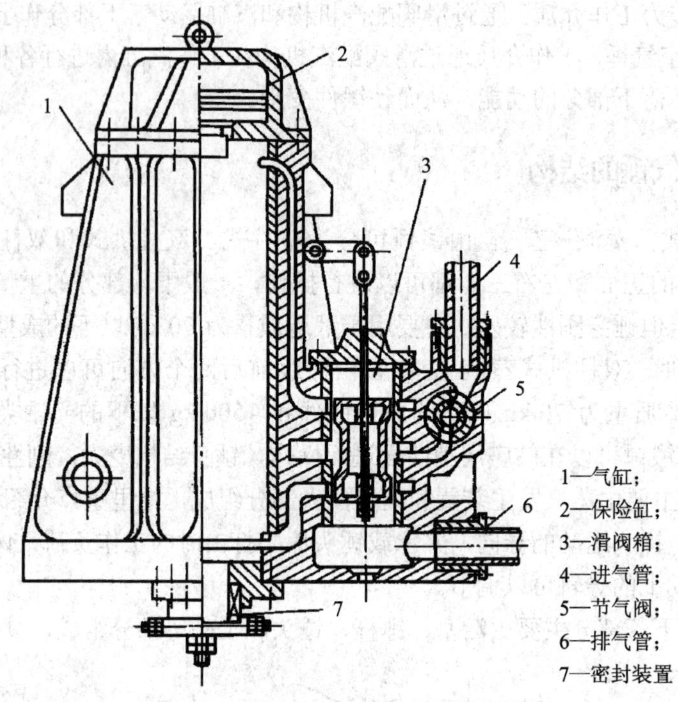


图 8.3　气缸结构图

### 8.1.3　蒸汽-空气锤的工作原理

各种不同的蒸汽-空气锤，虽然用途和结构形式各不相同，但其工作原理是相似的，如图 8.4 所示，控制蒸汽-空气锤的运动主要是靠节气阀 3 和滑阀 4，滑阀作用使气缸的上腔和下腔进气或排气。节汽阀作用主要调节进入气缸的上腔和下腔蒸汽的量。当操纵节气阀和滑阀时，可使蒸汽或压缩空气由进气管 2，经节气阀 3、滑阀 4、上气道 1 进入气缸的上部，在活塞的上圆面产生作用力，推动锻锤下落部分快速向下运动，打击锻件，工作缸下部的气体经过下气道 6、排气管 5 排入大气。相反，若气缸的下部分进气，活塞由于气体作用而使锻锤下落部分上升，活塞上部的气体经上气道、滑阀内腔、排气道流入大气。

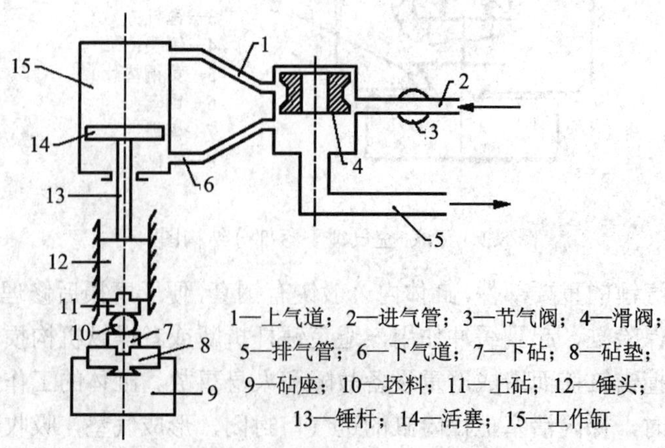


图 8.4　蒸汽-空气锤工作原理图

## 8.1.4　蒸汽-空气锤的工作循环

蒸汽-空气锤工作循环主要有锤头悬空、压紧锻件和打击锻件。

### 1. 锤头悬空

锤头悬空是锤头停在上部位置不动，以利于工人测量锻件尺寸、翻转锻件或更换工具。锻锤启动前，锤头落在下砧上，滑阀芯处于图 8-5 中Ⅱ所示位置，节气阀 5 关闭，如图 8.5 中Ⅳ所示。开锤时，先把节气阀操纵手柄 2 拉到最上位置，通过节气阀拉杆 3 使节气阀打开，再将滑阀操纵手柄 1 向上提，通过转轴 10、杠杆 4、曲杆 9 和滑阀拉杆 6 使滑阀芯向下移到图 8.5 中Ⅰ所示位置，气缸下腔进气，上腔排气、锤头 11 向上运动。锤头向上运动过程中，锤头斜面推动曲杆 9 绕支点 $a$ 沿反时针方向滑动，滑阀芯相应上升，逐渐关闭滑阀套上下开口，下部气体膨胀，锤头继续上升，当锤头上升到最高点时，滑阀芯提升高度为 $h_1$，如图 8.5 中Ⅱ所示，这时锤头停在上部的位置而实现悬空。为了能使锤头稳定地悬在行程上部，滑阀芯的上下遮盖面均开有小槽，下部可由小槽获得少量的补充气体，上部可以通过小槽排气。

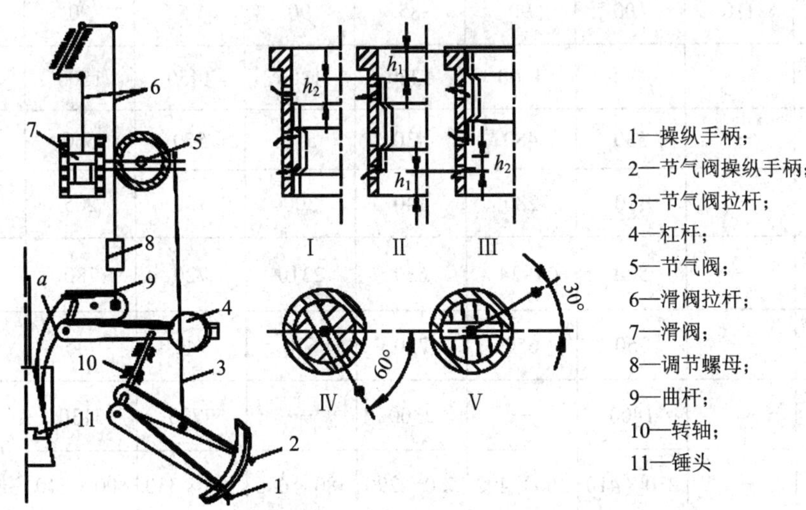


图 8.5　蒸汽-空气锤自由锻锤的操纵机构

### 2. 压紧锻件

从锤头悬空状态慢慢压下操纵手柄 1，使滑阀芯提升起一个高度 $h_2$，如图 8.5 中Ⅲ所示，气缸上部进气，下部排气，锤头慢慢下落，以自重和上部气体的作用力将锻件牢牢压住。在锤头下落过程中，由于锤头斜面和操纵系统自重作用，曲杆 9 绕 $a$ 点顺时针方向转动，使得滑阀芯下降一个高度 $h_1$，如图 8.5 中Ⅱ所示。

### 3. 打击锻件

在锤头悬空位置时，迅速压下操纵手柄 1，使滑阀芯再上提一个高度 $h_2$，如图 8.5 中Ⅲ所示，气缸上部进气，下部排气，驱使锤头迅速下移进行打击。由于锤头斜面和曲杆作用，使得滑阀芯下移 $h_1$，处于图 8.5 中Ⅱ所示位置，锤头停在下面不动，完成一次打击，即单次打击。若按上述过程继续上下扳动操纵手柄 1，即可实现连续打击。控制锤头上升的高度、操纵手柄下压量和压下速度大小，可以实现轻打或者重打。

在上述操纵机构工作过程中，滑阀芯共提升的高度为$(h_1+h_2)$，其中 $h_1$ 是由锤头与曲杆联动得到的，只有 $h_2$ 是由工人扳动操纵手柄 1 得到的，这样手柄 1 摆动幅度小，可减轻工人劳动强度。其次，锤头向上运动时，带动节气阀自动关闭进气道，不仅可避免因操纵失误活塞撞击气缸顶的危险，而且还可以充分利用下部蒸汽膨胀功，以节约气体。但在锤头下移过程中，滑阀芯上下遮盖面逐渐遮住滑阀套上、下开口，阻碍上气道进气，下气道排气，使锻锤的打击能量降低。蒸汽-空气自由锻锤的技术规格如表 8.1 所示。

**表 8.1　蒸汽-空气自由锻锤的技术规格**

| 落下部分重量/kg | 630 | 1000 | 2000 | 2000 | 3000 | 3000 | 5000 | 5000 |
|---|---|---|---|---|---|---|---|---|
| 结构形式 | 单柱式 | 双柱式 | 单柱式 | 双柱式 | 单柱式 | 双柱式 | 桥式 | |
| 最大打击能量/(N·m) | — | 35 300 | — | 70 000 | 120 000 | 152 200 | — | 180 000 |
| 打击次数/(次/分) | 110 | 100 | 90 | 85 | 90 | 85 | 90 | 90 |
| 锤头最大行程/mm | — | 1000 | 1100 | 1260 | 1200 | 1450 | 1500 | 1728 |
| 气缸直径/mm | — | 330 | 480 | 430 | 550 | 550 | 660 | 685 |
| 锤杆直径/mm | — | 110 | 280 | 140 | 300 | 180 | 205 | 203 |
| 下砧面至立柱开口距离/mm | — | 500 | 1934 | 630 | 2310 | 720 | 780 | — |
| 下砧面至地面距离/mm | — | 750 | 650 | 750 | 650 | 740 | 745 | 737 |
| 两立柱距离/mm | — | 1800 | — | 2300 | — | 2700 | 3130 | 4850 |
| 上砧面尺寸/mm | — | 230 × 410 | 360 × 490 | 520 × 290 | 380 × 686 | 590 × 330 | 400 × 710 | 380 × 686 |
| 下砧面尺寸/mm | — | 230 × 410 | 360 × 490 | 520 × 290 | 380 × 686 | 590 × 330 | 400 × 710 | 380 × 686 |
| 导轨间距离/mm | — | 430 | — | 550 | — | 630 | 850 | 737 |
| 蒸汽消耗/(kg/h) | — | — | 2500 | — | 3500 | — | — | — |
| 砧座重量/t | — | 12.7 | 19.2 | 28.39 | 30 | 45.8 | 68.7 | 75 |
| 锻锤总重/t | 14 | 27.6 | 44.8 | 57.94 | 61.1 | 77.38 | 120 | 138.52 |
| 外形尺寸/mm 长 × 宽 × 高 | 2250 × 1000 × 3955 | 3780 × 1500 × 4880 | 3750 × 2100 × 4361 | 4600 × 1700 × 5640 | 4900 × 2000 × 5810 | 5100 × 2630 × 5380 | 6030 × 3940 × 7400 | 6260 × 2600 × 7510 |

# 8.2　空　气　锤

空气锤是目前我国中小型锻压车间设备数量最多、使用最广泛的一种设备。空气锤由电机驱动，不再需要其他动力设备，投资费用低，操作灵活，工艺性强。利用空气锤还可进行部分模锻工作，因此深受中小型锻压车间欢迎。

## 8.2.1　空气锤的结构

空气锤由自身配备的电动机驱动，推动压缩活塞运动在压缩缸产生压缩空气，压缩空气作用到工作缸中的活塞上，使得锻锤下落部分产生动能，从而打击锻件。空气锤是由机身部分、工作部分、传动部分、操纵部分和缓冲装置等组成，如图 8.6 所示。

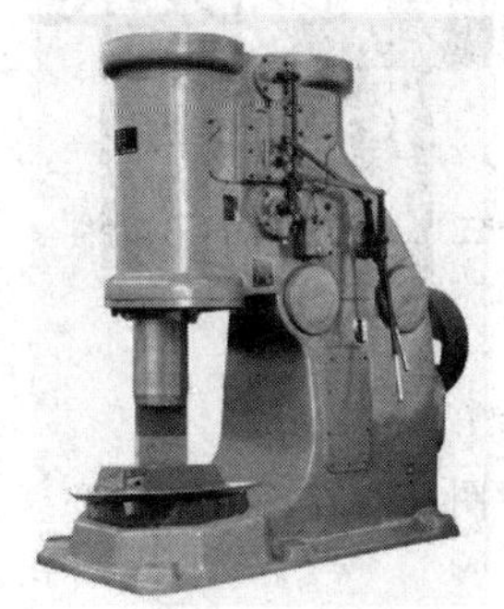

图 8.6　空气锤

### 1. 机身部分

空气锤机身主要由压缩缸、工作缸、立柱和底座等部分组成。下落部分在 400 kg 以上的空气锤采用组合式机身，将气缸、立柱和底座分为两部分或三部分铸成，然后在分开部分的半圆形凸台上，用热套卡环连接起来。下落部分质量小的空气锤锤身材料为铸铁，下落部分质量大的空气锤锤身的材料为铸钢。

### 2. 工作部分

空气锤的工作部分包括锤杆、活塞、上砧块和砧座等。空气锤的锤杆和活塞由整体的空心锻件制成，上开口用热铆的堵盖封死。锤杆底部燕尾槽用来固定上砧块，锤杆侧面铣有两个纵向平面，它与锤杆套里的两块导板配合，防止锻锤转动，并起导向作用。活塞上装有起密封作用的密封环。砧座上装有砧枕，砧枕上装有下砧块，砧座底面安放在锻锤基础坑内的枕木和胶垫上。

### 3. 传动部分

传动部分包括电动机、皮带轮、齿轮、曲轴、连杆和压缩活塞等。压缩活塞头部用活塞环密封，杆部用导套内的密封圈密封。活塞头部和杆部都开有补气孔。

### 4. 操纵部分

操纵部分的作用是控制压缩空气的流动方向，使锤头产生不同的工作循环。它由空气分配阀(双阀式和三阀式)、操纵手柄及连接杠杆组成。

**5. 缓冲装置**

空气锤的缓冲装置一般设在工作缸上气道的上方，由钢球止回阀、弹簧和缓冲腔组成。当工作活塞超过上气道口的上边缘时，缓冲腔封死，如图 8.7 所示。工作活塞再上升，缓冲区内的气体受压缩而吸收能量。当压力增加到一定程度时，工作活塞停止上升，避免撞击工作缸上盖，起到保护作用。工作活塞开始向下运动时，封闭在缓冲腔内的压缩空气迅速膨胀，可加快锤头下落的速度。缓冲过程结束后，锤头向下运动过程中压缩空气可顶开止回阀进入缓冲腔，推动工作活塞迅速下移。当锤头悬空过久，缓冲腔内气体压力降低时，可以通过止回阀进行补气。

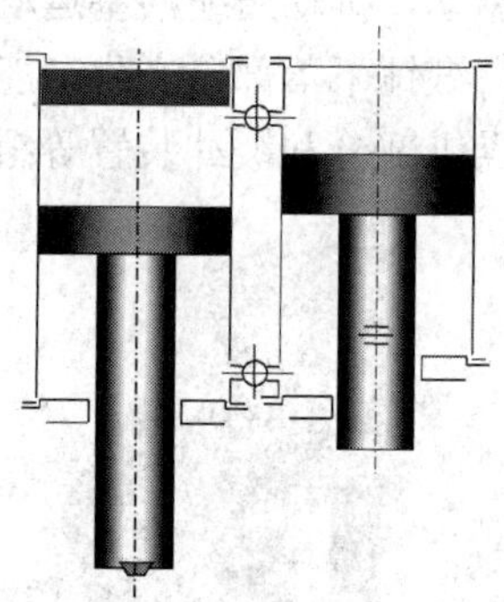

图 8.7　缓冲区示意图

### 8.2.2　空气锤的工作原理

空气锤的工作原理 (见图 8.8)为：电动机通过减速机构和曲柄、连杆带动压缩气缸的压缩活塞上下运动，产生压缩空气。当压缩缸的上下气道与大气相通时，压缩空气不进入工作缸，电机空转，锤头不工作，通过手柄或脚踏杆操纵上下旋阀，使压缩空气进入工作气缸的上部或下部，推动工作活塞上下运动，从而带动锤头及上砧块的上升或下降，完成各种打击动作。旋阀与两个气缸之间有四种连通方式，可以产生提锤、连打、下压、空转四种动作。

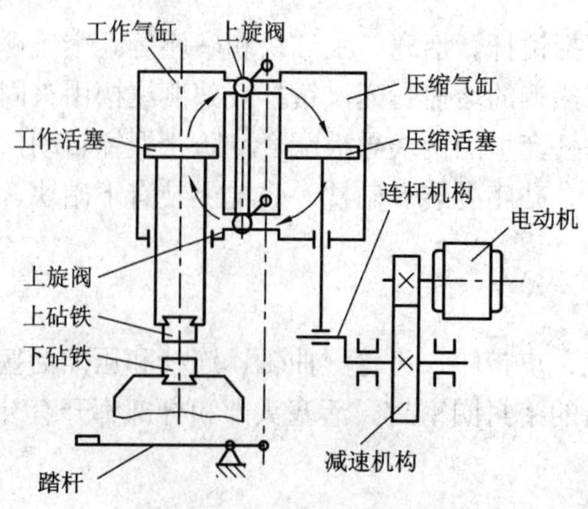


图 8.8　空气锤工作原理图

### 8.2.3 空气锤的工作循环

#### 1. 空行程

压缩缸和工作缸的上下腔与大气相通，锤头在自重的作用下下落，并在下砧面保持不动，如图 8.9 所示。由于两缸上、下腔皆与大气相通，工作活塞不动，压缩活塞负荷小，电机空载运转，容易实现启动。

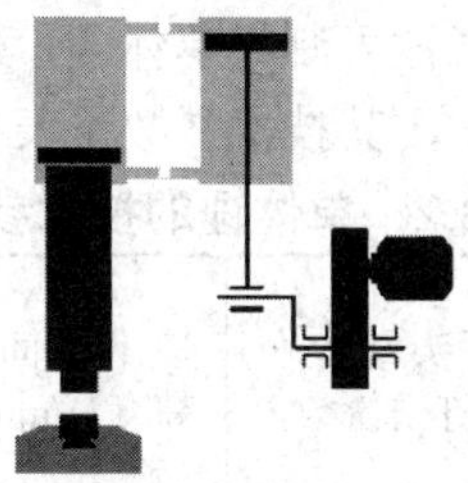

图 8.9 空行程示意图

#### 2. 悬空

压缩缸和工作缸上腔通大气，压缩缸下腔的气体进入工作缸下腔。在压缩空气的作用下，锤头被提升至行程的上方，直至工作活塞进入顶部的缓冲腔，在缓冲腔气体作用下达到平衡为止，如图 8.10 所示。悬空的锤头在行程上方往复颤动，此时可以放置工具或者更换锻件。当工作缸下腔的压缩空气有漏损时，压缩缸下腔的压缩空气顶开单向阀，向工作缸下部补充气体，实现稳定悬空。

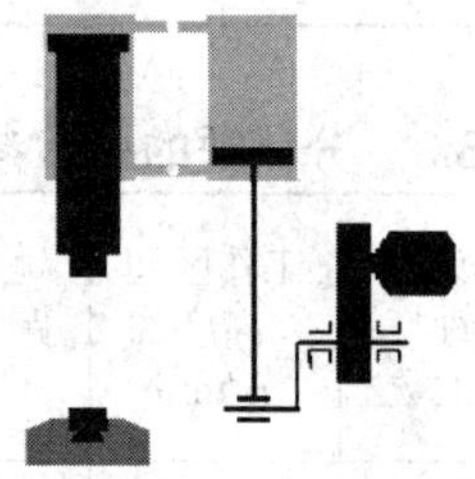

图 8.10 悬空示意图

#### 3. 压紧锻件

压缩缸上腔及工作缸下腔与大气相通，压缩缸上腔的气体进入工作缸上腔，则上砧在落下部分重量以及工作缸上部气体压力作用下压紧锻件，如图 8.11 所示。此时可以完成锻件的弯曲或扭转操作。

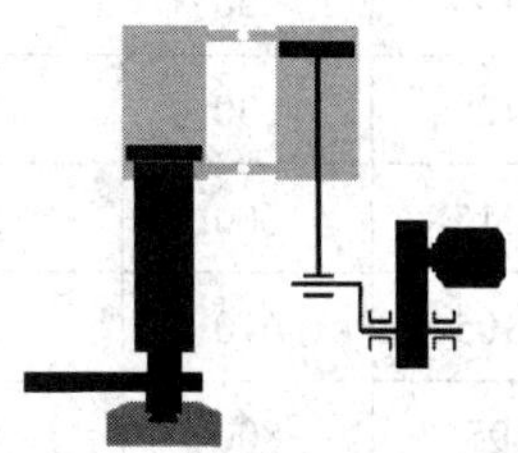

图 8.11 压紧锻件示意图

4. 打击

两缸上下腔分别连通，则连续打击。当锤头打击一次后立即把手柄移至“悬空”位置，锤头不再下落，就可得到单次打击。打击的轻重是依靠操纵手柄来实现的。手柄转动的角度越大，则两缸上下进气通道的开口就越大，打击就越重；反之，打击就越轻。

### 8.2.4 空气锤的基本技术参数

落下部分重量小于 75 kg 的空气锤可制成单体式，其技术参数见表 8.2。落下部分重量大于 75 kg 的空气锤可以做成分体式，其技术参数见表 8.3。

表 8.2 单体锤的技术参数

| 型号 | 落下部分质量/kg | 打击能量/J | 锤头每分钟打击次数 | 工作区间高度 H/mm | 锤杆中心线距锤身距离/mm | 上下砧块镜面尺寸/mm | |
|---|---|---|---|---|---|---|---|
| | | | | | | 长度 | 宽度 |
| C41—9 | 9 | 90 | 245 | 135 | 120 | 60 | 35 |
| C41—15 | 15 | 160 | 245 | 160 | 140 | 70 | 40 |
| C41—25 | 25 | 270 | 250 | 240 | 200 | 100 | 50 |
| C41—40 | 40 | 530 | 245 | 245 | 235 | 120 | 55 |
| C41—55 | 55 | 700 | 230 | 270 | 270 | 135 | 60 |
| C41—75 | 75 | 1000 | 210 | 300 | 280 | 145 | 65 |

表 8.3 分体锤的技术参数

| 型号 | 落下部分质量/kg | 打击能量/J | 锤头每分钟打击次数 | 工作区间高度 *H*/mm | 锤杆中心线距锤身距离/mm | 上下砧块镜面尺寸/mm | | 砧座质量/kg |
|---|---|---|---|---|---|---|---|---|
| | | | | | | 长度 | 宽度 | |
| C41—40 | 40 | 530 | 245 | 245 | 235 | 120 | 55 | 400 |
| C41—55 | 55 | 700 | 230 | 270 | 270 | 135 | 60 | 600 |
| C41—75 | 75 | 1000 | 210 | 300 | 280 | 145 | 65 | 750 |
| C41—150 | 150 | 2500 | 180 | 370 | 350 | 200 | 85 | 1500 |
| C41—250 | 250 | 5600 | 140 | 450 | 420 | 220 | 100 | 2500 |
| C41—400 | 400 | 9500 | 120 | 530 | 520 | 250 | 120 | 4800 |
| C41—560 | 560 | 13700 | 115 | 600 | 550 | 300 | 140 | 6720 |
| C41—750 | 750 | 19000 | 105 | 670 | 750 | 330 | 160 | 9000 |
| C41—1000 | 1000 | 27000 | 95 | 800 | 800 | 365 | 180 | 12000 |
| C41—2000 | 2000 | 54000 | 80 | 1000 | 950 | 410 | 210 | 24000 |

## 8.3 蒸汽-空气模锻锤

蒸汽空气有砧模锻锤由于装模、调模比较方便，能锻多种形状的锻件，可多次打击成形，所以时至今日它仍是一种重要的锻压设备。

### 8.3.1 蒸汽-空气有砧模锻锤的特点

蒸汽-空气有砧模锻锤仍然以蒸汽或者压缩空气作为动力,因此它的工作原理和结构与蒸汽-空气自由锻锤类似，如图 8.12 所示。但根据模锻锤工艺要求，模锻锤具有一定特点。

图 8.12 蒸汽-空气模锻锤图片

**1. 模锻锤的结构特点**

模锻锤的结构有以下特点：

(1) 模锻工艺要求锻锤有较大的打击刚性，以便获得比较精确的锻件，因此模锻锤砧座质量为下落部分的 20～30 倍。

(2) 模锻所需打击力比自由锻大，尤其在终锻时所需的打击力更大，多模腔锻造时，偏心负荷也很大。因此，模锻锤主要受力零件在选材时要求优于自由锻锤。例如砧座、机架、气缸等均用铸钢制成。

(3) 模锻过程要求上下模对准，所以模锻锤的机架必须装在砧座上。左右立柱各用四个倾斜 10°～12°的带有弹簧的螺栓和砧座连接起来，弹簧起到缓冲作用，避免螺栓被拉断。有些模锻锤将机身和砧座做成一体，进一步提高了锻锤刚度。

(4) 模锻锤设置长而且坚固的导轨，锤头与导轨之间的间隙小于自由锻锤。

**2. 模锻锤的操纵特点**

蒸汽-空气模锻锤的操纵机构如图 8.13 所示，特点如下：

(1) 脚踏操纵。模锻件制坯需要连续快速打击和翻转，为了操作和打击配合协调，模锻锤一般不用司锤工，操作由锻工脚踏完成。

(2) 悬动循环代替悬空。模锻时，当放松脚踏板后，锤头在行程上部摆动(保持上下模之间 200 mm～250 mm 的距离)。进行模锻时，经常需要不同能量的打击，当锤头摆到较低位置时踩下脚踏板，可以得到较轻的打击。当锤头摆到较高位置时踩下脚踏板，可以得到较重的打击。

(3) 节气阀和滑阀联动。节气阀阀芯通过节气阀拉杆 3 与脚踏板 1 相连，节气阀开口的大小随着脚踏板下压量的大小而改变。这样在操纵滑阀控制进气量的同时，还可改变节气阀开口大小，从而控制进气的压力，更加灵活地控制锻锤打击的轻重。

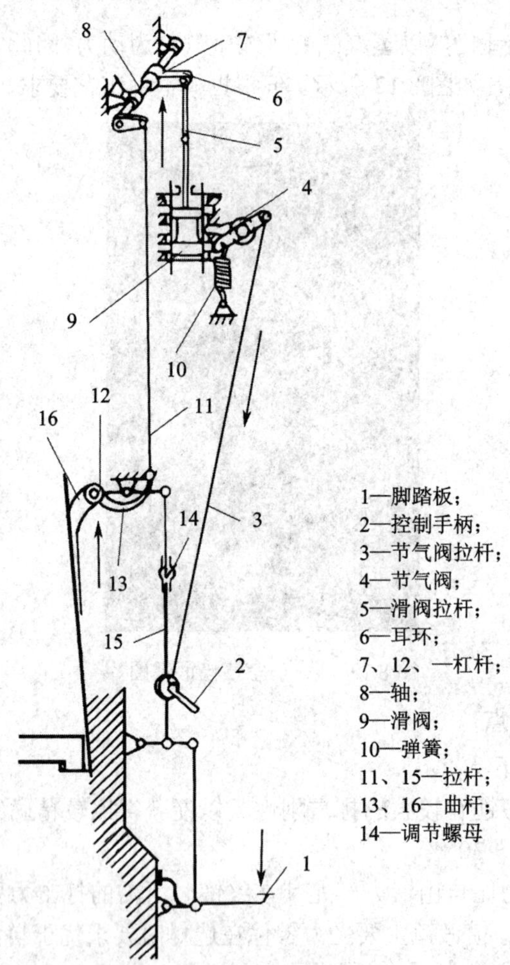


图 8.13　蒸汽-空气有砧模锻锤操纵机构示意图

## 8.3.2　蒸汽-空气有砧模锻锤的工作循环

根据模锻工艺要求，模锻锤应有摆动、单次打击和连续打击三种工作循环，如图 8.14 所示。

### 1. 摆动

蒸汽-空气模锻锤在开启以前，锤头及上模落在下模上，脚踏板处于水平位置，节气阀关闭，滑阀芯在最低位置，如图 8.14(a)所示。

开锤时，首先转动节气阀手柄，使节气阀稍微打开，气体经滑阀箱、下气道进入气缸下腔，推动锤头上升。由于锤头与曲杆联动，当锤头向上走完行程 $h_m$ 时，滑阀芯也上升 $h_m$ 距离，到达图 8.14(b)所示位置，气缸上腔进气、下腔排气，锤头开始向下运动，当锤头下降 $h_m-h_n$ 的距离时，滑阀芯也下降 $h_m-h_n$ 距离，如图 8.14(c)所示位置，气缸下腔进气、上腔排气，锤头又上升，如此重复进行，使得锤头在($h_m-h_n$)行程内上下摆动，形成摆动循环。调节节气阀开口面积，从而得到不同幅度的摆动循环。

### 2. 单次打击

两次打击之间被摆动循环隔开时称为单次打击。在完成一次打击以后，立刻松开脚踏板，锤头恢复摆动循环，然后再进行打击就可以得到单次打击。锤头接近摆动循环最高点时才踩下脚踏板，此时滑阀芯处于上部位置，可使得滑阀芯再提高一个距离 $h_1$，以增长上气道进气的时间，形成有力打击，如图 8.14(d)所示。打击能量的大小随脚踏板下压量的大小而变化，脚踏板压下量越大，节气阀开启越大，滑阀芯上升越高，在全程上气道始终进气，下气道排气，可以获得重打。若脚踏板下压量较小，则节气阀开启小，滑阀芯上升的高度小，打击过程中上气道进气量减小，打击力随之降低，如图 8.14(e)所示。

### 3. 连续打击

蒸汽-空气模锻锤的连续打击基本是工人连续操作实现的。在锤头第一次打击后，马上松开脚踏板，滑阀芯在弹簧和自重作用下恢复到图 8.14(a)位置，下气道进气，上气道排气，锤头上升，在锤头接近行程最高点时，再踩下脚踏板，紧接着进行第二次打击，如此连续进行，即可获得连续打击。

当模锻结束后，松开脚踏板，节气阀缓慢关闭，锤头就缓慢落到下模上。

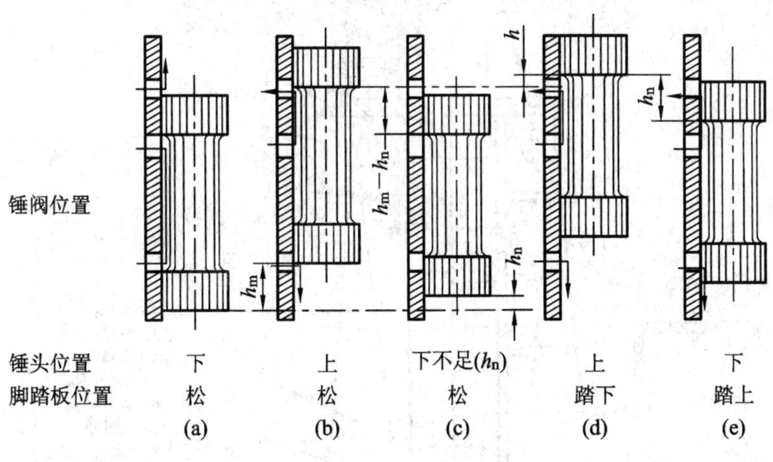


图 8.14 蒸汽-空气模锻锤滑阀行程位置图

## 8.4 对击模锻锤

对击模锻锤是在有砧模锻锤的基础上发展起来的，它的振动小，打击效率高。这种模锻锤用活动的下锤头代替有砧模锻锤的固定砧座，工作时上下两个锤头同时相对移动实现悬空打击，使毛坯产生塑性变形。

## 8.4.1　对击模锻锤的工作特点

对击模锻锤以活动的下锤头代替固定的砧座，在连接机构作用下，下锤头向上运动与上锤头产生对击，使锻件产生塑性变形。规格用打击能量表示，打击能量等于上下锤头在对击时的动能之和。上下锤头的动量相等是对击模锻锤设计的基本原则。

## 8.4.2　对击模锻锤的结构形式

对击模锻锤上下锤头常用的传动形式有钢带联动式和液压联动式。

### 1. 钢带联动式对击模锻锤

蒸汽-空气对击模锻锤多采用钢带联动，最大打击能量 500 kJ，其结构如图 8.15 所示。上锤头 4 用钢带 8 绕过导轮 5 与下锤头 10 相连。当上锤头向下运动时，拉动下锤头向上运动，实现上下锤头等行程悬空对击。四根立柱 14 用连接螺栓 6、9 连接，并与气缸 3 和底板 12 组成机架。每根立柱内侧有上下四块导板，对上下锤头导向。钢带一般用 45 钢、50 钢或 65 Mn 钢制成。钢带与锤头的连接处装有橡皮缓冲器，以改善钢带的受力。下锤头与底板之间装有橡皮缓冲装置，锤头下落时起到缓冲作用。

这种锻锤用手柄控制滑阀位置，提起手柄，上下锤头对击，压下手柄，上下锤头分开。

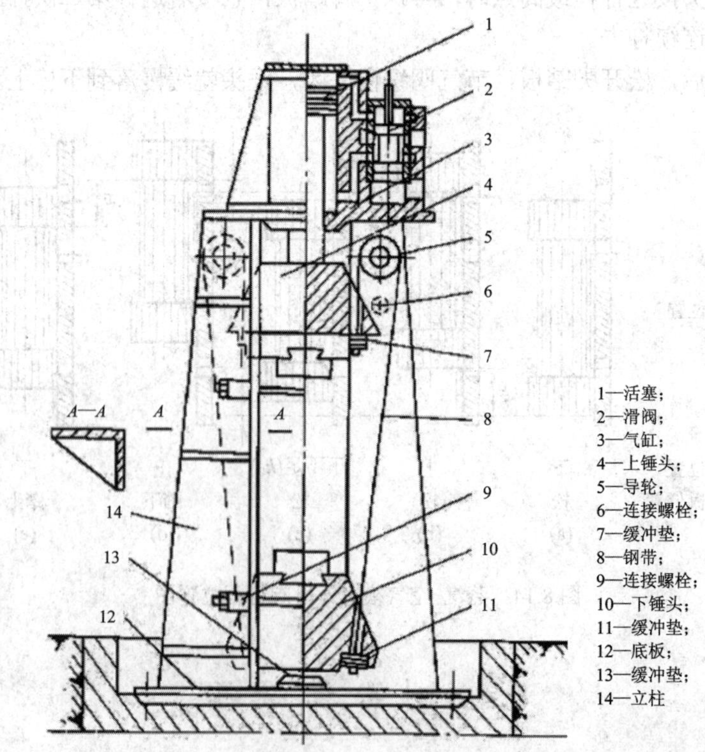


图 8.15　钢带联动式对击模锻锤结构图

### 2. 液压联动式对击模锻锤

图 8.16 所示为液压联动式对击模锻锤结构，液压缸 13 装在锤的下部。缸体内设有三个彼此连通的液压缸。中间缸中有中柱塞 12，通过短连杆 8、缓冲垫 7 与下锤头 5 相连；两个侧缸中有侧柱塞 10，通过长连杆、缓冲垫 4 与上锤头 3 相连。连杆是用球面支承在柱塞上，并留有侧向间隙，借以消除两锤头偏斜时对柱塞的侧向作用力，减少密封的磨损。

上锤头向下运动时，侧柱塞下移，推动中间柱塞及下锤头向上运动，直至两锤头对击。若两侧柱塞面积之和等于中间柱塞的面积，则上下锤头的行程和打击速度相等。为了减轻液压系统的冲击，在两侧缸底部装有弹簧补偿器 14。液压联动式结构比钢带联动可靠，但结构复杂，主要用于大、中型对击模锻锤。目前最大规格达到 1000 kJ。

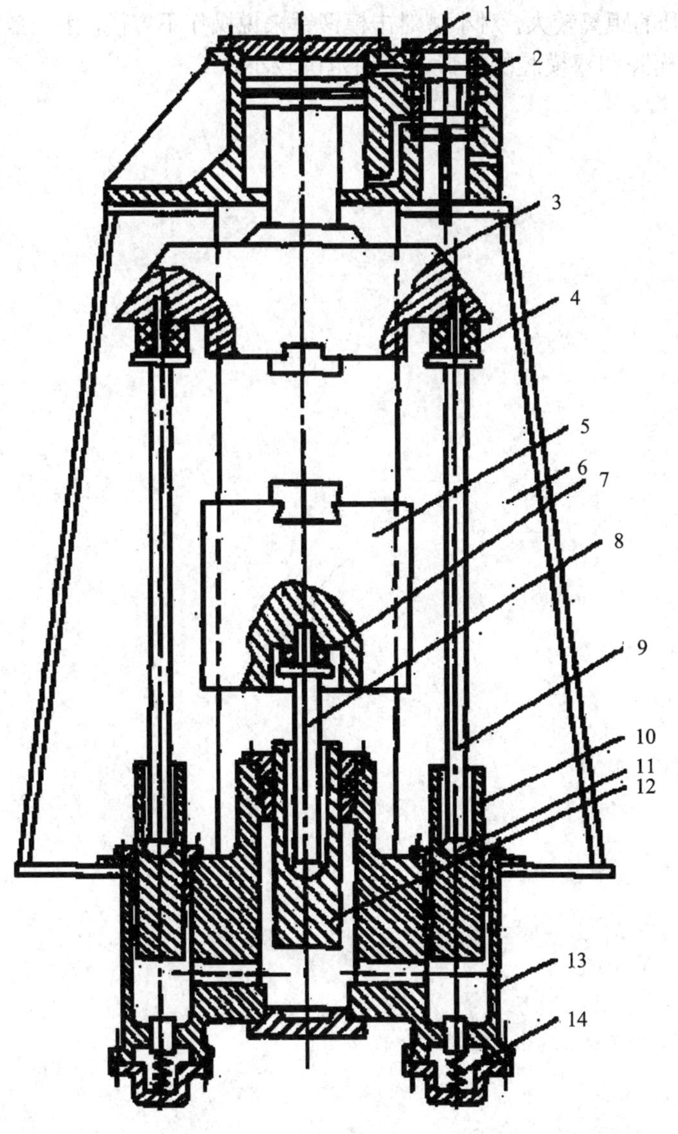


图 8.16 液压联动式对击模锻锤结构图

### 8.4.3　对击模锻锤的优缺点

#### 1. 对击模锻锤的优点

(1) 不需要很大的砧座，故机器的总重量仅为相同能力的有砧模锻锤的 1/2～1/3。由于质量小，成本、运输和安装费用都较低。

(2) 工作时振动和噪音小。由于振动小，对基础和厂房的要求都不高，其混凝土基础体积仅为有砧模锻锤的 1/3～1/8。

(3) 对击模锻锤没有下模退让，模腔充满效果好，打击效率比等效的有砧模锻锤约高 5%～10%。

#### 2. 对击模锻锤的缺点

(1) 打击时下锤头上升的距离较大，对小型对击模锻锤来说操作不方便，生产效率降低。

(2) 一般只能进行单模腔和双模腔的模锻，应用范围较小。

# 第 9 章　螺旋压力机

## 9.1　螺旋压力机简介

### 9.1.1　旋压机定义

螺旋压力机(Screw Press)，简称旋压机，是指通过使一组以上的外螺栓与内螺栓在框架内旋转产生加压力形式的压力机械的总称。它是靠飞轮旋转所积蓄的能量转化为金属的变形能而进行锻造的。采用各种驱动方式使得飞轮运动，飞轮的旋转运动经过螺杆、螺母变成滑块的往复运动，飞轮储存的能量在锻压的过程中释放，打击锻件使之产生变形。

旋压机行程速度介于模锻锤和曲柄压力机之间，滑块行程和打击能量均可自由调节，坯料在一个模膛内可以多次锤击，能够完成镦粗、成形、弯曲、预锻等成型工序和校正、精整等后续工序。

### 9.1.2　旋压机的工作原理

旋压机的基本组成为传动部分、工作部分、机身部分、操纵系统和附属装置。旋压机是利用工作部分旋转运动和直线运动的动能使毛坯产生塑性变形的锻压设备。旋压机的工作原理如 9.1 所示。工作时，飞轮经过外力加速以储存能量，同时通过螺杆、螺母推动滑块向下运动。滑块接触到工件时，飞轮被迫减速至完全停止，储存在飞轮和滑块内的能量转变为冲击能量，使工件产生变形。打击结束后，飞轮反转，带动滑块向上运行，回到原始的位置。

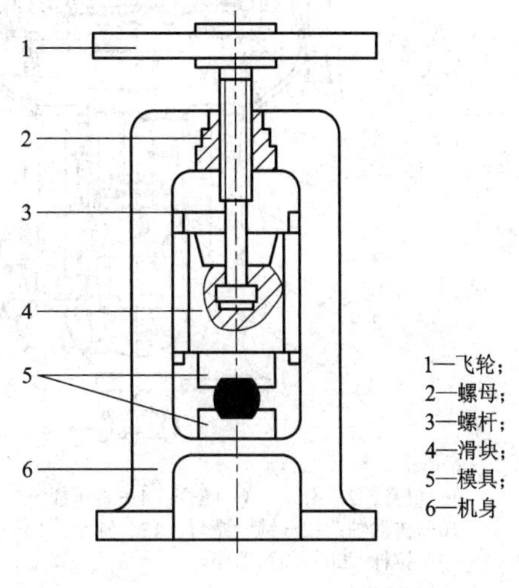


图 9.1　旋压机工作原理图

根据驱动的方式，旋压机可以分为摩擦旋压机、电动旋压机和液压旋压机。

### 9.1.3　旋压机的工艺特性及其特点

#### 1. 旋压机的工艺特性

(1) 旋压机的工作特性与锻锤相同，工作时依靠冲击能使工件变形，工作行程结束时滑块速度减小为零。

(2) 旋压机的工艺适应性好，可以用于模锻及各类冲压工序。

(3) 旋压机的滑块行程不固定，下止点可改变，工作时压力机模具系统沿滑块运动方向的弹性变形，可由螺杆的附加转角得到自动补偿，实际上不会影响制件的精度。

(4) 适用于精锻、精整、精压、压印、校正及粉末冶金压制等工序。

2. 旋压机的特点

(1) 摩擦压力机构造简单，投资费用少，工艺适应性广。

(2) 无固定下死点，对较大的锻件可多次打击成形，可进行单打、连打和寸动。

(3) 打击力与工件的变形量有关，变形大时打击力小，变形小时打击力大，与锻锤相似。

(4) 滑块速度低(约为 0.5 m/s，仅为锻锤的 1/10)，打击力通过机架封闭，故工作平稳，振动比锻锤小很多，不需要很大的基础。

(5) 装有打滑保险机构，将最大打击力限制在公称压力的 2 倍以内，以保护设备。

(6) 传动效率低，一般只能进行单模膛模锻，广泛用于中批量生产的小型模锻件以及精锻。

## 9.2 摩擦旋压机

### 9.2.1 摩擦旋压机的结构形式

摩擦旋压机的结构简单，维修方便，但是传动效率低，摩擦材料容易损坏。目前国内常用的结构形式为双盘摩擦旋压机，结构如图 9.2 所示，

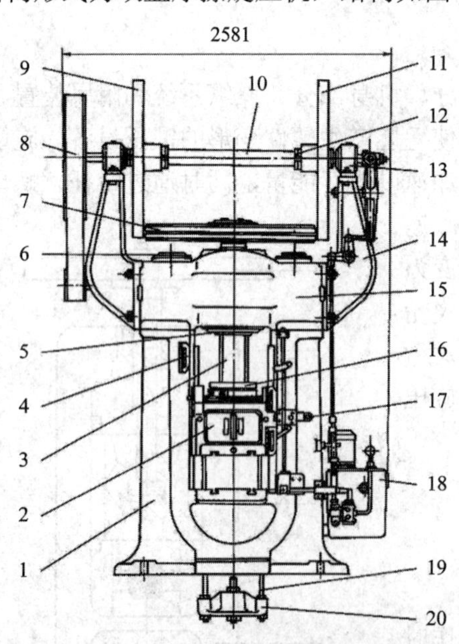


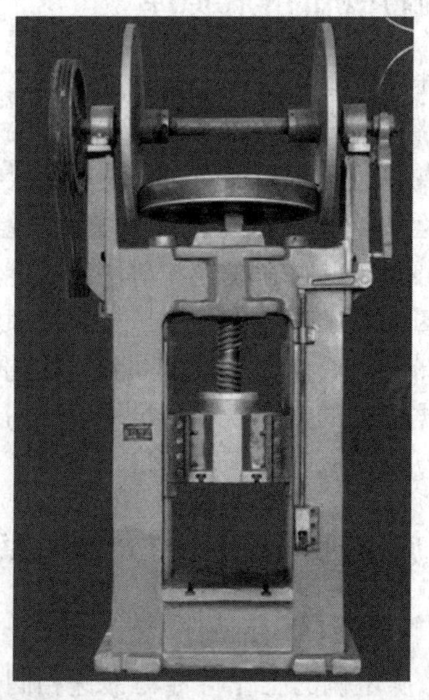

1—机身；2—滑块；3—螺杆；4—斜压板；5—缓冲圈；6—拉紧螺栓；7—飞轮；8—传动带；9、11—摩擦盘；10—传动轴；12—锁紧螺母；13—轴承；14—支臂；15—上横梁；16—制动装置；17—卡板；18—操纵装置；19—拉杆；20—顶料器座

图 9.2 双盘摩擦旋压机结构及实物图

## 9.2.2 摩擦旋压机的操纵系统

摩擦旋压机常用的操纵机构有人力、液力和气动三类。

### 1. 人力操纵机构

人力操纵机构用于小吨位摩擦旋压机，其机构如图 9.3 所示。当操纵者压下操纵手柄 1 时，拉杆 3 上移，通过杠杆 5、6、7 使得摩擦盘 8 的水平轴向右移动，固定在水平轴上的左摩擦盘压向飞轮 9，由于摩擦盘在转动，依靠摩擦力带动飞轮和螺杆 10 转动，使得滑块向下移动。当滑块向下移动一段距离时，滑块上的凸块碰着下挡块 2，使得拉杆向下移动，再通过杠杆使水平轴向左移动，左边的摩擦盘离开飞轮，右边的摩擦盘又不接触飞轮，此时利用飞轮、螺杆和滑块所具有的能量使得工件产生变形。当操纵者抬起手柄时，通过拉杆和杠杆作用，右边的摩擦盘将接触到飞轮，带动飞轮和螺杆反向旋转，使得滑块实现回程。当滑块上移一段距离后，滑块上的凸块碰着上挡块 4，使得拉杆上提，通过拉杆和杠杆作用使得水平轴右移，右边的摩擦盘离开飞轮，左边的摩擦盘又不接触飞轮，此时飞轮、螺杆和滑块中的能量在制动器、摩擦阻力和滑块重力作用下消耗掉，很快停止在上面的位置。这种机构依靠人力进行控制，很难使摩擦盘压向飞轮的压力在相同条件下保持恒定，打击能量将有所变化，对同一批精锻件的精度产生影响。

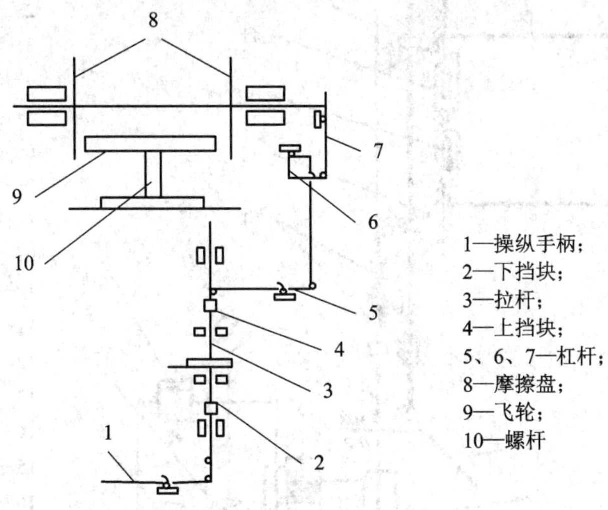


图 9.3 双盘摩擦旋压机人力操纵机构示意图

### 2. 液力操纵机构

液力操纵机构用于大吨位的摩擦旋压机，如图 9.4 所示。它与人力操纵机构的不同点在于通过操纵手柄来移动分配阀，使得压力油进入工作缸的上腔或者下腔，推动活塞，经拉杆、曲杆和拨叉推动水平轴的左右移动，从而控制其摩擦盘压向飞轮或者离开飞轮。这种机构由压力比较稳定的工作油控制，使摩擦盘和飞轮之间可以产生较大而稳定的作用力。旋压机每次打击的能量变化不大，在批量生产时，对锻件的精度有利。

压下操纵手柄 5，分配阀 2 被上提，压力油进入液压缸的上腔，在油压作用下活塞 4 拉下操纵杆 8，通过曲杆 7 和拨叉使传动轴右移，左摩擦盘压紧飞轮并驱动飞轮旋转，使滑块向下运动。在将接触工件时，滑块上的下行程限位板 12 和控制杆 9 的下碰块 13 相碰，使得手柄和分配阀回到中间位置，这时液压缸上、下腔均与油箱 19 相通，操纵杆在弹簧力的作用下也处于中间位置，于是两个摩擦盘均与飞轮脱开而保持一定间隙，此时运动部分便以所积蓄的能量来进行冲压。

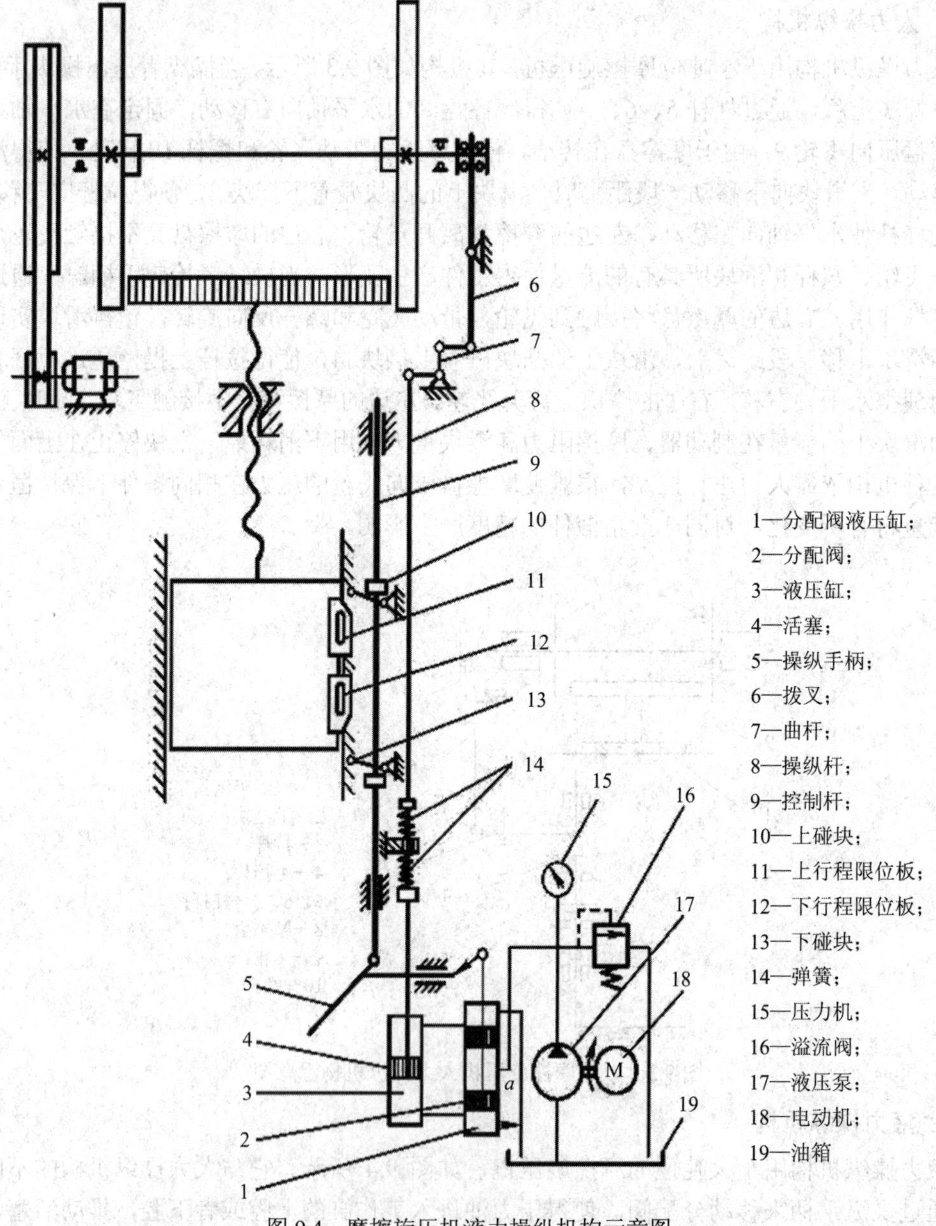


图 9.4　摩擦旋压机液力操纵机构示意图

冲压结束后，将操纵手柄提起，分配阀被压到下面位置，压力油通入液压缸下腔，推动活塞向上运动将操纵杆顶起，拨叉便将传动轴向左推动，右摩擦盘压紧飞轮，驱动飞轮反转，使滑块回程向上。当滑块回程接近行程上止点时，固定在滑块上的上行程限位板 11 与控制杆 9 上的碰块 10 相碰，迫使操纵手柄和分配阀回到中间位置，于是两个摩擦盘便与飞轮脱开，运动部分靠惯性继续上升，随即由制动装置进行制动，使滑块停止在预设的上止点。

3. 气动操纵机构

图 9.5 所示为摩擦旋压机气动操纵机构，两个气缸 2、6 分别固定在左右两个支座上，当向下行程开始时，右边气缸 6 进气，活塞经 4 根小推杆使摩擦盘压紧飞轮，推动飞轮旋转，滑块加速下行。在冲压工件前的瞬间，气缸排气，靠横轴两端的弹簧复位，使摩擦盘与飞轮脱离接触，滑块靠积蓄的动能打击工件。

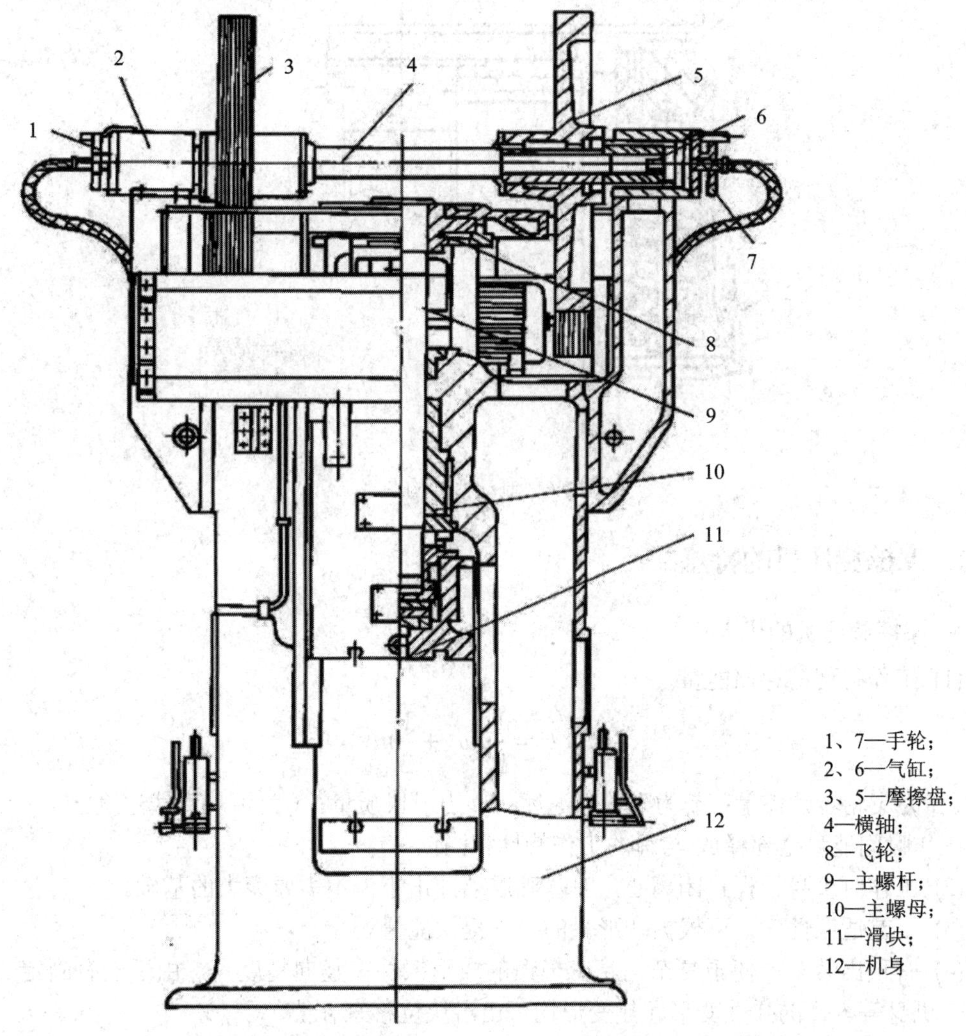


图 9.5　摩擦旋压机气动操纵机构示意图

冲压完成后，开始回程，此时左边气缸 2 进气，推动左边的摩擦盘压紧飞轮，推动飞轮反向旋转，滑块迅速提升。至某一位置后，气缸排气，摩擦盘靠弹簧与飞轮脱离接触，滑块继续自由向上滑动，至制动行程处，制动器工作，滑块减速，直至停止，即完成一次工作循环。

制动器安装于滑块上部，如图 9.6 所示，当气缸 1 下腔进气时，活塞 2 的推力和弹簧 3

的预压力一起推动制动块 4，压向飞轮下端面。若上腔进气，下腔排气，活塞克服压缩弹簧的力，将制动块拉下，与飞轮下端面脱离。该制动装置的优点是在停机停气时，弹簧能保持制动块压紧飞轮，防止滑块自由下落。滑块为 U 形结构，其导向比箱形结构长，承载偏心载荷的能力强。

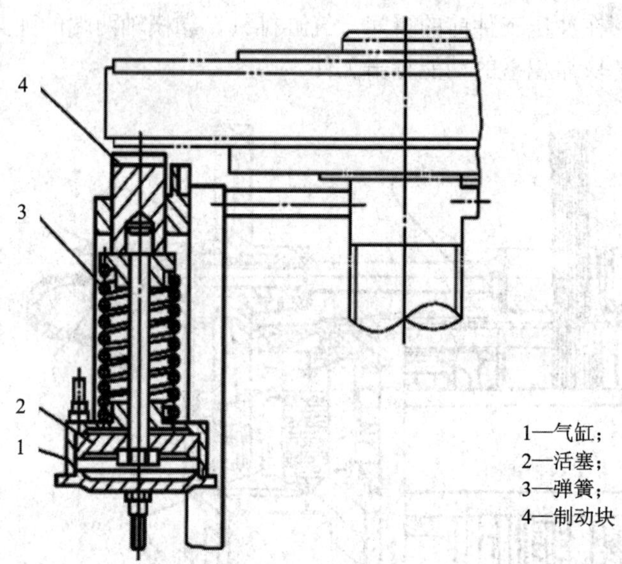


图 9.6　制动器结构图

### 9.2.3　摩擦旋压机的特点

**1. 摩擦旋压机的优点**

(1) 工作行程前存储能量

$$E = \frac{1}{2}I\omega^2 + \frac{1}{2}mv^2 \tag{9-1}$$

式中：$I$ 为飞轮转动惯量；$\omega$ 为飞轮角速度；$m$ 为滑块质量；$v$ 为滑块直线速度。

工作瞬间能量全部释放(与锤的工作特性相同)。

(2) 工作时机身行程封闭离心，对基础震动冲击小，不需要庞大的基础。

(3) 工艺适应性广，可根据变形量的要求提供能量。

(4) 有顶出装置，便于复杂、精密模锻的成形锻件；竖向精度高，由于没有固定的下死点，机身等零件的弹性变形和热变形均可由滑块位移来补偿。

(5) 动作较快，可使滑块停在行程内任意位置，一旦超过负荷，只引起飞轮和摩擦盘之间的滑动，而不致损坏机器。

(6) 机器结构简单，成本低，维修方便；模具结构简单，寿命高。

**2. 摩擦旋压机的缺点**

(1) 行程次数较低，生产效率低。

(2) 承受偏载能力差，只适用于单模膛模锻。

(3) 摩擦损耗大，传动效率低。

## 9.3 电动旋压机

电动旋压机分为直接用电力驱动和用电机经传动机构驱动两大类。电力直接驱动多用于小型旋压机，它具有结构简单、体积小、效率高等优点。但吨位较大的旋压机，若直接用电力驱动，必须采用结构庞大的低速电动机，致使设备轮廓尺寸增大、重量大、造价高。因此，大型旋压机多采用电机、传动机构传动，其中以电机、齿轮驱动用得最多。目前国内已经生产有 1000 kN～80000 kN 的电动旋压机。

### 9.3.1 电动旋压机常用的传动形式

#### 1. 可逆电机摩擦轮传动

图 9.7 所示为可逆电机摩擦轮的传动示意图。可逆电机 2 安装在机身 1 上，电动机轴上有 一个摩擦轮 3，它以一定的压力压向飞轮 4，在电动机反正转的过程中，通过螺杆带动滑块向上向下移动进行工作。这种电动旋压机结构简单，但电机启动过程中，摩擦轮与飞轮之间容易打滑。制动器 5 为卡钳式制动装置，两个摩擦面分别挤压于飞轮的上下面，对飞轮施加摩擦力，达到制动的目的。

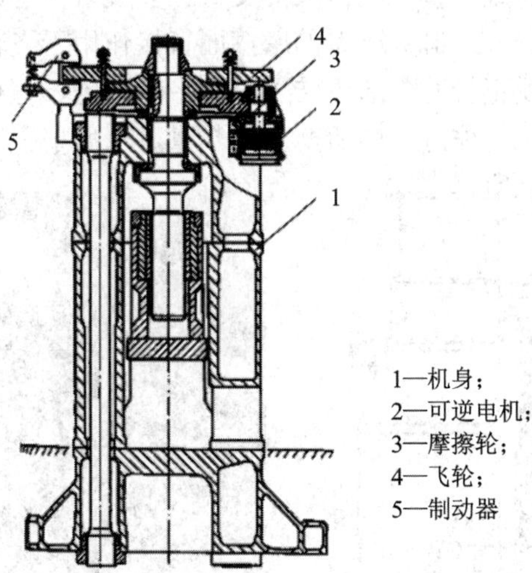


图 9.7 可逆电机摩擦轮传动示意图

#### 2. 可逆电机与齿轮传动

图 9.8 所示为可逆电机与齿轮传动的旋压机结构示意图。可逆电机安装在机架上，电机轴上固定有一小齿轮 2，小齿轮与齿圈 3 啮合，齿圈上下两端面通过摩擦块与飞轮 4 连接成一体。在电机正反转过程中，通过螺杆带动滑块上下移动进行工作。在滑块向下行程末，滑块停止时，齿圈相对飞轮在摩擦面上产生一定的滑动，这对小齿轮、齿圈和电机都很有利。这种电动旋压机的工作周期时间短，行程次数多，小齿轮和齿圈之间有滑动，但由于齿圈与飞轮结合面上的摩擦力容易发生变化，致使打击能量和行程大小不稳定。

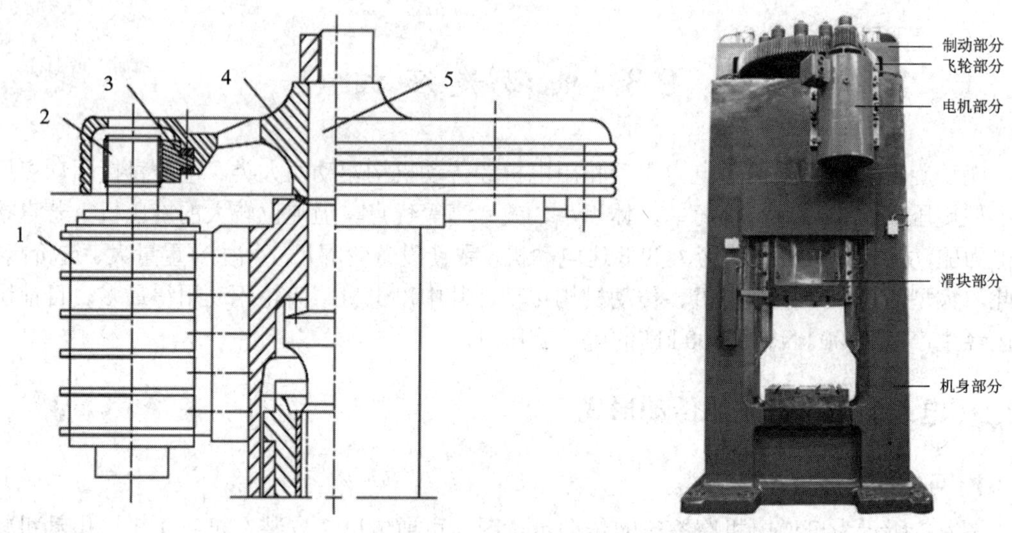


1—可逆电机；2—小齿轮；3—齿圈；4—飞轮；5—螺杆

图 9.8　可逆电机与齿轮传动的电动旋压机结构及实物图

### 3. 可逆电机直接传动

图 9.9 所示为可逆电机直接传动的电动旋压机示意图。主螺杆 1 的上端安装一个衬套 2，衬套与可逆电机的转子 4 连成一体。在机架的支臂上安装有可逆电机的定子壳体，其中有绕组，共同组成电动机定子 5。制动器 3 的摩擦面直接作用于飞轮外侧面，摩擦力矩大，制动效果好。当可逆电机反正转时，通过转子直接带动飞轮、螺杆旋转，使滑块向上、向下移动进行工作。可逆电机工作过程中所产生的热量，用风扇强制冷却。

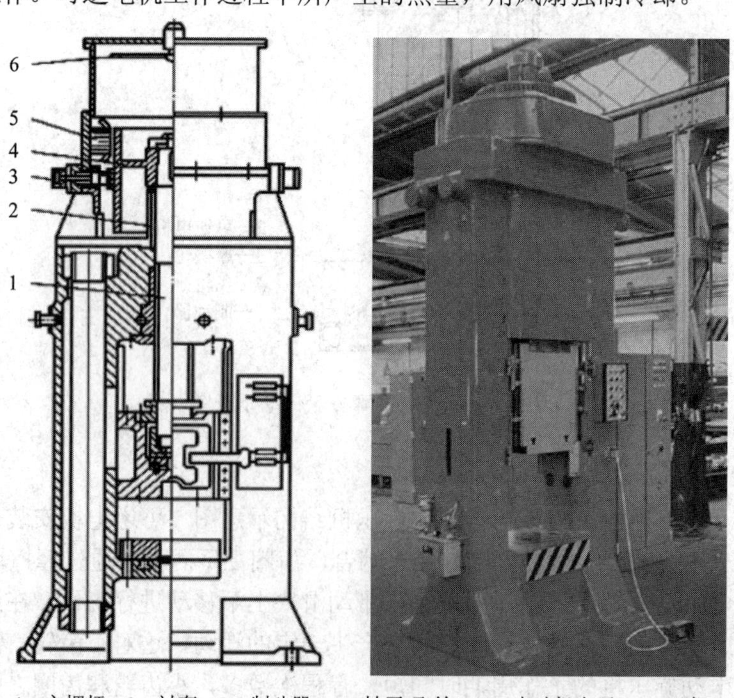


1—主螺杆；2—衬套；3—制动器；4—转子(飞轮)；5—电动机定子；6—风机

图 9.9　可逆电机传动的电动旋压机结构及实物图

该电动螺旋压力机启动转矩大、启动电流小，短路功率因数高，启动时间短、发热量小、温升低，特别适合于正、反启动，制动频繁的非稳态过程。实心转子电机的结构简单，加工方便，转子的机械强度高，还便于对现有老式摩擦压力机进行改造。电动机转子直接与压力机的主螺杆相连，作旋转运动或螺旋运动，其定子部分与普通鼠笼电机完全相似。为减少实心转子表面的复合损耗，定子尽可能采用半闭口槽或磁性槽楔。

### 9.3.2 电动旋压机的特点

(1) 打击能量可精确设置，成型精度高，制件公差小，适合于精密锻造。

(2) 模具载荷减轻，比摩擦旋压机模具寿命明显提高；电耗降低，结构简单，故障率低，易于维护，无液压驱动单元，使用维护明显减少。

(3) 可进行程序锻造，主机能自动按预先设置的每工部打击能量运行，打击后，滑块还可以在下死点停顿，停顿时间能预设，适应某些工艺要求。

(4) 由于采用变频驱动，不会对工厂电网产生冲击和影响其他电气设备运行。

(5) 行程高度方便调整，回程位置准确。

(6) 精确控制打击力，保护主机不致超载。

## 9.4 液压旋压机

液压旋压机常用的传动形式有推缸式、副螺杆式和液压马达三种。推缸式又分单螺杆和双螺杆两种。

### 9.4.1 推缸式液压旋压机

图 9.10 所示为单螺杆推缸式液压旋压机。

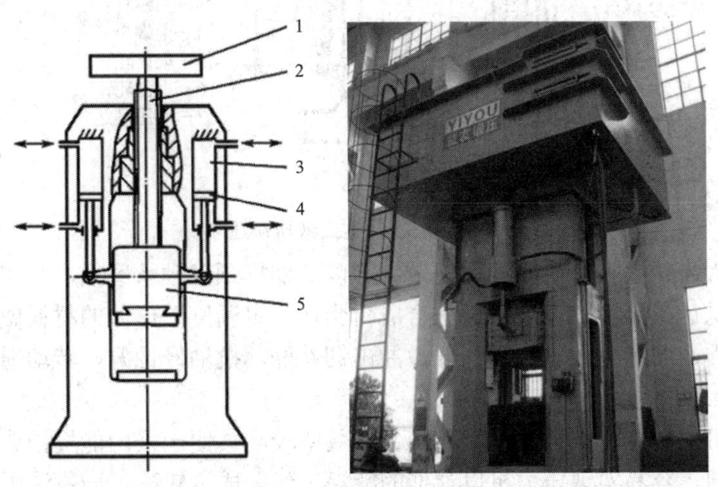


1—飞轮；2—螺杆；3—液压缸；4—活塞杆；5—滑块

图 9.10 液压旋压机结构及实物图

液压缸置于上横梁两侧的中间，缸内活塞杆 4 的下端与滑块 5 连接。当压力油进入油缸上腔，而下腔又排液时，作用在活塞上的液力，通过活塞杆传到滑块上。由于螺杆 2 上的螺纹角比摩擦角大不能自锁，在滑块向下移动的同时，螺杆和飞轮 1 向下转动，使活动部分在打击锻件时有一定的能量。当压力油进入液压缸下腔，而上腔排液时，作用在活塞下的液力，通过活塞杆传到滑块上，在滑块上移的同时，螺杆和飞轮向上转动实现回程。在活塞接近最上位置之前，通过制动系统使滑块停在一定位置。

### 9.4.2　液压马达式液压旋压机

图 9.11 所示为液压马达式液压旋压机，它的飞轮是一个大齿轮 5，由若干个带小齿轮 6 的液压马达 7 驱动，从而带动主螺杆 3 滑块 2 运动，完成工作循环。大齿轮的厚度等于小齿轮的厚度加上滑块行程，因此，飞轮的结构尺寸很大。若干个液压马达均匀分布在飞轮的圆周上，并固定在压力机的机身上。高压油由液压泵蓄能器供给。用液压马达带动的小齿轮来驱动大齿轮，由于液压马达可正反转，相应大齿轮也可正反转，使滑块向下或向上运动进行工作。

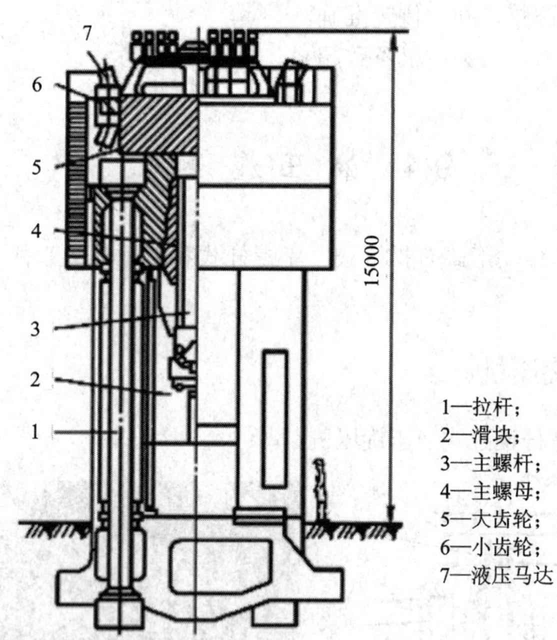


图 9.11　液压马达式液压旋压机

小齿轮与大齿轮啮合的侧向间隙比较大，以免螺杆颈部轴承磨损，径向跳动大，挤坏小齿轮和液压马达。小齿轮可用木板与合成树脂在一定温度下压制的材料做成，其优点为自润性好，防震，摩擦系数小，噪音低，冲击韧性好，抗油侵蚀好，转动惯量小，加工性能好，成本低。

液压旋压机的特点：工作速度较高，生产效率较高；便于采用能量预选和工作过程的数控，操作方便，容易实现压力机以最佳的能耗工作；成本较高，一般液压旋压机都为较大型设备。

# 第 10 章　液　压　机

液压机是一种利用液体静压力来加工金属、塑料、橡胶、木材、粉末等材料的机械。它常用于压制工艺和压制成形工艺，如锻压、冲压、冷挤、校直、弯曲、翻边、薄板拉深、粉末冶金、压装等。

## 10.1　液压机的工作原理、特点及分类

### 10.1.1　液压机的工作原理及编号

#### 1. 液压机的工作原理

液压机是根据静态下密闭容器中液体压力等值传递的帕斯卡原理制成的，是一种利用液体的压力来传递能量以完成各种成型加工工艺的机器。图 10.1 所示为液压机的工作原理图，大活塞 2 的面积为 $S_2$，小活塞 1 面积为 $S_1$，$S_2$ 等于 $2S_1$，根据密闭液体压强处处相等原理，则有 $F_1/S_1=F_2/S_2$，又因为 $S_2=2S_1$，则存在 $F_2=2F_1$。因此利用小活塞上小的力，可以在大活塞上得到较大力，力增加的比例为活塞面积之比。工业上用的液压机就是利用这种原理制成的。

#### 2. 液压机的基本结构

液压机主要由三部分组成，分别为本体机构、操纵部分和动力部分，如图 10.2 所示。泵站为动力源，操纵系统属于控制机构，本体为液压机的执行机构。

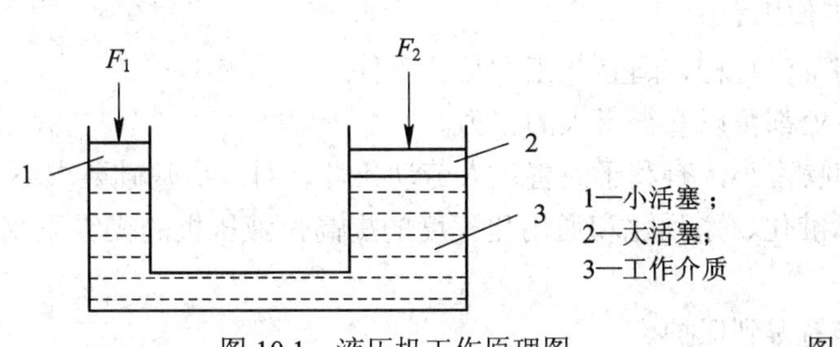


图 10.1　液压机工作原理图

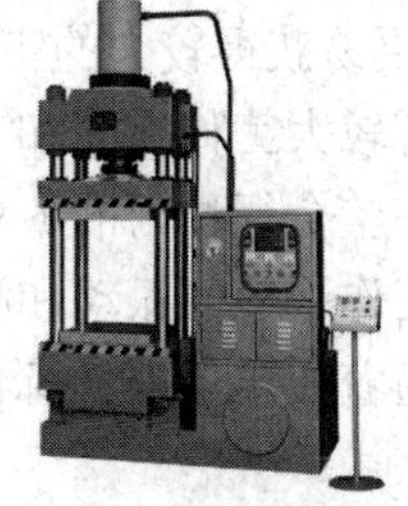

图 10.2　液压机组成

#### 3. 液压机型号表示方法

液压机的型号表示方法如下，第一个字母表示液压机的类别，液压机为 Y。第二个字母表示同一型号的变型顺序，第三个字母表示组型系列号，第四个数字表示主参数，第五个字母表示改型序号。

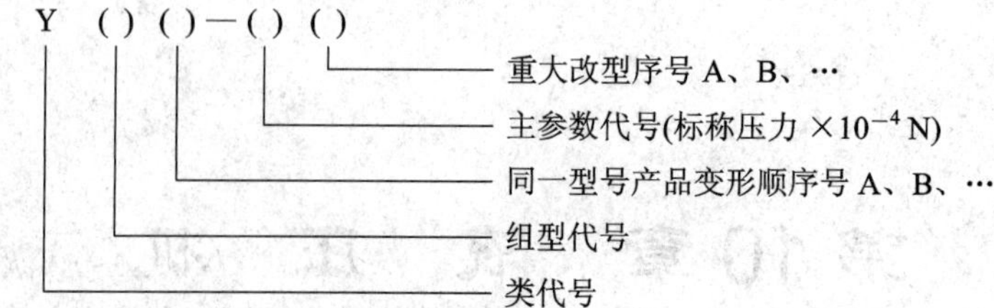


例如：Y32A—315 表示最大总压力为 3150 kN，经过一次变型的四柱式万能液压机，其中 32 表示四柱式万能液压机的组型代号，如表 10.1 所示。

表 10.1　液压机的组型含义

| 组　型 | 名　称 | 组　型 | 名　称 |
| --- | --- | --- | --- |
| Y11 | 单臂式锻造压力机 | Y32 | 四柱液压机 |
| Y12 | 下拉式锻造压力机 | Y33 | 四柱上移式液压机 |
| Y13 | 正装式锻造液压机 | Y41 | 单柱矫正压装压力机 |
| Y14 | 模锻压力机 | Y54 | 绝缘材料板热压力机 |
| Y23 | 单动厚板冲压液压机 | Y63 | 轻合金管材挤压液压机 |
| Y24 | 双动厚板冲压液压机 | Y71 | 塑料制品液压机 |
| Y26 | 精密冲裁液压机 | Y75 | 金刚石液压机 |
| Y27 | 单动薄板冲压液压机 | Y76 | 耐火砖液压机 |
| Y28 | 双动薄板冲压液压机 | Y77 | 碳极液压机 |
| Y29 | 橡皮囊冲压液压机 | Y78 | 磨料制品液压机 |
| Y30 | 单柱液压机 | Y79 | 粉末制品液压机 |
| Y31 | 双柱液压机 | Y98 | 模具研配液压机 |

### 10.1.2　液压机的特点

相比其他类型的压力机，液压机具有自己独特的特点。

**1. 液压机的优点**

(1) 液压机的液体压力和工作柱塞面积可在较大的范围内变动，因此，液压机比其他锻压设备更易获得较大的工作压力。

(2) 有较大工作空间和工作行程，适宜加工大尺寸工件。

(3) 在整个行程内的各处都可以获得最大的压力。

(4) 工作平稳，振动和噪音小，有利于改善工人劳动条件，对厂房基础要求不高。

(5) 随着液压元器件标准化、系列化和通用化程度的提高，液压机的操纵系统很容易实现。

(6) 不易超载，模具容易得到保护。

(7) 本体结构简单，操作方便，易于制造。

(8) 调压、调速方便，可适应不同成型工艺要求。

**2. 液压机的缺点**

(1) 对液压元器件的精度要求较高，结构较复杂，机器的调整和维修比较困难。

(2) 高压液体易泄露，不但污染工作环境，浪费工作介质，对于热加工场所还有火灾危险。

(3) 效率较低，且运动速度慢，对于快速小型的液压机不如同类的曲柄压力机简单、灵活。

### 10.1.3 液压机的分类

#### 1. 按工作介质分类

液压机的工作介质常见有两类，采用乳化液的液压机称为水压机，采用油的液压机称为油压机。乳化液价格便宜，不燃烧，不易污染工作场地，热加工用的液压机多为水压机。在防腐、防锈和润滑性能方面，油优于乳化液，但油的成本高，也易污染工作场地。

#### 2. 按用途分类

液压机按用途分为手动液压机、锻造液压机、冲压液压机、校正压装液压机、层压液压机、挤压液压机、压制液压机、压块液压机。一般用途的液压机是指各种万能式通用液压机。其他液压机用于各种专用工序，如电缆包覆、模具研配等。

#### 3. 按动作方式分类

液压机按动作方式分为上压式、下压式、双动或三动式、特种等。

#### 4. 按传动形式分类

液压机按传动形式分为泵直接传动和泵 + 蓄能器传动。泵直接传动多为中小型液压机；泵 + 蓄能器传动，高压液体可以集中供应，多为大中型液压机。

#### 5. 按机身结构分类

(1) 梁柱组合式液压机：横梁与立柱组成一个刚性封闭框架，以承受液压机的全部工作载荷。分四柱、三柱和单柱。三梁四柱式的液压机最为常见。

(2) 整体框梁式液压机：支撑机构为铸造结构或钢板焊接结构，如龙门液压机。

#### 6. 按操纵方式分类

按操纵方式分为手动、自动和半自动液压机。

## 10.2 液压机的本体机构

液压机根据本体机构的形式可以分为单柱液压机、双柱液压机、龙门液压机、四柱液压机等。

### 10.2.1 单柱液压机

单柱液压机公称压力不大，目前最大达 12 000 kN，其造价较相同工作能力的三梁四柱液压机便宜。单柱液压机可以代替锻锤的工作。与锻锤比较，它整机重量轻，造价低，操作人员少，生产效率高，冲击振动小，便于操作，劳动条件好。单柱液压机有柱塞固定工作缸移动和柱塞移动工作缸固定两种结构。图 10.3 所示为柱塞固定工作缸移动的单柱液压机。

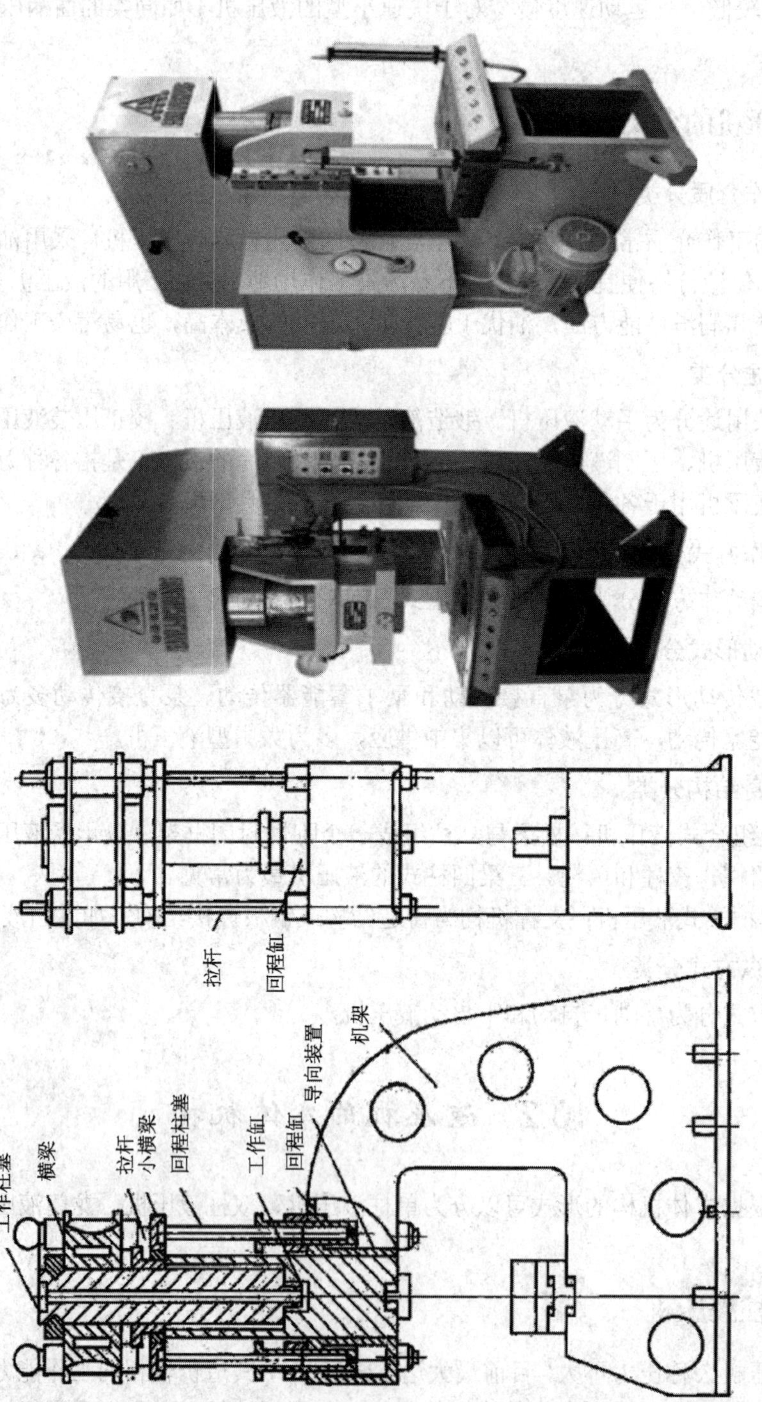


图 10.3　单柱式液压机结构及实物图

工作柱塞固定在横梁上，横梁用四根拉杆与机架相连，而工作缸可在机架上的导轨装置中上下移动。两个回程缸固定在机架上，回程柱塞通过小横梁与工作缸连在一起。当液体沿工作柱塞进入工作缸，而回程缸排液时，工作缸带着上砧下移进行锻造。当高压液体进入回程缸，而工作缸又排液时，工作缸则向上移动实现回程。

这种结构形式的液压机，工作缸导向长度大，导向装置比较坚固，在偏心锻造时产生阻力矩的作用力较小，对提高工作缸密封性、寿命和导向精度都极为有利。

### 10.2.2　双柱液压机

双柱液压机是 20 世纪 60 年代发展起来的一种新型液压机，它的行程次数较高，每分钟可以达到 80～100 次，其实物如图 10.4 所示。

图 10.4　双柱液压机实物图

双柱液压机本体机构主要由上横梁、下横梁和活动横梁组成，下横梁安放在地面基础上，并形成工作台。工作柱塞固定在中间活动横梁上，工作缸固定在上横梁上，上横梁固定在两支柱上。工作缸上油腔、下油腔通过管路分别连接比例液压换向阀的压力油出口，当液体进入工作缸，则推动工作缸带着中间活动横梁向下移动进行工作。当工作缸又排液时，活动横梁则上移。

双柱液压机适用于各大、中、小型企业、工厂、工矿及汽车修理厂，适宜制造重型机器、法兰盘、皮带盘、轴衬套等，还可用于轴承拆装作业、校直校正、弯曲，配上模具可冲孔、落料、拉伸、折边，可取代老式螺旋手压机进行压形作业，装上压力表可进行千斤顶测试。

### 10.2.3　龙门液压机

图 10.5 所示为龙门液压机的结构图及实物图。龙门液压机主要由龙门机身、工作缸、工作柱塞、压头和工作台组成，结构非常简单，易于制造。

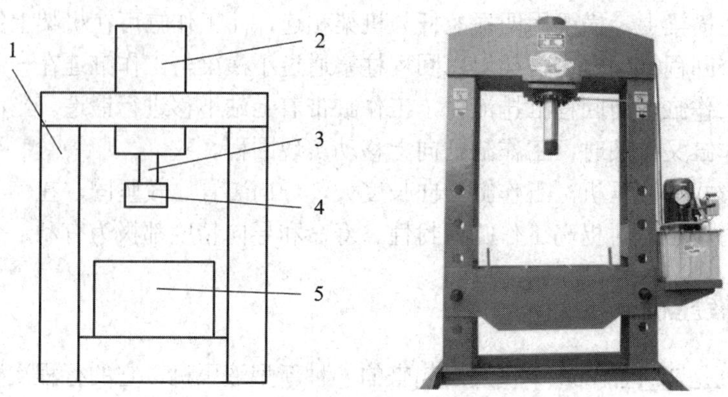


1—龙门机身；2—工作缸；3—工作柱塞；4—压头；5—工作台

图 10.5　龙门液压机结构及实物图

龙门液压机采用全刚性结构，经振动时效处理使机械变形量小。机架设计经由有限元分析，具有高刚性、高精度。龙门液压机工作台能上下移动，大大扩展了机器开合高度，使用更方便。龙门液压机广泛用于机械行业的拆装、成型、校直、拉伸、钣金成型的压制工作，并可对分角齿一次性冷铆成型，是现代汽车修理行业必备的压力设备。

### 10.2.4　四柱液压机

三梁四柱液压机为液压机的一种典型结构，如图 10.6 所示。机身由上横梁、下横梁、活动横梁、四根立柱、锁紧螺母及调节螺母等组成。依靠四根立柱为骨架，上横梁、工作台(下横梁)由锁紧螺母固定于两端，将机器组成一整体。机器的精度由调节螺母来调节，在滑块四角内装有耐磨材料的导向套，导向套由内六角螺钉紧固于滑块上下端面上，并有防尘羊毛毡进行防尘。滑块的上端面与油缸活塞杆的法兰相连接，依靠四根立柱作为导向而上下运动，在工作台上表面及滑块下表面均设有 T 型槽，以便于安装模具。

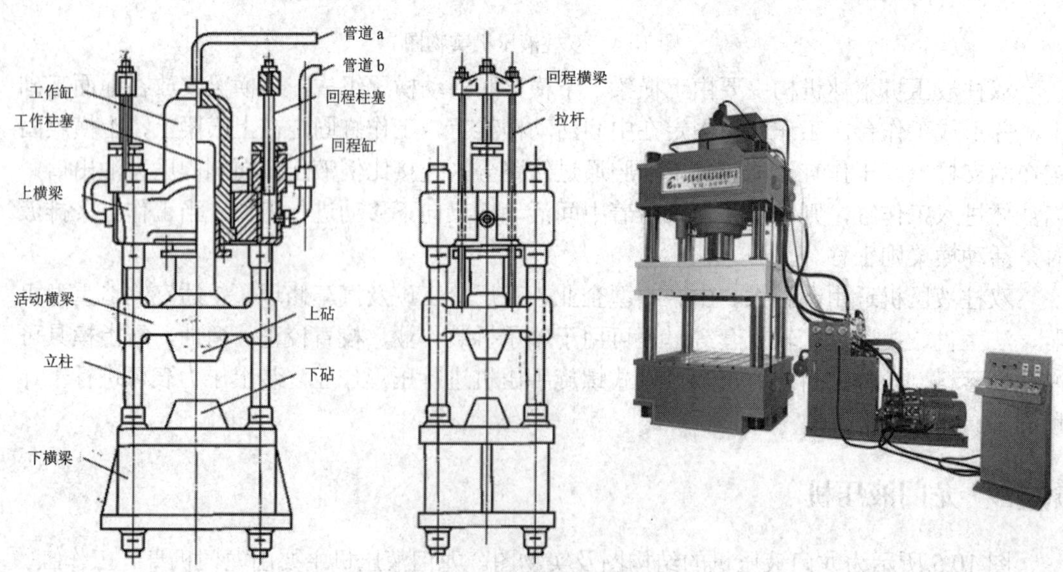


图 10.6　四柱液压机结构及实物图

油缸结构为活塞式，由缸体、导向套、活塞头、活塞杆、锁母、连接法兰、缸口法兰等组成。其缸体依靠缸口台肩及大锁母紧固于上横梁中孔内，活塞下端面由连接法兰与滑块相连。活塞头安装在活塞杆上，由锁紧螺母紧固，在活塞头上装有两组方向相反的 YA 型密封圈，将油缸分隔成两个油腔，而实现压制、回程动作。缸口导套安装在缸体下端，在缸口导套的内孔也装有 YA 型密封圈，在外圆上装有 O 型密封圈，由缸口法兰、内六角螺钉紧固于油缸体的端面上以保证密封缸口密封。

工作缸固定在上横梁上，装在工作缸内的工作柱塞与活动横梁连接。活动横梁通过导向套导向，沿着立柱上下活动。上砧固定在活动横梁下端，下砧则固定在下横梁的工作台上。工作行程时，工作缸中通入高压液体而回程缸排液，对柱塞产生很大的推力，推动活塞和活动横梁及模具向下移动，使工件在上下砧之间产生塑性变形。回程缸固定在上横梁两侧，回程柱塞一端固定在活动横梁上，当回程缸中通入高压液体，工作缸排液，回程柱塞推动活动横梁向上移动。

## 10.3 液压机操纵系统及其元器件

### 10.3.1 液压机操纵系统

液压机的工作循环一般包括充液行程、工作行程、回程及悬空。上述各行程是利用操纵系统按下述方式实现的。

**1. 充液行程**

操纵手柄由“悬空”位置移到“充液行程”，通过转轴和摇杆使回程缸排液阀打开，回程缸中的液体排入充液罐或泵站的液箱中，活动横梁受自重作用下移，此时，充液罐中液体压力大于工作缸中液体压力，充液阀自动打开，充液罐中液体大量流入工作缸实现充液行程。活动横梁下移到上砧与坯料接触时停止不动，工作缸与充液罐之间的液体压力差消失，充液阀在弹簧作用下自动关闭。

**2. 工作行程**

充液行程后，将操纵手柄移到“工作行程”位置，工作缸的进液阀和回程缸的排液阀同时打开，从泵站来的高压液体经充液阀腔进入工作缸，并作用在工作柱塞上，通过活动横梁和上砧对坯料施加压力，进行锻造工作。

**3. 回程**

工作行程结束后，将手柄移到“回程”位置，首先工作缸进液阀关闭，排液阀打开，使工作缸中的高压液体卸压。接着回程缸的进液阀打开，排液阀关闭，泵站来的高压液体进入回程缸和充液阀接力器，强制充液阀打开，高压液体在回程柱塞上的作用力通过小横梁和拉杆，使活动横梁向上移动，实现回程，并迫使工作缸中的液体大量排入充液罐。

**4. 悬空**

将操纵手柄移到“悬空”位置，工作缸排液阀打开，其余各阀都关闭，工作缸通过低压；回程缸中液体被封锁，可使活动横梁停止于行程内的任何位置。

### 10.3.2　液压机的动力装置

液压机常用动力装置有泵直接传动和泵-蓄能器传动两种。为了提高工作液体压力，还采用增压器。

#### 1. 泵直接传动

泵直接传动的液压机的原理如图10.7所示，高压液体直接由泵输送到工作缸和回程缸。工作行程时，泵输出的高压液体经分配阀进入工作缸，回程缸中的液体经分配阀进入液箱；回程时，泵打出的高压液体经分配阀进入回程缸，而工作缸中的液体大部分经充液阀进入充液罐。

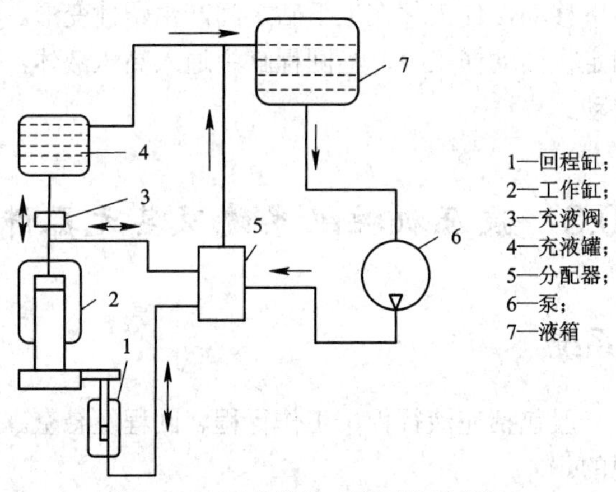


图 10.7　泵直接传动液压机原理图

泵直接驱动这种驱动系统的泵向液压缸提供高压工作液体，配流阀用来改变供液方向，溢流阀用来调节系统的限定压强，同时起安全溢流作用。这种驱动系统环节少，结构简单，压强能按所需的工作力自动增减，减少了电能消耗，但须由液压机的最大工作力和最高工作速度来决定泵及其驱动电机的容量。这种形式的驱动系统多用于中小型液压机，也有用泵直接驱动的大型(如 120 000 kN)自由锻造水压机。

泵直接传动的特点如下：

(1) 液压机活动横梁的行程速度取决于泵的供液量，与工艺过程中的锻件变形阻力无关。或者说泵的供液量为常量，则液压机的工作速度为定值。

(2) 泵的供液压力和所消耗的功率与被加工工件变形阻力有关，工件变形阻力大，泵供液压力和消耗的功率也大，反之则小。

(3) 可以利用活动横梁行程速度恒定和泵供液压力变化的特点，作为操纵分配器的信号，实现液压机自动控制。

(4) 基本投资少，占地面积小，日常维护保养简单。

#### 2. 泵-蓄能器传动

泵-蓄能器传动液压机原理如图 10.8 所示，在这种驱动系统中有一个或一组蓄能器。当泵所供给的高压工作液有余量时，由蓄能器储存；而当供给量不足于需要时，便由蓄能器补充供给。采用这种系统可以按高压工作液的平均用量选用泵和电动机的容量，但因为工作液的压强是恒定的，电能消耗量较大，并且系统环节多，结构比较复杂。这种驱动系统多用于大型液压机，或者用一套驱动系统驱动数台液压机。

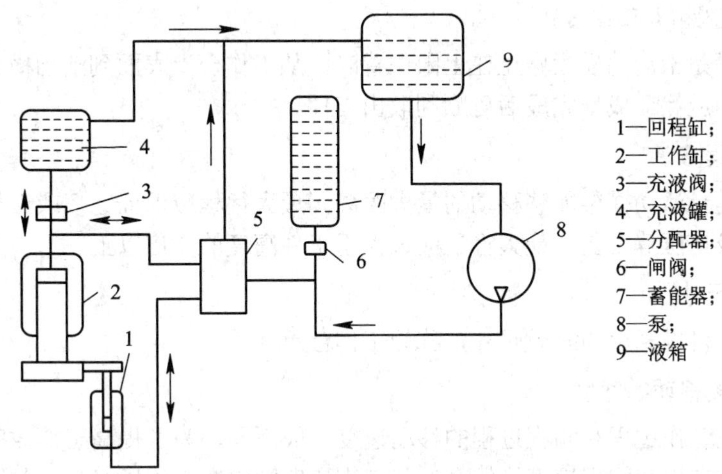


图 10.8　泵-蓄能器传动液压机原理图

工作行程时，泵打出的高压液体和蓄能器储存的高压液体经分配器进入工作缸，回程缸中的液体则经分配器排入液箱，在一定时间内能保证液压机所需的最大供液量。在其他行程中，当液压机所需的高压液体小于泵的供液量，或不要高压液体时，泵打出的多余液体则储存在蓄能器中，起到缓冲储能的作用。此外，蓄能器还能起到稳压和供液较均匀的作用。这样所选的泵的功率可以小一点，利用率大大提高。

泵-蓄能器的特点如下：

(1) 泵和蓄能器的供液压力保持在蓄能器压力波动值范围内。

(2) 能量消耗与液压机行程大小成正比，与工件变形阻力无关。其传动效率低于泵直接传动。

(3) 液压机工作行程的速度取决于工件变形阻力，阻力大，变形慢，反之则快。

泵-蓄能器传动液压机多采用往复式柱塞泵。在泵上设有循环阀、单向阀、安全阀和压力表等，循环阀实现负荷运转和空运转，单向阀用来防止高压液体倒流，安全阀用来保护泵的安全。

## 10.4　液压机主要技术参数、选用及其发展趋势

### 10.4.1　液压机的主要技术参数

#### 1. 标称压力

标称压力是指液压机名义上能够产生的最大压力，它反映了液压机的压制能力，是液压机最主要的参数。

在选用压力机时，必须保证工艺所需的最大压力小于液压机的标称压力，并应留出一定的安全余量(15%～30%)。如果要利用液压机进行冲裁类工艺且设备上未装备缓冲装置时，则应注意最大冲裁力不得超过液压机标称压力的 60%，且加工尽可能靠近上止点处进

行，以防止材料被冲断时产生强烈的振动而损坏设备或者模具。

**2. 最大净空距(开口高度)*H***

最大净空距是指活动横梁停止在上限位置时，从工作台上表面到活动横梁下表面的距离。最大净空距应保证成型完成后可顺利取出工件。

**3. 最大行程 *S***

最大行程是指活动横梁能够移动的最大距离。最大行程应保证毛坯或工件易于取放，对弯曲、拉伸及挤压等工艺，最大行程应该大于工件高度的 2 倍以上。

**4. 工作台尺寸**

工作台面上可以利用的有效尺寸，称为工作台尺寸。

**5. 活动横梁移动的速度**

活动横梁在工作过程和回程过程的移动速度一般不同，为了提高工作效率，减少辅助时间，液压机的空程和回程速度均较高，其工作速度则取决于液压机的工艺用途和种类。

### 10.4.2　液压机的选用

在选用或选购液压机时，应以在该设备上进行的加工工艺为依据，确保其主要技术参数均满足工艺要求，结合使用条件、投资情况及制造厂的情况，并参考国内外现有的同类设备的参数及使用效果，来选取液压机的主要技术参数。

除此之外，液压机还有许多技术参数，如液压系统的定额工作压力、设备总重量、电机总功率、地面以上高度及地下深度、允许最大偏心距等，这些参数在选购液压机时是必须考虑的因素。

### 10.4.3　液压机的发展趋势

随着科学技术的发展，液压机也会得到一定程度革新，具体发展方向有以下特点：

(1) 配有自动上下料装置的液压机或自动生产线将会成为未来液压机的发展方向；

(2) 多工位液压机的需求量将大幅增加；

(3) 快速、高速液压机在批量生产中能成倍地提高效率；

(4) 依托电液比例技术、传感器、电子、计算机、网络等提升液压机的性能；

(5) 环保、节能。

# 第 11 章　曲柄压力机

曲柄压力机是指采用纯机械运动形式的压力机，是最常用的冷冲压设备。其结构简单，使用方便，动作平稳，工作可靠，广泛用于冲压、挤压、模锻和粉末冶金等工艺。

## 11.1　概　　述

### 11.1.1　曲柄压力机的工作原理及基本组成

曲柄压力机是指采用曲柄连杆作为工作机构的压力机。曲柄压力机通过传动系统把电动机的运动和能量，经工作机构使旋转运动转化为往复运动，再经模具使坯料获得确定的变形，制成所需的工件。图 11.1 所示为曲柄压力机运动原理图。电机通过三角皮带将运动传递给大皮带轮，经过小齿轮、大齿轮(飞轮)和离合器带动曲轴旋转，再通过连杆使滑块在机身的导轨中作往复运动。将模具的上模固定在滑块上，下模固定在机身工作台上，压力机便能对放置在上、下模之间的被冲压材料进行加压，依靠模具将其冲制成工件，实现压

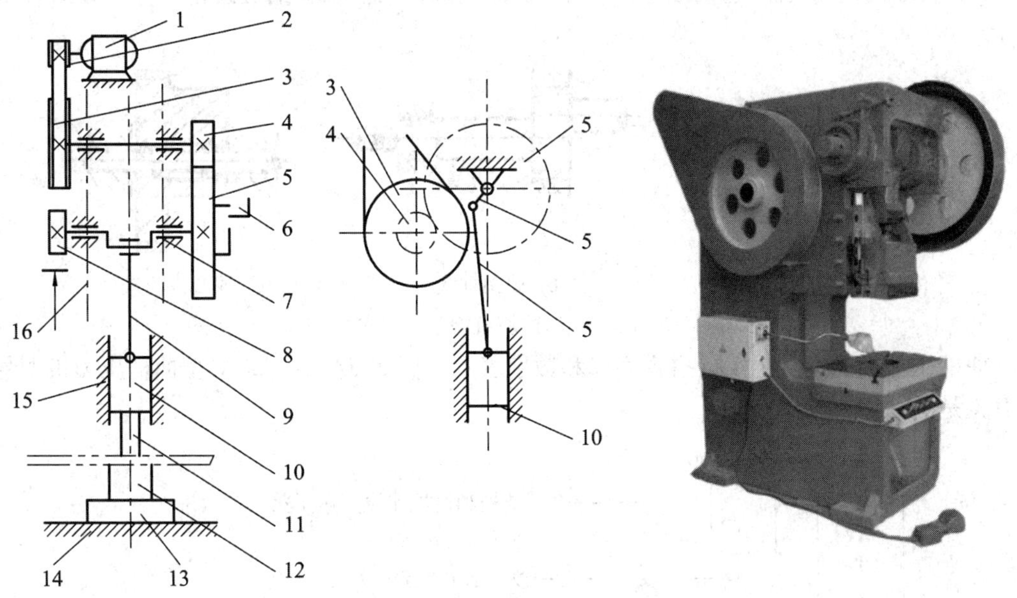


1—电机；2—小皮带轮；3—大皮带轮；4—小齿轮；5—大齿轮；6—离合器；7—曲轴；8—制动器；9—连杆；10—滑块；11—凸模；12—凹模；13—垫板；14—工作台；15—导轨；16—机身

图 11.1　曲柄压力机工作原理及实物图

力加工。由于工艺操作的需要，滑块时而运动，时而停止，压力机则必须安装离合器和制动器。离合器由脚踏板通过操纵机构控制，实现曲柄滑块机构的运动或停止。制动器与离合器密切配合，可在离合器脱开后将曲柄滑块机构停止在一定的位置上(一般是指滑块处于上死点的位置)。压力机在整个工作周期内，有负荷的工作时间很短，大部分时间为无负荷的空程，为了使电机的负荷均匀，有效利用能量，因而装有飞轮，大皮带轮和大齿轮起到飞轮作用，使电机的负荷均匀，并有效地储存和释放能量。

曲柄压力机一般由以下几部分组成：

(1) 工作机构，一般为曲柄滑块机构，由曲轴、连杆和滑块等零件组成。

(2) 传动系统，包括齿轮传动、皮带传动以及减速机构。

(3) 操纵系统，离合器和制动器。

(4) 能源系统，电动机、飞轮等。

(5) 机身，其作用是将压力机的所有部分联结成一个整体。

(6) 附属装置，如润滑系统、保护装置、气垫、平衡缸等。

### 11.1.2　曲柄压力机的分类和型号

(1) 曲柄压力机按工艺分为剪切机、通用压力机、拉延压力机、冷挤压机、热模锻压力机、精压机、平锻机和其他压力机等。

(2) 按机床结构不同，曲柄压力机分为单柱式压力机、双柱开式和双柱闭式压力机。

(3) 按曲柄数不同，曲柄压力机分为单曲柄、双曲柄和四曲柄压力机，分别简称为单点、双点和四点压力机。双点和四点压力机属于宽台面压力机。

(4) 按曲柄机构的不同，曲柄压力机分为曲柄式、曲拐轴和偏心齿轮式等，如图 11.2 所示。

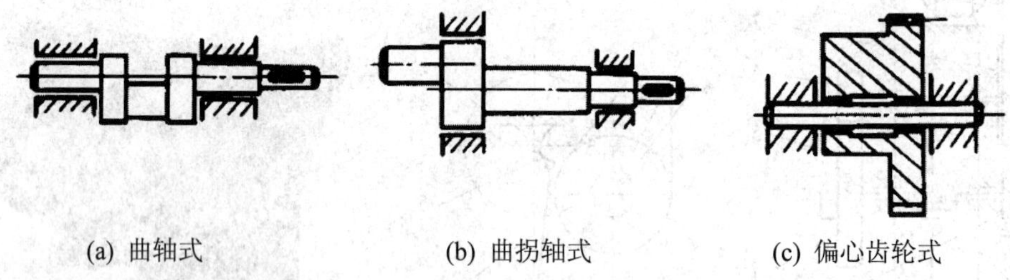

(a) 曲轴式　　(b) 曲拐轴式　　(c) 偏心齿轮式

图 11.2　曲柄滑块机构驱动形式

曲柄压力机的型号用汉语拼音字母和数字表示，例如 JA31-1600A 型曲柄压力机型号的意义是：

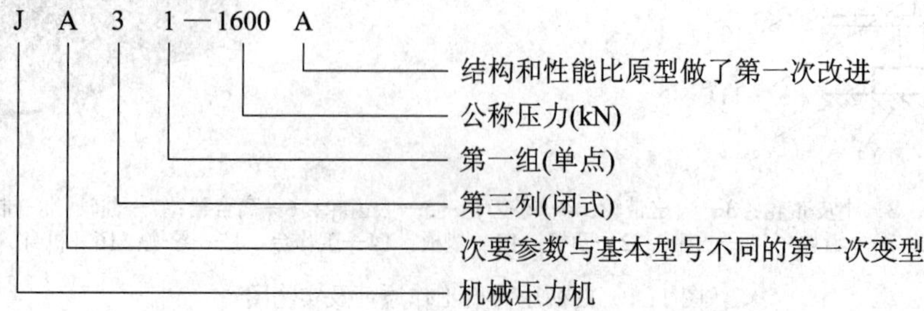

第一个字母 J 表示类别为机械压力机，第二个字母 A 表示变型，用 A、B、C 分别表示第一次、第二次、第三次变型。

类分十列，列分十组，字母后的数字，第一位表示列，第二位表示组，“一”后的数字表示压力机的公称压力 kN。(详见 JB/GQ2003—84。)

### 11.1.3　曲柄压力机的基本参数

曲柄压力机的基本参数表示压力机的工艺性能和应用范围，是选用压力机和设计模具的主要依据。曲柄压力机主要参数如下。

**1. 公称压力(kN)**

曲柄压力机的公称压力是指曲柄旋转至下止点前，某一特定距离或曲柄转角时，滑块允许的最大工作压力，此特定距离称为公称压力行程，特定转角称为公称压力角。我国曲柄压力机的公称压力标准采用 R5 和 R10 系列。R5 系列的公比为 $10^{1/5}$，用于小型压力机；R10 系列的公比为 $10^{1/10}$，用于大型压力机。

**2. 滑块行程 $S$**

滑块行程是指滑块从上止点到下止点所经过的距离，它是曲柄半径或偏心齿轮、偏心轴的偏心距的两倍。它的大小和压力机的工艺用途有很大关系。拉延压力机的行程就比较大，精压机的行程就比较小。

**3. 滑块行程次数**

滑块行程次数指空载时滑块每分钟往复运动的次数。有负荷时，实际滑块行程数小于空载数。对于自动送料曲柄压力机，滑块行程次数越高，生产效率就越高；对于手动操作的曲柄压力机，行程次数不宜太高。

**4. 最大装模高度 $H$ 及装模高度调节量 $\Delta H$**

装模高度是指滑块在下止点时，滑块下表面到工作台垫板上表面的距离。装模高度的最大值称为最大装模高度 $H$，滑块调整到最低位置时得到最小装模高度。封闭高度是指滑块在下止点时，滑块下表面到工作台上表面的距离，它与装模高度之差等于工作台垫板的厚度 $T$。装模高度调节的距离，称为装模高度调节量 $\Delta H$。

## 11.2　曲柄的主要结构

### 11.2.1　曲柄滑块机构

曲柄滑块机构是曲柄压力机的执行机构，如图 11.3 所示，其承载能力及运动规律很大程度决定着曲柄压力机的工作特性。根据曲柄滑块机构的运动简图，可以得到以下运动学关系式。

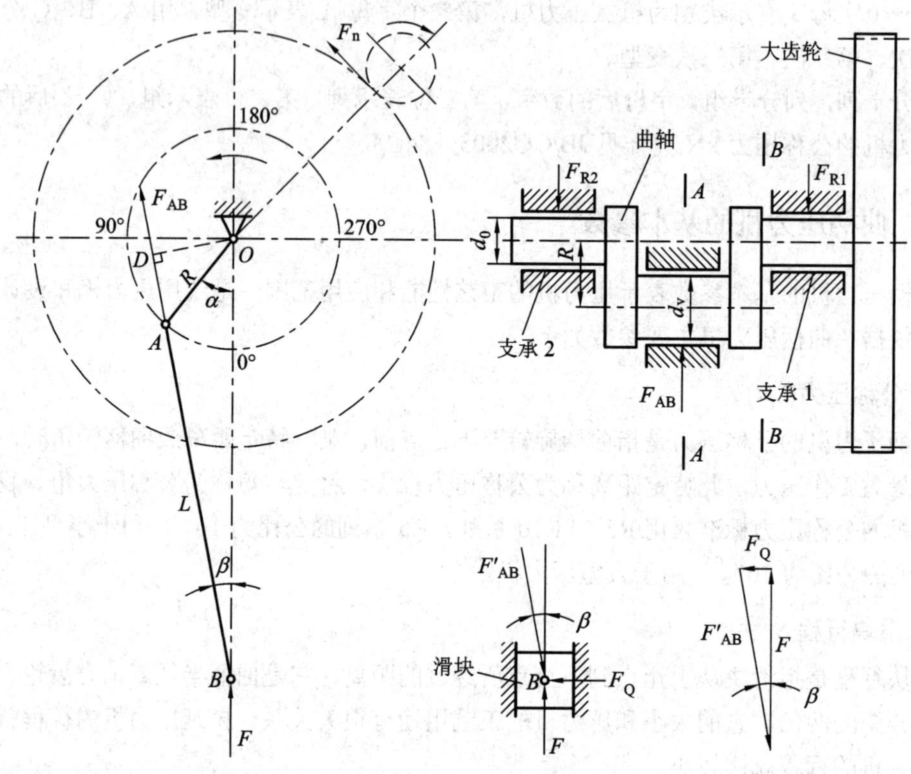


图 11.3　曲柄滑块机构示意图

### 1. 滑块位移与曲柄转角的关系

设曲柄半径为 $R$，连杆的长度为 $L$，滑块速度 $v$ 向下为正，$s$ 为 $B$ 点距下死点的距离，有：

$$s=(R+L)-(R\cos\alpha+L\cos\beta) \tag{11-1}$$

$$\alpha=\pi-\omega t \tag{11-2}$$

令 $\lambda=\dfrac{R}{L}$，则有：

$$s=R[(1-\cos\alpha)+\frac{1}{\lambda}(1-(1-\lambda^2\sin^2\alpha)^{1/2}] \tag{11-3}$$

采用幂级数展开，并取近似得

$$s=R[(1-\cos\alpha)+\frac{\lambda}{4}(1-\cos2\alpha)] \tag{11-4}$$

### 2. 滑块速度与曲柄转角的关系

滑块的速度：

$$v=\frac{-\mathrm{d}s}{\mathrm{d}t}=-\frac{\mathrm{d}s}{\mathrm{d}}\frac{\mathrm{d}\alpha}{\mathrm{d}t}=-\frac{\omega\mathrm{d}s}{\mathrm{d}\alpha}=\omega R[\sin\alpha+\frac{\lambda}{2}\sin2\alpha] \tag{11-5}$$

### 3. 滑块加速度与曲柄转角的关系

加速度(向下为正)

$$a=\frac{\mathrm{d}v}{\mathrm{d}t}=\frac{\mathrm{d}v}{\mathrm{d}\alpha}\frac{\mathrm{d}\alpha}{\mathrm{d}t}=-\frac{\omega\mathrm{d}v}{\mathrm{d}\alpha}=-\omega^2R(\cos\alpha+\lambda\cos2\alpha) \tag{11-6}$$

滑块的运动速度随曲柄转角的位置变化而变化，其加速度也随着作周期性变化。对于结点正置的曲柄滑块机构，当曲柄处于上死点($\alpha=180°$)和下死点($\alpha=0°$)位置时，滑块运动速度为零，加速度最大；当 $\alpha=90°$、$\alpha=270°$ 时，其速度最大，加速度最小。

曲柄滑块机构分为结点正置、结点偏置两种，而结点偏置又分为正偏置和负偏置，如图 11.4 所示。

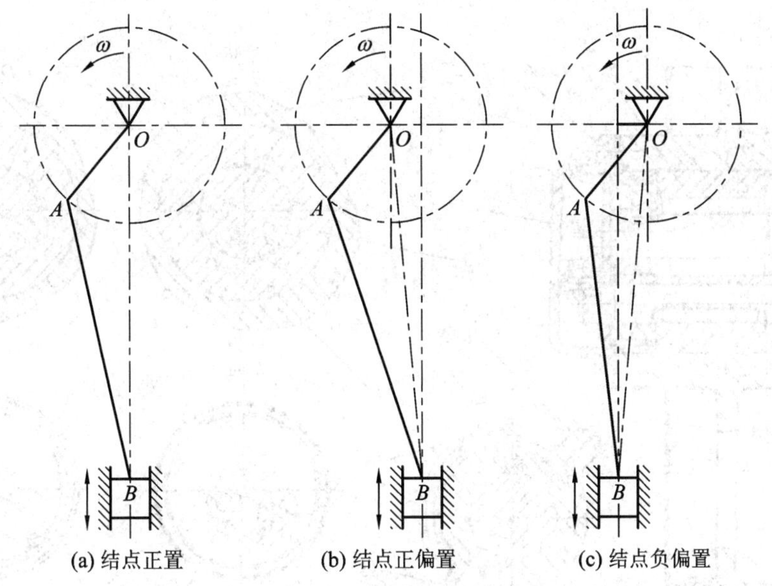


图 11.4　曲柄滑块机构结点布置图

## 11.2.2　离合器和制动器

离合器和制动器是用于电机和飞轮不停地转动情况下，控制压力机曲柄滑块运动或停止的部件，也是防止事故、提高质量和生产效率的主要部件。曲柄压力机中的离合器主要由主动部分、从动部分、连接主动部分和从动部分的连接零件以及操纵机构等四部分组成，分为刚性离合器和柔性离合器两种。刚性离合器是靠连接零件把主动部分和从动部分刚性连接起来。这类离合器根据连接结构分为转键式、滑销式、牙嵌式和滚柱式等几种。转键式离合器应用较为广泛。常见的柔性离合器为摩擦离合器。

### 1. 转键式离合器的结构及工作原理

转键式离合器为刚性离合器的一种，按转键的数目可分为单转键和双转键离合器。图 11.5 所示为双转键离合器。主动部分由大齿轮 1，中套 5 和滑动轴承 2、6 等组成。从动部分由曲轴 4、外套 8(用于固定在曲轴上)等组成。半圆形工作键 12 用来传递扭矩，副键 10

用来防止曲轴超前而使得曲轴反转。中套上有四个半圆槽，曲轴上有两个半圆槽，离合器分离时，工作键和副键的半圆没入曲轴轴颈相应的半圆槽内。此时飞轮在内套及外套上自由旋转，曲轴不动。当需要压力机工作时，踩下脚踏板，挡块转动，离开工作键的尾板 15，工作键在弹簧的作用下旋转一个角度，使得键的半圆伸入中套的半圆槽中，由于连锁作用，副键也同时转动，使得飞轮与曲柄结合，传递运动和能量。当需要离合器脱开时，操纵机构的复位弹簧 14 使得挡块返回原位，工作键的尾板又被挡块挡住而反向旋转一个角度，使工作键和副键半圆部分没入轴颈半圆槽内，离合器脱开，飞轮自由旋转，曲轴在制动器的作用下停止转动。

离合器结合时，转键承受相当大的冲击载荷，因此常用合金结构钢 40Cr、50Cr，碳素工具钢 T7、T10 制造，热处理后的硬度 HRC55。

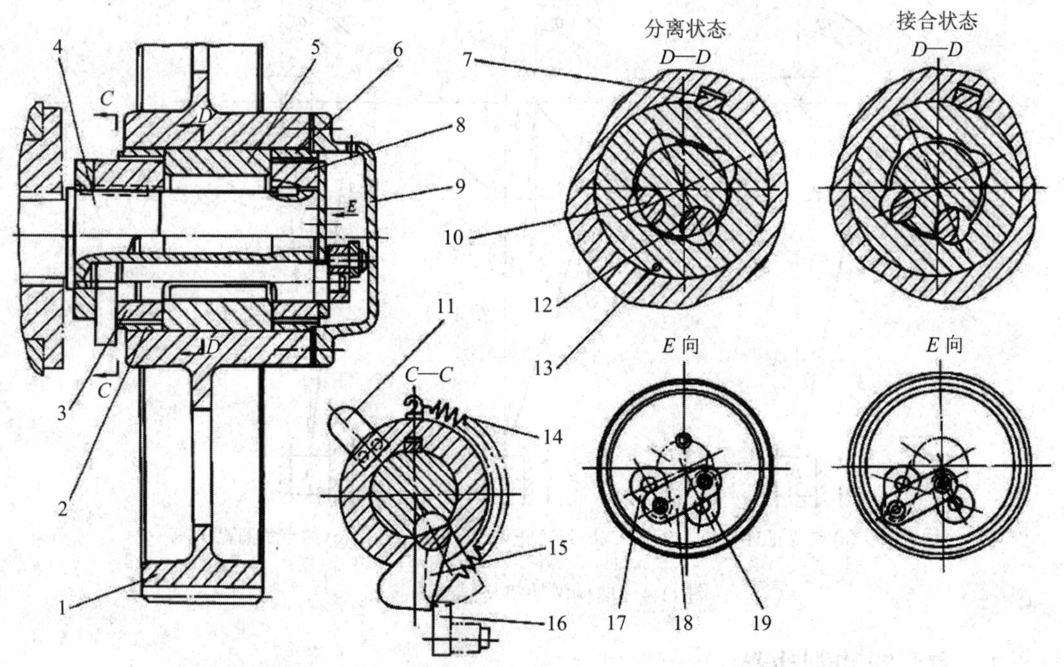


1—大齿轮；2、6—滑动轴承；3—内套；4—曲轴；5—中套；7—平键；8—外套；9—端盖；10—副键；11—凸块；12—工作键；13—润滑；14—复位弹簧；15—尾板；16—关闭器；17—副键柄；18—拉板；19—主键柄

图 11.5　双转键离合器工作原理图

### 2. 滑销式离合器

图 11.6 所示为一种滑销式离合器，主动部分为飞轮 10，从动部分包括曲轴 7、从动盘 9 等，结合件为滑销 5。操纵机构由滑销弹簧 2、闸楔 4 组成。当操纵机构通过拉杆 3 将闸楔向下拉，使之离开滑销侧的斜面槽时，滑销便在滑销弹簧的推动下进入飞轮侧的销槽中，实现飞轮与曲轴的结合。

如果要是离合器脱离，只要让闸楔向上顶住从动盘颈部的外表面，当滑销跟随曲轴旋转至闸楔时，在滑销随曲轴旋转的同时，闸楔便插入滑销侧的斜面槽，通过斜面的作用，将滑销从飞轮侧的销槽中拔出，曲轴与飞轮实现分离。

这种离合器必须有能使曲轴准确停止旋转的制动装置，如果制动慢了，闸楔将超出离合器销返回的范围，且闸楔要承受很大的制动力。制动早了，离合器滑销不能完全被拉回，有碍于旋转部件的旋转，产生振动。滑销式离合器断开时的冲击大，可靠性低于转键式离合器。其优点在于价格低，一般用于行程速度不高的压力机。

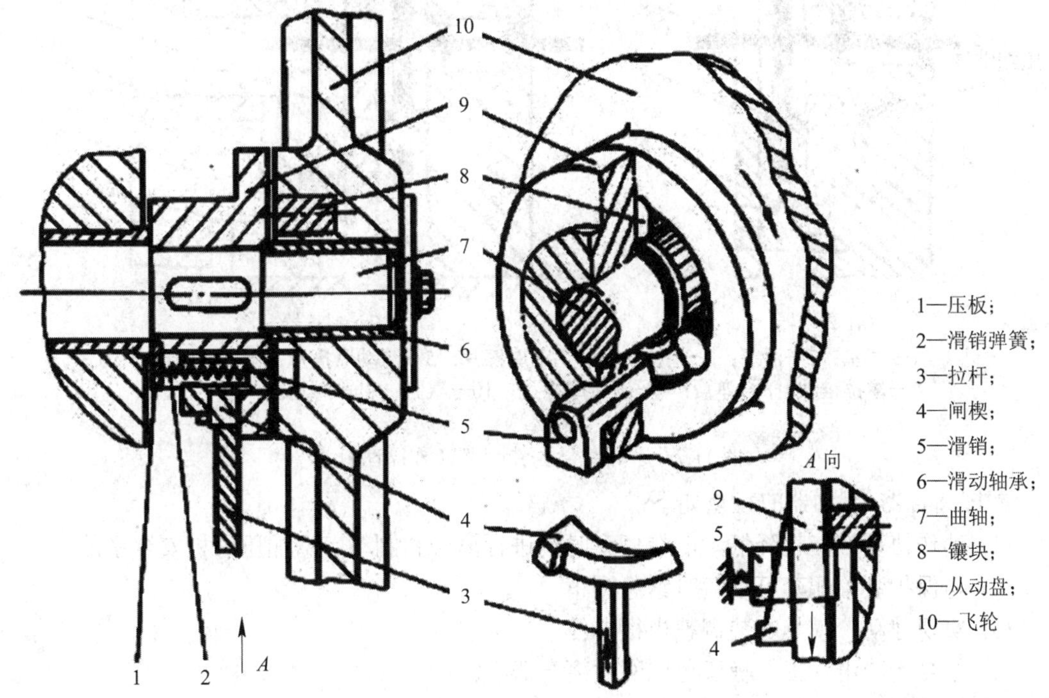


图 11.6　滑销式离合器工作原理图

### 3. 摩擦离合器-制动器

曲柄压力机的摩擦离合器-制动器的结构形式很多，按其工作情况分为干式和湿式两种，干式离合器-制动器的摩擦面暴露在空气中，而湿式浸在油里。按其摩擦面的形状又分为圆盘式、浮动镶块式和圆锥式。常用的为圆盘式离合器-制动器。

图 11.7 所示为圆盘式摩擦离合器-制动器原理图。飞轮、活塞和主动摩擦片为主动部分，只要电机工作，主动部分就不能停止旋转。主轴和从动摩擦片为从动部分。当压缩空气通过飞轮上的孔道进入气室时，推动活塞向右移动，使活塞、从动摩擦片和主动摩擦片彼此压紧，依靠镶块与活塞和主动摩擦片间的摩擦力矩使主轴旋转，即离合器接合。当气室排气时，在弹簧的作用下，三者脱开，即离合器脱开。

制动器的气缸和固定摩擦片是固定在机身上的，不工作时，在弹簧作用下将主动摩擦片、从动摩擦片和固定摩擦片压紧，即处于制动状态。工作时，在离合器进气前，压缩空气先进入气缸的气室中，推动活塞右移，再通过螺栓拉动主动摩擦片右移，使得制动器脱开。因此，离合器和制动器可以很好地协调在一起，即当离合器促使主动部分和从动部分结合时，制动器的摩擦片分离。反之亦然。

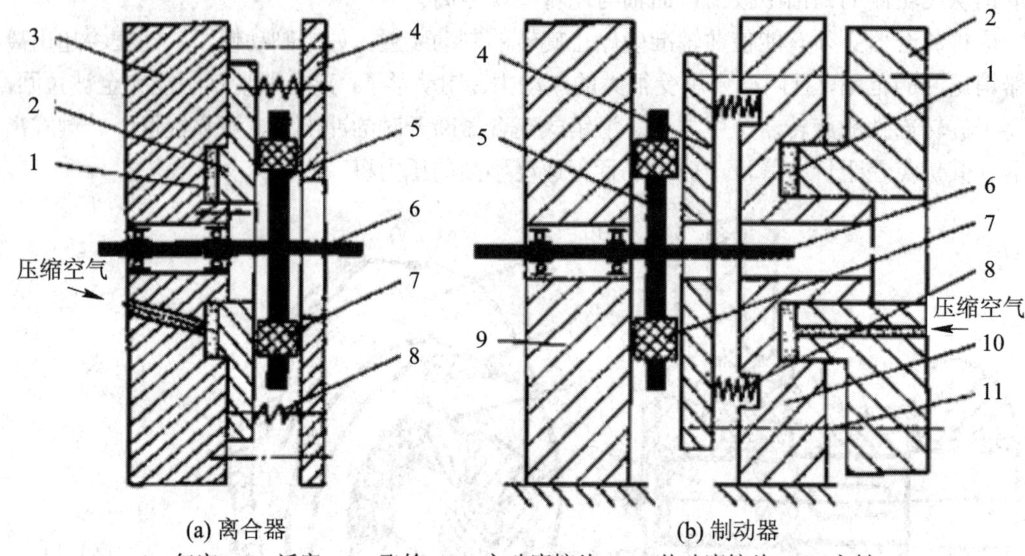


1—气室；2—活塞；3—飞轮；4—主动摩擦片；5—从动摩擦片；6—主轴；7—摩擦镶块；8—弹簧；9—固定摩擦盘；10—气缸；11—螺栓

图 11.7　摩擦离合器-制动器工作原理图

摩擦离合器-制动器的特点如下：

(1) 动作协调，能耗降低，能在任意时刻进行离合和制动，增加压力机安全系数。

(2) 与保护装置配套可以随时紧急刹车。

(3) 实现寸动，模具安装调整也很方便。

(4) 结合无冲击，工作噪音也比刚性离合器小。

(5) 结构复杂，加工和运行维护成本相应提高，需要压缩空气作为动力源。

摩擦离合器-制动器是靠摩擦副的摩擦来传递力矩的，摩擦副的性能和工作能力取决于摩擦片材料的质量和性能。

压力机摩擦离合器和制动器所用摩擦片材料的要求如下：

(1) 有足够的摩擦系数，特别是在一定温度范围内保持摩擦系数的热稳定性。

(2) 摩擦片有较长使用寿命，在一定温度内有较高的耐磨性。

(3) 为了使离合器和制动器在结合或制动时产生的热量能及时散出，摩擦片材料应该有良好导热性能。

(4) 为了保证摩擦面接触良好，摩擦片材料应具有良好的磨合性。

(5) 为了保证摩擦面无咬合和黏结现象，摩擦片材料应该具有良好的抗咬合性。

### 4. 制动器

当滑块需要停止在所需要的位置(滑块行程的上止点或行程中的任意位置)时，离合器脱开，飞轮便与其后的从动部分脱离联系，飞轮自由空转。但由于惯性作用，与飞轮脱离联系的从动部分还会继续运动，引起滑块连冲现象。为了使滑块能够立即停止在所需要的位置，必须设置制动器对从动部分进行制动。离合器和制动器要密切配合和协调工作，才能达到“令行禁止”的效果。

图 11.8 所示为偏心带式制动器，制动轮 6 用键紧在曲轴 5 的一端。制动带 8 包在制动轮的外沿，其内层铆接着摩擦带 7，制动带的两端各铆接在紧边拉板 9 和松边拉板 11 上，紧边拉板与机身铰接，松边拉板用制动弹簧 10 张紧。制动轮与曲轴有一偏心距。因此，当滑块向下运动时，偏心轮对制动带的张紧力逐渐减小，制动力矩也逐渐减小。滑块到下止点时，制动带最松，制动力矩最小。当滑块向上运动时，制动带逐渐拉紧，制动力矩增大，滑块在上止点时，制动带绷得最紧，力矩最大。

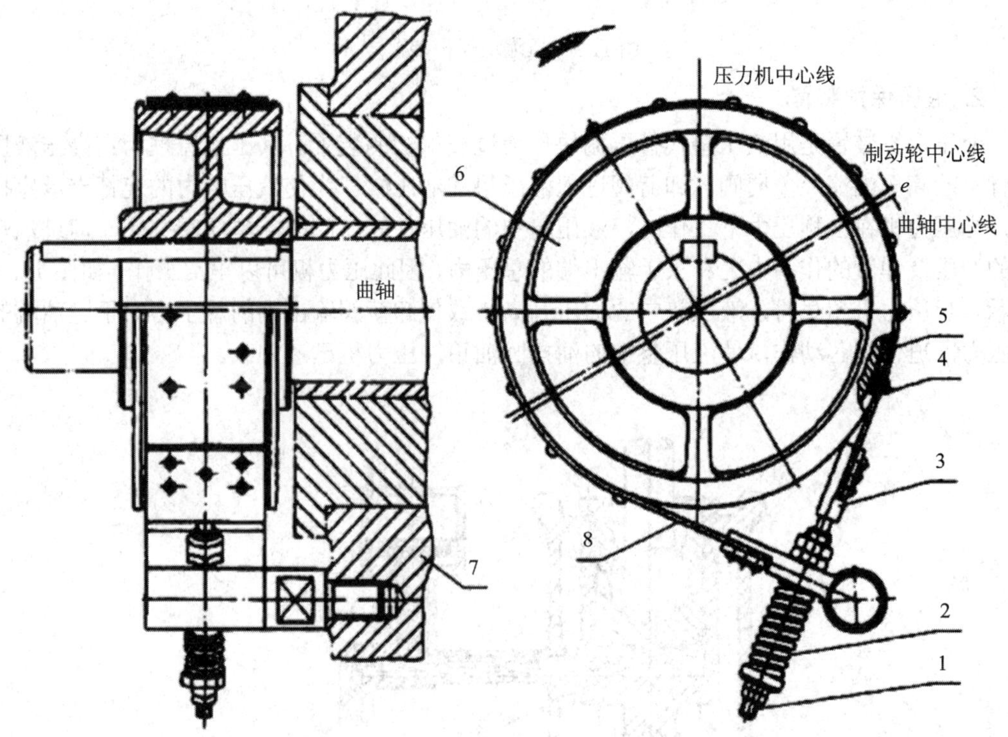


1—调节螺钉；2—锁紧螺母；3—星形把手；5—曲轴；6—制动轮；7—摩擦带；8—制动带；9—紧边拉板；10—制动弹簧；11—松边拉板

图 11.8　偏心带式制动器工作原理图

## 11.2.3　过载保护装置

曲柄压力机的工作负荷超过许用负荷称为过载。引起过载的原因有很多，如压力机选用不当，模具调整不正确，坯料厚度不均匀，两个坯料重叠或杂物落入模腔内等。过载会导致压力机损伤，如连杆螺纹破坏，螺杆弯曲，曲轴弯曲、扭曲或断裂，机身变形或开裂等。为了防止过载，现已开发了各种各样的过载保护装置。一般大型压力机用液压保护装置，中小型压力机用油压或压塌块保护装置。

### 1. 压塌块保护装置

压塌块保护装置通常装在滑块部件中，如图 11.9 所示。压力机工作时，作用在滑块上的工作压力全部通过压塌块传给连杆，一旦发生过载，压塌块首先发生断裂，滑块和连杆运动将分离，从而保护曲柄压力机。压塌块过载保护装置结构简单、制造方便，但仅能用于单点压力机，多点时不能保证各个交接点上的承载均匀，偏载会引起某些压塌块先行剪切断裂，而此时设备总工作压力并未过载。

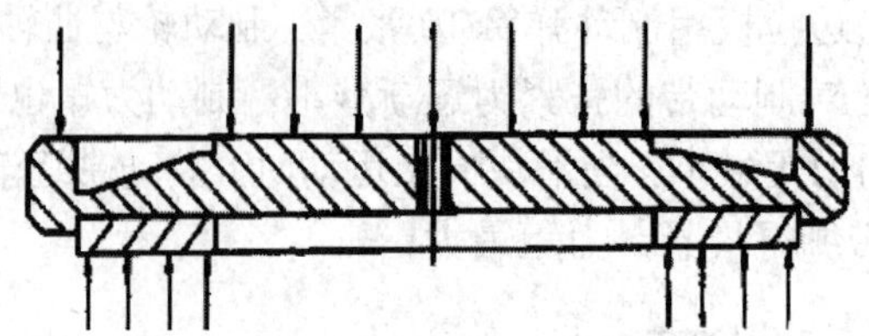

图 11.9　压塌块保护装置

### 2. 液压保护装置

液压保护装置是用液压垫代替压榻块作为过载保护的装置。其工作原理为：高压液压泵打出的高压油流经单向阀、卸荷阀进入液压垫的液压缸。为使液压垫内的连杆支承座抬起，当压力机在公称压力下工作时，液压垫中的油压使卸荷阀中的单向阀关闭，但进油端内的油压及弹簧的作用力之和大于输出端的总压力，因此压力机可以正常工作，如图 11.10 所示。当压力机超载时，液压垫中的油压升高，致使卸荷阀输出端的总压力大于进油端的总压力，迫使阀芯动作，使液压垫中的油排回油箱，压力机迅速卸载。

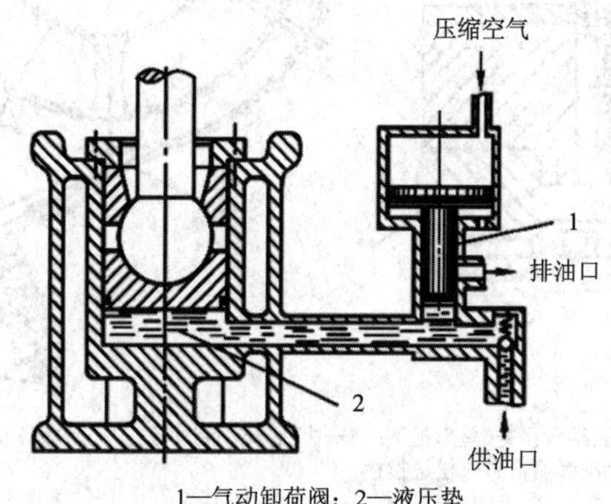


1—气动卸荷阀；2—液压垫

图 11.10　平衡式液压保护装置

当卸荷阀阀芯移动时，阀芯上的斜面螺母触动限位开关，限位开关迫使液压泵电机的电源和离合器的控制线路切断，液压泵停止供油，压力机也紧急停车。待消除过载后，卸荷阀复位，液压泵再次向液压垫供油，压力机随即又可重新工作。溢流阀调整不当或失灵将引起液压泵压力过高或过低，均会影响压力机的正常工作。例如，压力调得过高，则当压力机过载时卸荷阀将打不开，会使压力机有发生破坏的危险。若油源压力调得过低，则压力机工作压力较低就能打开卸荷阀，压力机达不到公称压力。为了避免上述两种情况，设有压力继电器，以便控制过高或过低的油源压力。为了测量压力机工作时所受到的实际压力，该压力机在滑块液压垫管路中接有压力表，如需要了解压力，只需将压力表开关打开，就可从表中得到读数值。在一般情况下压力表开关是关闭的。

### 3. 摩擦保护装置

摩擦保护装置工作原理如摩擦离合器，在正常工作时，主动部分和从动部分依靠摩擦片紧密接合在一起，当曲柄压力机出现过载现象时，摩擦片之间会产生滑动，进而消除危险。当过载现象消除后，则摩擦片因为预压力而又接合，压力机又重新开始工作。

### 11.2.4　拉伸垫

在小型压力机上常用弹簧或橡皮作为压边装置，但在大中型压力机上压制大型零件或拉深零件时常用气垫或液压垫，二者总称为拉伸垫。拉伸垫除了拉伸时用来压边防止起皱外，还可作顶料或构件底部局部成型用。

图 11.11 所示是 JA36-160 压力机的拉伸垫。气缸 5 固定在机身工作台 3 底面上，当气缸下腔进入压缩气体时，活塞 4 和托板 1 向上移动到极限位置，气垫处于工作状态。当压力机滑块向下运动，上模接触到毛坯时，气垫的活塞由于滑块和顶杆的作用，同步向下移动，并以一定的压紧力压紧被冲压零件的边缘，直至滑块到达下死点完成冲压工作为止。当滑块回程时，压缩空气又推动活塞随滑块上升到上极限位置，完成顶件工作。

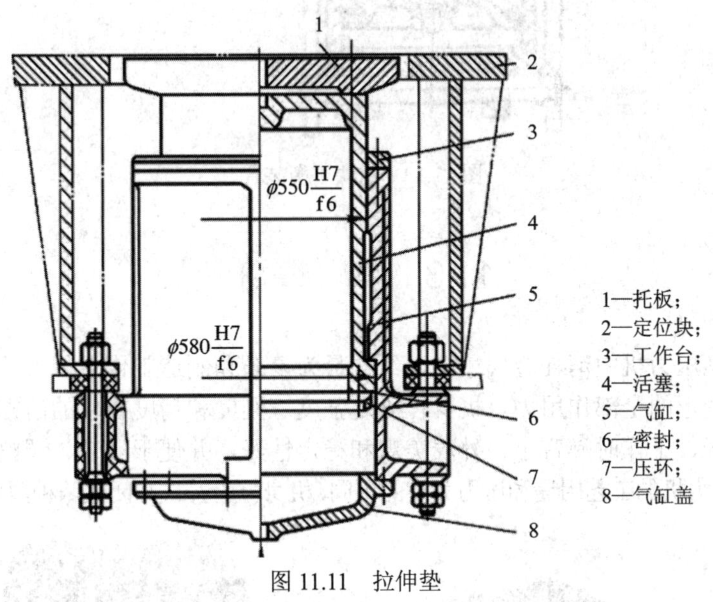


图 11.11　拉伸垫

### 11.2.5　曲柄压力机滑块平衡装置

图 11.12 所示为滑块的平衡装置，由气缸、活塞组成，活塞杆与滑块相连，气缸固定在机身上，气缸的下腔通入压缩气体。滑块上行行程时，压缩气体进入平衡缸气缸下腔；滑块下行程时，压缩空气排出气缸。此时平衡缸内气体还保持一定压力，气缸的压缩气体顶起活塞，托住滑块，从而平衡滑块和上模的重量，避免滑块下行程超速。

因此，曲柄压力机滑块平衡装置主要有以下作用：

(1) 防止当滑块经过上止点而向下运动时，因自重而迅速下降，使得传动系统中的齿轮反向受力而造成撞击和噪音；

(2) 消除连杆和滑块之间的间隙，减少受力零件的冲击和磨损，且有利于润滑；

(3) 降低装模高度调节机构的功率消耗；

(4) 防止制动器失灵或者连杆断裂，滑块坠落而产生事故。

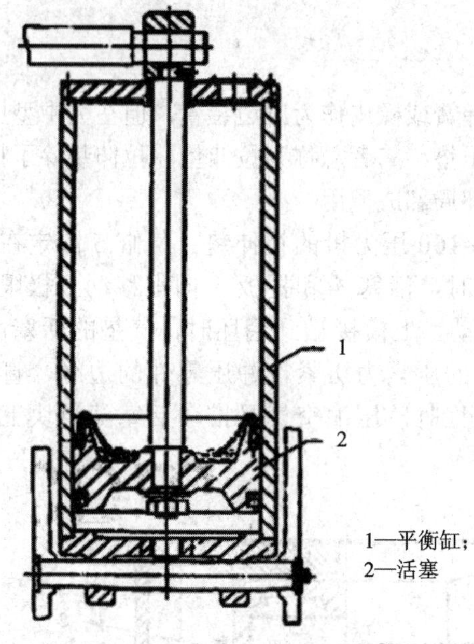


图 11.12　滑块平衡装置

## 11.3　机　　身

机身是曲柄压力机中消耗金属最多，结构最为复杂和制造工作量最大的部件，工作时机身承受工件变形的全部作用力。机身在满足强度、刚度和精度要求的前提下，应力求结构简单、重量轻、工作时噪音小、外表美观和稳定性好，并便于安装、调整和维修等。

根据曲柄压力机的工艺用途和压力大小的不同，机身分为开式和闭式两种，如图 11.13 所示。

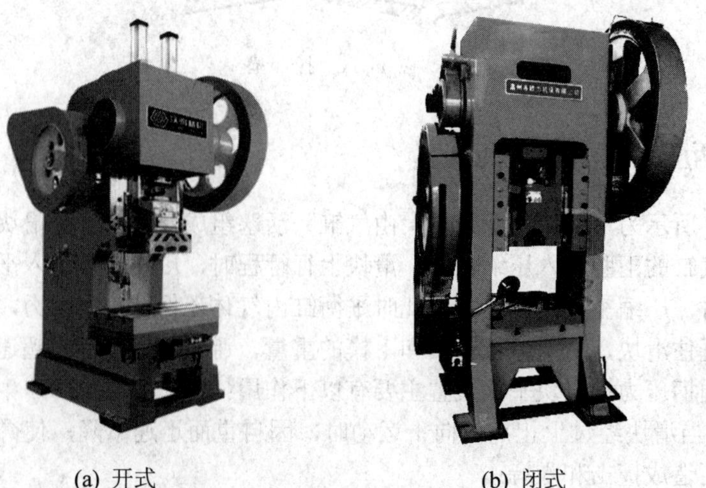

(a) 开式　　(b) 闭式

图 11.13　开式和闭式曲柄压力机

### 11.3.1 开式机身

开式机身呈C形，前、左和右三面敞开，结构简单、操作方便，易于实现自动化。为了工作方便，机身可以做成可倾斜式的。机身刚性较差，影响制件精度和模具寿命，仅适用于 40 kN～4000 kN 的中小型压力机。

开式机身常见的类型有双柱可倾式、单柱固定台式和单柱活动台式，如图 11.14 所示。双柱可倾式机身有利于冲压工作的机械化与自动化；单柱固定台式机身承载能力相对较大，一般用于公称压力较大的压力机；单柱活动台式机身可以在较大范围内改变压力机的装模高度，运用工艺范围较广，但其承载能力相对较小。

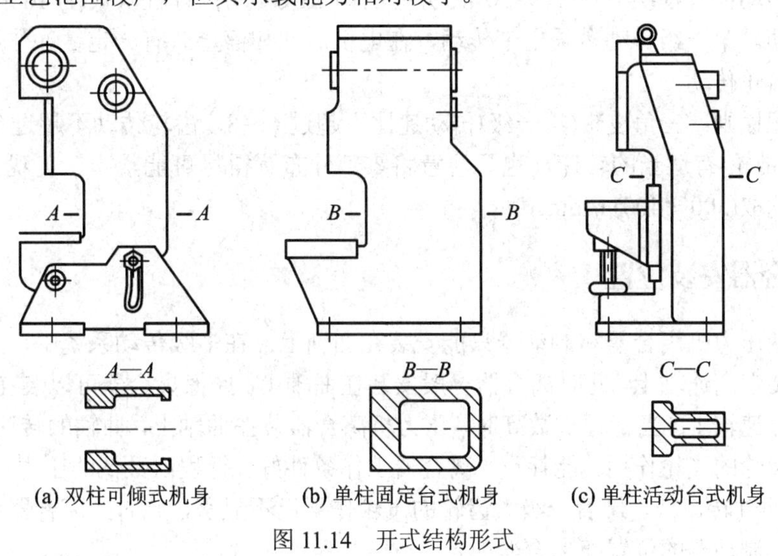

(a) 双柱可倾式机身　(b) 单柱固定台式机身　(c) 单柱活动台式机身

图 11.14 开式结构形式

### 11.3.2 闭式机身

闭式机身呈框架形，机身前后敞开，刚性好，精度高，工作台面尺寸较大，适用于压制大型零件，公称工作压力多为 1600 kN～60000 kN。冷挤压、热模锻和双动拉深等重型压力机使用闭式机身。

## 11.4 曲柄压力机传动系统

### 11.4.1 传动系统的布置方式

根据传动系统的布置方式，曲柄压力机分为上传动压力机和下传动压力机。上传动压力机是传动系统设置在滑块的上方，即设置在机身上部的压力机。目前市场上大多数压力机属于这一种。下传动压力机的传动系统设置在工作台以下，设备的重心低，运动平稳，如高速压力机、长行程压力机等，滑块高度和导轨长度的空间大，滑块运动精度高，模具寿命长，工件质量好。但是这类压力机检修不方便，放置传动部件的地坑深，地基庞大，总体造价较高。

主轴和传动轴的放置方向，可以垂直于操作方向，也可以平行于操作方向。大齿轮可以安装在机身之外，这种方式方便维修，但工作条件差且不美观。大齿轮安装于机身内部，维修不方便，但是工作条件好，齿轮可以浸入油槽内，噪音小，传动效率高。

### 11.4.2　传动级数和速比分配

传动级数与电机转速和滑块行程次数有关。行程次数低，总传动速比就大，传动级数就大。反之，行程次数高，总传动速比就小，传动级数就小。曲柄压力机传动系统的级数一般不会超过四级。行程次数在 70 次/分钟以上时用单级传动；行程次数在(30～70)次/分钟的用两级传动；行程次数在(10～30)次/分钟的用三级传动；行程次数在 10 次/分钟以下的用四级传动。第一级传动多采用带传动，在电机启动和停止时有一定缓冲作用，第二级以后多采用齿轮传动。

速比分配原则：三角皮带(第一级)传动速比不超过 6～8，齿轮传动不超过 7～9，要保证飞轮(大皮带轮)有适当的转速，也要注意将零部件布置得尽可能紧凑、美观。通用压力机飞轮的转速取(300～400) r/min。

### 11.4.3　离合器安装位置

单级曲柄压力机离合器和制动器只能安装在曲轴上。在多级传动系统中，采用的刚性离合器不宜装在高速轴上，此时离合器一般安装在曲轴上。摩擦离合器可以装在高速轴上，也可以装在低速轴上。当行程次数高时，压力机离合器装在曲轴上，曲轴的转速并不太低，可以利用大齿轮的飞轮作用，能耗小，离合器工作条件好。行程次数低的压力机(大中型压力机)，由于曲轴转速低，最后一级大齿轮的飞轮作用已不显著，此时的离合器可以放在较高速度轴上，制动器的位置随离合器而定。

# 第三篇　热处理设备

热处理是提高材料性能，挖掘材料内部潜力，使零部件质量和寿命大大增加的一种十分重要的工艺。热处理工艺的实现要通过相应的设备来保证。近年来，随着对产品质量要求的不断提高，对热处理设备也提出了更高的要求。由于现代技术的发展，先进的热处理设备不断涌现，这些设备不仅能保证产品质量，还能节约能源、高效安全和机械化操作。本篇主要介绍热处理电阻炉、热处理浴炉及流态粒子炉、真空与等离子热处理炉、可控气氛热处理炉、热处理冷却设备和热处理辅助设备的基本原理、特点、操作方法及适用工艺等。

# 第12章　热处理设备概述

热处理设备种类繁多，依据它们在热处理生产过程中所完成的任务，分为主要设备和辅助设备两大类。随着产量增加、质量提高和劳动条件的改善，以及推行流水生产和自动化生产，热处理也由单一设备组合成许多综合的热处理自动线，又称生产线。

热处理主要设备包括加热设备和冷却设备，是完成热处理生产主要工序所用的设备。这类设备对热处理效果和产品质量起决定性作用，其中又以加热设备为主(如加热炉和其他加热装置)；热处理辅助设备包括清洗设备、校正设备、可控气氛制造设备、起重运输设备和其他工夹具等，是完成各种辅助工序或主要工序中的辅助动作所用的设备和各种工夹具等。

## 12.1　热处理设备分类及基本特性

### 12.1.1　特征分类

为了便于比较，通常把热处理炉和加热装置，按其特征分为下列几类：

(1) 按热量来源分为：电阻炉、燃料炉和表面加热装置。其中电阻炉又分为箱式炉、井式炉；燃料炉又分为固体燃料炉、液体燃料炉和气体燃料炉；表面加热装置又分为感应加热装置、火焰加热装置、激光加热装置和等离子束加热装置等。

(2) 按加热温度分为：低温炉(≤650℃)、中温炉(650℃～1000℃)、高温炉(＞1000℃)。

(3) 按炉膛介质分为：空气炉、真空炉、可控气氛炉、浴炉和流态化粒子炉等。

(4) 按作业规程分为：周期式炉和连续式炉。

(5) 按电源频率分为：工频加热装置、中频加热装置和高频加热装置等。

(6) 按生产用途分为：退火炉、淬火炉、回火炉、渗碳炉、氮化炉和感应加热装置等。

### 12.1.2　热处理炉的主要特性

热处理炉的种类很多，但其基本组成和特性是由几个重要组成部分和特性参数所限定的。

**1. 温度**

炉子温度决定了炉子的传热特性。由于热辐射与温度的四次方成正比，所以高温炉的结构应设计成辐射传热性，其主要特征是电热元件应该能够直接辐射加热工件。低温炉主要依靠对流传热，其炉子结构应有强烈的气流循环。

**2. 热源**

电加热的热处理炉，因电热元件容易在炉内安装和控制，所以有较高的温度、均匀度和精度。煤气和油加热的热处理炉直接利用能源，比电热炉有更高的能源利用率。煤气加热炉和油加热炉也能实现计算机控制，炉子温度控制精度也可以满足热处理工艺要求。燃煤加热的热处理炉控温精度低，热效率低，$CO_2$ 排放量大，所以其应用受到限制，仅用于技术要求不严格的生产。

**3. 炉膛结构与炉衬材料**

炉膛是热处理炉的主体，是炉衬包围的空间。对它们的基本要求是：在炉膛内形成均匀的温度场，对被加热件有较高的传热效果较少的积蓄热和散热量。炉衬材料和结构向轻质化、纤维化、复合结构、预制结构、不定型材料浇注以及喷涂增强辐射涂料的方向发展。

**4. 燃烧装置和电热元件**

燃烧装置和电热元件是炉子的主要部件。对燃烧装置的基本要求是：使燃料充分燃烧，达到所需的温度和所需的气氛状态，形成高辐射和强对流的火焰，满足热处理工件要求，有较高的热效率和较轻的环境污染。燃烧装置的种类很多，目前发展较好的有高热效率的储热式烧嘴、燃烧器、辐射管和计算机控制燃烧。热处理炉所用的电热元件主要是电阻丝(或带)制成的元件或辐射管。在低温浴炉中多用管状加热元件，在可控气氛炉中多数用辐射管，在高温炉中主要用碳化硅、二硅化钼、镧铬钴氧化物质和石墨质电热元件。电热元件、燃烧装置的合理布置以及控制火焰流向或热风循环是提高炉子温度均匀度和热效率最重要的手段。

**5. 炉气氛**

实现热处理保护加热和气氛控制是我国热处理长期的战略任务。热处理炉气氛状态有以下几类。

(1) 空气气氛，是一种结构最简单的炉型。工件在该炉内高于 560℃以上加热时会氧化脱碳。

(2) 火焰气氛，是燃料炉燃烧产物气氛。燃烧产物的成分主要是 $CO_2$、$H_2$ 和 $N_2$。还可能有过剩的 $O_2$ 和未完全燃烧的 CO。火焰气氛的性质主要是氧化性，只有当 CO 量较多时才呈弱氧化性或弱还原性。

(3) 可控气氛，是人们特意加入特殊气体或者产生特殊气体的材料于炉内，得到特定性质的气氛，主要是控制碳势、氮势或气氛还原性。按可控气氛的性质分类主要有以下几种。

① 中性气氛，主要是 $N_2$，在 $N_2$ 基础上附加其他成分，形成氮基气氛，其性质随附加剂的性质而变化。

② 还原性气氛，主要是 $H_2$，$H_2$ 密度小、黏度低、热导率高、还原性强，因此它有热容量小、流动状态好、温度均匀的优点。

③ 含碳气氛，由碳氢化合物裂化或不完全燃烧而成，有吸热式和放热式两大类，此气氛可在热处理炉外或炉内生成。

④ 浴态介质，常用的浴态介质有盐浴、铅浴和油浴。其性质是中性，有时在中性盐浴基础上加其他物质，形成具有相应物质特性的盐浴，如含碳、含氮和含硼等盐浴。

⑤ 真空状态，低于 101.325 kPa 的稀薄气体状态均称为真空态。在高真空状态下热处理有提高产品质量和保护环境的双重作用，是热处理设备发展的主要方向之一。

#### 6. 作业方式

热处理设备按作业方式分为间歇式作业炉和连续式作业炉两大类。

间歇式作业炉一般为单一炉膛结构，工件成批装出料，在炉内固定位置上周期地完成一个工序的操作。简单型的间歇式作业炉有空气介质的箱式炉、井式炉等，其结构简单，但生产的产品的稳定性、再现性、同一性都很差。近代，在间歇式简单炉型基础上，配置了传动机械、可控气氛、计算机控制等装置，使炉子的特性发生了质的变化。如密封式箱式炉，它可完成高质量的淬火、渗碳等功能，还可与清洗、回火等设备组成柔性生产线。真空间歇式炉还被发展成在一个炉膛工位上完成加热、冷却、回火等一个完整的热处理操作程序的生产模式。

连续式作业炉的炉膛为贯通式，多为直线贯通，亦有环形贯通，其操作程序就是工件通过炉膛的顺序，热处理工艺规程是沿炉膛长度方向设置的，运行长度则对应工艺时间。因此，每一个工件(或料盘)在炉内运行过程中都同样准确地执行同一个工艺程序，可获得同一性的品质。

#### 7. 工件在炉内的传热机械

热处理炉的机械化状态是炉子先进程度的重要标志之一，各种形式的输送机械几乎都被应用于热处理炉。选择炉内工件传送机械应考虑：① 该机械是否与热处理件的形状、尺寸或料盘相适应；② 采用连续式还是脉动式传送；③ 工件与机械相对运动状态是相对静止还是相对运动的；④ 工件支持点(或面)的接触状态；⑤ 该机械与上下工序机械的衔接方式；⑥ 该机械(包括料盘)是一直停留在炉内，还是反复进出炉，周期性地被加热和冷却；⑦ 传动机械的可靠性和使用寿命；⑧ 调整工艺的灵活性。这些因素对提高产品质量和节能都有重大的影响。

#### 8. 控制方式

热护理炉的控制包括控制范围、控制方法和控制装置。控制范围包括对温度、压力、流量及气氛等工艺参数控制，传动机械控制，工艺过程控制和预测产品质量控制。由于计算机控制技术的应用，控制方法和控制装置正进入一个新时代，从单纯的参数控制，向用可编程控制器控制生产过程和计算机模拟仿真的方向发展。

### 12.1.3 热处理炉的编号

我国国标 GB10057.4—1998“电热设备基本技术条件，间接电阻炉”，对热处理炉进行了分类和编号，如表 12.1 所示。

表 12.1　热处理炉的编号

| 类别代号 | 类别名称 | 类别代号 | 类别名称 | 类别代号 | 类别名称 |
|---|---|---|---|---|---|
| RB | 罩式炉 | RL | 流态粒子炉 | RZ | 振低式炉 |
| RC | 传送带式炉 | RM | 多用炉 | ZC | 真空淬火炉 |
| RD | 电供炉 | RN | 气体渗碳炉 | ZR | 真空热处理和钎焊炉 |
| RF | 强迫对流井式炉 | RQ | 井式气体渗碳炉 | SG | 实验用坩埚炉 |
| RG | 滚筒炉 | RT | 台车式炉 | SK | 实验用管式炉 |
| RJ | 自然对流井式炉 | RX | 箱式炉 | SX | 实验用箱式炉 |
| RK | 坑式炉 | RY | 电浴炉 | SY | 实验用油浴炉 |

## 12.2　对热处理设备的要求

热处理的过程包括加热、保温和冷却等工序，对热处理设备的选择或设计有下列要求。

(1) 要增强炉内传热，提高炉温均匀性。

热处理炉内的传热与炉温的均匀性有关，增强炉内传热，有利于炉子均温。目前，低温炉和中温炉都设置循环风扇，有利于炉内传热的增强。同时，均温加热对热处理产品的质量极为重要，国外对此异常重视，并提出相应的均温规定或级别。

(2) 要提高热处理炉的密封性。

为了提高原材料、铸件、锻件和成品件的质量，减少金属的氧化脱碳，降低金属的烧损，采用可控气氛加热日益增多，因此，要提高热处理炉的密封性。炉子密封性好，一方面可以减少热损失，提高热效率，降低环境污染，改善劳动条件等，另一方面能保证炉气稳定，为无氧化加热和钢的化学热处理创造有利条件。

(3) 要结构简单，方便实用。

在选择或设计热处理设备时，要尽量简化结构，并具有较高的强度。热处理设备多数在高温下工作并承担一定载荷，因此，要保证运行安全，方便维修，价格低廉等。

(4) 要节约能源，提高热效率。

热处理设备是制造行业中的耗能大户，除采用密封性好的结构设计外，要采用轻质耐火材料和各种陶瓷耐火纤维作炉衬，减少蓄热性大的构件，也可选用节能的工艺方法，如表面淬火工艺等，来提高热处理炉的热效率，降低能源消耗。

(5) 要多采用新技术、新设备。

近几年来，国内外围绕提高产量、改进质量、节约能源、降低污染、改善劳动条件等方面研究了许多新材料、新技术，对老的热处理设备进行技术改造，研制和生产出多种类型的节能高效热处理设备，使热处理设备的机械化、自动化(包括检测和计算机控制与管理)程度得到提高。此外，可控气氛、真空设备以及高能密度热处理技术的研究与应用，为热处理设备增添了新内容。

# 第 13 章　筑 炉 材 料

热处理设备常用的材料，包括构筑炉墙的耐火材料、保温材料以及炉壳用金属材料。耐火材料及保温材料是构筑热处理炉的主要材料，其选用不仅关系着热处理炉能否满足热处理工艺的要求，而且影响到炉子的寿命和热效率。本章着重介绍耐火材料和保温材料的性能及类型，以便合理地选用。

## 13.1　耐 火 材 料

一般热处理炉的炉衬基本上由耐火层、保温层组成。炉子耐火层直接承受炉内高温并应具有一定机械强度，能够抵抗炉内介质或熔渣的破坏作用，以便保持炉膛形状和尺寸。因此，将能够抵抗高温并承受在高温下所产生的物理、化学作用的材料，统称为耐火材料。

根据热处理炉的工作条件，对耐火材料的要求如下：

(1) 能承受高温。在高温下不软化、不熔化。

(2) 一定的高温结构强度。在高温下能承受热处理零件及施火材料自身的荷重，能经受一定的碰撞而不变形、不剥落。

(3) 耐急冷急热性好。在高温下遇冷空气或冷工件不破裂。

(4) 高温化学稳定性良好。不被金属炉气、熔盐或其他介质侵蚀。

(5) 在保证以上要求的基础上，要求导热系数小、热容量小，以减少炉子的热损失。

### 13.1.1　耐火材料的技术性能指标

#### 1. 体积密度

体积密度是包括全部气孔(开口气孔、闭口气孔、连通气孔)在内，单位体积耐火材料的质量($g/cm^3$ 或 $kg/cm^3$)。

#### 2. 耐火度

耐火度是指耐火材料无荷重时软化到一定程度时的温度，表示耐火材料抵抗高温作用的性能。

按耐火度的不同，可将耐火材料分为以下几种：

(1) 普通耐火材料：耐火度为1580℃～1770℃；

(2) 高级耐火材料：耐火度为1770℃～2000℃；

(3) 特级耐火材料：耐火度为2000℃以上。

耐火材料的耐火度主要决定于耐火材料的化学成分和材料中的易熔杂质，如 FeO 和 $Na_2O$ 等的含量。耐火材料一般为多相混合物，无固定熔点，因而耐火度不是熔点，也不是实际使用温度。

耐火度是选用耐火材料的主要依据之一。

#### 3. 高温结构强度

高温结构强度是指耐火材料在高温下抵抗压缩变形的能力，常用荷重软化点来评价。将耐火材料试样在 $1.98\times10^5$ Pa 压缩载荷下，按一定速度升温，记录温度及变形量。压缩变形量为0.6%时的温度称为荷重软化开始点；试样压缩变形量为4%或40%时的温度，分别称为荷重软化4%或40%软化点。

耐火材料的高温结构强度主要决定于其化学成分和体积密度。耐火材料使用温度必须低于其荷重软化点。

#### 4. 高温化学稳定性

高温化学稳定性是指耐火材料在高温下抵抗熔渣、熔盐、金属氧化物及炉内气氛等的化学作用和物理作用的性能。

高温化学性能取决于耐火材料的化学性质及其物理结构，并随体积密度的增大而增大。

#### 5. 热震稳定性

热震稳定性是指对于急冷急热的温度反复变化，耐火材料抵抗破坏和剥落的能力。测定方法是将试样加热至850℃，然后在流动的冷却水中冷却；反复加热冷却直至试样破碎或剥落至其质量损失20%时止，其所经历的加热(冷却)次数作为耐火制品的热震稳定性指标。

轻质耐火制品热震稳定性的测定，是将标准砖加热至1000℃，在静止空气中冷却，反复进行，直至砖体的质量损失20%的加热(冷却)次数，作为热震稳定性指标。

热震稳定性与制品的物理性能、形状和大小等因素有关。

#### 6. 高温体积稳定性

高温体积稳定性是指耐火材料在高温下长期使用时，化学成分发生变化，产生再结晶和进一步烧结现象，所产生的不可逆残余收缩或膨胀。通常用热膨胀系数和重烧线收缩来表示。一般要求耐火制品的体积变化不得超过0.5%～1%。

### 13.1.2 热处理炉常用的耐火材料

热处理炉常用的耐火材料有黏土砖、高铝砖、轻质耐火黏土砖、硅酸铝耐火纤维、耐火混凝土及各种耐火纤维等，如表13.1所示。

表 13.1　热处理炉常用耐火材料

| 名称 | 主要成分 | 耐火度/℃ | 荷重软化开始点/℃ | 常温耐压强度/MPa | 体积密度/(g/cm³) | 比热/[J/(kg·℃)] | 导热系数/[W/(m·℃)] | 最高使用温度/℃ |
|---|---|---|---|---|---|---|---|---|
| 耐火黏土砖 | $Al_2O_3$：30%～48%<br>$SiO_2$：50%～60% | > 1610 | 1250 | > 12.25 | 2.1～2.2 | 877.8 + 0.229 t | 0.84 + 0.00046 t | 1200 |
| 高铝砖 | $Al_2O_3$ > 48% | > 1750 | 1420 | 39.2 | 2.3～2.75 | 919.6 + 0.25 t | 2.09 + 0.00186 t | 1400 |
| 轻质黏土砖 | — | — | — | — | 0.4～1.3 | 836 + 0.263 t | — | 1150 |
| 轻质高铝砖 | — | — | — | — | 0.4～1.0 | 919.6 + 0.25 t | — | 1350 |
| 刚玉砖 | $Al_2O_3$ > 95% | 1950 | 1770 | 137.2 | 2.96～3.1 | 1003.2 | 3.248(1000℃) | 1700 |
| 碳化硅 | SiC ≈ 87%<br>$SiO_2$ = 10% | 1800 | 1620 | 68.6 | 2.4 | 919.4 + 0.146 t | 20.88 + 0.001 t | 1450 |
| 硅酸铝耐火纤维 | $Al_2O_3$：48%～56%<br>$SiO_2$：40%～48% | 1750～1790 | — | — | 0.04～0.12 | — | 1000 | — |

### 1. 黏土砖

黏土砖的主要成分是：30%～48%$Al_2O_3$，50%～60%$SiO_2$，其余为各种金属氧化物。黏土砖呈弱酸性，荷重软化点为1350℃，耐急冷急热性好，原料来源广泛，是最常用的耐火材料。

黏土砖可用于砌筑炉顶、炉底、炉墙及燃烧室等。

### 2. 高铝砖

高铝砖是$Al_2O_3$含量大于48%以上的耐火制品，其余成分为少量$SiO_2$和其他氧化物杂质。高铝砖由高铝矾土、硅线石、天然或人造刚玉、工业氧化铝等经配料、混合、成型等工序，最后经高温焙烧而成。

高铝砖具有耐火度高、高温结构强度较好和化学稳定性好等优点，其缺点是热稳定性较低，重烧收缩较大，价格昂贵。高铝砖多用于高温热处理炉及电阻丝或电阻带的搁砖、热电偶导管、马沸炉的炉芯等。

### 3. 轻质耐火黏土砖与超轻质耐火黏土砖

轻质耐火黏土砖是指各种质量轻、密度小、气孔率高、热导率低的耐火砖，一般是黏土砖，也有高铝砖。其成分与一般黏土砖和高铝砖相同，但因制造方法不同，其气孔率很高，体积密度很小，轻质黏土砖密度为(0.4～1.3)g/cm$^3$，超轻质黏土砖密度可小于(0.3～0.4)g/cm$^3$，因此保温性好(传热损失小)、热容量小(炉子的储热损失小)。但是，高温强度低、高温化学稳定性差。在高温结构强度和耐火度满足要求的情况下，应尽量选用轻质黏土砖。

#### 4. SiC

SiC 材料耐火度高，高温结构强度高，抗磨性、耐急热性好，导热性及导电性好。根据其制造工艺的不同，可用作高温炉的电热元件、马沸炉的马沸罐、高温炉的炉底板、各种炉窑的隔焰板、燃烧室内衬及热交换器等。

#### 5. 耐火纤维

耐火纤维是一种新型的耐火材料，也称陶瓷纤维，兼有耐火和保温作用。根据来源不同有硅酸铝、石英、氧化铝和石墨耐火纤维等，具有耐高温、热导率低、密度小、比热容小、耐急冷急热性好等优点。

耐火纤维可以直接使用，也可用于制造毡、板、带、绳、毯、线等形状的制品。纤维毡可用机械固定或黏结剂黏在炉墙上，也可制成预制块或预制板或夹于两层耐火材料中间使用。常用玻璃制硅酸铝耐火纤维为非晶质，包括普通硅酸铝纤维、高纯硅酸铝纤维、合格硅酸铝纤维。一般热处理炉用硅酸铝纤维，真空炉、热压炉和气氛炉使用石墨纤维。耐火纤维的缺点是受制造工艺和设备的限制，某些气氛对耐火纤维有腐蚀作用，影响了它的适用范围。

#### 6. 耐火混凝土

耐火混凝土是以一定粒度的矾土熟料为骨料，细粉状矾土熟料为掺和料加水，按一定比例混合，用水泥胶结、成型、硬化后得到耐火材料。耐火混凝土的优点是可以浇捣成整体炉衬，便于制造复杂构件，修炉和砌炉的速度快，炉子寿命长，成本低。其缺点是耐火度低于耐火砖。根据所用的胶结材料(水泥)不同，耐火混凝土可分为硅酸盐耐火混凝土、铝酸盐耐火混凝土、磷酸盐耐火混凝土和水玻璃耐火混凝土等。其主要用于构筑工业窑炉中的整体炉衬和制成预制块。其中用于 900℃以下的称为耐热混凝土，用于工业窑炉和热工设备的基础与烟囱等。

#### 7. 耐火泥

耐火泥由耐火粉料、结合剂和外加剂组成。几乎所有的耐火原料都可以用来配制耐火泥所用的粉料。以耐火熟料粉加适量可塑黏土作结合剂和可塑剂而制成的耐火泥称为普通耐火泥，其常温强度较低，高温下形成陶瓷结合才具有较高强度。以水硬性、气硬性或热硬性结合材料作为结合剂的称为化学结合耐火泥，在低于形成陶瓷结合温度之前即产生一定的化学反应而硬化。耐火泥应该接近于砌体成分，具有一定的耐火度和化学稳定性。耐火泥由质量分数为 20%～40%的耐火黏土生料和质量分数为 60%～80%的耐火黏土熟料粉组成。耐火泥用水或稀释水玻璃调和后，用于砌炉时填塞炉缝，保证炉子强度和气密性，生料量越多，则强度越低。

#### 8. 陶瓷涂料

(1) 耐火材料用陶瓷涂料。$ZrO_2$ 水溶液，室温下涂覆耐火材料表面辐射能力强、气孔率低、化学稳定性好，可成倍提高耐火材料的使用寿命。

(2) 金属物体用陶瓷涂料。硅酸铝水溶液涂覆在电热元件、换热器、料框等表面，不影响炉内气氛，防止金属氧化、脱碳，与金属结合牢固，可大幅度提高金属物体的寿命。

## 13.2 保温材料

为了减少炉墙向外散热，要在耐火层外砌筑或添加一层保温材料。保温材料的主要性能特点是热导率小、体积密度小、体积比热容小等。

热处理设备中经常使用的保温材料有硅藻土、矿渣棉、蛭石、石棉、岩棉、膨胀珍珠岩以及超轻质耐火砖等。它们常以散料或制成品使用，近些年来新炉型不提倡使用散料。

### 1. 硅藻土

硅藻土的主要成分为 $SiO_2$，并含有少量黏土杂质，呈白色、黄色、灰色或粉红色。它具有很好的保温性能，最高使用温度为 900℃～950℃。硅藻土是有机藻类腐败形成的天然疏松多孔物质，大多数制成硅藻土砖使用，也可散装使用。

### 2. 矿渣棉

矿渣棉是用高压蒸汽将熔融的冶金矿渣喷射成雾状后，迅速在空气中冷却而制成人造矿物纤维。矿渣棉呈白色或暗灰色，其特点是体积密度小，导热系数小，为不可燃物，堆积或受震动后密度增加，热导率增大。易被压碎而降低保温性能，使用温度不超过 700℃。

### 3. 蛭石

蛭石又称为黑云母或金云母，具有一般云母外形，易于剥成薄片，其大致成分是 $SiO_2$、$Al_2O_3$、MgO 和 CaO。蛭石内含有 5%～10%的化合水，受热后其中的水分急剧蒸发，体积膨胀而成膨胀蛭石。其熔点为 1300℃～1370℃，体积密度和热导率均很小，因而保温性能良好。使用时可以直接填入壳内和炉衬之间，也可胶结成各种形状的保温制品使用，最高使用温度可达 1000℃。

### 4. 石棉

石棉是一种纤维结构矿物，其主要成分是 $3MgO \cdot 2SiO_2 \cdot 2H_2O$，其熔点高于 1500℃，但使用温度不超过 500℃，因为 500℃时开始失去结晶水，强度降低，700℃～800℃时会粉化。石棉常加工成石棉绳、石棉板和石棉布等形状使用。石棉板是石棉和黏结材料制成的板材，其烧失量不应大于 18%，含水量不应超过 30%(质量分数)，石棉板的密度为(900～1000)$kg/m^3$。

### 5. 岩棉

岩棉是以精选的玄武岩(或辉绿岩)为主要原料，经高温熔融等工艺制成的人造无机纤维，在岩棉中加入黏结剂和防尘油，经加工制成岩棉制品。

### 6. 膨胀珍珠岩

膨胀珍珠岩是由火山喷发的酸性岩浆急剧冷却的产物，其体积密度小，热导率小，使用温度可达 1000℃，是一种很好的保温材料。膨胀珍珠岩既可散装使用，又可制成不同形状的砖使用。制品主要有板、管等，是一种质轻、保温性能好的保温材料。

**7. 硅酸钙绝热板**

硅酸钙绝热板不含石棉，耐高温、密度小、比强度高，是一种良好的保温材料。

## 13.3 炉用金属材料

炉用金属材料分为炉外用金属材料和炉内用耐热钢(炉底板、炉罐、坩埚、导轨、料盘以及传送带、炉内受热构件和紧固件等)。因炉内构件是在高温下工作，承受一定的载荷，并受高温介质的化学腐蚀，要求具有良好的抗高温氧化性和高温强度，所以用耐热钢来制造。

**1. 普通金属材料**

普通金属材料用做炉子的外壳和构件，如 Q235A 钢板、角钢、工字钢、槽钢等。

**2. 炉用耐热钢**

炉用耐热钢是指在高于 450℃条件下工作，并具有足够强度、抗氧化、耐腐蚀性能和长期的组织稳定性的钢种。耐热钢包括热强钢和抗氧化钢。热强钢是在高温条件下具有足够强度并有一定抗氧化性能的钢种。常用的热强钢有珠光体热强钢、马氏体热强钢和奥氏体热强钢。抗氧化钢在高温下能够保持良好的化学稳定性，因能抵抗氧化和介质的腐蚀而不起皮，故又称为耐热不起皮钢。常用的抗氧化钢有铁素体抗氧化钢和奥氏体抗氧化钢。还有一类含镍量很高的耐热钢，在高温下有很高的热强性能和更好的抗氧化性能。

20 世纪 50 年代，热处理炉的耐热钢大多采用 3Cr8Ni25Si2、1Cr25Ni20Si2 等高镍铬钢。60 年代以后普遍使用不含镍或少含镍的，常用的有铬锰氮系耐热钢，这类钢具有较好的抗氧化性、抗渗透性和耐急冷急热性，成本也较低，但加工性不好，焊接性差。此外，在生产实际中还常使用 Cr24Al2Si 铸钢、中硅球墨铸铁和高铝铸铁等。80 年代使用一类含镍少的优质耐热钢 3Cr24Ni7SiN 和 3Cr24Ni7SiNRe 稀土耐热钢(简称 24-7NRe)，这种钢性能超过 3Cr8Ni25Si2，具有高温强度好，塑性好，抗氧化性好，组织稳定，耐硫化作用好，能耐温度急剧变化，时效脆性较 2Cr25Ni20Si2 小，同时还具有较好的铸造性、焊接性和加工性。由于 Cr、Ni 消耗较多，近年来开始使用 Fe-Al-Mn 系和 Fe-Cr-Mn-N 系耐热钢。

# 第 14 章　温度测量仪表及控制电气设备

## 14.1　热电偶及补偿导线

### 14.1.1　热电偶

常用的热电偶为八种国际通用热电偶(S、R、B、K、N、E、J、T)及我国目前还在使用的 $EA_2$ 型热电偶。

热电偶的构造见图 14.1，主要由接线盒、接线板、保护管、绝缘套管、感温元件等部件组合而成。

热电偶测温原理是基于一种物理现象，即把两种不同的导体接成闭合回路，如果两端温度不同，在回路中就会产生热电势(见图 14.2)。两端温度差越大，产生的热电势也越大。如果在一端接上测试仪表，另一端插在测温场所，就可以用热电偶测量温度了。插在测温场所的一端叫热端(工作端)，接在仪表的一端叫冷端(自由端)。

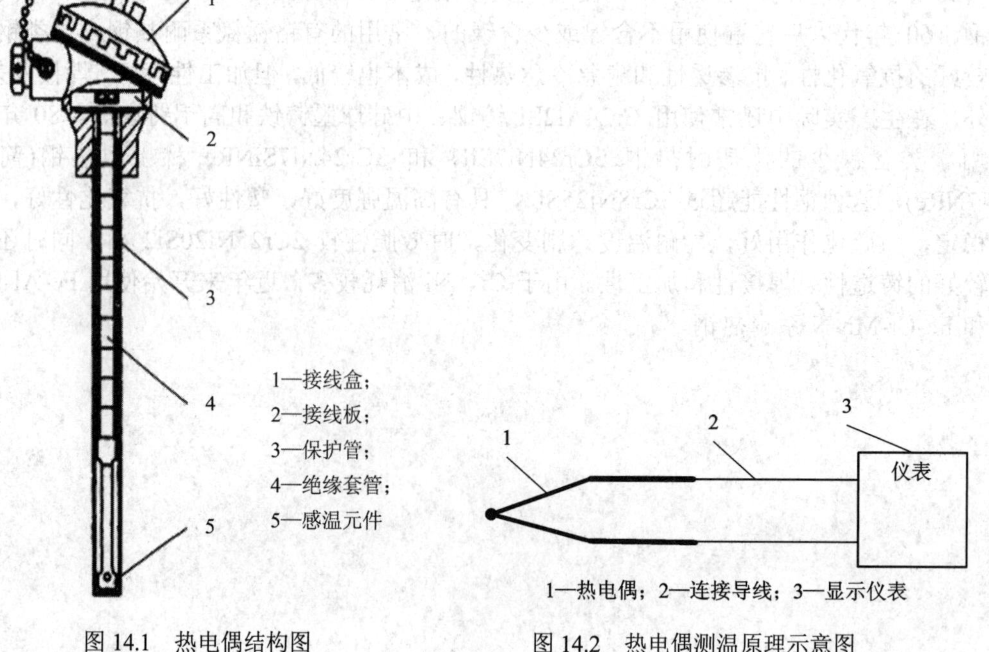


图 14.1　热电偶结构图　　图 14.2　热电偶测温原理示意图

常用八种国际通用热电偶及 $EA_2$ 热电偶的特性见表 14.1。

## 表 14.1　常用热电偶特性

| 热电偶名称 | 分度号 | 电极材料 | | 密度/(g/cm³) | 熔点/℃ | 电阻率(25℃)/(μΩ/cm) | 100℃时电势/mV | 主要优缺点 |
|---|---|---|---|---|---|---|---|---|
| | | 极性 | 化学成分 | | | | | |
| 铂铑10-铂 | S | 正极：铂铑 10 | Pt 90%<br>Rh 10% | 19.97 | 1850 | 18.9 | 0.646 | 优点：① 使用温度范围广；② 物理、化学性能良好；③ 热电势稳定，准确度最高；④ 适用于氧化、中性气氛。<br>缺点：① 热电势偏小；② 灵敏度低；③ 价格昂贵；④ 不宜在还原性气氛中使用 |
| | | 负极：铂 | Pt 100% | 21.45 | 1769 | 10.4 | | |
| 铂铑13-铂 | R | 正极：铂铑 13 | Pt 87%<br>Rh 13% | 19.61 | 1860 | 19.6 | 0.647 | 同 S |
| | | 负极：铂 | Pt 100% | 21.45 | 1769 | 10.4 | | |
| 铂铑30-铂铑 6 | B | 正极：铂铑 30 | Pt 70.4%<br>Rh 29.6% | 17.6 | 1927 | 19.0 | 0.033 | 优点：① 具备 S、R 型的优点；② 使用温度达 1800℃；③ 短时用于真空中。<br>缺点：① 具备 S、R 型的缺点；② 不适于有金属、非金属蒸汽气氛中 |
| | | 负极：铂铑 6 | Pt 93.9%<br>Rh 6.1% | 20.55 | 1826 | 17.5 | | |
| 镍铬-镍硅 | K | 正极：镍铬 | Ni 89%～90%<br>Cr 9%～9.5%<br>Si 和 Fe 0.5% | 8.73 | 1427 | 70.6 | 4.096 | 优点：① 测温范围宽，达 270℃～1300℃；② 线性度好；③ 灵敏度高；④ 稳定性和均匀性较好；⑤ 价格低廉；⑥ 抗氧化性较好。<br>缺点：① 弱还原性气氛中正极会产生氧化铬，使热电势造成负偏差；② 800℃～1100℃“绿霉”现象严重；③ 线质较硬 |
| | | 负极：镍硅 | Ni 95%～96%<br>Si 1%～1.5%<br>Al 1%～2.3%<br>Mn 1.6%～3.2%<br>Co 5% | 8.6 | 1399 | 29.4 | | |
| 镍铬硅-镍硅 | N | 正极：镍铬硅 | Ni 84%<br>Cr 14%～14.4%<br>Si 1.3%～1.6%<br>其他元素 0.1% | | 1420 | 97.4 | 2.774 | 优点：① 具有 K 型热电偶的优点；② 长期使用温度可达 1200℃；③ 抗氧化能力强。<br>缺点：① 同 K 型热电偶；② 高温下不能用于真空中 |
| | | 负极：镍硅 | Ni 95%<br>Si 4.2%～4.6%<br>Mg 0.5%～1.5%<br>杂质 0.1%～0.3% | | 1330 | 32.5 | | |

续表

| 热电偶名称 | 分度号 | 电极材料 | | 密度/(g/cm³) | 熔点/℃ | 电阻率(25℃)/(μΩ/cm) | 100℃时电势/mV | 主要优缺点 |
|---|---|---|---|---|---|---|---|---|
| | | 极性 | 化学成分 | | | | | |
| 镍铬-铜镍 | E | 正极：镍铬 | 同K型 | 8.73 | 1427 | 70.6 | 6.319 | 优点：① 价格低廉；② 对高温气氛不敏感；③ 热电势最大，适宜测量微小变化的温度。<br>缺点：① 热电均匀性差；② 负极难于加工 |
| | | 负极：铜镍 | Cu 55%<br>Ni 45%<br>Co、Fe、Mn 0.1% | 8.92 | 1220 | 48.9 | | |
| 铁-铜镍 | J | 正极：铁 | Fe 99.5%<br>Mn 0.25%<br>Cu 0.12% | 7.85 | 1535 | | 5.269 | 优点：① 价格低廉；② 可以在氧化或还原性气氛中使用；③ 热电势大，热电特性接近线性。<br>缺点：① 铁易生锈；② 通常在760℃以下使用 |
| | | 负极：铜镍 | 同E型 | 8.92 | 1220 | 48.9 | | |
| 铜-铜镍 | T | 正极：铜 | Cu 99.95%<br>O < 0.02% | 8.92 | 1083 | 1.56 | 4.279 | 优点：① 用于 −270℃～370℃，性能稳定；② 价格低廉；③ 在 −200℃～0℃稳定性很好；④ 热电势大，灵敏度较高。<br>缺点：只能用于300℃以下温度的测量，铜电极易氧化 |
| | | 负极：铜镍 | 同E型 | 8.92 | 1220 | 48.9 | | |
| 镍铬-考铜 | $EA_2$ | 正极：镍铬 | Ni 90%<br>Cr 9.7%<br>Si 0.3% | 8.73 | 1427 | 70.6 | 6.95 | 优点：① 热电势大，灵敏度高；② 价格低廉；③ 适宜在还原性及中性气氛中使用；④ 热电势大，灵敏度较高。<br>缺点：① 均匀性较差，线质较硬；② 负极加工困难且易氧化 |
| | | 负极：考铜 | Ni 44%<br>Cu 56% | 8.92 | 1220 | 48.4 | | |

绝缘套管用于防止两电极之间除热接点外的其他部位相互短路，其选用随使用温度而定。

保护管用于保护电极免受化学侵蚀和机械碰伤，使热电偶长期保持测温的稳定性，通常将套有绝缘套管的热电极装入保护管内。保护管的选用一般根据热电偶的种类、测量温度范围、插入加热区的长度、环境气氛以及测温时间等条件来决定。对保护管材料和结构的要求是：能耐高温，承受温度的剧变，耐腐蚀，有良好的气密性和足够的机械强度，导热性能良好，以及在高温下不会分解出对热电偶有害的气体等。用于制造保护管的材料主要有金属和非金属两类，常用金属保护管材料见表 14.2。

表 14.2　常用金属保护管材料

| 序号 | 名　称 | | 使用温度/℃ | 特　点 | 用　途 |
|---|---|---|---|---|---|
| 1 | 铜及铜合金 | | 400 | 气密性好，有一定的抗氧化能力，导热性能好 | 适用于中性介质的温度测量 |
| 2 | 无缝钢管 | | 600 | 可承受一定压力，易氧化 | 适用于中性介质的温度测量 |
| 3 | 不锈钢<br>1Cr18Ni9Ti | | 900 | 高温下具有良好的机械性能和化学稳定性，但高温下对氯盐和还原性气氛抵抗较差 | 目前大部分热电偶采用这种材料 |
| 4 | 钼钛不锈钢 | | 900 | 除了具有序号 3 的性能外，还具有耐酸的性能 | 适用于有酸介质的温度测量 |
| 5 | 高温不锈钢 | Cr25Ti<br>Cr25Si2 | 1000 | 高温下不起皮，有一定的抗氧化能力 | 适用于高温且具有一定腐蚀性介质的温度测量 |
| | | GH30 | 1100 | 高温下不起皮，抗氧化性及抗还原性能好 | 适用于高温和有腐蚀性介质的温度测量 |
| | | GH39 | 1200 | | |

## 14.1.2　补偿导线

一般热电偶均不能做得很长，热电偶自由端离被测对象较近，致使自由端温度较高(一般不允许超过 100℃)且波动较大。如果能找到两种较便宜的金属，其高温性能尽管与热电极材料不同，但在低温时(100℃以下)其热电势与温度间的关系却与热电偶电极相近，那么就可以用这两种便宜金属制成的导线将热电偶自由端延长到容易恒温的地方，从而起到延长热电偶的作用。这两种金属制成的导线称为补偿导线，如图 4.3 所示。

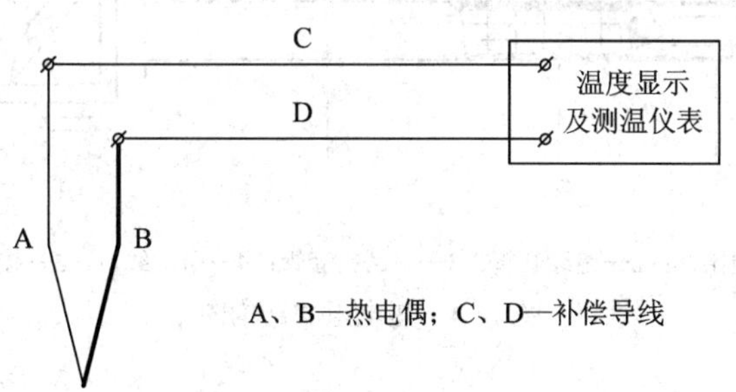


图 14.3　补偿导线延长热电偶示意图

补偿导线应满足以下条件：

(1) 在 0℃～100℃内，补偿导线 C、D 应和热电偶 A、B 的热电特性相同；

(2) 热电极 A 和 C，B 和 D 相连接两个接点处的温度必须相等，且该点温度低于 100℃；

(3) 价格便宜。

热电偶与补偿导线相连接时，要注意正、负极性，即补偿导线的正极与热电偶的正极相接，负极与负极相接，否则将造成更大的测量误差。

几种通用型热电偶所配用的补偿导线材料及性能见表 14.3。

表 14.3　补偿导线的性能

| 补偿导线型号 | 配用热电偶分度号 | 补偿导线材料 | | 100℃的热电势及允差/mV | | |
|---|---|---|---|---|---|---|
| | | 正极 | 负极 | 热电势 | 允　差 | |
| | | | | | 精密级 | 普通级 |
| SC | S | 铜 | 铜镍 | 0.645 | ±0.023(3℃) | ±0.037(5℃) |
| KC | K | 铜 | 铜镍 | 4.095 | ±0.063(1.5℃) | ±0.105(2.5℃) |
| KX | K | 镍铬 | 镍硅 | 4.095 | ±0.063(1.5℃) | ±0.105(2.5℃) |
| EX | E | 镍铬 | 铜镍 | 6.317 | ±0.102(1.5℃) | ±0.170(2.5℃) |
| JX | J | 铁 | 铜镍 | 5.268 | ±0.081(1.5℃) | ±0.135(2.5℃) |
| TX | T | 铜 | 铜镍 | 4.277 | ±0.023(0.5℃) | ±0.047(1℃) |

## 14.2　热　电　阻

在工业生产中广泛应用热电阻温度计测量 −200℃～+600℃范围的温度。根据 1990 年国际温标(ITS—90)，我国在标准铂铑 10-铂热电偶退出国家基准后，用标准铂电阻温度计作为国家基准的内插仪器，用以复现 −200℃～+961.78(银的凝固点)温区的温度。

电阻温度计是根据导体或半导体的电阻值随温度而变化的性质，将电阻值的变化用仪表显示出来，达到测温的目的。

热电阻是由电阻体、绝缘套管、接线盒与保护管等组成，如图 14.4 所示。其中，电阻体是热电阻的最主要部分，所以对它的要求十分严格，通常由电阻丝绕制而成。

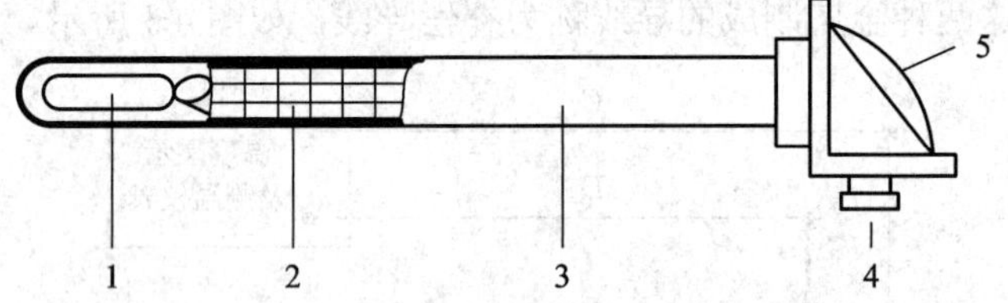


1—电阻体；2—绝缘套管；3—不锈钢套管；4—引出线口；5—接线盒

图 14.4　热电阻的结构图

### 1. 铂电阻

铂电阻的特性是稳定性好，测温范围广，可对被测对象进行精密测量。其电阻比为 R(100℃)/R(0℃) = 1.38510 ± 0.0005，分度号有 Pt50 和 Pt100。

### 2. 铜电阻

铂电阻优点虽多但价格昂贵，因此在测量精度要求不很高且被测温度较低的场合，铜电阻的使用也相当普遍。铜电阻在 −50℃～+150℃范围内具有很好的稳定性；有较大的电阻温度系数；电阻与温度几乎呈线性关系；容易加工、提纯，价格较便宜。铜电阻的缺点是电阻系数小，因而电阻体的体积较大，热惯性大且机械强度较差；化学稳定性较差，当温度超过 100℃时，铜表面很容易氧化而使阻值变化，适用于低温无腐蚀介质的测温。铜电阻的电阻比为 R(100℃)/R(0℃) = 1.4280 ± 0.002，分度号有 Cu50 和 Cu100。

常用铂、铜热电阻的基本技术特性见表 14.4。

表 14.4　常用铂电阻和铜电阻的电阻值及测温范围

| 分度号 | 0℃时电阻值/Ω | 电阻比 R(100℃)/R(0℃) | 精度等级 | 0℃时电阻值允许误差/(%) | 测温范围/℃ |
|---|---|---|---|---|---|
| Pt50 | 50 | 1.385 10 ± 0.0005 | I | ±0.05 | −200～+500 |
| Pt50 | 50 | 1.385 10 ± 0.001 | II | ±0.1 | −200～+500 |
| Pt100 | 100 | 1.385 10 ± 0.0005 | I | ±0.05 | −200～+500 |
| Pt100 | 100 | 1.385 10 ± 0.001 | II | ±0.1 | −200～+500 |
| Cu50 | 50 | 1.4280 ± 0.001 | II | ±0.1 | −50～+150 |
| Cu50 | 50 | 1.4280 ± 0.002 | IV | ±0.2 | −50～+150 |

## 14.3　温度测量仪表

### 14.3.1　动圈式温度指示仪表

动圈式温度指示仪表可与热电偶、热电阻配合来指示温度，也可与直流信号配合指示压力、流量、水位等。与其他温度测量仪表相比，测量精度较低，不能自动记录，抗热震性差，仅能满足一般热处理工艺要求，属于淘汰类仪器仪表，但因其结构简单、成本低廉、使用维修方便，在一些厂家的热处理生产中还有应用。

动圈式温度指示仪表是一种磁电式仪表，因其测量机构的核心部分是处于磁场中的可动线圈，故而得名。被测温度经热电偶(或热电阻)转换为直流信号，该电流流经处于永久磁场中的动圈时，动圈受力产生偏转，其偏转角与电流成正比，固定在动圈上的指针便反映出温度的数值，其实物及工作原理见图 14.5。

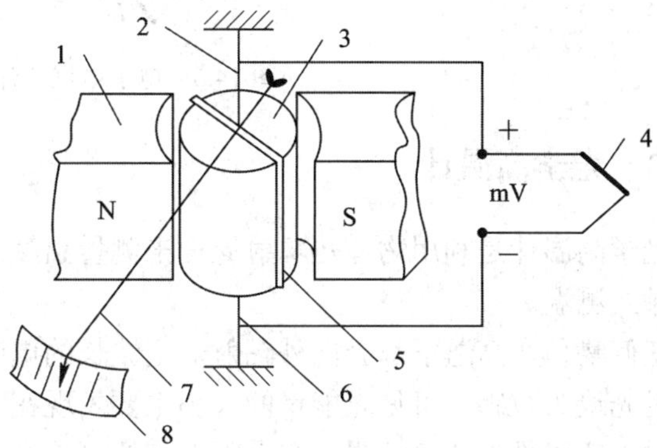


1—永久磁铁；2、6—张丝；3—软铁芯；4—热电偶；5—动圈；7—指针；8—刻度面板

图 14.5　动圈式温度指示仪表实物及工作原理图

## 14.3.2　电子电位差计

电子电位差计利用电压平衡法来测量来自热电偶未知的电势，主要由测量桥路、电子放大器和可逆电机三部分组成。其工作原理如图 14.6 所示。

(1) 热电偶输入的直流电势与测量桥路中的电势相比较，比较后的差值($U_{入}$)经电子放大器放大后驱动可逆电机(ND-D)，可逆电机带动滑线电阻($R_H$)进行移动，使测量桥路的电势与热电偶产生的热电势平衡。

(2) 当被测温度变化使热电偶产生新的热电势时，桥路又有新的不平衡电压输出，再经放大器放大后，又驱动可逆电机转动，再次改变滑臂的位置，直到达到新的平衡为止。

(3) 在滑臂移动的同时，与它相连的指针和记录笔沿着有温度分度的标尺和记录纸运动。滑臂的每一平衡位置相对应于有温度分度的标尺和记录纸上的一定坐标数值，因此能自动指示和记录出相应的温度。当温度到达给定值后，还可以通过附加的调节机构来实现对温度的自动控制。

电子电位差计测量精度高，并能够实现连续记录和自动控制，在自动化生产中广泛应用。

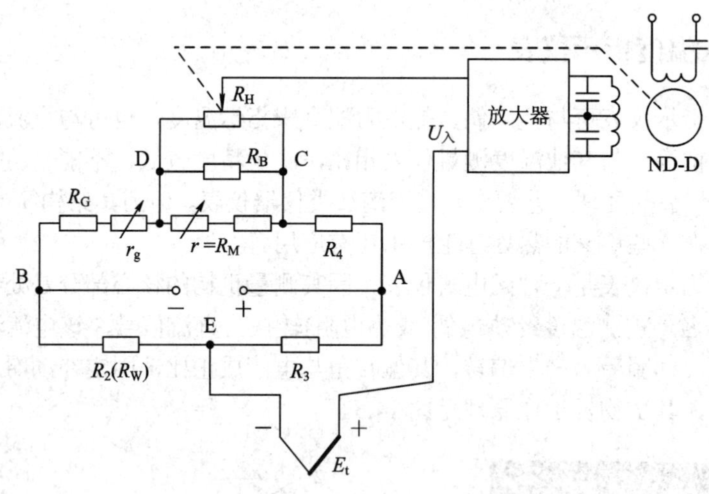


图 14.6　电子电位差计原理图

## 14.3.3　光学高温计

光学高温计是利用物体热辐射原理来测量温度的仪表，与热电偶、热电阻不同，属于非接触式测温。

任何物体在高温下都会向外辐射一定波长的电磁波。人的眼睛对电磁波波长为 0.65 μm 的可见光最为敏感，可见光能量的大小主要表现在人眼对亮度的感觉上。物体温度越高，它所射出的可见光能量越强，即人眼看到的可见光就越亮。此时，如果另一物体的亮度与之相等，那么它们的温度就相同。

光学高温计测量温度的方法就是把被测对象的亮度和通电灯丝的亮度作比较，当灯丝亮度与被测对象所发出亮度相同时，说明灯丝温度与被测对象温度相同；因为灯丝的亮度由通过灯丝的电流所决定，故测得电流大小即可得知灯丝的温度，也即测得被测对象的温度。

图 14.7 所示是光学高温计实物和工作原理图，灯丝与电池 $E$ 构成电流回路，其亮度取决于流过灯丝电流的大小，调节滑线电阻 $R$ 改变流过灯丝的电流可以调节灯丝的亮度。测温时，移动物镜 1 使其对准被测对象，通过目镜可以看到被测物体以及灯丝的影像。闭合开关并调节滑线电阻 $R$，当被测物体亮度与灯丝的亮度相等时，灯丝影像就隐灭在被测物体的影像中。此时，电压计所指示的温度就相当于被测物体的“亮度温度”，亮度温度值经单色黑度系数加以修正后，便获得被测物体的真实温度。

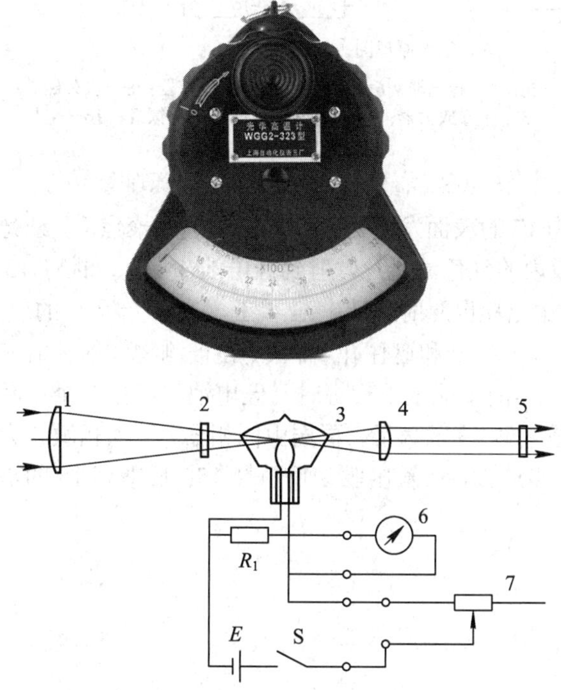


1—物镜；2—灰色吸收玻璃；3—灯泡；4—目镜；5—红色滤光片；6—显示表头；7—可变电阻

图 14.7　光学高温计实物和原理图

光学高温计是用人的眼睛来检测亮度，很显然，只有被测对象为高温且有足够的亮度时，光学高温计才有可能工作，因此光学高温计用以测量温度大于 700℃物体的温度。再者，由于光学高温计为人工操作，测量结果带有主观性，更无法与被测对象一起构成自动调节系统，因而不能适应现代化自动控制系统的要求。

### 14.3.4　光电高温计

光电高温计的工作原理与光学高温计相同，不同点在于其采用光敏电阻或者光电池作为感受辐射源的敏感元件来代替人眼的观察。光电高温计采用光敏元件与被测对象进行亮度比较，并自动跟踪被测对象的辐射亮度，因而具有更高的测量精度和可连续测量的优点，其工作原理如图 14.8 所示。

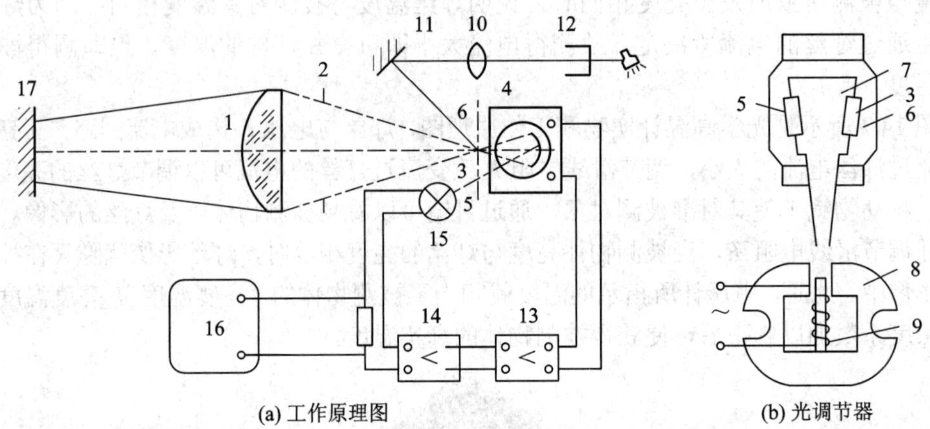

(a) 工作原理图　(b) 光调节器

1—物镜；2—光阑；3、5—孔；4—硅电池；6—遮光板；7—光调节器；8—永久磁铁；9—激磁绕组；10—透镜；11—反射镜；12—观察孔；13—前置放大器；14—主放大器；15—反馈灯；16—电位差计；17—被测物

图 14.8　WDL 型光电高温计原理图

测量时，从被测物 17 的表面发生的辐射能由物镜 1 聚焦后，经光阑 2 和遮光板 6 上的孔 3，透过装于遮光板内的红色滤光片，射到硅电池 4 上，反馈灯 15 发出的辐射能通过遮光板上的孔 5 和红色滤光片也照射到硅电池 4 上。在遮光板 6 的前面装有每秒钟振动 50 次的光调节器 7，它交替地打开和遮住孔 3 和 5，使被测物体的辐射能和反馈灯的辐射能交替地照射到硅电池上。当两个能量不相等时，硅电池将产生一个与两个辐射亮度差成正比的脉冲电流，经前置放大器 13 放大后，再送由倒相器、差动相敏放大器和功率放大器组成的主放大器 14 作进一步放大后，输出驱动反馈灯 15；反馈灯 15 的辐射能随着驱动电流的改变而相应改变。

# 第 15 章　燃　料　炉

热处理炉按热源可分为电炉和燃料炉。和电炉相比，燃料炉虽然有许多缺点，如炉温不易控制，炉子结构复杂，劳动条件差，对环境有污染等，但是燃料来源方便、价格低廉，生产成本低等，所以国内外仍然使用燃料炉进行热处理。

燃料炉又可分为固体燃料炉、液体燃料炉和气体燃料炉，它们都是由炉衬、燃烧装置、排烟道、炉门(炉盖)和炉架等主要部分组成。本章将分别讨论燃料及燃烧计算和燃料炉各组成部分的结构。

## 15.1　燃料及燃烧计算

### 15.1.1　燃料的分类

工业炉常用燃料的分类见表 15.1。

表 15.1　工业炉常用燃料分类

| 类别 | 一次燃料 | 二次燃料 | 主要化学组成 | 发热量 $Q_{低}$ (kJ/m$^3$) |
|---|---|---|---|---|
| 固体燃料 | 煤 | 焦炭、煤粉等 | C、H、O；(S、P)＜5% | 23022～29300 |
| 液体燃料 | 原油 | 重油、轻油、燃料油、人造汽油、氯硼等 | C、H；(S、N、O、V、Ni、As)＜5% | 37672～41858 |
| 气体燃料 | 天然气 | 城市煤气、液化石油气 | 烃类，$H_2$、 CO、$H_2S$、$CO_2$、$N_2$ | 33970 |

### 15.1.2　燃料的发热量

燃料的发热量随燃烧产物中水的形态而定。燃烧产物冷至 0℃水凝成液态时单位燃料完全燃烧所放出的热量，称为燃料的高发热量，用 $Q_{高}$表示。当燃烧产物中的水为 20℃的蒸汽时，单位燃料完全燃烧所放出的热量称为燃料的低发热量，用 $Q_{低}$表示。燃料在工业炉中燃烧时，温度较高，燃烧产物中的水均以蒸汽存在，所以热工计算时采用低发热量。燃料的发热量可以按理论计算求得，也可用实验测定，工程上用的发热量一般采用实验测定值。几种燃料的 $Q_{低}$ 见表 15-1。

### 15.1.3 燃料燃烧计算

燃料燃烧计算的内容包括：① 燃料完全燃烧所需空气量；② 燃烧产物量；③ 燃烧产物成分；④ 燃烧产物密度；⑤ 燃烧温度。

燃料燃烧计算所得数据是设计燃料炉或选用燃料炉所需设备的依据。对热处理炉来说，可不计算燃烧温度，因为热处理炉一般不超过1300℃，大多数燃料都能达到这一温度。

为了简化计算，假定气体体积都按标准状态计算，即 $22.4\times10^{-3}\ m^3/mol$；计算空气量时，认为空气是由79% $N_2$ 和21% $O_2$ 组成，且不考虑 $CO_2$、$H_2O$ 的分解。

为了保证燃料能够燃烧完全，实际空气供给量必须大于理论空气需要量，即必须有过剩空气。设实际空气供给量为 $L_n$，理论空气需要量为 $L_0$，二者的比值 $n$ 称为空气过剩系数，即

$$n=\frac{L_n}{L_0} \tag{15-1}$$

燃料燃烧时，$n$ 决定于空气与燃料的混合程度。混合越均匀，则 $n$ 越小。所以，固体燃料的 $n$ 最大，气体燃料的 $n$ 最小。油的雾化程度大，煤的块度细小，都可以降低 $n$。不同燃料的 $n$ 值大致如下：

气体燃料：$n=1.05\sim1.1$；液体燃料：$n=1.1\sim1.2$；固体燃料：$n=1.2\sim1.7$。

$n$ 过小，则燃烧不完全；$n$ 过大，则会增加热损失，同时加重零件的氧化脱碳。因此应在保证完全燃烧的前提下，尽可能减少 $n$ 值。

以 $100\ m^3$ 煤气为例，表15.2所示为燃料燃烧的计算过程。

表 15.2　100 $m^3$ 煤气燃烧计算表

| 煤气组成 | 100 $m^3$ 煤气中体积含量/$m^3$ | 反应方程式 | $O_2$ 需要量/$m^3$ | 燃烧产物体积/$m^3$ | | | | |
|---|---|---|---|---|---|---|---|---|
| | | | | $O_2$ | $CO_2$ | $H_2O$ | $N_2$ | 合计 |
| CO | 29 | $CO+\frac{1}{2}O_2\rightarrow CO_2$ | 14.5 | — | 29 | — | — | 29 |
| $H_2$ | 15 | $H_2+\frac{1}{2}O_2\rightarrow H_2O$ | 7.5 | — | — | 15 | — | 15 |
| $CH_4$ | 3 | $CH_4+2O_2\rightarrow CO_2+2H_2O$ | 6 | — | 3 | 6 | — | 9 |
| $C_2H_4$ | 0.6 | $C_2H_4+3O_2\rightarrow 2CO_2+2H_2O$ | 1.8 | — | 1.2 | 1.2 | — | 2.4 |
| $CO_2$ | 7.5 | — | — | — | 7.5 | — | — | 7.5 |
| $H_2O$ | 2.7 | — | — | — | — | 2.7 | — | 2.7 |
| $N_2$ | 42 | — | — | — | — | — | 42 | 42 |
| $O_2$ | 0.2 | — | −0.2 | — | — | — | — | — |
| 共计 | | | 29.6 | — | 40.7 | — | 42 | 107.6 |
| 空气过剩系数 $n=1$ | | | 29.6 | — | — | — | 111.4 | 111.4 |
| 空气过剩系数 $n=1.1$ | | | 2.96 | 2.96 | — | — | 11.14 | 14.1 |
| 燃烧产物量总计 | | | — | 2.96 | 40.7 | 24.9 | 164.54 | 233.1 |
| 燃烧产物的成分(%) | | | — | 1.2 | 17.5 | 10.7 | 70.6 | 100 |

由燃烧产物总量和燃烧物中各组成物的量，可以计算出燃烧产物的成分和密度。

## 15.2 燃 烧 装 置

用来实现燃烧过程的装置叫作燃烧装置，如液体燃料炉的喷嘴、气体燃料炉的烧嘴，以及固体燃烧炉的燃烧室。

### 15.2.1 气体燃料的燃烧装置——烧嘴

#### 1. 气体燃料燃烧的三个阶段

(1) 混合阶段：燃料与空气混合越均匀，则燃烧越快、火焰越短；反之则火焰越长。

(2) 活化阶段：活化就是将燃气与空气的混合物加热到着火温度。着火温度随燃料成分而变，一般工业用煤气的着火温度为 500℃～800℃，而且浓度必须在一定范围内才能着火，见表 15.3。

表 15.3 天然气和煤气的着火浓度和温度

| 气体燃料种类 | 燃料极限浓度(%) | | 着火温度/℃ |
| --- | --- | --- | --- |
| | 上限 | 下限 | |
| 天然气 | 13.0 | 4.0 | 750～850 |
| 煤气 | 31 | 5.0 | 650～800 |

(3) 燃烧反应阶段：混合气体中可燃成分与氧剧烈反应形成火焰，放出光和热。燃烧反应时，火焰传播速度决定于燃气的成分、温度和压力。如果火焰传播速度大于可燃气体由烧嘴中喷出的速度，则火焰将传播到烧嘴或供气管中，即产生“回火”；反之，火焰将离开烧嘴，使燃烧不稳定，甚至熄火，这种现象叫“脱火”。为了使燃烧稳定，燃烧室的温度必须高于煤气的着火温度。

#### 2. 烧嘴的结构

根据气体燃料与空气的混合程度及燃烧情况的不同，燃烧时可能有明显的火焰，也可能无明显的火焰，因而烧嘴可分为无焰烧嘴和有焰烧嘴两大类。

无焰烧嘴是煤气与空气在烧嘴内先均匀混合，然后喷出燃烧。常用的无焰烧嘴是喷射式的，利用高压煤气喷射吸入空气，故又称高压喷射式烧嘴或喷射式无焰烧嘴。图 15.1 为其结构示意图。

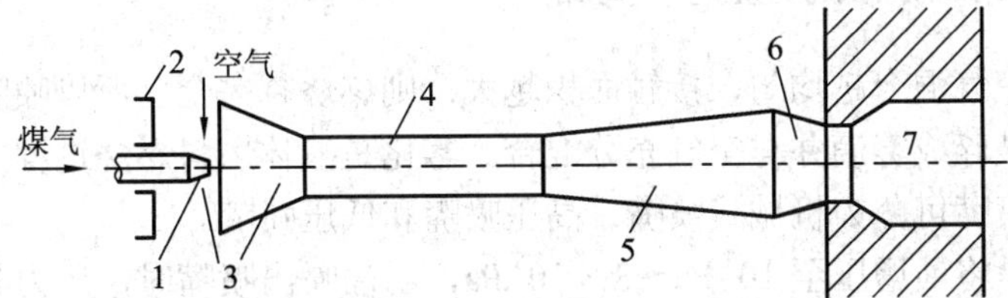


1—煤气喷口；2—空气调节阀；3—空气吸入口；4—混合管；5—扩张管；6—喷头；7—燃烧坑道

图 15.1 无焰烧嘴结构示意图

煤气以高速由煤气喷口 1 喷出，空气由空气吸入口 3 被煤气流吸入，因为煤气喷口的尺寸已定，煤气量加大时，煤气流速增大，吸入的空气量也按比例自动增加。空气调节阀 2 可以沿烧嘴轴线方向移动，用来改变空气吸入量，以便根据需要调节过剩空气量。煤气与空气在混合管 4 内进行混合，然后进入一段扩张管 5，它的作用是使混合气体的静压加大，以便提高喷射效率。混合气体由扩张管出来进入喷头 6，喷头是收缩形，以保持较大的喷出速度，防止回火现象。最后混合气体被喷入燃烧坑道 7，坑道的耐火材料壁面保持很高的温度，混合气体在这里迅速被加热到着火温度而燃烧。

无焰烧嘴的优点是混合均匀，过剩空气少，速度快，火焰短，热量集中，热效率高，空气量可随燃料的变化而自动调节。其缺点是易“回火”，必须增设燃料增压设备，生产能力低，噪音大。

有焰烧嘴的特点是燃料与空气在烧嘴外混合，边混合边燃烧，明显可见较长火焰，所需过剩空气多($n = 1.1$～$1.15$)，燃烧缓慢且不完全，火焰温度低。但是燃烧能力大，不需燃料增压设备，空气量调节范围大，不易“回火”，烧嘴本身结构紧凑；然而管路系统复杂，自动调节装置复杂。

高速烧嘴相当于在烧嘴前附加一个燃烧室，见图 15.2。燃料在燃烧室内基本实现完全燃烧(85%以上)，高速(100 m/s～300 m/s)喷出，进入炉内。高速烧嘴的燃烧室必须有足够的耐压和耐高温能力；其加热速度快，热效率高。

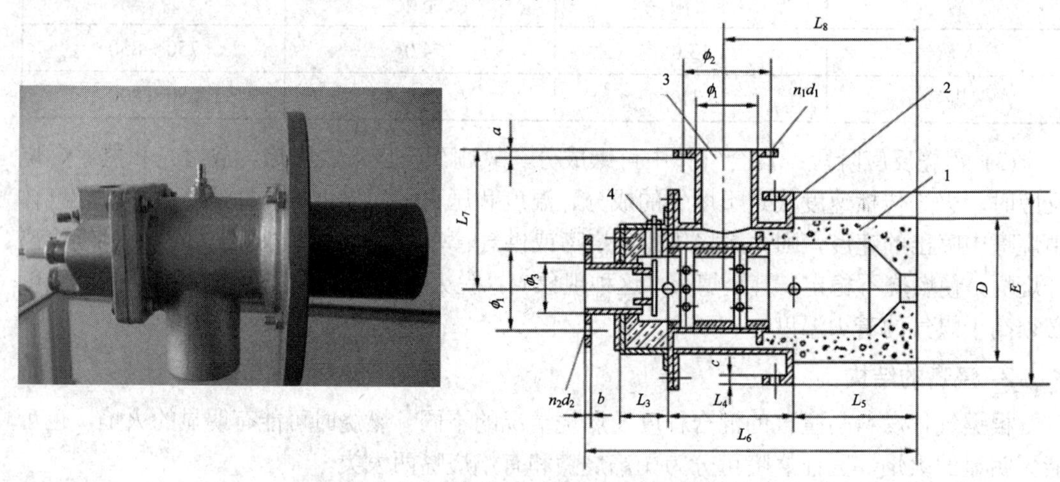


1—烧嘴砖；2—燃烧筒；3—空气入口；4—点火装置

图 15.2　高速烧嘴实物及结构图

## 15.2.2　液体燃料的燃烧装置——喷嘴

液体燃料与空气混合越均匀、接触面积越大，则燃烧越完全，所以喷嘴的作用就是使油雾化，即将油破碎成雾滴并与空气充分混合。雾化是液体燃料燃烧过程的关键，根据雾化方式的不同，喷嘴可分为机械式喷嘴、高压喷嘴和低压喷嘴。

机械式喷嘴是将油增压至 $10^5$ Pa～$3 \times 10^5$ Pa，当油喷出喷嘴时，压力骤然降低，体积膨胀，使油的流股破碎成细小的雾滴。机械式喷嘴的主要缺点是炉温不易控制，所以应用很少。

高压喷嘴是利用高压水蒸气或压缩空气作雾化剂，冲击油的流股，使其破碎成雾滴。这种喷嘴空气过剩系数大，增加了零件的氧化脱碳，在热处理炉中应用较少。

低压喷嘴的雾化原理与高压喷嘴相同，但雾化剂是空气，所用空气量是燃料完全燃烧所需的空气量。常见的低压喷嘴雾化的形式有以下几种。

(1) 直流雾化喷嘴：空气流股与油流股平行相遇，二者的流速差使油雾化，边混合边燃烧，火焰长，火焰张角小。

(2) 流股交叉相遇雾化式喷嘴(S 型喷嘴)：空气流股一般以 45° 与油流股相遇，使油雾化并与空气混合。S 型喷嘴燃烧情况良好，结构简单，操作方便，但容量小，适用于中小型热处理炉。

(3) 涡流式雾化喷嘴：较高速度的旋转空气涡流与油流股相遇，使油雾化，并与空气混合。该喷嘴油与空气混合均匀，火焰短，张角大，燃烧完全。

### 15.2.3　固体燃料的燃烧装置——燃烧室

煤在燃烧室燃烧，自上而下分为四层，最上层的煤被上升的气体(下面的煤燃烧的产物)预热，这层叫预热层；第二层叫还原层，即下一层的燃烧产物 $CO_2$ 与煤作用，被还原成 CO；第三层是氧化层，煤被氧化成 $CO_2$；第四层为灰渣层，这层可预热上升的空气。

当煤层变薄时，没有还原层，煤燃烧完全，燃烧产物是 $CO_2$、$H_2O$，所以燃烧室温度高，而炉膛温度则较低。当煤层较厚时，煤燃烧不完全，燃烧产物中存在一定量的 CO。为了燃烧完全，需要在燃烧室的侧墙上二次通入空气。

## 15.3　燃料炉炉体结构

### 15.3.1　炉膛尺寸的确定

燃料炉的炉膛尺寸和形状应有利于炉内热传导，热损失少，操作维修方便，结构简单。

#### 1. 箱式炉炉底面积的确定

箱式炉炉底面积可以用实际排料法来确定。实际排料法：对工件批量大而尺寸较大的零件，炉内一次装入的工件实际排列所占的面积就是炉底有效面积，炉底实际面积应再加工件至炉子侧墙和前后墙的距离。一般工件离前墙 250 mm～400 mm，离后墙的距离可少些，离侧墙 100 mm～200 mm。

#### 2. 炉膛高度的确定

炉膛高度大有利于辐射传热，而不利于对流传热，同时增加了炉子的散热面积，从而增加了热损失；而炉膛低则相反。所以高温炉的炉膛可适当加高，低温炉则应适当降低炉膛高度。实践证明，中、高温炉的炉膛高度适当降低，也可明显提高传热效果，降低燃料消耗。

燃料炉炉宽小于 0.6 m 时，炉膛高度约为有效宽度的 0.9～1.2 倍；当炉宽大于 0.6 m 时，则为 0.7～0.8 倍。

### 15.3.2 炉体结构

炉体包括砌体(炉衬)、炉架、炉门及其启闭机构。

(1) 砌体包括炉墙炉底和炉顶。砌体是决定炉子热效率的主要因素，通常由耐火材料和绝热材料构筑而成。一体的炉子或同一炉子的不同部位，因工作条件不同，应选用不同的耐火材料，砌体的厚度随炉温升高及炉膛高度的增加而增加。

(2) 炉架是由型钢连接成的金属构架，包括支柱、拉杆、拱脚梁及外墙钢板。其作用是承受砌体重量和拱顶旁压力，加强炉子整体结构强度和密封性。此外还可安装炉门及升降机构等附件。炉顶的旁推力在低温时不大，但温度升高时炉顶受热膨胀，旁推力将成倍增加。设计时应计算旁推力，进而计算拉杆、立柱和拱脚梁的应力。

(3) 炉门是由炉门壳架及内衬(耐火材料)组成。对炉门的要求是热损失小，装卸工件方便，维修方便，密闭、轻便、耐用。炉门在保证装卸料和维修方便的前提下应尽量小，以减小热损失。炉门的尺寸一般比炉门口每边大 65 mm～130 mm。

为了炉门的严密性，可采取一些措施，如炉门倾斜安装、设置砂封等。

炉门升降装置有手动、电动、气动和液动。几乎所有的炉门升降装置都有平衡锤，以减少炉门升降时所需的功。

# 第 16 章　热处理电阻炉

热处理电阻炉是以电为能源，通过炉内电热元件将电能转换为热能，并借助辐射和对流的传热方式将热能传给被加热的工件，使工件加热到所要求的工艺温度的一种加热炉。

电阻炉具有结构简单、体积紧凑、操作方便、炉温均匀，并易于准确控制，热效率高，便于实现可控气氛，容易实现机械化和自动化，无环境污染，劳动条件好等优点，也是目前应用最为广泛、品种规格最多的一类热处理炉。目前常用电阻炉已有系列化标准产品并由专业电炉厂制造，此外还有根据用户需要而设计的非标准电阻炉。

## 16.1　电阻炉概述

### 16.1.1　电阻炉的分类

电阻炉按额定温度可分为高温炉(＞1000℃)、中温炉(650 ℃～1000 ℃)和低温炉(＜650℃)；按外形可分为箱式炉、井式炉、台车式炉等；按其作用方式可分为周期式和连续式。

### 16.1.2　电阻炉的型号和编制方法

目前，工厂常用的热处理电炉已有系列化的标准产品，一般由电炉厂批量生产，其型号按我国电炉专业标准(ZBK6001—1988)规定，由系列代号、类型或特征代号、主要参数、改型代号、技术级别代号和企业代号组成。

#### 1. 系列代号

系列代号一般由两个字母组成，第一个字母代表电热设备大类，如 R 表示工业电阻炉，Z 表示真空炉，S 为实验室炉等；第二个字母代表的代号含义为：X 表示箱式炉，T 表示台车式炉，J 表示自然对流井式炉，F 表示强迫对流井式炉，Q 表示井式气体渗碳炉，M 表示箱式淬火炉(即多用炉)，B 表示罩式炉，C 表示传送带式炉，G 表示滚筒式炉，L 表示流态粒子炉。

#### 2. 类型或特征代号

用一个或几个字母来表示设计特点(结构、配套等)。如：H 为回转体，T 为铁坩埚式，Q 为炉内裂解直接生成的保护气氛(气体成分不进行自动控制)，D 为气体成分进行自动控制。没有特点者可以省略不标注。

3. 主要参数

主要参数包括最高工作温度(以 100℃为单位)和工作区尺寸(宽 × 长 × 高或直径 × 深，单位：cm)。对工件区尺寸亦可用阿拉伯数字(1、2、3 或 4)来代替，但应在附注中标明 1、2、3 或 4 所代替的尺寸。

4. 改型代号

改型代号为设计改型顺序，通常以 A、B、C、D 来表示。

5. 企业代号

用 2～3 个字母代替电炉厂名称的缩写，如 NS 为南京摄山电炉总厂，SL 为上海电炉厂等。

例如，RX9 - 60 × 120 × 50 - C - SL 表示上海电炉厂生产的 950℃，工作区尺寸(宽 × 长 × 高)为 60 cm × 120 cm × 50 cm 的第三代箱式电阻炉。

原电炉产品型号标注所采用的标准为 JB2249—1978《电炉产品型号编制方法》。新旧标准的区别如下：

(1) 原标准主参数用功率(kW)表示，新标准主参数用工作室尺寸表示；

(2) 新标准加企业代号，如上述 RX9 - 60 × 120 × 50 - C - SL，而该炉的旧标准为 RX3 - 45 - 9，旧标准无企业代号。

## 16.2　电阻炉的结构

电阻炉的种类虽然很多，但都是由以下几个主要部分组成。

(1) 炉壳：以角钢作骨架，用钢板焊接而成。其作用是加固和保护炉体，连接或安装炉门框、工作台、炉门启闭装置等有关部件，保证炉子的密封性。为了防锈和减少辐射热损失，炉壳应刷上灰色漆。

(2) 炉衬：即炉子的侧墙、前后墙、炉底及炉顶。由耐火材料和绝热材料砌筑而成，是决定炉子热效率的主要因素。炉子不同，炉衬材料和厚度也不同。

(3) 电热元件材料的选择决定于炉温。最常用的电热体材料是 Cr20N80 及 FeCrA1 合金，主要用于中温和低温炉；其次是 SiC 棒，主要用于高温炉；其他还有石墨、钨、铝丝等。电热元件一般安装在电阻炉的侧墙上，也可以安装在炉顶和炉底。

(4) 炉门及其启闭装置：箱式炉的炉门上通常有观察孔；井式渗碳炉的炉盖上焊有通入渗剂和排出废气的小管；为使炉温和炉气均匀，井式渗碳炉和低温井式炉的炉盖装有风扇。

(5) 进出料装置及炉料传输装置：为了减轻进出料时的劳动强度，有的炉子炉底装有轨道，工件装入料筐中可在轨道上滚动。对连续式炉，为了使工件在炉内以一定速度从炉子的进料端传送至出料端，设有炉料传输装置。如推杆式炉设有推料机，在炉底还安装耐热钢轨道；输送带式炉装有贯穿炉子的输送带及其传动装置。

此外，为了操作安全，炉门通常安装有启闭的行程开关。为了测量和控制炉温，炉墙或炉顶上有热电偶插入孔。

# 16.3　炉　衬

炉衬通常都由耐火材料和绝热材料组成。炉衬材料的选择和厚度的确定原则应根据炉温以及炉膛高度而定。为了提高热效率，近年来在炉膛内壁贴一层耐火纤维，可明显地节省能源。

## 16.3.1　炉墙

当炉温低于 300℃时，炉墙可用钢板焊成夹层，夹层内填以绝热材料；当炉温低于 700℃时，可用轻质黏土砖作内层，外层为蛭石粉或硅藻土砖；当炉温为 700℃～1000℃时，中小型炉可用轻质黏土砖作内层，中间用绝热砖，外层用绝热粉料。大型炉则因强度要求，可用重质黏土砖作内层。当炉温 1000℃以上时，内层用重质黏土砖或高铝砖，中间用轻质黏土砖，外层用绝热粉料。炉子后墙和炉门口的下部因装料时易受冲击，故应选用重质黏土砖，无罐渗碳炉采用抗渗碳砖。表 16.1 所列材料及厚度可供参考。

表 16.1　电阻炉炉墙的材料

| 炉温/℃ | 炉墙材料 | 厚度/mm |
|---|---|---|
| 700 | 轻质耐火黏土砖<br>膨胀珍珠岩 | 115<br>45 |
| 900 | 轻质耐火黏土砖<br>蛭石粉 | 90<br>195 |
| 1200 | 耐火黏土砖<br>轻质耐火黏土砖<br>硅藻土砖<br>蛭石粉 | 90<br>90<br>115<br>65 |
| 1300 | 耐火黏土砖<br>轻质耐火黏土砖<br>硅藻土砖<br>膨胀珍珠岩 | 115<br>115<br>125<br>90 |
| 1400 | 高铝砖<br>轻质耐火黏土砖<br>超轻质耐火黏土砖<br>膨胀珍珠岩 | 115<br>115<br>105<br>100 |

## 16.3.2　炉顶

电阻炉炉顶有平顶、拱顶和悬挂炉顶三种。当宽度小于 400 mm～600 mm 时，采用平顶，其结构简单，可做成整体，便于吊装；当炉宽小于 3.5 m～4.0 m 时，采用拱顶，拱顶角有 60°、90° 和 180°，拱顶角越大，则炉墙所受的旁推力越小，但拱矢增加；当炉宽更大时，若采用拱顶，则旁推力过大，此时宜用悬挂炉顶。这种炉顶不受炉子宽度限制，修理方便，但结构复杂，造价高。炉顶材料常用轻质黏土砖，其上填以蛭石粉等保温材料。

拱顶耐火层的厚度主要决定于炉膛宽度，可参考表 16.2。

表 16.2　拱顶耐火层的厚度与炉膛宽度

| 炉膛宽度/m | <1 | <3 | <5 | <7 |
|---|---|---|---|---|
| 拱顶厚度/mm | 115 | 230 | 345 | 460 |

### 16.3.3　炉底

炉底承受工件的重量，要求耐压强度高，进出料时受工件冲击磨损，因而炉衬厚度比炉墙厚。一般电阻炉炉底结构是在钢板上用硅藻土砖砌成网格，格内填以蛭石粉，上面铺硅藻土砖或轻质砖，再在上面铺重质耐火砖(炉底不安装电阻丝时)或重质耐火炉底搁砖，并于其上加耐热钢炉底板(炉底安装电阻丝时)。

### 16.3.4　炉门、炉盖及其开启装置

炉门或炉盖是铸铁或钢制外壳内砌耐火材料而成。

为保证炉门或炉盖的密封性，炉门应与炉门口重叠 65 mm～130 mm，炉盖直径应比炉口直径大 300 mm，大型井式炉甚至大 600 mm。此外，还应采用适当的密封措施。如箱式炉可采用倾斜炉门，靠炉门自重使炉门紧贴在炉门框上；也可采用楔形装置，将炉门紧压在炉门框上；或采用砂封，即炉门上下方设一刃口可插入砂封于槽内。井式渗碳炉炉盖装有风扇，风扇轴由炉外伸入炉内。

炉门的启闭装置有手动、电动、气动、液压等方式，依炉门重量而定。为了减少启闭炉门所需的功，大多数配有平衡锤。井式炉炉盖的启闭包括炉盖的升降和绕升降轴旋转。启闭方式有手动或电动液压式、手动杠杆或机械式。

## 16.4　炉膛尺寸

炉膛尺寸决定于炉子的生产能力、尺寸及形状，工件在炉内放置的方式和操作维修条件。在满足生产要求的前提下，应尽量缩小炉膛尺寸以降低筑炉材料和能源的消耗。

### 16.4.1　周期式箱式炉的炉膛尺寸

#### 1. 炉膛的长和宽

(1) 实际排料法：炉料在炉内的排布应使炉料至后墙及炉门口内缘间留有 200 mm 左右的间隙，炉料至侧墙电热体搁砖间应留 50 mm～100 mm 的间隙。所以，

$$炉膛长度 = 实际排料长度 + 2 \times 200\ \text{mm}$$

$$炉堂宽度 = 实际排料宽度 + 2 \times (50\sim100)\ \text{mm}$$

同时还应考虑到长宽比，即当长度小于 2 m 时，取长宽比为 2∶1；当长度大于 2 m 时，长宽比可适当减少。

(2) 按生产率 $G$ 与炉子生产能力 $G'$ 确定。

炉底有效面积为

$$S_{有效}=\frac{G}{G'}$$

炉底实际面积为

$$S_{实际}=\frac{S_{有效}}{K}$$

其中：$K$ 为炉底面积利用系数，一般取 0.6～0.85。

炉子生产能力视工艺而定，如箱式炉的生产能力 $G'$ (kg/m$^2$ · h)如表 16.3 所示。

**表 16.3　箱式炉的生产能力**

单位：kg/m$^2$ · h

| 锻件正火 | 铸钢件正火 | 合金钢件退火 | 铸钢件退火 | 钢件淬火 | 高温回火 |
|---|---|---|---|---|---|
| 100～120 | 80～140 | 40～60 | 40～60 | 80～120 | 70～90 |

炉底面积确定后，再按炉子长宽比(2∶1)确定炉膛长度和宽度。

**2. 炉膛高度**

炉堂高度一方面与装料高度有关，同时还要有利于热辐射和热对流，应保证炉料上部有 200 mm～300 mm 的空间。一般炉膛高度为宽度的 50%～85%。

### 16.4.2　井式炉炉膛尺寸

井式炉炉膛尺寸应按最大工件尺寸和吊具尺寸来考虑，而且工件或吊具上至炉口的间隙、下至炉底的间隙约 200 mm；工件或吊具至炉壁电热体搁砖的间隙约 100 mm。

### 16.4.3　连续炉炉膛尺寸

(1) 炉膛长度：

$$L_{有效}=\frac{G\times T\times b}{g}\ \text{(m)} \tag{16-1}$$

其中：$G$ 为炉子生产率(kg/h)；$T$ 为工件加热时间(h)；$b$ 为工件长度(m)；$g$ 为每盘或每个工件的重量(kg)。

(2) 炉膛宽度：工件宽度加工件与两边炉墙的间隙。

(3) 炉膛高度：与周期炉相同。

## 16.5　电阻炉的功率

### 16.5.1　电阻炉功率的确定

电阻炉功率的确定方法有经验法和热平衡法。经验法准确性差，使用范围有局限性，但方法简单、迅速，故实际中应用广泛。热平衡法因很多物理数据不可能与实际情况完全相符，所以其结果仍然是近似，但可通过各项热量支出的计算，全面分析炉子的热损失，为提高热效率提供依据。

### 1. 经验法

经验法很多，常用的有两种：

(1) 类比法：将所设计的炉子与炉子特性、技术指标(炉膛尺寸、砌体材料及尺寸、生产率、热处理工艺)相近而且使用情况良好的炉子相比较，确定所设计炉子的功率。

(2) 根据炉膛面积：据经验，每平方米炉膛内表面所需功率如表 16.4 所示。

**表 16.4　每平方米炉膛内表面所需功率**

| 炉温/℃ | 1200 | 1000 | 700 | 400 |
| --- | --- | --- | --- | --- |
| 单位面积所需功率/(kW/m$^2$) | 15～20 | 10～15 | 6～10 | 4～7 |

### 2. 热平衡法

热平衡法的基本原理是工件在加热和保温的整个过程中，热收入与热支出相等。

热支出项目主要有以下几点。

(1) 加热工件的有效热($Q_{工件}$)：

$$Q_{工件} = G_{工件}(C_2t_2 - C_1t_1) \tag{16-2}$$

其中：$G_{工件}$为加热工件的质量；$t_1$、$t_2$分别为工件加热前后的温度；$C_1$、$C_2$分别为工件在温度$t_1$、$t_2$时的比热。

(2) 加热夹具耗热能($Q_{夹具}$)：

$$Q_{夹具} = G_{夹具}(C_{夹具2}t_2 - C_{夹具1}t_1) \tag{16-3}$$

其中：$G_{夹具}$为一次装炉的夹具质量；$t_1$、$t_2$分别为加热前后夹具的温度；$C_{夹具1}$、$C_{夹具2}$分别为夹具在温度$t_1$、$t_2$时的比热。

(3) 炉衬散失热损失($Q_{散}$)：在升温阶段可忽略不计，只计算保温阶段。

$$Q_{散} = \frac{t_2 - t_1}{\dfrac{h_1}{\lambda_1} + \dfrac{h_2}{\lambda_2} + \dfrac{1}{\alpha_{总}}} \cdot F \tag{16-4}$$

其中：$t_1$、$t_2$分别为车间温度和保温阶段炉膛温度；$\lambda_1$、$\lambda_2$分别为耐火层和保温层材料的导热系数；$h_1$、$h_2$分别为耐火层和保温层的厚度；$\alpha_{总}$为炉墙外表面对周围空气的综合给热系数；$F$为炉衬散热面积。

(4) 加热气氛所需热量($Q_{气}$)：

$$Q_{气} = G_{气} \cdot C(t_2 - t_1) \tag{16-5}$$

其中：$G_{气}$为气体质量；$C$为气体的平均比热；$t_1$、$t_2$分别为气体入炉前和工作时的温度。

(5) 砌体蓄热量($Q_{蓄}$)，是指将炉温加热到工作温度时，炉衬所吸收的热量。

$$Q_{蓄} = V_1 \cdot \rho_1 \cdot (C_1't_2 - C_1t_1) + V_2 \cdot \rho_2 \cdot (C_2't_2' - C_2t_1) \tag{16-6}$$

其中：$V_1$、$V_2$ 分别为耐火层和保温层的体积；$\rho_1$、$\rho_2$ 分别为耐火层和保温层的密度；$t_2$、$t_2'$ 分别为耐火层和保温层在工作时的温度；$t_1$ 为车间温度；$C_1'$、$C_2'$ 分别为耐火层和保温层在工作温度时的比热；$C_1$、$C_2$ 分别为耐火层和保温层在车间温度时的比热。

(6) 开启炉门时的热损失($Q_{辐}$)：

$$Q_{辐}=4.88\left[\left(\frac{T_2}{100}\right)^4-\left(\frac{T_1}{100}\right)^4\right]\cdot F\cdot\varphi\cdot\Delta\tau \tag{16-7}$$

其中：$T_1$、$T_2$ 分别为炉膛和炉外空气的绝对温度；$\varphi$ 为遮蔽系数；$\Delta\tau$ 为炉门开启时间；$F$ 为炉门口面积。

在炉门关闭期间，辐射热损失按炉墙计算。

(7) 开启炉门时气体溢出热损失($Q_{溢}$)：

$$Q_{溢}=V\cdot C(t_2-t_1)\Delta\tau \tag{16-8}$$

其中：$V$ 为进入炉内冷空气体积；$t_1$、$t_2$ 分别为炉外冷空气和炉内热空气的温度；$C$ 为空气在 $t_1$、$t_2$ 间的平均比热；$\Delta\tau$ 为炉门开启时间。

(8) 其他热损失可取 $Q_{其他}=0.1Q_{总}$。

总的热支出是以上各项热损失的总和。

$$Q_{总}=Q_{工件}+Q_{夹具}+Q_{散}+Q_{气}+Q_{蓄}+Q_{辐}+Q_{溢}+Q_{其他} \tag{16-9}$$

每小时的热耗 $Q=\dfrac{Q_{总}}{\tau}$，换算为电功率 $P=\dfrac{Q_{总}}{860\tau}$ (kW)。其中 $\tau$ 为时间。

考虑到功率储备，实际需要安装的电功率 $P_{安}=K\cdot P$，其中 $K$ 为功率储备系数。对周期炉，$K=1.3$～$1.5$；连续炉，$K=1.2$～$1.3$。

### 16.5.2　功率分配

炉子不同部位的散热条件或对热量的需求不同，或要求不同的炉温，因此炉子不同部位的功率分配应不同，以保证炉温的均匀性和满足热处理工艺要求。

**1. 箱式炉**

炉膛长度小于 1 m 时，炉子各部位的功率可均匀分配；大型箱式炉，在炉门口一端占全长 1/3～1/4 这一段应加大功率，功率应比平均功率增加 15%～25%。

**2. 井式炉**

炉口和炉底附近温度一般偏低，如果有风扇强制对流，应在炉膛上下部位适当增加功率，不同部位的功率差别应随炉子深度的增加而增加。为了保证炉温均匀，还可分区控制炉温，当炉子深度与直径之比等于 1，可不分区控制；当深度与直径比等于 2，采用两区控制；当深度与直径之比等于 3，采用三区控制。

3. 连续炉

连续炉可以分段进行热平衡计算，分别确定各段的功率。一般是按工件吸热量和炉子散热量进行适当分配。加热区工件吸热最多，功率应最大；保温区工件不吸热，所需热量最少，功率也应最小。

## 16.6 电　热　体

### 16.6.1 电热体材料的性能

1. 电阻炉对电热体材料有如下要求：

(1) 电阻率高；

(2) 电阻温度系数小，以减少炉温的升降对炉子功率的影响，电阻温度系数为负的电热体材料不适宜；

(3) 应具有足够的热稳定性和热强性，以免高温时被氧化或与炉气、炉衬起化学作用而造成变形、倒塌或短路；

(4) 热膨胀系数小；

(5) 加工性能良好，易于制成各种形状，易于焊接。

2. 常用电热体材料的性能

电热体材料可分为金属和非金属两大类，金属电热体材料又可分为合金电热体、纯金属电热体和非金属电热体三种。

(1) 合金电热体：常用的有 Ni-Cr 合金和 Fe-Cr-Al 合金。

Ni-Cr 合金塑性好，易绕制，经高温不脆化，便于返修焊接，抗氧化能力强，但抗渗碳能力不如 Fe-Cr-Al，使用温度低于 Fe-Cr-Al，价格贵，比电阻小，电阻温度系数大。Fe-Cr-Al 合金塑性差，拉拔绕制困难，经高温后晶粒长大，材质变脆易折断，不便返修，焊接性差，膨胀系数大，抗炉气侵蚀能力差，应避免与氰化物和碱土金属接触，应安在高铝砖和镁质耐火材料上。

(2) 纯金属电热体：这类材料主要是高熔点金属，如 Mo、W、Ta、Pt 等。

纯金属电热体电阻小，电阻温度系数大，故使用时应设置调压器；Mo 与 W 在空气介质中易氧化，所以必须在惰性气体或真空中使用；使用温度高，Mo 可达 1800℃，W 可达 2000℃。但价格昂贵，一般热处理炉中使用较少。

(3) 非金属电热体：主要有碳化硅、石墨和二硅化钼三种，用于高温热处理炉。

一般热处理炉多采用碳化硅(碳硅棒)，正常使用温度为 1250℃～1400℃，最高可达 1500℃；碳硅棒的电阻温度系数大，而且 800℃以上为正值，800℃下为负值；使用 60～80 小时就老化，电阻值增加 15%～20%，所以为了稳定功率，应设调压器；碳硅棒很脆，强度低，使用中应避免碰撞；要防止碱土金属、金属氧化物、氢和水蒸气腐蚀。

二硅化钼(硅钼棒)具有金属与陶瓷的双重特性，是一种性能优异的高温材料。硅钼棒抗氧化温度高达 1600℃以上，热膨胀系数小，可用作高温(< 1700℃)氧化气氛中工作的电

热体。

### 16.6.2 电热体的表面负荷

电热体单位表面积所发出的功率称作表面负荷，单位是 W/cm$^2$，是决定电热体寿命的主要因素。表面负荷越高，则电热体的温度越高，其寿命就越短。反之，电热体的寿命就长。但是表面负荷小，则增加电热体的数量。所以计算电热体尺寸时，必须选取合适的表面负荷。

理想表面负荷：假设电热体与工件构成两个平行的平面，其间无屏蔽和热损失，电热体发出的热量全部被工件吸收，这时的表面负荷叫理想表面负荷。

实际表面负荷：实际条件下，电热体的传热条件并不理想，所发出的热量不能全部传给工件，因而实际电热体的表面负荷必然小于理想表面负荷。实际电热体的允许表面负荷应为 $W_{允}=\psi \cdot W_{理}$ (其中 $\psi$ 为电热体的有效辐射系数，一般取 0.33～0.6)。

实际选用允许表面负荷时，应考虑电热体的工作环境，环境好可取大些，环境差应取小些；如有腐蚀气体和保护气体时取低些；电热体装在辐射管中或炉底之下时应取低些；若敞开在炉膛中可取高些；强制对流时可取更高值；工件黑度小时应取低值；带状比丝状电热体的值高；电热体不易更换时应取低值。表 16.5 列出了电阻丝在不同温度下常用的允许表面负荷，可供直接选用。

**表 16.5 电阻丝在不同温度下常用的允许表面负荷**

| 电热体 | 不同温度时允许的表面负荷/(W/cm$^2$) | | | | | | | |
|---|---|---|---|---|---|---|---|---|
| | 700℃ | 800℃ | 900℃ | 1000℃ | 1100℃ | 1200℃ | 1300℃ | 1400℃ |
| $0Cr_{25}Al_5$ | 3.0～3.7 | 2.6～3.2 | 2.1～2.6 | 1.6～2.0 | 1.2～1.5 | 0.8～1.0 | 0.5～0.7 | |
| $Cr_{20}Ni_{80}$ | 2.5 | 2.0 | 1.5 | 1.1 | 0.5 | | | |
| $Cr_{15}Ni_{60}$ | 2.0 | 1.5 | 0.8 | | | | | |
| $MoSi_2$ | | | | 35 | 26 | 21 | 14 | 5 |

### 16.6.3 电热体的计算

电热体的计算参数包括直径(宽度和厚度)、长度以及重量。

设电阻炉的安装功率为 $P_{安}$，用 $n$ 个电热体并联，则每个电热体的功率为

$$P=\frac{P_{安}}{n} \quad (\text{kW})$$

工作温度为 $t$ 时，每个电热体的电阻

$$R_t=\frac{U^2}{P}\times 10^{-3} \quad (\Omega)$$

同时，$R_t=\rho_t \cdot \frac{L}{f}(\Omega)$，其中 $\rho_t$ 为电阻材料的比电阻，$f$ 为电热体横截面积。则

$$L=\frac{f \cdot U^2}{P \cdot \rho_t} \quad (\text{m})$$

电热体除了保证能发出要求的功率外，还应使其表面功率符合允许的表面负荷($W_{允}$)，即

$$P = W_{允} \cdot F \cdot L \times 10^{-2} = W_{允} \cdot S \cdot L \times 10^{-2} \ \ (\text{kW}) \tag{16-10}$$

$$L = \frac{P}{W_{允} \cdot S} \times 10^{2} \ (\text{m}) \tag{16-11}$$

其中：$F$ 为电热体表面积(cm$^2$)；$S$ 为电热体截面积周长(mm)；$L$ 为电热体长度(mm)。

整理，得

$$S \cdot f = \frac{P^2 \cdot \rho_t}{W_{允} \cdot U^2} \times 10^5$$

(1) 直径为 $d$ 的丝状电热体：

$$S = \pi \cdot d\text{，}\ f = \frac{\pi}{4} d^2$$

$$S \cdot f = \frac{\pi^2}{4} d^3$$

$$d = \sqrt[3]{\frac{4P^2 \cdot \rho_t}{\pi^2 \cdot U^2 \cdot W_{允}} \times 10^5} = 34.3\sqrt[3]{\frac{P^2 \cdot \rho_t}{U^2 \cdot W_{允}}} \ \ (\text{mm})$$

$$L = \frac{R_t \cdot f}{\rho_t} = \frac{\pi}{4} d^2 \cdot \frac{R_t}{\rho_t} = 0.785 \frac{U^2 \cdot d^2}{P \cdot \rho_t} \times 10^{-3} \ \ (\text{m})$$

进而根据电热体的密度可以计算出每个丝状电热体的质量以及总质量。

(2) 带状电热体。

设宽度为 $b$，厚度为 $a$，$b/a = m$ (一般 $m = 8 \sim 12$)的带状电热体，其截面积为

$$f = ab = ma^2$$

截面积周长为

$$S = 2(a + b) = 2(m + 1)a$$

则

$$a = \sqrt[3]{\frac{P^2 \cdot \rho_t}{2(m+1) \cdot m \cdot U^2 \cdot W_{允}}} \ \ (\text{mm}) \tag{16-12}$$

长度为

$$L = \frac{a \cdot b \cdot R_t}{\rho_t} \ \ (\text{m}) \tag{16-13}$$

进而根据电热体的密度可以计算出每个带状电热体的质量以及总质量。

### 16.6.4 电热体的绕制和安装

#### 1. 电热丝的绕制

(1) 电热丝一般绕成螺旋管状，如果电热丝的直径较大绕制困难时，也可绕成波纹状。

绕制应保证电热丝牢固，同时热屏蔽小。

(2) 带状电热体一般绕制成波纹状。

2. 电热体的安装

电热体在炉内的安装部位主要根据炉温分布和工艺要求而定，同时还要考虑炉子的结构和电热体的形状。对小型箱式炉，一般都布置在侧墙上；大型箱式炉还应在炉底、炉顶甚至炉门上布置电热体。后墙一般不布置电热体。

在炉底上布置电热体时，是将绕好的电热体直接放在炉底搁砖上。侧墙上布置电热体可平放在侧墙搁砖上；波纹状电热体还可挂在相同材料制成的管子上；布置在炉顶的电热体则是放置在炉顶的专用砖的孔内。

电热体通过引出棒接至炉壳表面与电源相连。电热体引出棒直径应大于电热体直径 3 倍以上，所用材料一般为不锈钢或低碳钢，引出棒与电热体搭焊在一起。碳硅棒的工作部分较细，两端较粗。工作部分的长度和沿碳硅棒方向的炉膛尺寸相同或稍长 20 mm～30 mm，可垂直地沿侧墙安装，也可水平地安装在炉顶或炉底。为减少热屏蔽作用，棒间距不得小于碳硅棒工作部分直径的 2 倍；为了炉温均匀，棒间距不得超过棒至工件距离的 1.5 倍(工件不在炉内移动)或 3 倍(工件在炉内移动时)，且每组棒的电阻值应相同。

## 16.7　周期作业式电阻炉

周期作业式电阻炉是将工件整批入炉，在炉中完成加热、保温等工序，出炉后再将另一批工件装入炉子的热处理炉，如此周期式的生产。周期式电阻炉可以完成多种工艺，适用于多品种、小批量生产。

工厂常见的普通周期作业式电阻炉以箱式电阻炉、井式电阻炉、台车式炉、井式气体渗碳电阻炉为多。本节主要介绍箱式电阻炉、井式电阻炉、渗碳炉、台车式炉、罩式炉等炉型的结构特点和用途。

### 16.7.1　系列产品的型号和编制方法

目前，工厂常用的热处理电炉已有系列化的标准产品。一般由电炉厂批量生产，其型号按我国电炉专业标准(ZBK6001—1988)规定，由系列代号、类型或特征代号、主要参数、改型代号、技术级别代号和企业代号组成。具体的内容见本章 16.1.2。

### 16.7.2　箱式电阻炉

箱式电阻炉广泛用于中小型工件的小批量热处理生产，它可供碳钢、合金钢的淬火、正火、退火、回火，也可进行回火和固体渗碳以及其他热处理。按其工作温度可分为中温、高温和低温箱式电阻炉，以中温箱式电阻炉应用最为广泛。

1. 中温箱式电阻炉

中温箱式电阻炉可用于退火、正火、淬火、回火或固体渗碳等。炉子实物及结构如图

16.1 所示，主要由炉壳、炉衬、加热元件以及配套电气控制系统组成。

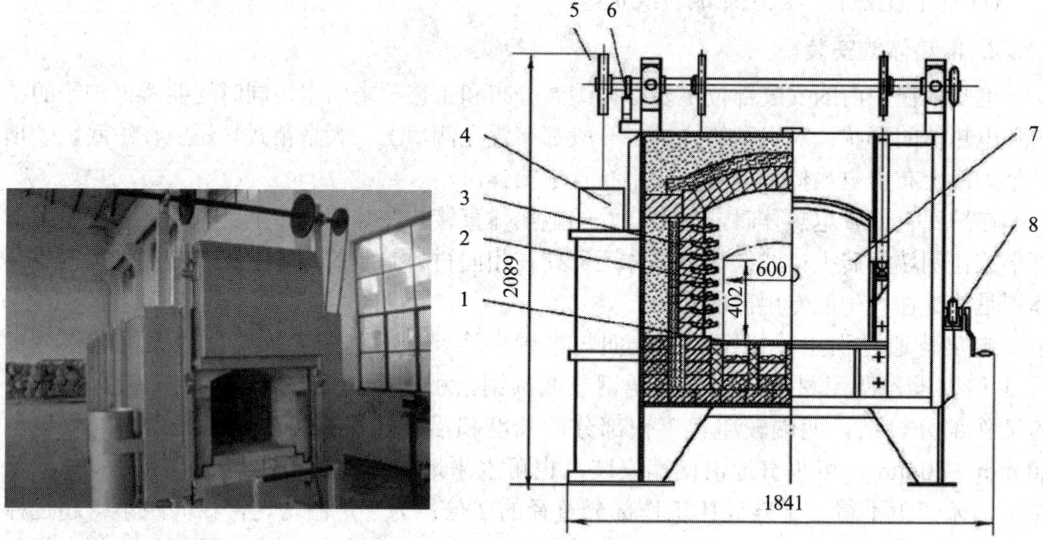


1—炉底板；2—电热元器件；3—炉衬；4—配重；5—炉门升降机构；6—限位开关；7—炉门；8—手摇链轮

图 16.1　中温箱式电阻炉实物及结构图

中温箱式电阻炉最高工作温度为 950℃，电热元件常用铁铬铝电阻丝绕成螺旋体，安置在炉膛两侧墙和炉底的搁砖上，而在炉底的电阻丝上覆盖耐热钢炉底板，上面放置工件。对于大型箱式电阻炉可在炉膛顶面、后墙和炉门内侧安装电热元件。

炉衬耐火层一般采用体积密度不大于 1.0 g/cm$^3$ 的轻质耐火黏土砖。近年来，推广采用体积密度为 0.6 g/cm$^3$ 的最高强度超轻质耐火黏土砖做耐火层。保温层采用珍珠岩保温砖，并填以蛭石粉、膨胀珍珠岩等。新型结构的炉衬有的在耐火层和保温层中间夹一层硅酸铝耐火纤维，还有的内墙用一层耐火砖，炉顶和保温层全部用耐火纤维预制块砌筑或采用全纤维炉衬，由矿渣棉纤维、岩棉纤维、普通硅酸铝纤维做保温层，高纯硅酸铝纤维做耐火层。这种新型结构的炉衬保温性能比较好，它可以使炉衬变薄、质量减轻，因而有效地减少了炉衬的蓄热和散热损失，降低了炉子空载功率，缩短了空炉升温时间。这种电路还可以设置风扇，以加快对流换热速度，提高炉温均匀度。

### 2. 高温箱式电阻炉

高温箱式电阻炉主要用于高速钢或高合金钢的淬火加热，按其工作温度可分为 1200℃、1300℃和 1350℃高温箱式电阻炉。由于加热温度高，工件极易氧化脱碳，因此必须采用保护气氛或采取其他保护措施。

在 1200℃和 1300℃高温箱式电阻炉内，电热元件通常采用 0Cr27Al7Mo2 高温铁铬铝电热材料和新研制的 FCA-HT 高温铁铬铝电热材料，炉底板用碳化硅板制成。炉子其他部分的结构与中温箱式电阻炉大致相同。由于炉温提高，所以应增加炉衬厚度，炉口壁厚也相应增加，以减少散热损失。目前，已定型生产的有最高温度为 1200℃和 1300℃的高温箱式电阻炉。

1350℃高温箱式电阻炉，一般用碳化硅棒为电热元件，最高工作温度为 1350℃。碳化硅棒一般均垂直分布在炉膛两侧，极少布置在炉顶和炉底处。炉子实物和结构如图 16.2 所示。

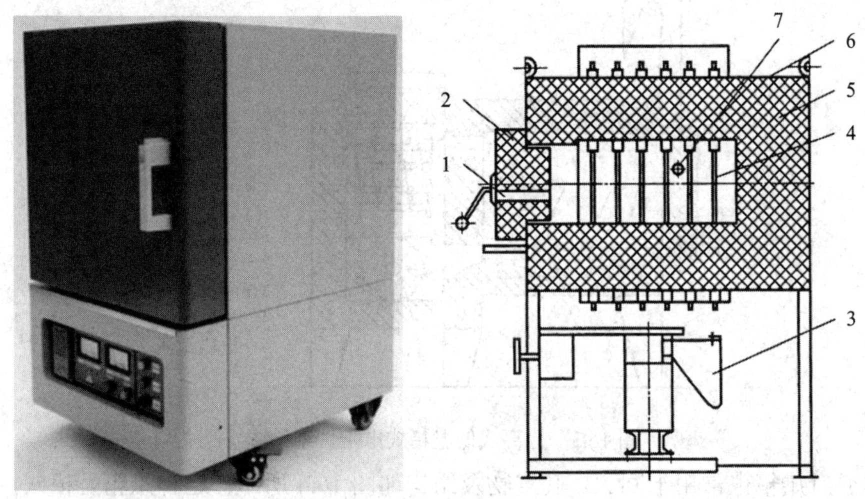


1—观察孔；2—炉门；3—变压器；4—碳化硅棒；5—炉衬；6—炉壳；7—热电偶孔

图 16.2　高温箱式电阻炉实物及结构图

碳化硅棒的电阻值在加热过程中变化很大，为了避免碳化硅棒损坏，在 850℃以下加热速度不宜太快。碳化硅棒的电阻温度系数很大，而且在使用过程中碳化硅棒会逐渐老化，电阻值显著增大。所以，为调节输入功率，电压应相应提高，故需配置多级调压变压器。

高温箱式电阻炉的炉衬通常有三层：用高铝砖砌的耐火层；用轻质耐火黏土砖或泡沫砖砌的中间层；外层则使用珍珠岩砖和保温填料。在耐火层与保温层之间仍加硅酸盐耐火纤维，炉底板采用碳化硅或高铝砖。炉壳用钢板和角钢等型钢焊接而成，炉门框为铸铁件，内填以生熟耐火黏土粉和石英砂的混合物。砌轻质黏土砖和绝热砖的炉墙上有电偶孔，炉门上有观察孔，炉门下有砂封。

此外，还有一种以二硅化钼作为电热元件的高温箱式电阻炉，其最高温度可达 1600℃。电热元件制成 U 字形，垂直安装于炉子两侧。因这种元件很脆，故应隐装在炉墙的凹档中，以免被碰坏。

### 3. 低温箱式电阻炉

低温箱式电阻炉通常用作回火以及有色金属的固熔化处理，这种炉子分为直接加热式和分离加热式两种。直接加热式是将电热元件直接放在炉膛内，分离加热式是将电热元件放在与炉膛相通的另一分离室内加热。前者热效率很高，但工件由于受到直接辐射，容易导致局部过热，可在工件电热元件之间放隔板(如装料框等)，以避免直接辐射。后者是用通风机将热气送入炉膛，应用比较广泛。

图 16.3 所示是分离式低温箱式电阻炉结构图。这种电炉通常将电热元件放于与炉膛相通的另一分离室内，靠通风机将热气送入炉膛加热工件。炽热气体在通风机的吸引下，经导向叶片流入工作室而加热工件，工作室中的气体还可由孔隙中流回分离室，如此往复循环。为使工件之间保持适当的气体通路，工件分层装在各隔板上。这种炉子装卸料不方便，

只适宜加热小工件。

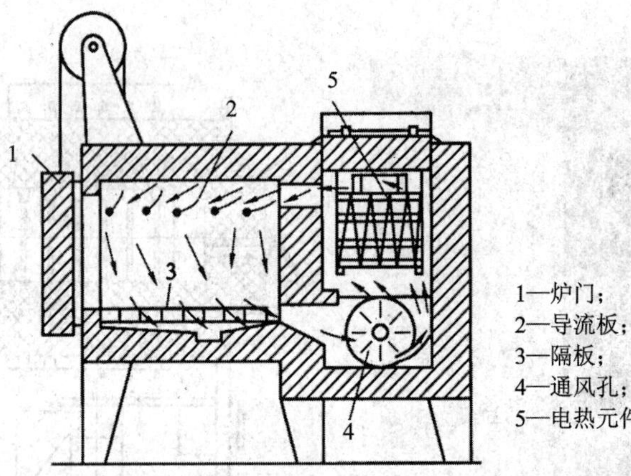


图 16.3　分离式低温箱式电阻炉结构图

电热通风烘箱也常用于回火，其实物及结构如图 16.4 所示。这种烘箱呈柜式，一般无底。顶部是空气加热室，由轴流式通风机将被加热的气体经导向叶片送入工作室加热工件。废气经左侧导向叶片逸出工作室，经排气口排出，或再进入空气加热室循环加热。这种电热通风烘箱的额定功率是 30 kW，功率可在 30 kW、18 kW、12 kW、10 kW 四挡中变换。250℃时的空炉损耗功率≤9 kW，空炉升温时间≤2 h，最高工作温度 300℃，工作室尺寸为 1200 cm × 1400 cm × 1500 cm。

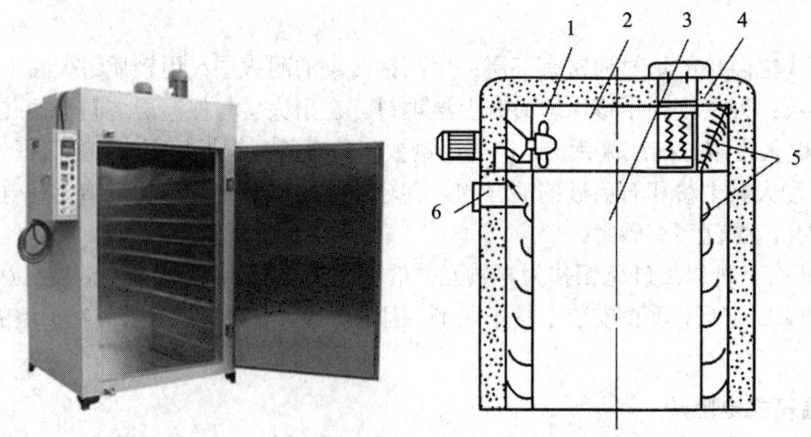


1—通风机；2—加热室；3—工作室；4—管庄电热器；5—导流板；6—排气孔

图 16.4　电热通风烘箱实物及结构图

## 16.7.3　井式电阻炉

井式电阻炉一般适用于细长工件的加热，中小型工件放在料框里，用吊车装出炉亦很方便。由于井式电阻炉炉体较高，一般应置于地坑中，只露出地面 600 mm～700 mm。井式电阻炉炉膛较深，为使炉温均匀，可采用分区段布置电热元件，各区单独供电，分别控制各区段温度。炉膛截面有圆形、正方形和长方形。

井式电阻炉主要用于回火及有色金属的退火和回火。这类炉型的优点是：炉子占地面积小，在车间便于布置，炉子装料多，生产效率高，装卸料方便，炉温均匀。其缺点是：工件堆放阻碍气体流动。由于工件与电热元件同在炉膛，靠近电热元件的工件易过热，但若设置装料筐，则过热现象可得到改善。

常用的井式电阻炉有低温井式电阻炉、中温井式电阻炉、高温井式电阻炉和井式气体渗碳炉。

### 1. 低温井式电阻炉

低温井式电阻炉广泛用于钢件的回火处理，也可用作有色金属的热处理。RJ 型低温井式电阻炉的炉型结构如图 16.5 所示。低温井式电阻炉炉体由轻质砖砌成，炉壳与轻质砖之间填有保温材料，炉盖升降采用杠杆式或液压装置，结构简单，使用灵活可靠。用吊车将料筐装出炉，操作方便，生产率高，最高工作温度为 650℃。这类炉子存在的缺点是工件在料筐内堆放不能过密，以免阻碍气体流动。为增强对流换热效果和炉温均匀性，在炉盖下装有离心风扇，强迫炉气沿马弗罐外侧向下流动，再由料筐底板孔进入料筐内，将热量传给工件，料筐内气体受风机中心负压吸入而循环流动。

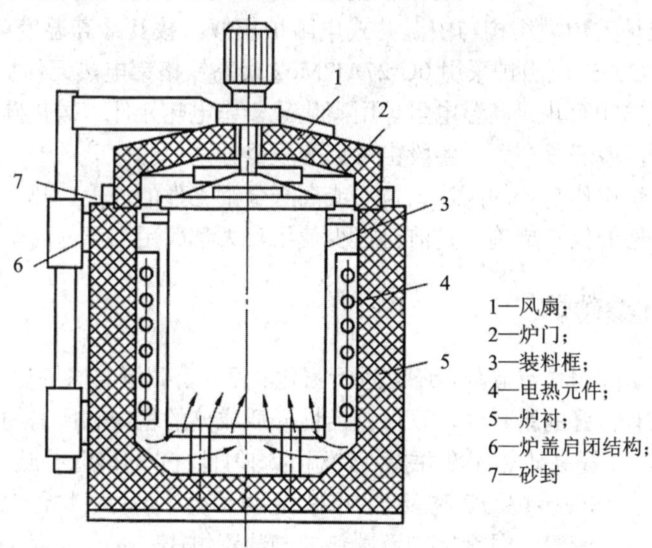


图 16.5　RJ 型低温井式电阻炉结构图

### 2. 中温井式电阻炉

RJ 型中温井式电阻炉的结构如图 16.6 所示，最高工作温度为 950℃。RJ 系列型号后面有 Q 符号的，为可通保护气氛的中温井式电阻炉，在炉盖上设置了滴注有机液体的装置。

中温井式电阻炉的炉膛常做成圆形或方形截面，炉膛较深，炉温均匀性较差，靠近炉口和炉底处往往炉温偏低，因此在炉盖上和炉底设置气体循环风扇。炉盖用砂封、油封或水封以及使用硅酸铝纤维棉等方法严密封闭。炉盖开启时，热炉气大量外溢，散热损失很大。因此采取分段控制功率，在炉口区段增加功率，以尽可能提高炉温均匀性。

井式电阻炉与箱式电阻炉相比，它的工件装炉量要小得多，所以生产效率相对较低。井式电阻炉主要用于质量要求较高的细长工件的热处理。

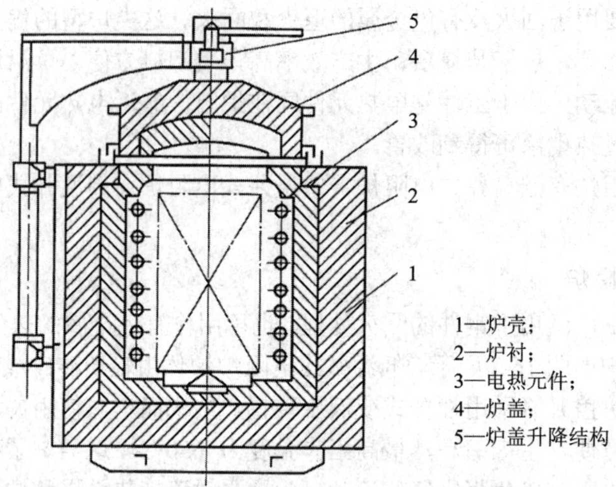


图 16.6　RJ 型中温井式电阻炉结构图

3. 高温井式电阻炉

高温井式电阻炉的炉型结构与中温井式电阻炉相似，按其最高温度可分为 1200℃和 1350℃两种。1200℃井式电阻炉采用 0Cr27Al7Mo2 最高铁铬铝电热元件加热。炉子功率有 50 kW～165 kW。1350℃井式高温电阻炉用碳化硅棒作电热元件。碳化硅棒水平安装于炉膛两侧，并分为两段或三段布置。各段由可调变压器分别控制。

高温井式电阻炉用作细长的高速钢拉刀或高合金钢工件的淬火加热。但工件极易氧化脱碳，必须采取严格的保护措施，目前已很少使用，大都改用高温盐浴炉加热。

## 16.7.4　井式气体渗碳炉

井式气体渗碳炉除用作渗碳外，还可进行氮化、氰化、碳氮共渗等化学热处理。为此，井式气体渗碳炉应有良好的密封性，以保持活性介质成分的稳定和所需的压力；在炉内加速活性介质的循环，以提高传热速度并提高炉温的均匀性；节约能源并减少耐热钢的消耗。

图 16.7 为井式气体渗碳炉的实物及结构图，它由炉壳、炉衬、炉盖以及提升机构、风扇、炉罐、电热元件、滴管、温度控制及碳势控制装置组成。

井式气体渗碳炉的主要特点是在炉膛内有一耐热钢制的密封炉罐，炉罐上端开口，外缘有砂封槽。炉盖下降时，炉盖将炉罐口盖住，二者之间加石棉绳衬垫，用螺钉紧固，保证密封良好。渗碳介质(煤油、苯等)盛在高处的油箱内，经滴量器滴入炉灌内汽化而成渗碳气氛。废气经炉盖上的排气管引出并点燃，通过火焰的长短及颜色可估计炉内压力与滴量是否合适。炉盖上设有投放试件的小孔，工作时间可将小孔塞紧。炉盖的升降由液压装置完成，在升降轴处有两支限位开关，炉盖打开时，自动切断通风机及电热元件电源，当炉盖升足时，自动切断液压装置电源。另外，为了使渗碳气氛流动均匀，在炉盖的上部设有风机，为了使风机轴密封并防止其受热弯曲，对风机轴采用了滚动轴承、迷宫式密封环和冷却水套。在迷宫的动圈与定圈之间保持 0.20 mm～0.30 mm 的间隙，并涂有二硫化钼高温润滑脂，效果较好。在炉压大于 200 mm 水柱时，仍能保证不漏气，风机长期运转基本不变形。也有的采用活塞环式密封装置。这种装置采取两级密封，第一级用石棉石墨绳，并用压紧螺纹压紧；第二级采用 6 个活塞环，该环装在活塞环座上并压紧风机轴，外圈仍有水冷套。采用这种装置其迂回的气路长，漏气阻力大，密封效果好。

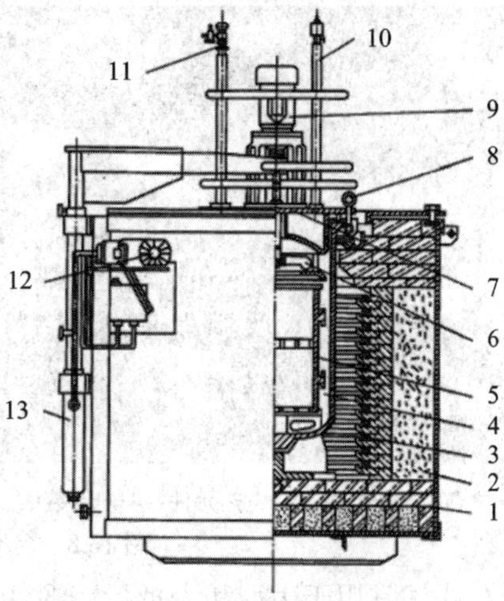


1—炉壳；2—炉衬；3—电热元件；4—炉罐；5—料框；6—风叶；7—炉盖；8—吊环螺栓；9—电机；10—取气管；11—滴管；12—电机油泵；13—油缸

图 16.7　井式气体渗碳炉实物及结构图

无罐井式气体渗碳炉，炉壳采用连续焊缝，接线棒孔座与炉壳密焊，炉罐与炉盖除采用一般多段密封外，还应螺栓连接，热电偶孔与接线孔用石棉石墨板填充压实，最后用法兰紧固。无罐炉应采用抗渗碳电热元件，耐火砖应用 $Fe_2O_3$ 质量分数小于 10%的较重质的抗渗碳耐火砖，热电偶与连线棒保护套管也应是抗渗碳的。

## 16.7.5　井式气体渗氮炉

井式气体渗氮炉的结构与井式气体渗碳炉类似，但其最高使用温度一般为 650℃。这种炉子大多是根据热处理工件的需要专门设计制造的，一般渗碳炉略加改装即可用于渗氮。由于渗氮温度较低，所以渗氮罐壁较薄，一般为 2 mm～5 mm，钢板厚度由罐的容积大小确定。

由于普通钢板易被渗氮，使表面龟裂剥皮，并对氨分解起催化作用，增加氨消耗量，且使氨分解率不确定，甚至无法渗氮。因此，氮化炉炉罐通常采用 0Cr18Ni9Ti 等高镍钢制造，也有采用搪瓷的，有时也可采用涂料，以延长使用寿命，并减少氨气消耗量。表面未经保护处理的渗氮罐，使用中如发现氨分解率显著提高，并不易控制时，需经 800℃～860℃保温 2～6 小时脱氮处理。

渗氮罐应置于炉膛均温区，罐底与井式炉底相距 100 mm～150 mm。

由于氮气对铜有腐蚀作用，所以一切构件、管道及阀门均不采用铜制件。因氮化温度低，炉底密封可采用耐热橡胶，再加上水冷套冷却，效果最好。

## 16.7.6　台车式炉

为了适应大尺寸、重型工件的热处理，减轻劳动强度，在箱式炉的基础上，将炉底制成可动的，即为台车式炉。与箱式炉相比，台车式炉增加了炉底通电装置(炉底布置电热体时)、台车密封装置、台车行走驱动装置等，如图 16.8 所示。从广义上来说，凡炉底可进出运动的炉子均可称为台车式炉。

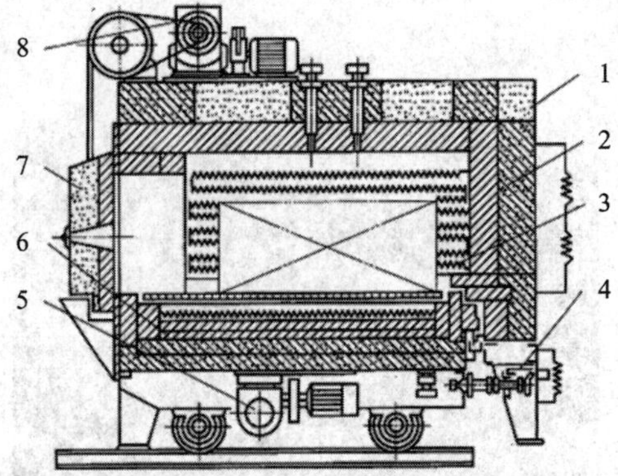


1—炉壳；2—炉衬；3—电热元件；4—电接头；5—台车驱动装置；6—台车；7—炉门；8—炉门升降机构

图 16.8　台车式炉实物及结构图

台车式炉常用于大型和大批量铸锻件的退火、正火和回火热处理。台车式炉的密封性较差，为克服炉底温度低的缺点，在台车地板下或炉门及厚壁上装有电热元件。为提高炉温均匀性和传热速度，在加热时顶部可安装风扇。低温台车炉除风扇外，还可加导风装置，必要时分多区控制。

为减轻劳动强度，提高生产效率，还可将台车设计成可翻转结构，台车翻转由电动机经三级减速后带动一固定在台车底部的扇形齿轮来完成。这样，正火工件出炉后，只要将台车开出再翻一个角度(45°～60°)，工件即可倒出冷却。如在炉旁设一淬火槽，台车倾翻后，工件可自动导入淬火槽淬火，整个程序可用电脑自动控制。

### 16.7.7　翻板式炉

翻板式炉是一种小型周期式作业炉。耐热钢板的炉底可以翻转，如图 16.9 所示。炉膛一端下方与淬火槽相连，零件加热后，炉底翻转，将零件迅速倒入槽内淬火。炉内可根据需要通入保护气体。

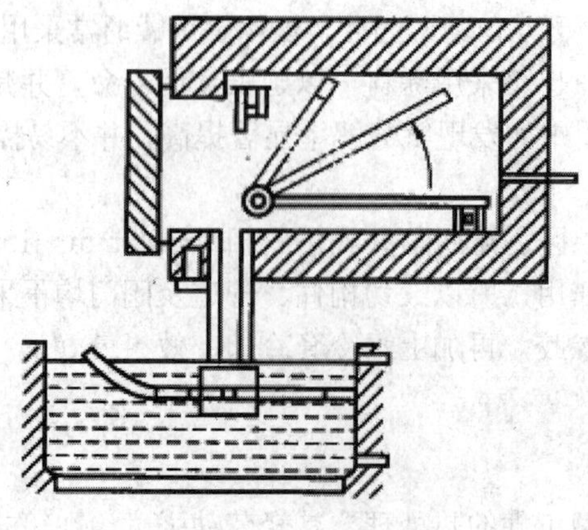

图 16.9　翻板式炉

### 16.7.8　滚动底式炉

滚动底式炉的炉型结构如图 16.10 所示。这是在箱式炉炉底上铺设两条或数条带有一定形状(如 V 形)沟槽内的耐热轨道，槽内放置耐热钢球，料盘放在滚球上运动。为便于装卸料，炉门外有装料台车，车上铺有导轨与炉底导轨衔接。

滚动底式炉适用于大中型耐热锻模和其他大、重件的热处理，这种炉型装卸大、重工件方便，炉子的密封性和炉温均匀性也较好。

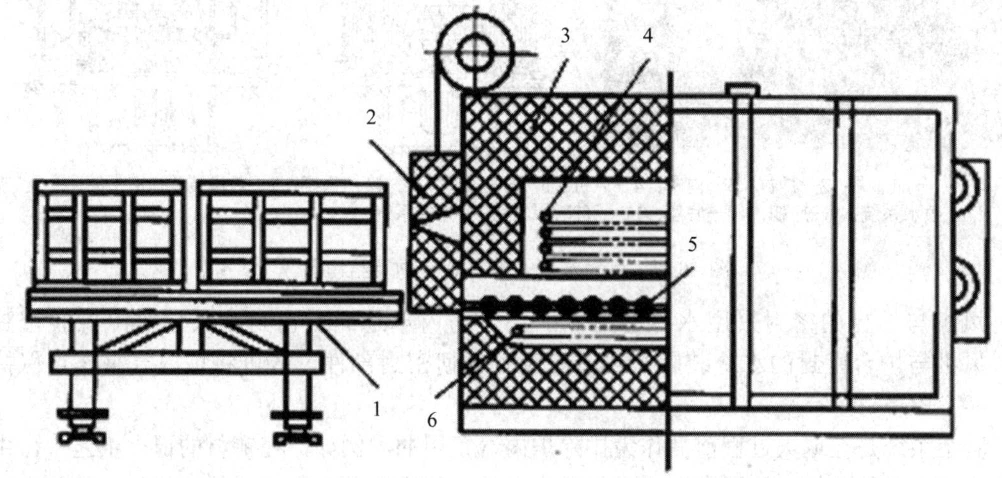


1—装料台；2—炉门；3—炉衬；4、6—电热元件；5—耐热钢球

图 16.10　滚动底式炉结构图

### 16.7.9　罩式炉

罩式炉主要用于钢丝、钢管、铜带、铜线以及硅钢片等的退火处理，这种炉子热效率较高，密封性好，但需用大型起重设备。

罩式炉是由固定的炉台及可移动的外罩与内罩所组成。设置内罩是供退火作业使用。通常，一个外罩可以配置 2～3 个炉台及 2～3 个炉罩。这样，在退火作业时，炉台周期性地加热与冷却，生产效率大为提高。近年来炉罩多采用耐火纤维，质量大为减轻。罩壳一般由钢板及型钢焊接而成，内部为炉衬，电热元件布置在炉膛周围的墙壁上。为了便于安装，每个罩式炉均设有两个导向立柱。根据热处理工件的需要不同，可以通入不同的气氛进行保护加热处理。

图 16.11 所示是强对流罩式退火炉实物及结构图，该炉由加热罩、冷却罩、内罩、风机、导向装置、鼓风装置、冷却系统、真空系统和充气系统等组成。

罩式退火炉由于装炉量大，炉温均匀性要求较高，所以都设置有强对流循环系统。有的采用双速短轴循环风机，叶轮直接安装在电机驱动轴上。利用电机双速、双功率的特点，使强大的循环风机和电机能直接低速启动，在升温阶段风机能高功率、高转速运行；保温阶段风机低功率、低转速运行；降温阶段风机高功率、高转速运行，这样就减少了消耗。

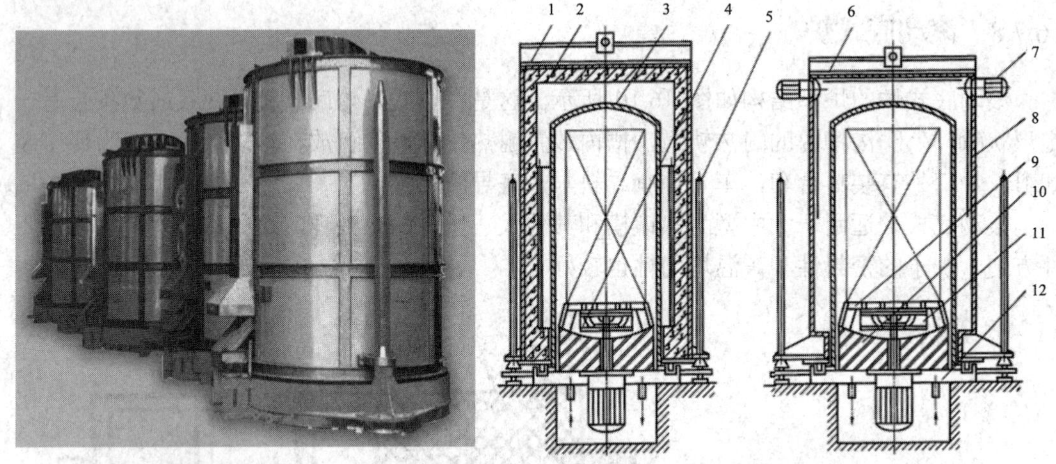


1—加热罩；2—炉衬；3—内罩；4—风机；5—导向装置；6—冷却系统；7—鼓风装置；8—喷水系统；9—底栅；10—底座；11—真空系统；12—充气系统

图 16.11　强对流罩式退火炉实物及结构图

风机与炉台的密封采用水冷密封罩，炉台与内罩之间的密封是采用水冷橡胶密封圈，风机与炉台密封的水冷装置密封罩上没有任何密封部件，故可将炉内气氛露点保持在 −60℃以下。

真空系统是在退火过程前后作为排除炉内气氛用的。例如，在铜材的退火工艺中，由于要通入大量的氢气，为了在取料时不发生事故，要通过预抽真空系统将气体全部排出，这大大增加了使用气氛时的安全性。

为了加快冷却速度，采用了气-水联合冷却系统，使整个冷却时间很短。冷却开始时，用冷却罩上的风机冷却内罩外表面上的温度，经过一定时间，使炉料冷却。待内罩冷却到 200℃时，冷却罩上的喷水系统开始工作，直至出炉温度。

## 16.7.10　滚筒式炉

滚筒式炉主要用于各种小型工件的热处理和化学热处理。其炉膛内装有一个能旋转的可密封的筒形炉罐，加热时，工件随炉罐旋转而转动，以改善加热和接触气氛的均匀度。该炉采用周期性装出料，主要用于处理滚珠及小尺寸标准件。

滚筒式炉主要由炉壳、炉衬、炉罐及传动机构组成。为便于炉罐安装，炉体常作成上下组装结构，炉壳由钢板及型钢焊接而成，炉衬由轻质黏土砖砌筑，电热元件放置在两侧及底部。炉罐多用耐热钢焊接而成，也可用于离心浇注。炉罐由前后面板上的滚轮支撑，通过链轮、链条转动。罐内常设有导向肋，使零件在转动中均匀翻动。炉罐转动速度采用无级变速器调整，一般为(0.85～8.5)r/min，炉体中心轴安装在支架上，可以纵向翻转使炉罐倾斜，将被热处理零件倒入或倒出炉子。炉内所需气氛可采取滴注或通气方式，进气口设在炉管后部中心位置。炉罐前部有随炉罐一起转动的密封炉门，废气由中心排气孔排出。炉子的支撑架应有较大的刚度。

图 16.12 为一小型滚筒式炉实物及结构图，主要用于滚珠、小轴和轴套的渗碳和淬火处理。此外还有较大装载量的滚筒式气体渗碳炉。

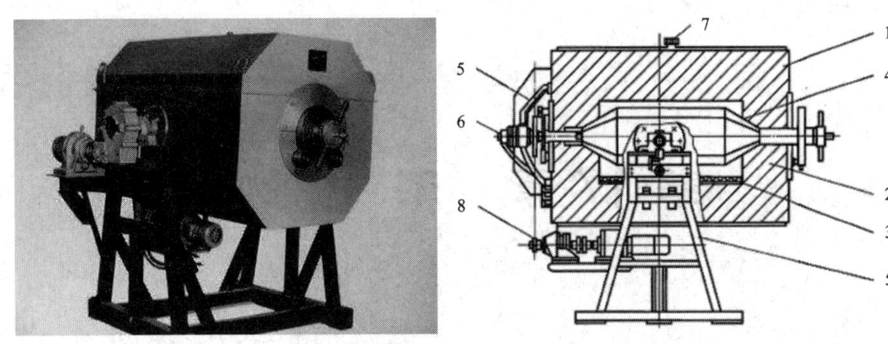


1—炉壳；2—炉衬；3—加热元件；4—炉罐；5—炉架；6—滴注头；7—热电偶座；8—炉罐驱动装置

图 16.12　滚筒式炉实物及结构图

## 16.8　连续作业式电阻炉

连续作业式电阻炉加热的工件是连续地或间歇式地进入炉膛，并不断向前移动，完成整个加热、保温，有时包括冷却等工序后工件即出炉。这类炉子的特点是生产能力大，炉子机械化、自动化程度高，生产连续进行，适用于大批量生产。但一次性投资大，不易改变工艺。连续作业式电阻炉的炉膛常分为加热、保温、冷却区段，应分别计算决定各区段的功率，分段进行控温。连续作业式电阻炉一般均长期连续工作，因此炉子升温到工作温度所需的时间和储热损失不太重要，而应尽量减少炉衬的散热损失，要求炉衬的保温性能好，炉外壳的温度要低，炉子及其传动机构要可靠耐用，以减少停炉检修的时间。

常用的连续作业式电阻炉有输送带式炉、网带式炉、推杆式炉、振底式炉、转底式炉，等等。这一内容在可控气氛热处理一章中做重点介绍。

# 第17章 浴　　炉

## 17.1 浴炉的特点

浴炉是利用液体作为介质加热或冷却工件的一种热处理炉。它所使用的液体介质有熔盐、熔融金属与合金、熔碱以及油类等，因此，浴炉又有相应的名称，如盐浴炉、金属浴炉、碱浴炉以及油浴炉等，其中以盐浴炉使用最广泛。

浴炉按加热方式的不同分为两大类：外热式浴炉和内热式浴炉，如图17.1所示。

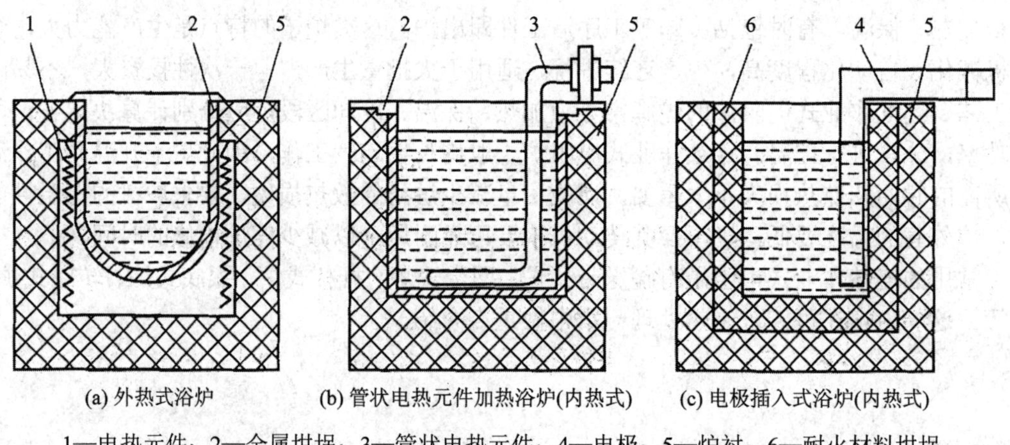


(a) 外热式浴炉　(b) 管状电热元件加热浴炉(内热式)　(c) 电极插入式浴炉(内热式)

1—电热元件；2—金属坩埚；3—管状电热元件；4—电极；5—炉衬；6—耐火材料坩埚

图17.1　浴炉结构示意图

浴炉按温度可分为：低温浴炉，150℃～550℃；中温浴炉，550℃～1000℃；高温浴炉，1000℃～1350℃。

与电阻炉相比，浴炉因为工件在熔盐等介质中以传导和对流方式进行加热，又有磁场力的搅拌作用，不仅加热速度快而且温度也比较均匀；工件加热时始终处在盐浴中，出浴时表面又附有一层盐膜，有效地防止了氧化和脱碳；此外，因浴炉口敞开，工件可以在吊挂状态下加热，所以工件的弯曲变形较小，操作也比较方便，并给机械化操作提供了条件。

浴炉的主要缺点是装料量较少，辅助时间内盐的消耗多，热处理生产成本也较高；因炉口经常敞开工作，盐浴面散热多，既降低了炉子的热效率，又恶化了劳动条件。因此，工作时要注意安全，防止由于水分带入熔盐中而引起盐的飞溅或爆炸，要及时将有害的蒸汽排除等。

浴炉虽然有以上的缺点，但是它所具备的优点是一般加热炉无可比拟的。因此，盐浴炉仍然是热处理车间中重要的加热设备，特别适用于加热一些尺寸不大，形状复杂而且表面质量要求高的工件，例如刃具、模具、量具以及其他一些精密零件。

## 17.2 外热式浴炉

外热式浴炉主要由炉体和坩埚等组成。坩埚可用耐热钢、低碳钢或耐热铸铁制造；热源可以是电能或其他燃料。

外热式浴炉可用于碳钢、合金钢的预热，等温淬火，分级淬火和化学热处理等，其结构见图 17.2。外热式盐浴炉的优点是启动操作比较方便。缺点是必须用金属坩埚，热惰性比较大，坩埚内外温差比较大，可达到 100℃～150℃，其使用温度不能太高，应用范围受到限制。

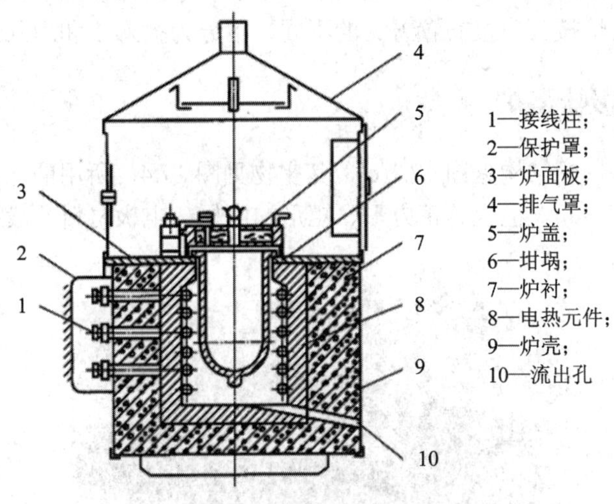


图 17.2 外热式浴炉结构图

管状电热元件加热的浴炉，其结构见图 17.1，由管状电热元件、坩埚和炉衬等组成。硝盐炉、碱浴炉、油浴炉可以采用管状电热元件加热。采用管状电热元件加热有许多优点，其结构简单、紧凑，热损失小，炉温比较均匀，而且调节灵敏，维修方便。管状加热元件的缺点是管壁易受到侵蚀，即使采用不锈钢制作，使用寿命也不够长。

管状电热元件的结构见图 17.3，是在金属管内装入电阻丝，空隙部分用氧化镁填充。

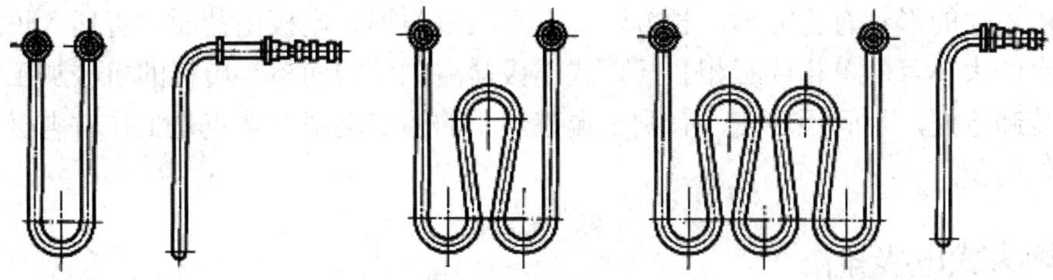

图 17.3 管状电热元件结构图

## 17.3　内热式浴炉

内热式浴炉是将热源放在介质的内部，利用介质的导电性直接熔化介质并将其加热到工作温度。电极盐浴炉是以熔盐本身作为电阻发热体，熔盐的运动是通过电磁作用力实现的。当两极间通入低电压大电流的交流电时，电极周围产生了很强的磁场，磁力线方向按右手定则决定。在电极间，磁场、电流与导体质点的受力方向三者互相垂直，因此电极间熔盐的质点受一向下的力，迫使熔盐向下运动，盐面的熔盐必然随之补充，从而熔盐始终向下方循环，促使整个盐浴温度趋于均匀。

电极盐浴炉分低温炉(低于 650℃)、中温炉(约 850℃)和高温炉(高于 1300℃)三种。低温炉常用于高速钢工件的分级淬火和回火；中温炉用于碳钢、合金钢件的淬火加热和高速钢工件的淬火预热；高温炉主要用于高速钢、高合金钢件的淬火加热。

内热式电极盐浴炉按其电极布置方式的不同，可分为插入式和埋入式两种。

### 17.3.1　插入式电极盐浴炉

插入式电极盐浴炉的结构见图 17.1(c)，其实物见图 17.4。所用的电极常为圆棒状，直径一般为 50 mm～80 mm。但也有正方形、矩形的电极，电极材料一般选用低碳钢，也可选用不锈钢或高铬钢。

图 17.4　插入式电极盐浴炉

盐浴炉坩埚的形状有正方形、长方形、圆形或多角形。电极由盐面垂直插入炉膛，依据加热功率的大小可用单相或三相。插入式电极盐浴炉结构简单，电极的机械加工要求不高，电极装卸方便，且间距可变，有利于调整炉子的输出功率。缺点是工作时电极会占用炉口的有效面积。

### 17.3.2　埋入式电极盐浴炉

埋入式电极盐浴炉就是将电极埋在浴槽砌体之中，只有电极的工作面接触熔盐，浴面之上无电极。

埋入式电极盐浴炉的优点是：浴面几乎全部可以利用。在浴槽容积相同时，埋入式的有效容积比插入式的大，生产率高，单位重量工件的热耗就少，并节省电能。另外，由于埋入式浴炉的启动时间短，熔化快，浴面辐射热损失少，这些都可以降低电能消耗。根据一些工厂的经验，埋入式电极盐浴炉可以比插入式浴炉节省电能 25%～30%。

埋入式电极浴炉的电极不与空气接触，寿命显著提高。例如，高温浴炉插入式低碳钢电极的寿命只有 5～6 天，而埋入式电极寿命可达到一个月左右；中温浴炉的电极寿命可由一个月提高到一年左右。在埋入式电极盐浴炉中，工件接触到电极的可能性较少，不易产生过热或烧伤。

埋入式电极盐浴炉的缺点是：电极与坩埚固定为一体，制造维修麻烦，不能像插入式电极盐浴炉那样单独调换电极或坩埚；另外，由于金属电极与耐火材料的膨胀系数不同，所以砌筑质量要求更严格。

按电极在坩埚内的位置不同，埋入式电极盐浴炉又分为侧埋式和顶埋式两种。

### 1. 侧埋式电极盐浴炉

侧埋式电极盐浴炉的实物及结构图如图 17.5 所示，其电极为直条状，电极由槽体后侧壁埋入。为防止漏盐，一般在电极引出柄处设有水冷装置。

侧埋式电极盐浴炉的主要优点：电极形状简单，制造方便；电极烧损均匀，寿命较长；炉面平整，便于操作。缺点是：电极柄需有水冷套，增加了热损失和水的消耗；更换坩埚时必须拆动炉体。

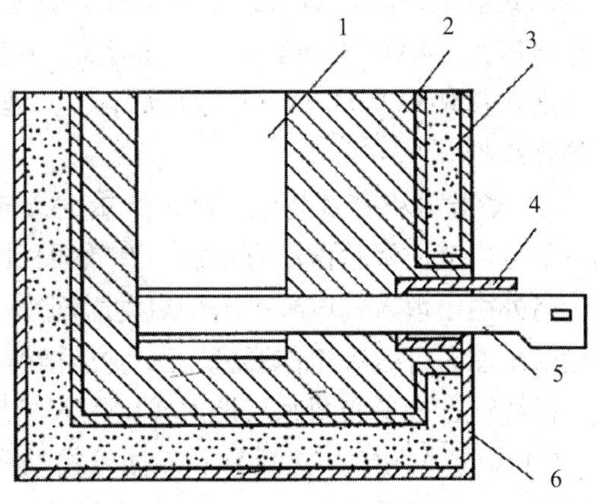


1—炉衬；2—炉罐；3—隔热侧；4—冷却水套；5—电极；6—外壳

图 17.5 单相侧埋式电极盐浴炉实物及结构图

### 2. 顶埋式电极盐浴炉

顶埋式电极盐浴炉的实物及结构图如图 17.6 所示，电极由顶部埋入坩埚壁中再弯曲露出内壁。顶埋式电极盐浴炉的主要优点是：炉胆结构简单可靠，不需要水冷套，更换坩埚时不必拆动炉体。它的缺点是：电极结构复杂，制造麻烦，电极端部烧损快；由于电极自顶部埋入，坩埚砌筑较麻烦，炉面也不平整。

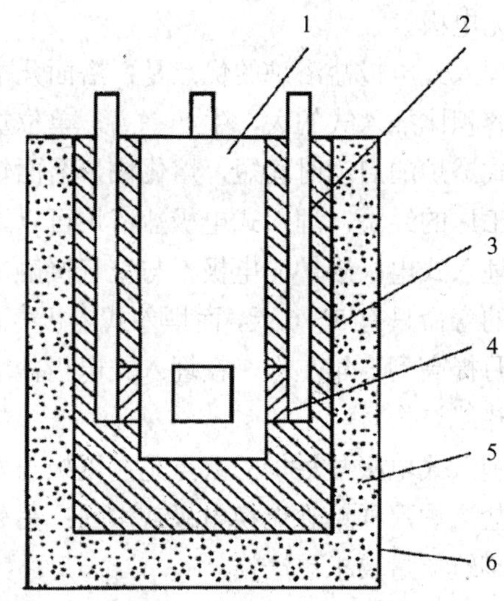


1—炉膛；2—电极柄；3—炉罐；4—电极；5—隔热层；6—外壳

图 17.6　顶埋式电极盐浴炉实物及结构图

侧埋式与顶埋式浴炉都是目前较成熟的炉型，在我国分别由专业电炉厂制造。

### 17.3.3　插入式与埋入式浴炉对比

插入式和埋入式电极盐浴炉的工作原理相同，所不同的是埋入式盐浴炉的工作电压较插入式盐浴炉高。插入式电极盐浴炉的电压为 5.5 V～17.4 V，而埋入式电极盐浴炉的工作电压为 14 V～36 V。埋入式盐浴炉的电极几乎都安装在坩埚的侧壁内，只有电极的工作面积接触熔盐，在浴面之上无电极。埋入式电极盐浴炉与插入式相比，有以下几方面的优越性。

(1) 炉膛容积有效利用率高，产量大，耗量小。埋入式电极盐浴炉的电极结构设在坩埚下部侧内壁，炉膛内没有电极，有效面积比插入式的大，所以装料量可以大些，生产率高。另外由于埋入式电极盐浴炉启动时间短，与插入式炉相比启动时间可缩短 1/2～1/3，一般 2 h 左右可达到工作温度。所以熔化快，浴面辐射热损失少，这些都可以使耗电量降低。据统计，产量相同时，埋入式比插入式盐浴炉节省电能 25%～30%。

(2) 炉温均匀，加热质量好。插入式电极盐浴炉的炉温，电极附近的介质温度较高，远离电极的区域温度较低。一般在同一水平截面上温差达到 10℃～15℃，深度方向的温差达到 15℃～25℃。埋入式电极盐浴炉由于电极位于炉膛下部的侧壁，靠下部的熔盐导电发热，所以炉介质温度偏高而上部介质温度偏低，这就有利于介质的自然对流，再加电磁电流的深度方向上的温差在 10℃以内，同一水平截面上温差则更小。再者，埋入式电极盐浴炉工件一般均位于电极区以上加热，不会因电流通过工件而引起过热，这就改善了工件的加热质量。

(3) 电极不与空气接触，烧损慢，使用寿命较长。中温炉和高温炉的电极寿命分别为半年和 40～45 天，而插入式电极寿命相应的只有一个月或一周左右。

(4) 操作方便。由于炉膛中没有电极引出柄，故工件装、出炉方便，且炉底平整，捞渣方便。

虽然埋入式电极盐浴炉具有以上优点，但其也存在维修和调节较麻烦的缺点。浴槽的更换不能像插入式电极盐浴炉那样单独调换单电极或坩埚，所以制造和维修麻烦。目前看来，中温炉的电极与浴槽的寿命相当，而高温炉两者的寿命相差较大，电极过早地损坏，所以对于高温炉，则插入电极优势大。另外，有的埋入式电极形状复杂，不易焊接，所以砌筑质量要求更严格，否则可能引起漏盐、短路。还有的电极间尺寸不能调节，电极形状、尺寸、布置要求高，功率不可调。

## 17.4　埋入式电极盐浴炉的设计

电极盐炉浴的设计原理及步骤与一般加热炉相同，但由于其结构特点及传热方式的特殊性，其设计方法尚不完善，大多数采用经验公式法。

埋入式电极盐浴炉的设计包括以下内容：

(1) 炉型选择及浴槽尺寸的确定；

(2) 炉体设计及结构设计；

(3) 炉子功率确定；

(4) 电极尺寸及布置方法的确定；

(5) 启动电阻的计算；

(6) 变压器的选择；

(7) 抽风机及自动化装置设计等。

### 17.4.1　浴槽尺寸的确定

由于埋入式电极盐浴炉的结构比较复杂，浴槽不宜做成圆形或多角形，一般为正方形或长方形。

浴槽尺寸主要根据浴炉每小时加热的工件重量，被加热工件的形状、尺寸，热处理工艺规范及工件装出炉用的夹具来确定。

在确定浴槽尺寸前，首先必须决定熔盐容积。当要求的生产率为 $g$(kg/h)时，可按下列经验公式确定熔盐的质量 $G$。

中温炉：$G = (2\sim3)g$ (kg)

高温炉：$G = (1.5\sim2)g$ (kg)

在工作温度下，熔盐的体积 $V_t = G/\rho_t$ ( $\rho_t$ 为熔盐在工作温度下的密度，可以从表 17.1 中得到)。则有

$$V_t + V = A \times B \times H \tag{17-1}$$

式中：$V$ 为电极所占体积；$A$ 为熔盐所占长度；$B$ 为熔盐所占宽度；$H$ 为熔盐所占深度。

表 17.1　熔盐的物理性质

| 物理性质 | 碱金属亚硝酸盐和硝酸盐的混合盐 | 碱金属硝酸盐的混合盐 | 碱金属氯化物和碳酸盐的混合盐 | 碱金属氯化物的混合盐 | 碱金属与碱土金属氯化物的混合盐 | 碱土金属氯化物 |
|---|---|---|---|---|---|---|
| 熔点/℃ | 145 | 170 | 590 | 670 | 550 | 960 |
| 工作温度/℃ | 300 | 430 | 670 | 850 | 750 | 1290 |
| 工作温度时的密度/(kg/m$^3$) | 1850 | 1800 | 1900 | 1600 | 2280 | 2970 |
| 固体比热/(kJ/kg·℃) | 1.34 | 1.34 | 0.96 | 0.84 | 0.59 | 0.38 |
| 液体比热/(kJ/kg·℃) | 1.55 | 1.51 | 1.42 | 1.09 | 0.75 | 0.5 |
| 溶解热(kJ/kg) | 127.7 | 230.2 | 386.4 | 669.7 | 345.3 | 182.1 |

### 17.4.2　功率的确定

用热平衡方法计算盐浴炉的功率过于麻烦且不准确，通常根据熔盐的体积来计算炉子的功率。如果已知熔盐的体积为 $V_t$(dm$^3$)，则浴炉的功率为

$$P = P_0 \cdot V_t \ \ (\mathrm{kW}) \tag{17-2}$$

式中：$P_0$为单位体积熔盐所需功率(kW/dm$^3$)。

表 17.2 所列的 $P_0$ 值适合于额定功率为 18 kW～140 kW，浴槽深度一般在 600 mm～700 mm，空炉升温时间要求不超过 2 h 条件下的盐浴炉。

选择 $P_0$ 值时，除考虑盐浴炉功率大小、炉温高低外，还应考虑所设计浴炉的具体条件。当浴槽深度大且熔盐散热面积较小时，$P_0$ 值应取小些；而对于要求快速或连续生产的浴炉，$P_0$ 值应取大些，以保证有足够的功率。

表 17.2　电极盐浴炉单位体积的功率值

| 温度/℃ | $P_0$/(kW/dm$^3$) |
|---|---|
| 650 | 0.4～0.6 |
| 850 | 0.7～0.8 |
| 1300 | 1.5～2.0(适用于 35 kW) |

### 17.4.3　电极材料的选择和尺寸的确定

电极材料可用纯铁、低碳钢、不锈钢、耐热钢，也可用石墨和碳化硅。目前大多采用

低碳钢制造电极，只有在特殊情况下才采用其他比较贵重的材料。例如，高温盐浴炉因更换盐浴电极不方便，采用耐热钢电极以延长寿命；在硝盐炉中，因炉盐的腐蚀性强，有时采用不锈钢电极。应该指出，用含镍量高的不锈钢或耐热钢作电极是不合适的，因为镍容易溶解在熔盐中，以致加热工件表面出现一薄层镍合金，因而应选用高铬不锈钢。

电极尺寸可根据电极承受的功率以及其截面允许的电流密度来确定。如果电极通过的电流为 $I$，则

$$I = \frac{P}{V} = F \cdot i \tag{17-3}$$

式中：$F$ 为电极截面积尺寸；$i$ 为电极允许的电流密度；$P$ 为对电极发生的功率；$V$ 为对电极之间工作电压。

根据 $F$ 可以计算出电极工作部分的直径或边长。电极与熔盐接触表面的电流密度应在 (5～7)A/cm$^2$，接触表面的单位负荷应小于 25 W/cm$^2$。对高温浴炉，指标更低一些。

### 17.4.4 炉体、坩埚的设计与制造

**1. 炉体结构**

为防止漏盐及便于更换坩埚和维修炉体，一般均将炉体与坩埚做成可拆卸式的。炉体的结构包括炉架和炉壳，可选用钢板焊接而成。炉壳外底部焊接支架，内底部砌硅藻土砖或蛭石粉填料；炉壳内部四周有绝热石棉板。

**2. 坩埚**

浴槽坩埚所用的材料有耐火混凝土和耐火砖两种。盐浴炉耐火混凝土坩埚的优点是：坩埚为整体，没有砖缝，漏盐现象大为减少，使用寿命一般较砖砌坩埚长，制造方便，成本也较低。目前，大量使用的有磷酸盐耐火混凝土和矾土水泥耐火混凝土。

磷酸盐耐火混凝土具有高强度，高耐火度，良好的高温韧性和热稳定性等特征；缺点是价格高，施工较麻烦，捣打质量要求高。矾土水泥耐火混凝土的耐火度和高温强度都比较差，开裂的倾向也大，但材料价格便宜，施工方便，整体性强。这两种耐火混凝土均可用来制作高、中温盐浴炉的坩埚。

**3. 炉胆**

为了更换坩埚方便，防止大量漏盐，坩埚外围有炉胆。炉胆用厚钢板密焊而成。尺寸较大的高温盐浴炉胆四周最好再焊角钢，以免炉胆胀裂而漏盐。

侧埋式浴炉的电极从后面引出，炉胆后侧面应开电极孔；顶埋式应保持电极柄与炉胆的距离大于 65 mm。

**4. 变压器的选择**

配套变压器的功率应比炉子的功率大 10%～20%。

**5. 排风装置**

为了防止盐浴蒸汽、油烟等污染车间空气，影响操作者健康和妨碍生产，浴炉必须装设排风装置。排风装置可以采用上排风或侧排风，排气罩与通风机相连。

### 17.4.5　启动电阻

由于固态盐不导电，电极盐浴炉不能利用工作电极直接启动，启动时必须用启动电阻。启动电阻一般有折带形和螺旋形，其中螺旋形常见，效果较好。

电阻的使用方法是：将电阻置于坩埚底部，加入一定数量的盐将启动电阻覆盖，启动电阻通电后逐渐将盐熔融；当熔盐升高接触电极后，再将启动电阻取出。生产结束停炉前，重新将启动电阻置于坩埚，以备下次启动用。

近年来还有许多新的启动方法问世。比如：高压电击穿法，副电极快速启动法，“654”碳粉直接启动法，小熔池法，导流器法等，但都不是很成熟。

### 17.4.6　盐浴炉使用注意事项

工件放入盐浴前必须烘干，严禁工件带水入盐浴，以避免产生爆盐的危险。

### 17.4.7　盐浴炉的节能

盐浴炉最有效的主要节能措施如下：

(1) 盐液面覆盖石墨粉、木炭和其他隔热物，以减少辐射热损失；

(2) 炉口加隔热盖，可有效降低热损失；

(3) 采用埋入式电极浴炉代替插入式电极浴炉；

(4) 采用各种快速启动法缩短启动时间，提高炉子利用率，可有效节能；

(5) 采用不脱碳、无氧化盐或无渣脱氧剂，可缩短辅助时间，减少热损失；

(6) 炉子间歇操作、装炉量不当或停炉期间保温不合理，也会带来热损失，故科学地组织管理、改进操作方法即可有效节能；

(7) 其他热损失如变压器发热、电极接头氧化和松动发热、电极冷却水供应不适当、熔盐熔点过低蒸发量大、工件加热时间过长等，都会增大炉子的热损失，在操作中注意加强管理，即可减少这类热损失。

# 第 18 章　可控气氛炉

工件在普通热处理炉内加热，其加热气氛主要有：空气、燃烧气氛、真空气氛和可控气氛等。金属在不同炉气中加热，其氧化脱碳的速度是不同的。在空气或燃烧气氛中加热，由于炉气中含有大量的 $O_2$、$CO_2$ 和水汽，使工件产生氧化、脱碳现象，甚至发生严重烧损。当金属工件在可控气氛炉内加热，不仅可以实现无氧化、无脱碳加热，还可实现增碳等化学热处理，通过炉气的测量与控制，改善工件表面质量和组织结构，进而提高工件的使用性能。同时，也可以提高热处理设备的机械化、自动化水平，改善劳动条件，提高生产效率。

## 18.1　钢在炉气中的氧化-还原反应

炉气的组分和性质不同，对金属加热时的氧化-还原反应也不同。常见的炉气含 $O_2$、$CO$、$CO_2$、$H_2$、$H_2O$ 和 $N_2$ 等。$N_2$ 在热处理温度下，可认为是惰性气体，它不与金属发生化学反应。$O_2$、$CO_2$ 和 $H_2O$ 是氧化性气体，$H_2$ 是还原性气体。CO 在热处理温度下，对铁是还原性气体，对锰、铬、钒和铝等是氧化性气体。要研究可控气氛与应用，先要研究炉气的氧化还原特性。

### 18.1.1　钢在空气中的氧化与还原

室温下，干燥空气对钢的氧化是极缓慢和不明显的。但在 200℃以上，空气对钢的氧化速度是加快的，并随着加热温度的增加，氧化速度也加快，氧化后的生成物也不相同。例如：在 570℃以下，钢氧化后的生成物为 $Fe_3O_4$、$Fe_2O_3$；在 570℃以上，其生成物为 $Fe_3O_4$、$Fe_2O_3$ 和 FeO。有关钢在空气炉内加热时的氧化-还原反应式为

在 570℃以下：

$$3Fe + 2O_2 \rightarrow Fe_3O_4 \tag{18-1}$$

$$4Fe + 3O_2 \rightarrow 2Fe_2O_3 \tag{18-2}$$

在 570℃以上：

$$3Fe + 2O_2 \rightarrow Fe_3O_4$$

$$4Fe + 3O_2 \rightarrow 2Fe_2O_3$$

$$2Fe + O_2 \rightarrow 2FeO \tag{18-3}$$

上述反应均为不可逆过程，因此要实现钢的无氧化加热，必须降低空气中的 $O_2$ 或降低炉内空气的含量。

### 18.1.2 钢在 $CO_2$-CO 气氛中的氧化还原

钢在 $CO_2$-CO 炉气中加热，其氧化-还原反应受温度、压力以及其他因素的影响，反应式为

在 570℃以下：

$$3Fe + 4CO_2 \leftrightarrow 4CO + Fe_3O_4 \tag{18-4}$$

在 570℃以上：

$$Fe + CO_2 \leftrightarrow FeO + CO \tag{18-5}$$

### 18.1.3 钢在 $H_2O$-$H_2$ 气氛中的氧化还原

钢在 $H_2O$-$H_2$ 炉气中加热，其氧化-还原反应受温度、组分压力以及其他因素的影响，反应式为

在 570℃以下：

$$3Fe + 4H_2O \leftrightarrow Fe_3O_4 + 4H_2 \tag{18-6}$$

在 570℃以上：

$$Fe + H_2O \leftrightarrow FeO + H_2 \tag{18-7}$$

### 18.1.4 钢在 CO、$CO_2$、$H_2$ 和 $H_2O$ 气氛中的氧化还原

钢在上述气氛中加热较少，而在燃烧气氛或可控气氛中加热较多，因此 CO、$CO_2$、$H_2$ 和 $H_2O$ 往往同时存在，讨论四种气体同时与钢铁发生氧化-还原反应比较符合实际。

在 570℃以下：

$$3Fe + 2CO_2 + 2H_2O \leftrightarrow Fe_3O_4 + 2CO + 4H_2 \tag{18-8}$$

在 570℃以上：

$$2Fe + CO_2 + H_2O \leftrightarrow FeO + CO + H_2 \tag{18-9}$$

从式(18-8)和式(18-9)可知，要使钢在加热时不氧化，必须使化学反应向左进行，这是钢铁材料加热时不氧化的条件。

## 18.2 金属在炉气中的氧化还原

在同样条件下加热，钢铁材料可以不被氧化，但并不能保证金属铬、锰、钒、铝等及其合金不被氧化。金属元素能否被氧化与其氧化物的稳定性有关。

金属与炉气的化学反应为

$$2Me + O_2 \leftrightarrow 2MeO \tag{18-10}$$

反应平衡常数为 $Kp_{10} = \frac{1}{P_{O_2}}$。

式(18-10)为可逆反应，可以看出，当金属氧化物加热到分解压等于炉气中 $O_2$ 分压的温度时，氧化物开始分解；当达到平衡状态，此时氧化物的分解压与气氛中 $O_2$ 的分压相等，并规定用 $P_{O_2}$ 表示。因此，一定温度下，金属的氧化和氧化物的分解处于平衡时，气氛中氧分压(或氧化物的分解压)被称为氧势，并作为标准状态下氧化物稳定性的量度，即氧势越高，金属氧化物的分解压越大，金属被氧化的可能性越大。几种金属氧化物的分解压和温度的关系见表 18.1。

**表 18.1　金属氧化物的分解压和温度关系**

| 金属氧化物 | 分解压(Pa) | | | |
|---|---|---|---|---|
| | 200℃ | 500℃ | 600℃ | 800℃ |
| $Fe_3O_4$ | $10^{-47}$ | $10^{-24}$ | $10^{-20}$ | $10^{-13}$ |
| FeO | | | $10^{-20}$ | $10^{-13}$ |
| $Cr_2O_3$ | $10^{-73}$ | $10^{-41}$ | $10^{-35}$ | $10^{-27}$ |

## 18.3　钢在炉气中的脱碳增碳

钢在炉气中加热时会发生脱碳、增碳反应，炉气性质不同，化学反应也不相同。

### 18.3.1　钢在 $CO\text{-}CO_2$ 气氛中的脱碳增碳反应

钢在 $CO\text{-}CO_2$ 气氛中的脱碳增碳反应方程式为

$$[C]_\gamma + CO_2 \leftrightarrow 2CO \tag{18-11}$$

$$Fe_3C + CO_2 \leftrightarrow 3Fe + 2CO \tag{18-12}$$

式(18-11)的平衡常数为

$$K_{11} = \frac{P_{CO}^2}{\alpha_C \cdot P_{CO_2}}$$

其中 $\alpha_C$ 为碳在奥氏体中的有效浓度或奥氏体中碳活度，

$$\alpha_C = \frac{奥氏体中实际含碳量(C_p)}{奥氏体中的饱和含碳量(C_s)} \tag{18-13}$$

需要注意的是，钢的含碳量和碳的有效浓度是两个不同概念，如含碳 0.8%的钢在 1000℃时其活度只有 0.45%。

### 18.3.2　气氛的碳势

从式(18-11)可以看出，在一定温度的 $CO$-$CO_2$ 气氛中，调整 CO 和 $CO_2$ 的比例，就可以控制 $\alpha_C$；又因为式(18-13)中 Cs 为常数，因而控制 $P_{CO}/P_{CO_2}$ 就可以使炉气的碳势与钢表面的含碳量相平衡，从而达到钢无脱碳增碳加热的目的。依据这一原理，可以用气氛的碳势描述钢在炉气中加热时的脱碳增碳倾向。所谓碳势，是指钢在一定温度下和一定成分的气氛中加热，气氛与钢的脱碳增碳反应速度相等时钢的含碳量。比如，40 钢的含碳量为 0.4%，如果炉气能保证 40 钢既不脱碳也不增碳，则该气氛的碳势为 0.4%。又比如，从图 18.1 所示碳势曲线可以看出，900℃时 70%CO-30%$CO_2$ 气氛的碳势为 0.5%，那么 40 钢在此条件下热处理会增碳，而 60 钢则会发生脱碳现象。

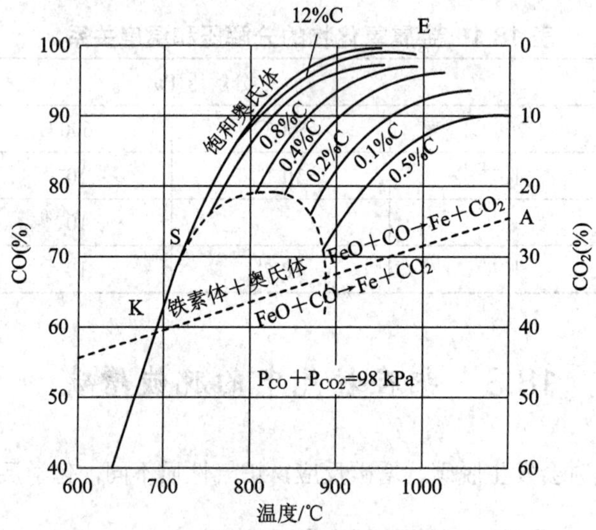


图 18.1　$CO$-$CO_2$ 气氛中碳势与炉温的平衡曲线

### 18.3.3　钢在 $H_2$-$CH_4$ 气氛中的脱碳增碳反应

钢在 $H_2$-$CH_4$ 气氛中的脱碳增碳反应方程式为

$$[C]_\gamma + 2H_2 \leftrightarrow CH_4 \tag{18-14}$$

$$Fe_3C + 2H_2 \leftrightarrow 3Fe + CH_4 \tag{18-15}$$

式(18-14)的平衡常数为

$$K_{14} = \frac{P_{CH_4}}{\alpha_C \cdot P_{H_2}}$$

同理，控制 $CH_4$ 和 $H_2$ 的比例，可以达到控制碳势的目的。

### 18.3.4　钢在多元气氛中的脱碳增碳反应

上述式(18-11)至式(18-14)，化学反应向右进行时为脱碳，向左进行时为增碳。

# 18.4　可控气氛制备

可控气氛的类型很多，按制备可控气氛的原料、制备方法和组分，可将其分为吸热式气氛、放热式气氛、氨分解气氛、滴注式气氛和特殊保护气氛等。

## 18.4.1　吸热式气氛

吸热式气氛是指燃料气与少于或等于理论空气需要量一半的空气在高温及催化剂作用下，发生不完全燃烧生成的气氛。因反应产生的热量不足以补偿系统的吸热和散热，需借助外部热量维持反应的进行，故称为吸热式气氛。原料气有天然气(含甲烷 90%以上)、丙烷、液化石油气(主要成分是丙烷、丁烷)、城市煤气。原料气与空气的混合气体在反应罐内进行化学反应，以丙烷为例，其反应式为

$$2C_3H_8+3O_2+3\times\frac{79}{21}N_2\rightarrow 6CO+8H_2+3\times\frac{79}{21}N_2+Q \tag{18-16}$$

制取这类气氛是借助降低空气与原料的混合比来调整气氛中的 CO 与 $CO_2$、$H_2$ 与 $H_2O$、$H_2$ 与 $CH_4$ 的相对含量，即调整气氛的碳势。

吸热式气氛典型的制备流程如图 18.2 所示。实际吸热式气氛发生装置主要由气体管路混合系统、动力系统、反应系统、安全系统等组成。吸热式气氛的主要特点是由于反应过程中提供了外部热量，因而其混合比例可根据对气氛碳势的要求，进行适当的调节与控制，使其适应性比放热式更强。除了可用于光亮热处理外，还可用于渗碳、碳氮共渗，以及薄钢板件的穿透渗碳和钢件脱碳后的复碳处理。

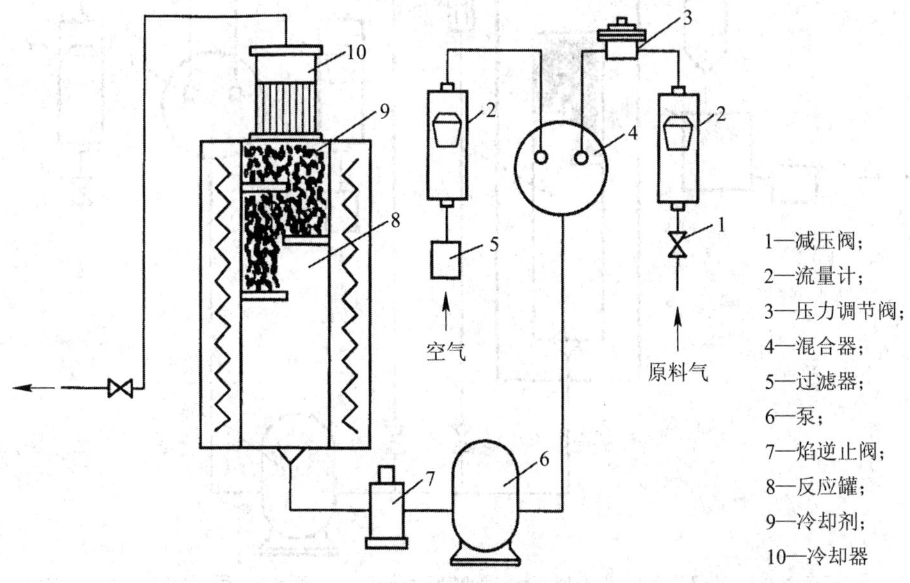


图 18.2　吸热式气氛的制备流程图

吸热式气氛的成本比放热式气氛成本高，在炉温低于 800℃时易形成炭黑，与空气混

合后易产生爆炸事故。由于气氛中的 CO、$CH_4$ 等成分会与 Cr 起反应，故对含 Cr 量较高的合金钢和不锈钢零件易产生表面贫铬缺陷。

### 18.4.2　放热式气氛

放热式气氛是指原料气与较多的空气($n = 0.5 \sim 0.95$)不完全燃烧的产物。因反应放出的热量足以维持反应进行而不需外加热源，故称为放热式气氛。以丙烷为例，其反应式为

完全燃烧：

$$C_3H_8 + 5O_2 + 5\times\frac{79}{21}N_2 \rightarrow 3CO_2 + 4H_2O + 5\times\frac{79}{21}N_2 + Q \tag{18-17}$$

不完全燃烧按式(18-16)进行。

根据式(18-16)和式(18-17)可见：

① 通过改变空气加入量，可以获得不同 $CO/CO_2$ 比值的气氛。空气加入量少时，$CO/CO_2$ 比值大，制得气氛的氧化性、脱碳性较弱；如果空气加入多，$CO/CO_2$ 比值小，气氛的氧化性、脱碳性较强。

② 空气加入量越多，发生完全燃烧的比例越高，单位体积丙烷气产生的 $CO_2$ 气体量越多，反之越少。

放热式气氛的制备流程如图 18.3 所示。原料气与空气按一定比例混合，用罗茨泵送到烧嘴，在燃烧室内进行燃烧试验及裂解，未燃烧的部分与原料气通过催化剂完全反应。反应产物主要含有 $N_2$、$H_2$、CO、$H_2O$ 和 $CH_4$。反应产物应通入冷凝器中，使其中的水汽冷凝成水而排除，必要时再净化处理，这样就获得可供应用的放热式气氛。

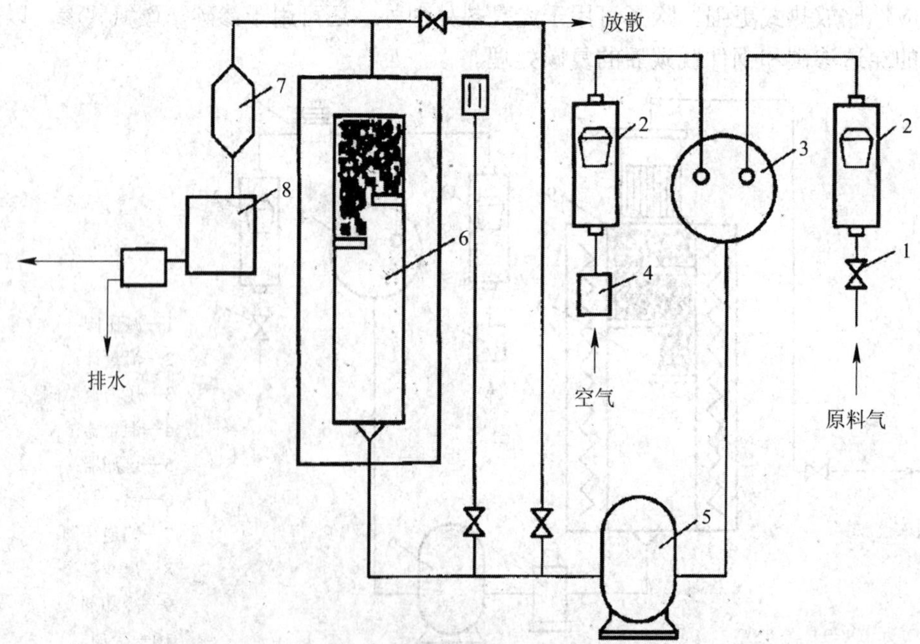


1—减压阀；2—流量计；3—混合器；4—过滤器；5—泵；6—燃烧室；7—净化器；8—冷凝器

图 18.3　放热式气氛的制备流程图

### 18.4.3　氨分解气和氨燃烧气

用氨制备的气氛可分为加热分解气氛(吸热式)和燃烧气氛(放热式)两类。燃烧气氛又可分为完全燃烧和不完全燃烧两类。

1. 氨分解气

将无水氨加热到 800℃～900℃，在催化剂作用下，分解成氢气+氮气的气氛，反应式为

$$2NH_3 \leftrightarrow 3H_2 + N_2 \tag{18-18}$$

氨分解气氛($75\%H_2 + 25\%N_2$)具有强的还原性和弱的脱碳性，常用于不锈钢、硅钢、铜和高铬钢光亮加热保护气氛。

2. 氨燃烧气

氨燃烧气的制备主要是由液氨汽化后直接与空气燃烧而制备的 $N_2 + H_2$ 气氛，反应式为

$$4NH_3 + O_2 + \frac{79}{21}N_2 \rightarrow 2N_2 + 4H_2 + 2H_2O + \frac{79}{21}N_2 \tag{18-19}$$

氨燃烧气中含 $N_2$ 气较高，常用于铜合金、铜锌合金、低碳钢的光亮退火，高强度钢的淬火等。

制备氨分解气氛的原料是液态氨，液氨汽化后，在一定温度下会发生式(18-18)分解反应，该反应是可逆的，升高温度或降低压力将有利于反应向氨分解方向进行。分解氨的成分为 $H_2$ 和 $N_2$。在标准状态下，1 kg 液氨可汽化为 1.32 $m^3$ 氨气，分解后可以得到 2.64 $m^3$ 的氢氮混合气体。氨的分解温度为 190℃～1000℃，随着温度的升高，分解速度加快。常用的分解温度为 650℃～850℃，其分解率可达 99.93%～99.979%，但分解较缓慢。为了提高反应速度，可采用铁镍、镍基、铁基材料做催化剂。

氨分解气氛的制备流程是原料气自氨瓶流入汽化器受热汽化，在反应罐中借助高温和催化剂的作用进行分解，分解产物自反应罐出来后再返回汽化器，利用其余热加热液态氨。冷却后的产物经净化，除去残氨和水汽，就制得了所需的水解氨。

氨分解气适用于含 Cr 量较高的轴承钢、耐热钢和不锈钢等。因为含有大量的 $H_2$ 和 $N_2$，在加热时与钢处于惰性状态，也适宜做光亮热处理和钎焊、硬质合金烧结的保护性气氛。如果在这种气氛中加热水蒸气，则其中的 $H_2$ 会具有较强的脱碳作用，因此也可以用于硅钢片的脱碳处理。

氨燃烧气氛的制备方法主要有两种：一种是氨气直接燃烧；另一种是氨先分解后再燃烧。现在多采用氨气直接燃烧法，从而省去了分解炉，大大降低了能耗。

### 18.4.4　滴注式气氛

滴注式气氛是指将甲醇、乙醇、煤油、甲酰胺等有机液体直接滴入热处理炉内，经裂解后生成的可控气氛。

滴注式气氛的主要成分是 $H_2$、CO 和少量的 $CO_2$、$H_2O$、$CH_4$ 等，气氛性质取决于有机液体分子式中 C/O 之比。C/O>1 时，如乙醇、丙酮、异丙酮、醋酸乙酯等，生成气氛为还原性和强渗碳性；C/O = 1 时，如甲醇，生成气氛为还原性和弱渗碳性；如果 C/O<1 时，如蚁酸，则为氧化性和脱碳性气氛。

滴注式气氛多用甲醇作为滴注液，为了提高气氛的碳势，通常以甲醇为载体，滴入 C/O>1 的有机液为增碳剂。

### 18.4.5　瓶装高纯气

瓶装高纯气体主要有 $H_2$、$N_2$、Ar、He，它们很早就应用在实验室和特殊合金的保护热处理上。现在由于炉子结构和新炉种的出现，炉子用气量大为减少。

Ar 是惰性气体，是由空气经压缩、液化和精馏而得。He 也是一种惰性气体，是由天然气液化制取的。

对于某些不锈钢，某些易氮化的金属和某些耐热合金，为了防止氧化，往往采用价格昂贵的纯 Ar 作为保护加热气氛。He 往往作为真空淬火的气态冷却介质，保证急冷。

瓶装高纯气体的用气量，可以根据需要随时调整，所以用气量节省；另外还可以根据需要配置成各种组分的气氛。因此，在某些场合，是适合采用瓶装气的。

## 18.5　碳势氧势控制

### 18.5.1　碳势控制原理

实际生产中，炉气中通常同时存在 $H_2O$、$CO_2$、$H_2$、CO，此时存在两个脱碳增碳反应：

$$[C]_\gamma + CO_2 \leftrightarrow 2CO$$

$$[C]_\gamma + 2H_2 \leftrightarrow CH_4$$

通过控制气氛中 $CO/CO_2$ 和 $H_2/H_2O$ 组分之间的相对量，使炉中气氛的碳势与钢表面要求的含碳量相平衡，实现钢的无脱碳增碳加热。

将式(18-5)和式(18-7)相减，可得

$$CO_2 + H_2 \leftrightarrow H_2O + CO \tag{18-20}$$

式(18-20)也称水煤气反应，其反应平衡常数为 $K_{20} = \dfrac{P_{CO} \cdot P_{H_2O}}{P_{CO_2} \cdot P_{H_2}}$，将 $K_{11} = \dfrac{P_{CO}^2}{\alpha_C \cdot P_{CO_2}}$ 代入，可得：

$$\alpha_C = \frac{K_{20} \cdot P_{H_2} \cdot P_{CO}}{K_{11} \cdot P_{H_2O}} \tag{18-21}$$

式(18-20)中，在一定温度下，$K_{11}$、$K_{20}$ 为定值，CO 和 $H_2$ 的微小变化对碳势影响很小，因此，通过测量气氛中 $H_2O$ 浓度(或 $CO_2$ 浓度)，即可依据式(18-14)得到气氛的碳势。

### 18.5.2　碳势测量与控制方法

碳势的测量方法有电阻法、露点法和红外线分析仪表法等。其中电阻法为直接测量法，其他方法需要先测量成分再计算碳势，称为间接测量法。

#### 1. 电阻法

电阻法测控炉气碳势的基本原理是利用铁及其合金细丝在高温下呈单相奥氏体状态，其电阻值与温度以及合金含碳量有关。当温度一定时，热丝电阻值与其含碳量之间存在单值函数关系：

$$R = f(\mathrm{C\%}) \tag{18-22}$$

热电阻丝很细，它的含碳量能很快与炉气碳势达到平衡，测量热电阻丝的电阻值变化就可达到控制炉气碳势的目的。

电阻法测量炉气碳势，是直接反映炉气中活性碳原子的渗碳能力，因此，用电阻法测控炉气碳势对炉气的组分和工况等因素的稳定性无需严格要求，反应灵敏，控制精度≤0.05%。其缺点是电阻丝寿命短，炉气的碳势不宜超过 1.3%。

#### 2. 红外线分析法

红外线是一种波长为 0.76 μm～1000 μm 的热辐射电磁波。在气体中，除了单原子和相同原子的双原子气体(如 He、Ar、$N_2$、$H_2$等)不吸收红外线外，其他气体都有选择吸收某些波长红外线的特性，其余波长的红外线则被透过。

当红外线通过混合气体时，混合气体中的被测气体将吸收对应波长的红外线，红外线能量减弱。被测气体的浓度越大，红外线能量减弱的也就越多。红外线 $CO_2$ 分析仪的原理图如图 18.4 所示。

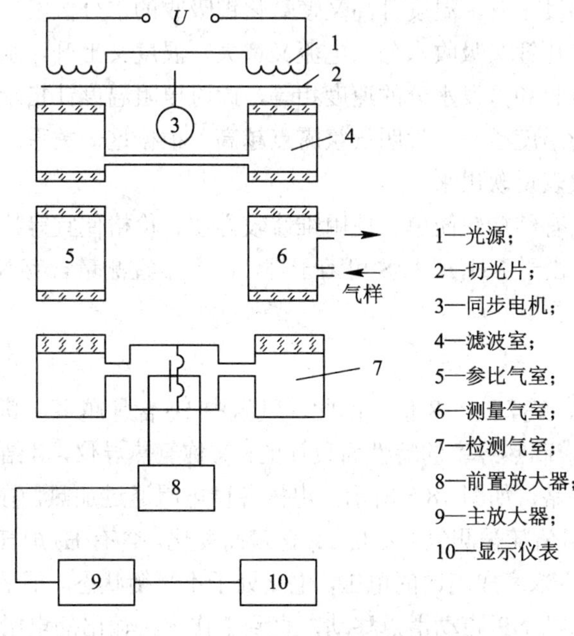


图 18.4　红外线分析法原理图

两束平行的红外线经由同步电机 3 带动的切光片以低频速度(每秒几次至几十次)轮流遮断，调制成低频率的断续光束。滤波室 4 内充有“干扰组分”的气体，以消除干扰组分带来的测量误差；参比气室 5 内充有 $N_2$ 气，因 $N_2$ 不吸收红外线，进入的红外线全部通过；检测气室 7 是由两个几何形状相同的红外辐射能量接收室组成，内充有 $CO_2$ 气体，并用电容器动片隔开。如果测量气室 6 通入的气体不含 $CO_2$ 时，射入两检测室的红外线能量相同，压力也相等，电容器极板不动，电容量没有变化，也就没有信号输出。当测量气室中通入含有 $CO_2$ 的混合气体时，由于 $CO_2$ 吸收一部分红外线导致进入检测室的红外线辐射能量变小，而参比光路的辐射能不变，此时电容器动片两侧存在压力差，再加上切光片的作用，使电容器的电容量发生周期性变化，输出信号。输出信号的强弱与电容的变化成正比，也就反映了被测气体中 $CO_2$ 浓度的高低。

输出信号经前置放大器 8 和主放大器 9 放大后，由显示仪表 10 指示和记录下来。

### 3. 露点法

在工业上，常用露点表示炉气中的含水量。所谓露点，指气体中水蒸气凝结成水雾的温度，即在一定压力下(1 atm 下)气体中水蒸气达到饱和状态下的温度。含水量越低露点越低，因此，通过测量露点，依据式(18-20)可知炉内气氛碳势。

氯化锂是一种吸湿性盐，吸收水分的程度随温度增高而下降。干燥的氯化锂晶体不导电，但吸水后有导电性，并且导电性随吸水量增加而增加。氯化锂露点仪就是利用氯化锂的吸湿性和导电性之间的关系制成。在铂电阻温度计上包着绝缘用的玻璃丝套，其上绕着两根不相连的加热电丝，然后浸涂氯化锂溶液。在两铂加热电丝上加 24 V～32 V 交流电压，并串联一限流灯，以保护加热电极。

当被测气体流入玻璃气室时，氯化锂吸收气氛中的水分，其导电性增加，通过电极的电流增大，引起电极温度上升。温度升高又使氯化锂吸收的水分蒸发，导电性降低，发热量减少，温度下降。氯化锂又吸收水分，电流又增大，温度又上升，水分又蒸发。如此反复进行，直到氯化锂吸收和蒸发水分的速度相等，此时电阻温度计指示的温度称为氯化锂平衡温度。显然，平衡温度越高，说明气氛露点越高。根据这一关系，气氛的碳势可直接由电阻温度计的显示仪表反映出来。

氯化锂露点仪表具有结构较简单、使用维修较方便、价格便宜等特点；但是氯化锂露点仪表反应速度较慢，由于 $NH_3$ 或 $H_2S$ 可溶于锂，因此不宜测量含有 $NH_3$、$H_2S$ 和 $SO_2$ 的气氛。

### 4. 氢分析法

$H_2$ 的热导率比 $O_2$、$N_2$ 高 6～8 倍，因此，气氛中 $H_2$ 含量越多，其导热能力越强。氢分析仪是利用 $H_2$ 具有较高热导率的特性而设计的，又称氢热导仪，其结构是由工作电桥和比较电桥组成的双桥电路，如图 18.5 所示。电桥各臂电阻通过加热，在 $R_1$ 和 $R_3$ 中通入被测气体，$R_1$ 和 $R_3$ 的电阻值随被测气体中的 $H_2$ 含量而变化。含有 $H_2$ 炉气的通入，使工作电桥对角线上产生了与 $H_2$ 浓度成正比的电压，电路处于不平衡状态。不平衡电压信号输入 $A$ 放大器，驱动可逆电动机 NP 带动滑点移动，直到工作电桥输出的电压与滑线电阻相应线段的电压平衡为止，滑动点的位置指示出气氛中相对应的 $H_2$ 含量。

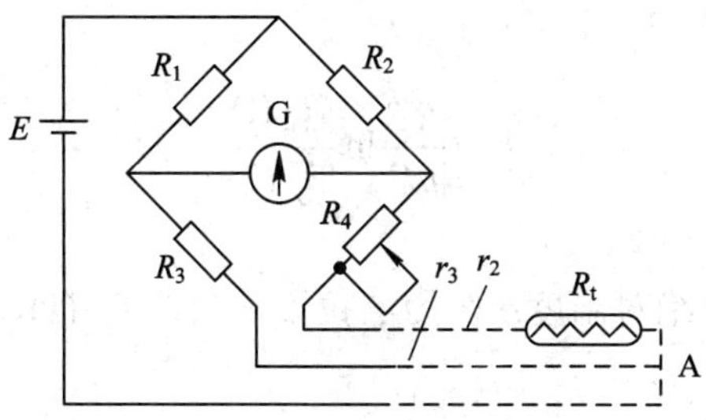


图 18.5 氢分析仪原理示意图

### 18.5.3 氧势控制原理

在渗碳气氛中，存在如下反应：

$$CO+\frac{1}{2}O_2 \leftrightarrow CO_2 \tag{18-23}$$

反应平衡常数为

$$K_{23}=\frac{P_{CO_2}}{P^{\frac{1}{2}}_{O_2}\cdot P_{CO}}$$

代入 $K_{11}=\dfrac{P_{CO}^2}{\alpha_C\cdot P_{CO_2}}$，得

$$\alpha_C=\frac{P_{CO}}{K_{11}\cdot K_{23}\cdot P_{O_2}^{\frac{1}{2}}} \tag{18-24}$$

一定温度下，$P_{CO}$ 为恒量，$K_{11}$ 和 $K_{23}$ 为定值，可见 $\alpha_C$ 和 $P_{O_2}$ 存在平衡关系，即碳势和氧势之间存在一定的关系。因此，可以利用氧势来控制炉内碳势。

### 18.5.4 氧势检测装置(氧探头)

氧探头是根据固体电解质氧浓差电池原理制成的。氧化锆是金属氧化物陶瓷，在高温下具有传导氧离子的特性。在氧化锆中掺入一定量的氧化钇或氧化钙杂质，可使其内部形成“氧空穴”，而形成的“氧空穴”是传导氧离子的通道。在氧化锆管(电解质)封闭端内外两侧涂一层多孔铂作电极，在高温下(＞600℃)，当氧化锆两侧氧浓度不同时，高浓度侧氧分子夺取铂电极上自由电子，以离子形式通过“氧空穴”达到低浓度侧，经铂电极释放出多余电子从而形成氧离子流，在氧化锆管两侧产生氧浓差电池，电化学反应为

阴极反应：

$$O_2+4e\rightarrow 2O^{2-} \tag{18-25}$$

阳极反应：

$$2O^{2-}-4e\rightarrow O_2 \tag{18-26}$$

氧浓差电池产生的电势为

$$E = \frac{RT}{nF} \ln \frac{P_{O_2}(1)}{P_{O_2}(2)} \tag{18-27}$$

式中：$R$ 为气体常数；$T$ 为绝对温度；$F$ 为法拉第常数；$P_{O_2}(1)$、$P_{O_2}(2)$分别为参比电极氧分压和被测气氛氧分压。

氧探头结构简单，灵敏度高，反应迅速，可以测量由于气体成分变化而引起的微小碳势变化。氧探头实物及结构图见图 18.6。

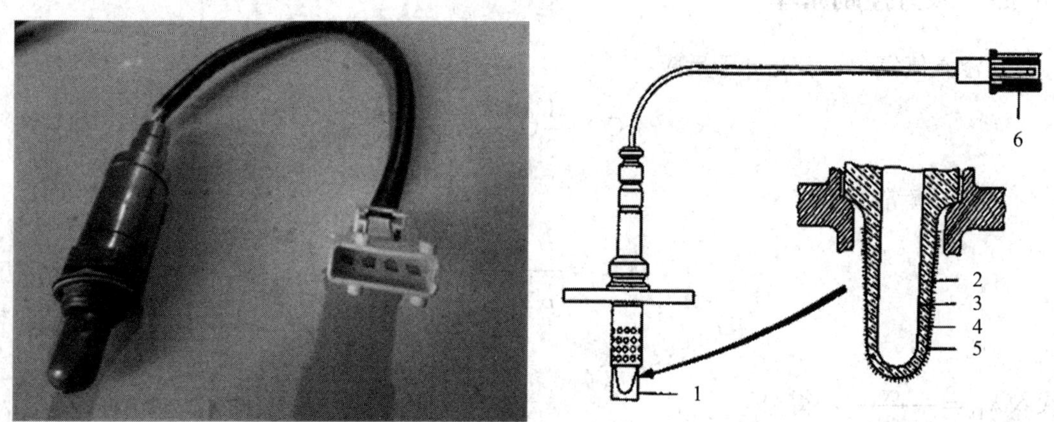


1—保护套管；2—内表面铂电极层；3—氧化锆陶瓷体；4—外表面铂电极层；5—多孔氧化锆保护层；6—线束接头

图 18.6　氧探头实物及结构图

### 18.5.5　气氛控制系统

从 20 世纪 80 年代到现在，可控气氛采用微机多参数碳势控制法，应用于热处理炉气氛控制的微机系统主要有以下四种。

#### 1. DDC 数字控制系统

DDC 数字控制系统是以数字显示指示的，配有键盘输入工艺参数和控制参数，其中主要包括温度控制回路和碳势控制回路。

由于碳势控制时的氧势随温度升高而增大，在此控制回路中没有温度参数，是以温度恒定为依据的。因此，若炉子停电降温，此系统是不能控制的，故更高一级的控制应加入 CO 变动量和温度变动量的因素加以修正。

#### 2. PC 图像显示控制系统

PC 图像显示控制系统是炉子信号直接输给 PC，用高级语言处理和运算，容易按数学模型投入运行，可以图像显示、动态控制。其缺点是 PC 不能直接放在炉前，必须设机房专人管理操作。

3. 分级控制系统

分级控制系统实际上是上述两种控制系统结合起来的，每一炉前设 DDC 级数显控制机，车间设 PC 控制机，做监督控制，可以控制管理车间多台炉子，依据炉前控制机将信息传输给监视机。这种控制系统是一个较完善的系统，包括了炉前静态控制和监视机动态控制，还便于生产管理。

4. SMC 控制系统

SMC 控制系统是一种更高级的控制系统，是集 DDC、SPC 及整个工厂的生产管理为一体的高级控制系统，该管理级向下以 LAN 网(局部网络)的形式与分布式监控主机相连，通过 GAN 网(全部网络)与行政管理计算机相连，既可以汇总现场生产信息，又可以实现高级资源共享，进行信息集中管理。

## 18.6　可控气氛热处理炉及其特点

### 18.6.1　可控气氛热处理炉的类型

可控气氛热处理炉的分类与普通热处理炉一样，有周期式和连续式。周期式炉有井式炉和密封箱式炉(多用炉)，适用于多品种小批量生产，可用于光亮淬火、光亮退火、渗碳、碳氮共渗等热处理。连续式炉有推杆式、转底式及各种形式的连续式可控气氛渗碳生产线等，适用于大批量生产，可进行光亮淬火、回火、渗碳、碳氮共渗等热处理。

### 18.6.2　可控气氛热处理炉的特点

可控气氛热处理炉的特点是在某一既定温度下，向炉内通入一定成分的人工制备气氛。通过调节通入气氛的成分，实现对炉内气体的碳势控制。与一般热处理炉相比，可控气氛热处理炉有以下几方面特点。

1. 炉子密封性良好

为控制炉内气氛，维持炉内一定压力，炉内工作空间始终要与外界空气隔绝，尽量避免漏气及吸入空气，故要求对炉壳、砌体、炉门及所有与外界连接的零部件，如风扇、热电偶、辐射管、推拉料机等采用密封装置。电热元件等在可控气氛作用下，需采用抗渗碳性强的材料或加抗渗碳涂料，最好用低压供电，以免元件渗碳或炉壁积碳使元件发生短路而毁坏。在装、出料以及淬火、缓冷过程中均需在密封条件下进行，因此，要有装、出料的前室与后室，密封淬火机构和通入控制气氛的缓冷室等。与外界相同的炉门结构要严密，开启时多采用火封装置。

2. 炉内气氛均匀

为了维持炉内的一定碳势，除了控制炉气成分的稳定性外，还要对炉内气氛进行自动控制。因此，需设有各种控制仪表，以便对炉气连续或定期测定并调整向炉内的供气量，达到控制炉内碳势的目的。

为了更新炉内气氛和维持炉内一定的压力，需控制炉内气氛的流量和流向。尤其是对连续贯通式炉，由于炉膛各区段的碳势要求不同，因而炉气流向的控制更为重要。

为了改善零件的各种热处理质量，一般在炉内设有循环风扇以均匀炉内气氛，强化炉内传热条件和提高炉内温度均匀性。

**3. 炉内构件抗气氛侵蚀**

对于吸热式可控气氛，炉衬需要采用可控气氛，该气氛对电热元件都有侵蚀作用，破坏元件的氧化膜，发生渗碳或渗氮，缩短元件的使用寿命。为了保护电热元件，可将其安装在辐射管内。对于暴露在气氛中的元件，应在氧化气氛中加热，使其退碳、退氧，重新形成保护性氧化膜。热电偶的热结点不得暴露在可控气氛中。

**4. 装设安全装置**

可控气氛大多数有毒，另外还原性气氛与空气达到一定混合比后，在一定温度下易引起爆炸。因此除要求正确操作外，炉上应有防爆孔，还应设安全装置，故对炉子的前、后室，淬火室以及缓冷室等均设有防爆系统。炉子供气与排气的控制系统也要有防爆措施。在管路上设单相阀、截止阀、火焰逆止阀、压力测定器以及安全报警等装置。

**5. 机械化、自动化程度高**

各种可控气氛炉的密封性能要求高，装、出料操作过程复杂，要求一台炉子多用途。大批量生产时，多组成大型联合热处理专用或两用以上的各种机组，因而要求有较高的机械化、自动化程度。

为了实现燃料燃烧和炉温的自动控制，以及为了提高辐射管的使用寿命及效率，故对燃料有一定的要求，例如对发生炉煤气必须净化，要去除硫、焦油和水。

由于可控气氛热处理炉的产品质量要求较高，故对一些附属工序如清洗、淬火、缓冷等要求较高。进炉前或淬火后的工件要清洗干净，光亮淬火时要求用光亮淬火介质，并对淬火介质的温度和循环速度要严格控制，缓冷时要能严格控制气氛成分及其冷却速度。

### 18.6.3　可控气氛热处理炉

可控气氛热处理炉类型和结构繁多，现在可控气氛热处理炉的发展趋势是：炉气的可靠控制和保证工艺的再现性；降低气氛消耗，真空和可控气氛相结合；专用炉向多用途方向发展；安全操作设施不断完善；广泛采用微机操作和控制系统。

**1. 周期作业可控气氛热处理炉**

以单推拉料式密封箱式炉为例，这种炉可以在保护气氛或可控气氛下进行退火、渗碳、渗氮、碳氮共渗等多种热处理，故称之为多用炉，其实物及结构图如图 18.7 所示。从图中可以看出，该炉由预热室、加热室、淬火装置、推拉料机构、辅助机构和可控气氛装置等组成。

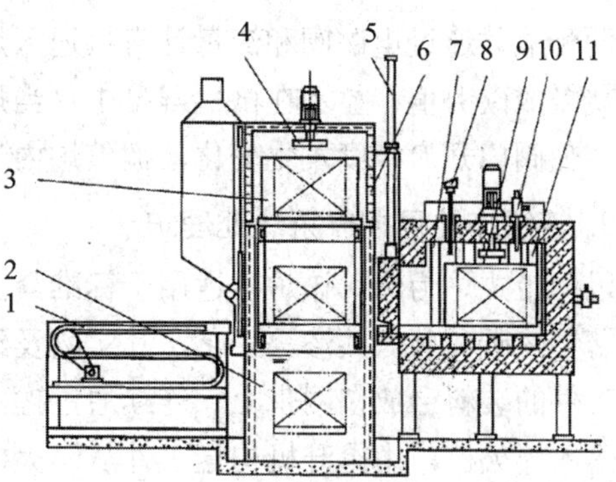


1—辅助推拉料机构；2—淬火装置；3—前室；4—风机；5—升降机构；6—缓冷水套；7—辐射管；8—热电偶；9—风机；10—可控气氛装置；11—加热室

图 18.7 单推拉料式密封箱式炉实物及结构图

预热室可分为有缓冷室和无缓冷室两种，可以与炉壳或淬火油槽成一体，也可以用螺栓连接。预热室壳体为焊接而成的方形密封室，预热室门位于前室前面，由电机减速器驱动链条开启和关闭。门与框之间采用石棉绳靠门自重或压紧机构压紧，门下方设有火帘装置。前门开启后，能自动点燃，当工件进入或拉出时，防止空气进入炉内引起氧化脱碳或爆炸。当预热室门关闭时，火帘同时熄灭。预热室安装防爆装置，一旦空气进入引起爆炸，气体从防爆装置泄出，确保安全。

密封箱式炉的预热室，不仅是进料的过渡区，而且是工件加热后进行淬火、缓冷等作业以后的出料区。要能淬火，预热室的下面就应有油槽。要能缓冷，预热室的上面或侧面就应该接缓冷室。缓冷室位于预热室的上面或侧面，位于上部叫上缓冷，位于侧面叫侧缓冷。可将缓冷室焊成钢板密封夹层，通入自来水冷却，也可将冷却水管装在缓冷室两侧的内壁上。缓冷室上部安装风机强制气流循环，加速冷却。

加热室用钢板焊接成密封结构与预热室连接在一起，顶部装有风机装置，以保证炉温和气氛均匀。炉顶装有热电偶，用于控制炉膛温度，炉膛两侧采用电加热辐射管或气体燃料加热辐射管，垂直或水平放置在炉膛两侧。炉衬采用抗渗转、硅酸铝纤维复合材料。炉内的进出料导轨采用滑动式或滚动式，安装于炉底。

淬火装置是由淬火槽、淬火升降台、油加热器、油搅拌器等组成。淬火槽为一方形槽，由钢板焊接而成，并与预热室和缓冷室连成一体。为使工件在淬火时达到工艺要求，槽内除了设有油搅拌器外，还设有油加热器、油冷却器，将油温控制在40℃～60℃之间，以提高油冷却能力。

推拉料机构由框架、料盘滚动导轨、电机减速器、套筒滚子链、推拉传动机构等组成。根据炉体结构可设计成单推拉料式和双推拉料式。单推拉料式机构只能通过前门，炉子密封性好，但机构动作复杂，易出现故障。双推拉料式推拉动作比较稳定可靠，缺点是由于后推拉料机构的安装，密封效果稍微差一些。

进料、出料、淬火和缓冷时，料盘和工件必须作前后和上下的运动。前后运动由推拉料机构来完成，但是上下运动需要依靠辅助升降机构来完成。

可控气氛系统是由储液罐、流量计、电磁阀等部分组成。渗碳剂为丙酮，稀释剂为甲醇，两种液体通过电磁阀和流量计直接通入炉内。碳势控制采用氧探头直接测定炉内氧分压，转换成碳势值，显示在微机屏幕中；当炉内碳势发生变化，偏离给定值时，微机发出信号，使阀门开启程度发生变化，调整炉内气氛。

### 2. 连续作业可控气氛热处理炉

以网带式炉为例，该炉子适用于标准紧固件和小型工件的退火、正火、回火、光亮淬火、薄层渗碳和碳氮共渗等工艺，其实物及结构图见图 18.8。

工件的装料台放在网带上，连续通过罐内的几个加热区到达滑道，完成加热和保温工序后落入淬火槽，由提升机构把工件从淬火槽内取出。

炉罐是由镍铬合金耐热钢制作的。罐底装有耐热辊道，辊道上安装活动底板，网带在底板上。活动炉底板由一只配有减速齿轮的控制电机通过偏心轮带动。工件在网带上运动平稳，且通过时间恒定。

炉内气氛由滑道尾部处连接供给的气源来补充。炉子入口处有气体燃料的火帘以阻止外界空气的进入，工件落向淬火槽时有循环泵所形成的淬火剂帘幕，使罐内气氛保持稳定密封；网带返回通道的出口处有水封。

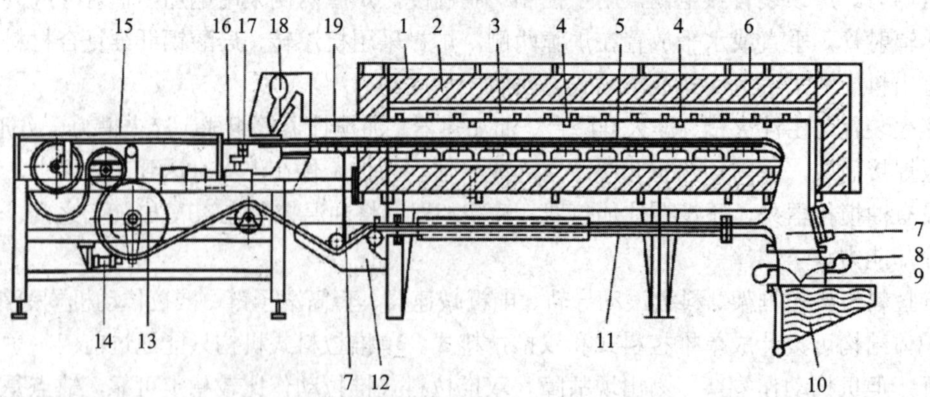


1—炉壳；2—炉衬；3—加热室；4—风扇；5—活动炉底板；6—电热元件；7—气体进口；8—滑道；9—淬火剂幕帘；10—淬火槽；11—返回导管；12—水封；13—驱动鼓轮；14—驱动鼓轮机构；15—进料台；16—网带；17—炉底板驱动机构；18—火；19—气体密封马弗炉

图 18.8　带有炉罐的网带式炉实物及结构图

炉罐内加热室分为几个独立控制的加热区，加热元件位于加热室顶部和底部，由电阻丝和电阻带绕制在陶瓷棒上；炉壁外和顶部有可拆卸的开启孔，便于观察、拆装维修；为了保证高质量的热处理，炉罐内装有强力风扇。

炉罐网带式炉机构复杂，且炉罐因变形需定期更换，因此成本较高。炉膛用超轻质抗渗碳砖砌成，保温层采用硅酸铝毯；炉内还设有一系列的辐射板，使热空气更均匀地分布在整个工作室，因而炉温均匀；网带配有侧挡板，可连续装料；炉子动作程序可实现自动控制，并配有数显微机温控仪及多点记录仪。

# 第19章　感应热处理设备及其他表面加热装置

## 19.1　感应加热装置

感应加热具有速度快、加热质量高、操作简单、节省能源以及易于实现机械化大生产，可通过计算机控制，实现无人操作等优点，因此，感应热处理设备在我国热处理生产线中已得到广泛应用。

### 19.1.1　感应加热的基本原理

感应加热是以交变电流通过感应器，使其在感应器周围产生交变磁场，当工件放入具有交变磁场的感应器时，交变磁场与工件产生磁感应作用，因而产生感应电势和感应电流，感应电流做功而把工件加热，其原理见图 19.1。

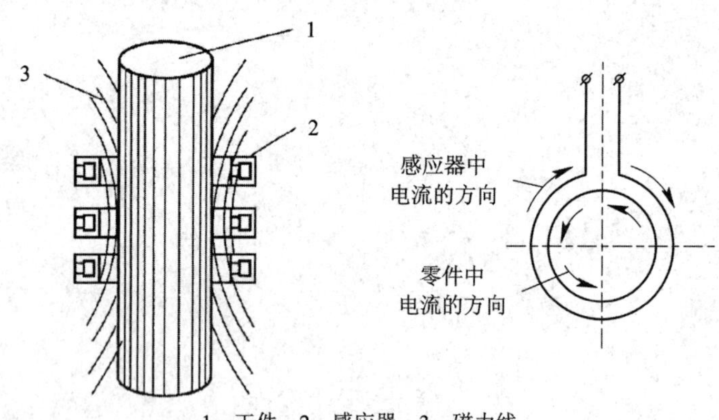


1—工件；2—感应器；3—磁力线

图 19.1　感应加热示意图

依据电磁感应定律，工件内感应电势大小与磁力线的变化为

$$e=-\frac{\mathrm{d}\Phi}{\mathrm{d}t} \tag{19-1}$$

式(19-1)表明：感应电势的大小 $e$ 与工件内磁通 $\Phi$ 的变化率成正比，负号“－”表示感应电势的方向与磁力线方向相反。

由于被加热工件内存在电势，所以在工件内将产生闭合电流，称之为涡流。涡流强度与感应电势大小成正比，而与涡流回路的电抗成反比。由于金属的电抗值很小，涡流可以达到很高的数值，因而在工件内部产生很大的热量，使工件表层温度快速地升高。

对铁磁性材料来说，除电磁感应产生涡流热效应外，还有由于磁滞现象所引起的热效应，同样会使工件加热速度增加。但应指出，工件的加热主要还是依靠涡流的热效应。

涡流之所以能实现表面加热，这是由交变电流在导体中的分布特点所决定的。其特点如下。

### 1. 集肤效应

当导体中通过交流电时，其电流在截面上的分布是不均匀的，在导体表面的电流密度最大，中心的电流密度最小，而且交变电流的频率愈高，表层的电流密度愈大，这种现象称作集肤效应。

感应电流自工件表面向心部呈指数规律衰减，距离表面某处感应电流值可由下式求出。

$$I_x = I_0 \exp\left(-\frac{2\pi}{\mathrm{C}} \cdot \sqrt{\frac{\mu f}{\rho}} \cdot X\right) \tag{19-2}$$

式中：$I_0$为工件表面涡流强度；C 为光速；$\mu$ 为工件磁导率；$f$ 为电流频率；$\rho$ 为工件电阻率；$X$ 为距离工件表面的距离。

工程上规定：当 $I_x$ 降至 $I_0$ 的 $1/e = 0.368(e = 2.718)$处的电流深度称为电流透入深度，用 $\delta$ 表示，即 $x = \delta$ 时，$I_x = 0.368I_0$。由此可见，电流透入深度与电流频率的平方根成反比。电流频率越高，电流透入工件深度越浅。

### 2. 邻近效应

两个相邻导体流过电流时，如果电流方向相同，由于它们所产生的交变磁场的相互作用，使两导体相邻一侧的感应反电势最大，电流被驱向于导体外侧流过，反之，当电流方向相反时，电流被驱向于两导体相邻一侧，即内侧流过，这种现象称作邻近效应。

在感应加热时，零件上的感应电流总是与感应圈中的电流方向相反，所以感应圈上的电流集中于内侧通过，而位于感应圈内被加热零件上的电流则集中于表面，这就是邻近效应与集肤效应叠加的结果。

在邻近效应作用下，只有当感应圈与零件间的间隙相等时，感应电流在零件表面的分布才是均匀的；当间隙不相等时，工件表面的感应电流就分布不均匀，从而导致其加热不均匀。所以零件在感应加热过程中要不断地旋转，以此消除或减少因间隙不等所造成的加热不匀，获得均匀的加热层。

同时，在邻近效应作用下，零件上被加热后的形状总是与感应圈的形状相似，因此，在制作感应圈时，应使其形状适合零件加热区的形状，才能获得较好的加热效果。

### 3. 圆环效应

当交流电通过圆环状或螺旋状导体时，由于交变磁场的作用，导体外表面电流密度因自感反电势增大而降低，而在圆环内侧表面获得最大的电流密度，这种现象称作圆环效应。感应器上的圆环效应对于加热零件外表面是有利的，因为其热效率高，加热速度快；而对加热内孔是不利的，因为圆环效应使感应器上电流远离工件表面，导致加热效率显著降低，加热速度减慢。为了提高内孔感应器和平面感应器的效率，一般都要在感应器上安装磁导率强的导磁体，将电流“驱”向感应器上靠近工件的一侧，以减小间隙，提高加热效率。

当感应器轴向高度与圆环直径之比值愈大时，圆环效应愈显著。故感应器截面为长方形正方形好，而圆形最差，应尽量少用。

4. 尖角效应

把外形带有尖角、棱边及曲率半径较小的突出部分的工件，置于感应器中加热时，即使感应器与工件之间的间隙相等，由于在工件的尖角处和突出部分通过的磁力线密，感应电流密度大，加热速度快，热量集中，从而会使这些部位产生过热，甚至烧熔，这种现象称为尖角效应。在感应加热淬火时，由于尖角效应而产生热，从而造成开裂的现象是常见的。例如齿轮在进行高频淬火时，尖角部分往往容易过热而开裂。

为了避免尖角效应，设计时应将感应器与工件尖角和凸出部分的间隙适当增大，以减小该处磁力线的集中，这样工件各处的加热速度和温度才能比较均匀一致。或者将工件尖角及凸出部分改为圆角或倒角也能收到同样效果。

## 19.1.2　感应热处理设备的选择

1. 感应热处理设备的类型

根据工作频率的不同，可将感应热处理设备分为工频、中频、高频以及超音频感应加热装置等。感应加热装置的频率和主要特性见表 19.1。

表 19.1　感应热处理设备类型

| 加热装置 | 频率/Hz | 变频方式 | 应用范围 | 特点 |
|---|---|---|---|---|
| 工频感应 | 50 | | 大截面工件表面淬火，可获得 15 mm 以上的淬硬层 | 不需要变频装置，装置简单，造价低廉，电热转化效率高 |
| 中频感应 | $500\sim10^4$ | 中频发电机、晶闸管中频电源 | 曲轴、凸轮轴和大模数齿轮的表面淬火，淬硬深度为 5 mm 左右 | 中频发电机功率因数较低，被晶闸管中频电源取代 |
| 高频感应 | $10^5\sim10^6$ | 高压整流、高频震荡 | 淬硬层小于 1 mm 的工件，如小模数齿轮、小轮、阀、阀盖等淬硬层较薄的零件 | 节能、环保，应用广泛 |
| 超音频感应 | $10^4\sim10^5$ | 高压整流、高频震荡、淬火变压器 | 淬硬层大于 3 mm 形状复杂的零件，如齿轮、凸轮、花键等 | 效率高、性能稳定、安全可靠 |
| 超高脉冲发生 | $10^7$ | | 加热速度快，淬硬层小于 0.5 mm 的工件 | 淬火变形极小，适合于全自动流水作业线 |

### 2. 感应热处理设备选择

一定规格型号的感应加热设备，其电流频率基本上是固定的，因此不同感应加热设备在工件中电流的透入深度也不同。设备输出的频率越高，感应电流在工件中透入的深度越浅。假如设备输出的频率在工件中所能达到的电流透入深度为 $\delta$，而工件所需的淬火层厚度为 $x$，则必须根据工件的工艺要求去选择适宜的感应加热设备。

如果 $\delta<x$，设备的频率高，电流透入深度浅，加热只集中于表层，要达到生产需要则需延长时间，加热速度慢，生产率低下。

如果 $\delta\geqslant x$，设备的频率低，电流透入深度深，加热速度快，表面辐射损失小，生产效率高，但能量损耗大。

生产实践表明，当 $x=0.5\delta$ 时，热效率最高。硬化层深度与电流透入深度的关系应满足经验公式

$$\frac{1}{4}\delta\leqslant x<\frac{1}{2}\delta \tag{19-3}$$

根据式(19-3)，可以估算出圆柱形零件感应淬火时的最高、最低和最佳频率。

对于碳钢有

$$f_{\max}\approx\frac{2.5\times10^{5}}{x^{2}} \tag{19-4}$$

$$f_{\min}\approx\frac{1.5\times10^{4}}{x^{2}} \tag{19-5}$$

根据以上公式计算，对于圆柱形的钢零件，淬硬层深度与推荐使用的设备见表 19.2。

表 19.2　淬硬层深度与设备频率

| 淬硬层深度/mm | 1.0 | 1.5 | 2.0 | 3.0 | 4.0 | 5.0 | 10.0 |
|---|---|---|---|---|---|---|---|
| 最高频率/Hz | 250000 | 100000 | 60000 | 30000 | 15000 | 8000 | 2500 |
| 最低频率/Hz | 15000 | 7000 | 4000 | 1500 | 1000 | 500 | 150 |
| 最佳频率/Hz | 60000 | 25000 | 15000 | 7000 | 4000 | 1500 | 500 |

选择频率时，零件直径 $D$ 也是要考虑的因素。一般说来，零件直径越大，要求淬硬层深度越深，使用频率就应越低。当零件直径与电流透入深度之比小于 10 时，由于感应器的电效率会显著下降，因此，小直径零件宜取较高频率。

但关系不适用于形状复杂的零件。以齿轮为例，当电流频率很高时，电流集中于齿顶；电流频率偏低时，电流集中于齿根或使整齿透热。但从齿轮工作条件来说，要求淬火层沿齿形轮廓分布。因此，加热齿轮的频率与齿轮模数 $m$ 有关。

### 3. 感应热处理设备功率的确定

由于感应热处理设备的电流要经过工频交流—直流—高频交流的转换，因而在确定设备功率时有多种计算参数，如直流功率、设备输出功率以及加热工件的功率等。

1) 直流功率($P_0$)

工频交流电经变压、整流后输入高频装置的直流功率，为正负极电压与阳极电流强度的乘积。

2) 设备输出功率($P_1$)

直流电经高频装置转换后输出的电功率，为设备输出功率，即

$$P_1 = \eta_a \cdot P_0 \tag{19-6}$$

式中：$\eta_a$为高频装置的效率，其值为0.6～0.8。

3) 负载吸收功率($P_L$)

加热工件所消耗的电功率$P_L$，为负载吸收功率。

$$P_L = P_1 \cdot \eta_B \cdot \eta_M \cdot \eta_C \tag{19-7}$$

式中：$\eta_B$为淬火变压器效率，0.65～0.85，一般取0.8；$\eta_M$为感应器效率，0.65～0.85，一般取0.8；$\eta_C$为回路传输效率，0.9。

4) 工件单位面积比功率($P_b$)

感应加热时，工件单位表面积功率又称比功率，是指被加热工件单位面积上所需要的功率。比功率是计算工件需要的总功率，进而选择感应装置功率的最基本的依据。

实践证明，精确计算比功率有许多困难。生产上一般采用近似计算和查阅有关资料确定。对于尺寸较小的工件，原始组织较细的中碳钢或合金钢，宜采用单位面积比功率大一些；反之，对尺寸大的工件，单位面积比功率宜小些。此外，加热方式对单位面积比功率的选择亦有影响，见表19.3。

**表19.3　工件单位面积比功率**

| 频率 | 一次加热淬火 $P_b$/(kW·cm$^{-2}$) | | 连续加热淬火 $P_b$/(kW·cm$^{-2}$) | |
|---|---|---|---|---|
| | 范围 | 常用范围 | 范围 | 常用范围 |
| 中频淬火 | 0.5～2.0 | 0.8～1.5 | 1.0～4.0 | 2.0～3.5 |
| 高频淬火 | 0.5～4.0 | 0.8～2.0 | 1.0～4.0 | 2.0～3.5 |

5) 工件加热所需的功率($P_A$)

(1) 一次加热淬火。一次加热或同时加热的功率根据比功率和工件淬火面积的乘积计算，即

$$P_A = P_b \cdot S \ \ (\text{kW}) \tag{19-8}$$

(2) 连续加热时，工件加热的功率表达式为

$$P_A = P_b \cdot \pi \cdot D \cdot h = P_b \cdot \pi \cdot D \cdot V \cdot t \ \ (\text{kW}) \tag{19-9}$$

式中：$D$为工件的直径；$h$为感应器高度；$V$为工件移动速度；$t$为工件移动时间。

根据热平衡原理，工件加热所需的功率($P_A$)应等于负载吸收功率($P_L$)，即

$$P_A = P_L \tag{19-10}$$

设备输出功率($P_1$)表达式为

$$P_1 = \frac{P_A}{\eta_B \cdot \eta_M \cdot \eta_C} \tag{19-11}$$

6) 设计功率($P_{设}$)

综上所述，在选择感应热处理设备的设计功率($P_{设}$)时，不仅应考虑加热工件所需的功率($P_A$)，还需考虑感应加热设备在电能转换过程中的总效率，即

$$P_{设}=\frac{P_A}{\eta} \tag{19-12}$$

式中：$\eta$ 为感应热处理设备的总效率。

如果设计功率不能满足工艺要求时，则应考虑改变淬火方式，如改一次淬火为连续淬火，用较小功率的设备处理较大的零件等。

### 19.1.3 感应器设计概要

感应器是感应热处理设备的重要组成部分，它使感应电流有效地传输给被加热工件并达到感应热处理的工艺要求。感应器的设计依据是工艺要求、设备条件、加热方式和冷却方式等要素。

#### 1. 感应器的分类

感应器按电流频率分为高频、中频和工频感应器；按工件形状分为外圆加热感应器和内孔加热感应器；按感应器圈数分为单圈和多圈；按加热方式分为同时(一次)加热感应器和连续加热感应器。

#### 2. 感应器的设计原则

感应器的设计应符合以下要求：

(1) 被加热零件表面温度应尽可能均匀。

(2) 感应器电效率尽可能高，损耗尽可能小。

(3) 有良好的冷却条件。

(4) 感应器有足够的机械强度，且制造简单，操作使用方便。

#### 3. 感应器结构尺寸的设计

感应器的设计需根据工件的形状、尺寸以及热处理技术要求来设计，由施感导体(感应圈)和汇流板两部分组成。感应圈用壁厚 1.0 mm～1.5 mm 的紫铜管制成，多为矩形且内通冷却水。汇流板用厚 2 mm～3 mm 的紫铜板制成，一端焊在感应圈上，另一端接到变压器次级线圈上，以向感应圈输入电流，如图 19.2 所示。

图 19.2 感应器实物图

感应器的设计主要包括感应圈的形状、尺寸、圈数，感应圈与工件的间隙，汇流板的尺寸与连接方法，冷却方式等。其结构尺寸主要根据中、高频电流的特点以及感应线圈的使用寿命等综合考虑。

1) 感应器与工件的间隙($\varDelta$)

感应器与工件的间隙对加热效率、经济性和安全性都有重要影响，其大小与感应器的功率因数有下列关系：

$$\cos\varphi = \left[1 + \left(1 + \frac{\varDelta}{a \cdot \mu}\right)^2\right]^{-\frac{1}{2}} \tag{19-12}$$

其中：

$$\varDelta = \sqrt{\frac{(\cos^2\varphi - 2) \cdot a \cdot \mu}{2a \cdot \mu + 1}} \tag{19-13}$$

两式中：$\cos\varphi$ 为感应器功率因数；$\varDelta$ 为感应器与工件的间隙；$a$ 为涡流产生的深度；$\mu$ 为工件的磁导率。

从式(19-13)可知，间隙尺寸的大小直接影响感应器的功率因素。间隙大，感应器功率因数低；反之，间隙小，感应器功率因数就高。

从邻近效应来分析，间隙尺寸愈小，加热时工件表面涡流密度就愈大，加热层就愈薄，加热速度也愈快。

从操作安全情况来说，间隙愈小操作愈不方便，同时易产生短路，使感应器击穿或降低寿命。此外，间隙尺寸大小还受到设备功率和淬硬层深度的影响。例如 60 kW 高频设备加热简单工件，其间隙尺寸选 2 mm～3 mm；同样尺寸的工件，用 100 kW 高频设备加热时，其间隙尺寸应选 3 mm～5 mm。有关感应器和工件间隙尺寸见表 19.4。

**表 19.4　感应器与工件间隙尺寸**

| 工件直径/mm | 间隙尺寸/mm | 备　注 |
|---|---|---|
| $<30$ | 1.5～2.5 | 内孔工件间隙 1 mm～2.5 mm |
| $>30$ | 2.5～5.0 | 平面工件间隙 1 mm～4 mm |

2) 感应器高度

在加热时，施感导体的高度会直接影响加热深度和淬硬层的分布，见图 19.3。

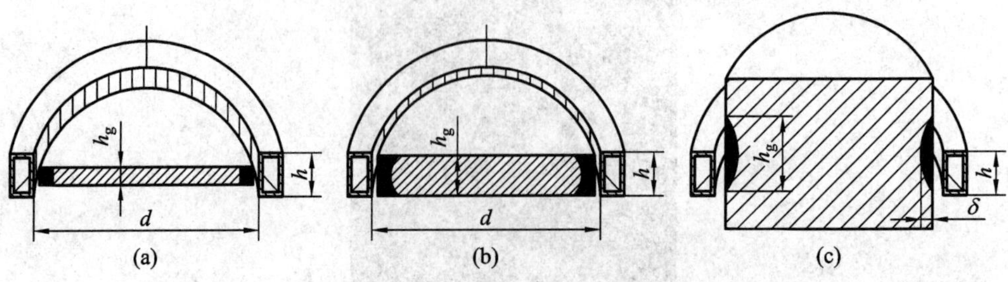


图 19.3　施感导体的高度与热深度和淬硬层关系

从图 19.3(a)中可以看出，当施感导体的高度 $h$ 大于淬硬区高度 $h_g$ 时，淬硬层深度分布均匀；当 $h$ 等于 $h_g$ 时，则淬硬层形状呈弧形，如图 19.3(b)所示。这主要是由于工件两端的磁力线密度较大，涡流集中所致。当 $h$ 小于 $h_g$ 时，淬硬层呈月牙形，如图 19.3(c)所示，这是由于加热层两端磁力线密度较小而冷却散热速度较快所致。后两种情况对质量要求严格的工件是不允许的。若轴形零件淬硬区较长，可采用多圈感应器或移动连续加热。

(1) 连续加热时，圆柱形工件外表面加热感应器高度的表达式为

$$h = \frac{P_{设} \cdot \eta}{\pi \cdot D \cdot P_b} \tag{19-14}$$

式中：$P_{设}$ 为设计功率；$\eta$ 为设备总效率；$D$ 为工件直径；$P_b$ 为工件比功率。

(2) 长轴类工件局部加热感应器高度的表达式为

$$h = L + (8 \sim 12) \tag{19-15}$$

式中：$L$ 为淬硬区长度。

(3) 一次加热的短轴类工件用感应器高度表达式为

$$h = L - 2\varDelta \tag{19-16}$$

式中：$\varDelta$ 为感应器与工件的间隙。

### 19.1.4　感应器冷却水路

为了避免感应器在工作过程中发热，需通冷却水进行冷却，且工件的淬火也需喷水冷却，因此应合理设计冷却系统。

冷却水管的尺寸与电流频率、电流透入深度、加热方式和散热条件有关，表 19.5 中的数据可供设计时参考。

**表 19.5　冷却水管参数**

| 设备类型 | 铜管尺寸/mm | 水压/MPa |
|---|---|---|
| 高频 | $\phi 5.0 \times 0.5$ | 0.1～0.2 |
| 中频 | $\phi 8.0 \times 1.0$ | 0.1～0.2 |

### 19.1.5　汇流板的尺寸与间隙

汇流板的长短取决于工件的形状、尺寸和淬火感应器的结构等因素。一般来说，汇流板的长度宜短些，有利于降低阻抗，提高工件单位比功率，影响施感导体的电压。

汇流板间隙通常选 1.5 mm～2.0 mm，间距增加则感抗增加，使工件表面比功率下降；反之，间隙太小时，容易形成短路，产生不安全的因素。因此，在汇流板中间需要垫入云母片或黄蜡布包扎，防止汇条之间接触而发生事故。

### 19.1.6　导磁体和屏蔽作用

在高、中频感应加热时，由于环状效应的影响，电流往往集中于感应器的内侧，这对

圆柱形工件的外表面加热是有利的。但是，对于工件内孔表面加热和工件平面加热是不利的。为此，在感应器设计时需要增加磁导体，以改变施感导体的阻抗和磁通的分布，提高感应器的效率。

在感应器的设计中，如果工件相邻部位不允许或不需要加热，应采取屏蔽措施，以防止工件的加热，即无需加热处加上铜环或铁磁材料环做成短路磁环，使磁力线优先通过磁短路环，而起到屏蔽作用。

此外，对于其他需要屏蔽的部位，如键槽、油孔和其他部位，可打入铜或铜楔等进行屏蔽，避免工件加热时产生过热和裂纹等。

## 19.2 其他表面加热装置

### 19.2.1 火焰表面加热装置

火焰表面加热装置主要由供气系统、火焰加热器、工件装夹及移动系统、冷却系统等组成。火焰表面加热是一种使用较早的表面加热方法，设备简单、投资少、成本低，适用于各种形状、大小的工件表面加热，特别适用于比较大的零件热处理。

火焰表面加热所用气体主要有煤气、天然气、甲烷、乙炔等，以乙炔最为常用。

火焰淬火时，为得到良好的工艺效果，要求火焰有规律、稳定地沿着工件表面移动，因此需要在淬火机床上进行。火焰淬火机床的各种工艺动作及传动系统与感应淬火机床基本相似，具有移动、转向和调整等基本功能。

近年来，由于采用新的温度测量方法及机械化等，工件淬火质量不断得到提高。

### 19.2.2 电子束加热装置

电子束加热处理是利用电子枪发射的成束电子轰击工件表面，高能电子的动能直接传给表面金属原子，使表面急剧加热，随后进行自冷淬火。电子束用于热处理加热始于 20 世纪 70 年代后期，与激光热处理相比，电子束热处理的热效率更高，操作费用较低，投资费用较少。另外，工件表面不需要预先涂黑，处理周期短。

电子束可以使热处理的精度达到一般热处理工艺所达不到的程度。由于功率输入与自冷速度极快，并且十分均匀，因此，可以将硬化部分及其深度控制得相当精确，热影响区很小，工件变形量能降低到无需校直和精磨等后道工序的程度。

电子束加热在真空中进行，因此，热处理过程中不需要保护气氛，加热后表面没有氧化皮，也无需清除表面覆盖层。

电子束加热采用高速电子的聚焦束为能源，可以对工件表面有选择地进行局部硬化。如果在稀释的氢、甲烷、氮的气氛中进行电子束加热，还可以实现渗碳、渗氮等化学热处理。

除相变硬化外，还可以采用电子束加热，通过局部熔化处理达到改善材料性能的目的。电子束加热局部熔化继以快速凝固，可以使高速熔化区的显微组织和合金成分发生改变，使硬度有所提高，断口转呈韧性特征。

电子束加热装置通常根据应用范围和生产要求，与相应的机床组合在一起。此外，还有多工位机床，这些机床均可用机械手自动装料、卸料和搬运零件，而且，还可以与计算机集中控制系统的数据信息通路相连接。

随着微电子控制技术的发展，计算机控制的电子束加热装置已成为一种很有经济效益的表面淬火系统。它具有操作费用低，消耗物品少，输入功率小，工件变形小，不需要后处理等特点，另外，采用电子计算机控制系统致使机床操作的准确性与自动检测能力提高，保证了产品的质量。

近年来，电子束加热装置已不仅仅用于表面淬火加热，还用于表面化学热处理，以及电子束物理气相沉积等。

### 19.2.3　激光加热装置

近年来，利用激光加热进行硬化处理和化学热处理的工艺，在国内外获得迅速发展。与其他加热方式相比，激光加热具有以下优点：能量高度集中，可以局部硬化处理，工件无变形和翘曲，能在长达 100 m 的距离内传递热量，无需淬火介质，工艺过程可以实现完全机械化和自动化。

激光加热处理技术已从最初的自冷表面相变硬化发展为激光表面重熔处理、激光表面合金化、激光表面非晶态处理以及激光脉冲表面冲击硬化等一系列表面处理方法。

激光热处理装置通常由激光器、功率调节系统、激光系统、导光系统、光束摆动机构、聚焦镜头、工作台及控制系统等组成。

激光加热装置通用性好，一种装置能适应很多种尺寸和形状不同的零件，有时还可以间接地进行处理，可以节省附件种类，减少更换时间。激光器本身是一个单元，因激光束高度平行，还可以用反射镜、光学纤维等传递，故无需装在工作台附近。一台大功率激光器可供几套工作台使用，管理方便。大功率 $CO_2$ 激光器，除定期补充气体外，平时仅需电力和冷却水，供应便利。在处理工件时，可以选择性地仅处理工件必须处理的部位，因此，可节约能量和材料。

激光加热装置的缺点是大功率激光器的体积太大，设备造价昂贵，激光器的电—光能量转换效率太低，通常在 20%以下，处理的层深较小，处理效率较低。

# 第20章　其他热处理设备

热处理炉的类型较多，除了前面讲解的常用热处理炉外，还有热处理真空炉、离子氮化炉和流态化粒子炉等。

## 20.1　真空热处理炉

真空热处理炉是一种在工作时炉膛或炉罐内保持真空的炉子。通常将低于一个标准大气压的空间称为真空，真空状态下气体的稀薄程度称为真空度，其计量单位是Pa。

真空区域按真空度可分为低真空($10^5$ Pa～$10^2$ Pa)、中真空($10^2$ Pa～$10^{-1}$ Pa)、高真空($10^{-1}$ Pa～$10^{-5}$ Pa)以及超高真空($< 10^{-5}$ Pa)。

真空热处理使被加热的工件不氧化、不脱碳，并保持原有金属光泽，通常不要求再加工，可提高工件的耐磨性，同时对零件还有脱脂、脱气等作用。

真空热处理炉的用途很广，用于各种活泼金属、难熔炼金属和某些合金钢的光亮淬火、钎焊和烧结。此外，真空渗碳、真空渗金属也已开始应用于生产中。但在真空炉中，热源与工件的热交换主要靠辐射换热进行，对流换热量很少，工件加热较慢，加热均匀性较差。在真空下，稀薄空气容易电离产生辉光或弧光放电。

真空热处理炉分为外热式和内热式两类。

### 20.1.1　外热式真空热处理炉

外热式真空热处理炉的结构见图20.1，工件放在可抽真空的炉罐中，加热体、耐火绝热材料等均放在炉罐外。

当工件放入炉罐内密封后，开始抽真空到规定的真空度，再加热到规定温度。抽真空可连续，亦可间歇或停止。工件冷却有炉内冷却和炉外冷却两种，炉内冷却速度慢，炉外冷却速度快。

外热式真空热处理炉结构简单，制造容易，易于密封，抽气量小，容易得到要求的真空度，不受耐火、绝热材料及电阻放气的影响，不存在真空导电问题，工件加热质量高，生产安全可靠。

热源在炉罐外热效率低，加热速度慢，生产周期长。由于炉罐材料高温强度所限，炉子尺寸一般较小，工作温度低于1100℃，适用于合金钢退火、真空除气、真空渗金属，也可淬火。炉子热容量及热惯性很大，控制较困难，炉罐的使用寿命较短。

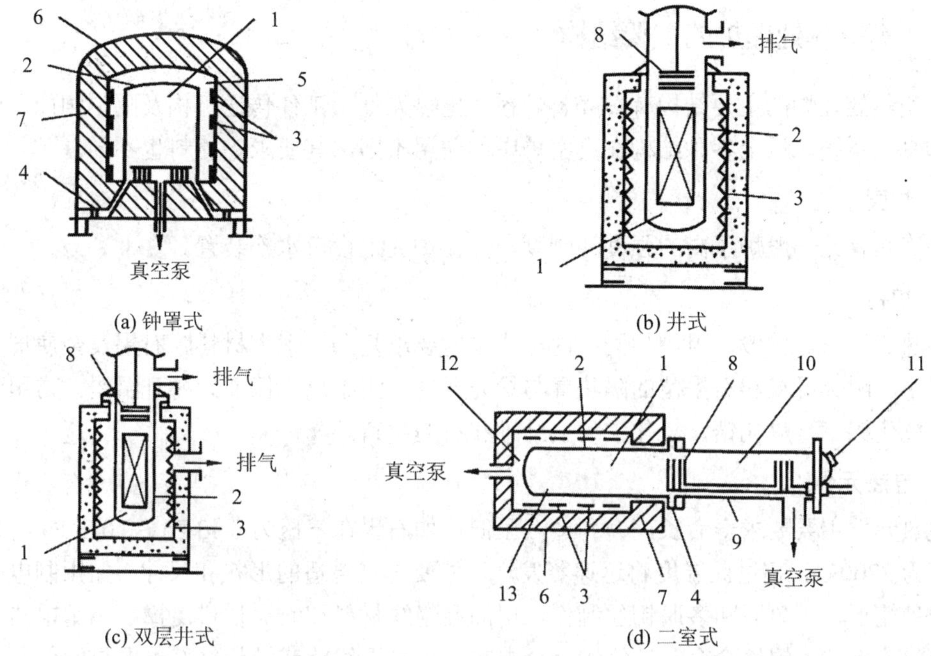


(a) 钟罩式　(b) 井式　(c) 双层井式　(d) 二室式

1—加热室；2—真空容器；3—电热元件；4—密封垫；5—大气；6—外罩；7—耐火材料；8—挡板；9—水套；10—冷却室；11—窥视孔；12—粗真空室；13—微真空室

图 20.1　几种外热式真空热处理炉结构图

## 20.1.2　内热式真空热处理炉

内热式真空炉的整个加热装置及被加热工件均在真空容器内，保持规定的真空度，外壳风冷、水冷。炉内容积大，热效率高，生产率高，但抽气量大，制造安装要求高，调试复杂，造价高。适用于真空退火、淬火、回火、钎焊和真空烧结等。此类炉型炉壁通水冷却，又称冷壁真空炉，其实物图如图 20.2 所示。

图 20.2　内热式真空炉实物图

### 20.1.3　真空热处理炉的主要结构

真空热处理炉的主要结构有炉壳、炉衬、电热元件、工件传送机构及隔热闸门、淬火油槽和真空系统。以上各种结构在真空炉中的作用不同，其要求的材料也不同。

**1. 炉壳**

炉壳具有比一般炉子高的强度和刚度，并在炉壳上设有水冷装置。

**2. 炉衬**

外热式炉衬与一般电阻炉相同；内热式炉衬要求复杂，耐火材料、石墨及金属屏要求放气量小，耐火纤维和石墨毡的隔热屏与炉壳保持一定距离，保证炉衬升温快。常用耐火材料有氧化铝、二氧化锆、氧化铍耐火纤维和石墨材料。

**3. 电热元件**

电热元件主要要求寿命长、饱和蒸汽压低，如石墨在气压为 0.13 Pa～0.013 Pa 时，使用温度为 2200℃，超过此温度将迅速蒸发。另外要选定合适的形状和尺寸，如钼制电热元件制成鸟笼形，用单股和多股钼丝制作，用高温绝缘材料和耐火材料支撑；钨钽电热元件制成线状或板状；镍铬合金、铁铬铝合金电热元件采用线状或带状；石墨电热元件制成筒状，小件电热元件为布、带、棒、板状。它们的主要性能见表 20.1。

**表 20.1　几种常见电热材料参数**

| 材料 | 密度/$(g \cdot cm^{-3})$ | 室温电阻率/$(\Omega \cdot m)$ | 电阻温度系数/$(10^{-3}/℃)$ | 熔点/℃ | 真空下的最高温度/℃ | 单位面积功率/$(kW \cdot m^{-2})$ |
|---|---|---|---|---|---|---|
| Mo | 10.2 | $5.6\times10^{-8}$ | 4.71 | 2622 | 1800 | 200～400 |
| W | 19.3 | $5.5\times10^{-8}$ | 4.82 | 3400 | 2400 | 200～400 |
| Ta | 16.6 | $1.24\times10^{-7}$ | 3.99 | 2996 | 2200 | 200～400 |
| 石墨 | 1.5～1.8 | $1.2\times10^{-7}$ | 1.26 | 3652 | 3000 | — |

电热元件的尺寸与普通电阻炉相同。

**4. 工件传送机构及隔热门**

工件传送机构要求结构简单，传送平稳，动作协调可靠，移动速度较快，制造安装容易，便于机械化、自动化。

**5. 淬火油槽**

淬火油槽由油槽体、搅拌器、加热器和冷却装置组成。真空室内装有离心风机，使充入气氛高速循环，淬火时使工件迅速冷却。

**6. 真空系统**

真空系统主要参数有工作真空度、抽气速率、漏气率和抽气时间等。几种真空热处理炉的典型真空系统原理图见图 20.3，其中图 20.3(a)所示是具有机械旋转泵的真空系统，属于低真空系统，如井式真空炉多采用该系统；图 20.3(b)所示是具有机械旋转泵和扩散泵(或油增压泵)的真空系统，属于中真空系统。工作时，先启用机械泵对真空炉预抽真空，当达到增压泵可以启动的压强时，再启动增压泵抽到要求真空度。这种系统在真空淬火炉中应用很广。图 20.3(c)所示是具有机械旋转泵、增压泵和扩散泵的真空系统，使用时要先用机械旋转泵达到预抽真空，再用后级泵。真空退火炉、真空钎焊炉多采用此系统。

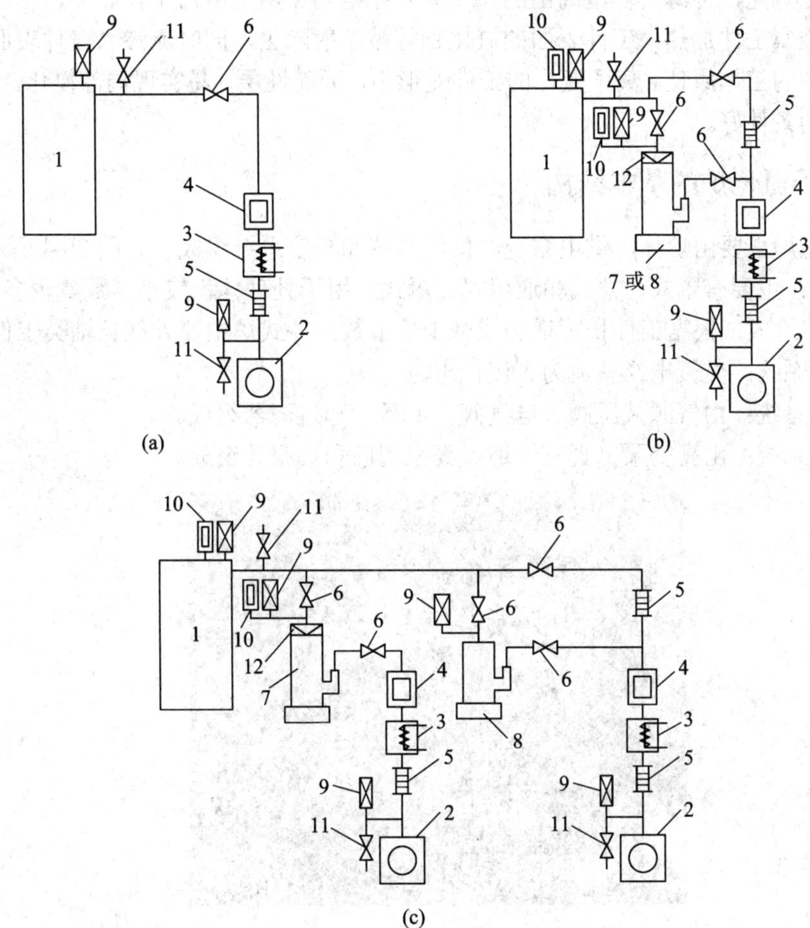


1—电炉；2—旋转泵；3—冷凝器；4—过滤器；5—伸缩器；6—阀门；7—扩散泵；8—增压泵；9—热偶规管；10—电离规管；11—冲空气、保护气体或接入氦检漏仪的阀门；12—冷阱

图 20.3　真空热处理炉典型真空系统原理图

## 20.2　离子氮化炉

离子氮化炉为一隔热真空器，借助离子轰击作用加热工件和进行离子渗氮。离子渗氮具有渗氮周期短、产品质量好、节约能源和减少环境污染等特点，是近年来发展较快的热处理工艺。

### 20.2.1　离子氮化炉的工作原理

将工件放入炉内作为阴极，而氮化炉体外壳作为阳极，密封后容器抽真空达到 13.33 Pa 后再充入少量氨、氯或氮、氢混合气，使炉内压力达到 133 Pa～1333 Pa，在阴阳两极间逐渐增大电压(400 V～800 V)使气体点燃，工件表面出现辉光闪点，几分钟后消失，随后出现紫蓝色辉光，稀薄气体电离出的 $H^+$和 $N^+$在电场作用下轰击工作表面，由动能转化为热能而将金属工件加热，工件表面的氧化物等被溅射除去，同时氮渗入工件表面。这就是离子氮化炉的工作原理。离子氮化的工件变形小，无脆性层，易实现局部氮化，周期短，效率高，劳动条件好。

### 20.2.2　离子氮化炉的基本结构

离子氮化炉主要由炉体、供电系统、供气系统和真空系统组成，如图 20.4 所示。

(1) 炉型：主要有罩式、井式和通用式。罩式炉用于处理体积较小、数量较多的工件；通用式由几节组成，根据工件长短增加或减少炉节数；井式炉主要处理长轴类工件。

(2) 供电系统：交流电经整流为直流供电。

(3) 供气系统：由气源减压阀、送气阀、流量计和过滤器组成。

(4) 真空系统：由真空泵、真空管道、真空阀门和真空计组成。

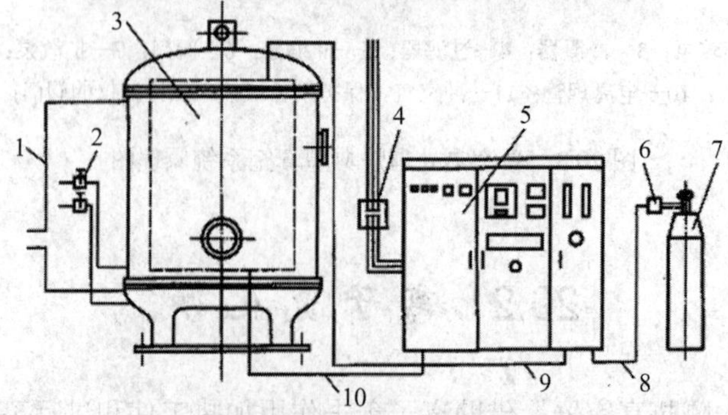


1—冷却水回水管；2—冷却水阀门；3—真空炉体；4—自动空气开关；5—微机控制；6—减压阀；7—氮气瓶；8、9—氮气软管；10—阴极导线

图 20.4　离子氮化炉实物及结构图

# 20.3　流态化粒子炉

采用流态化固体粒子作为加热介质的炉型称作流态粒子炉，也称流态床炉。按热源不同，流态化粒子炉可分为电热式、燃气式和燃料式等；按加热方式不同，可分为内热式、外热式、内外双热式等。

## 20.3.1　流态化粒子炉的基本原理

图 20.5 所示为石墨流态化粒子炉的结构示意图。从图中可以看出，石墨粒子被堆放在由电极和高铝砖砌成的炉膛内，鼓风机将空气通过风管鼓入风室。随着风量的增加，风室中空气的压力增大，并通过透气层和隔热层均匀地挤入炉膛，并与石墨粒子组成混合物。

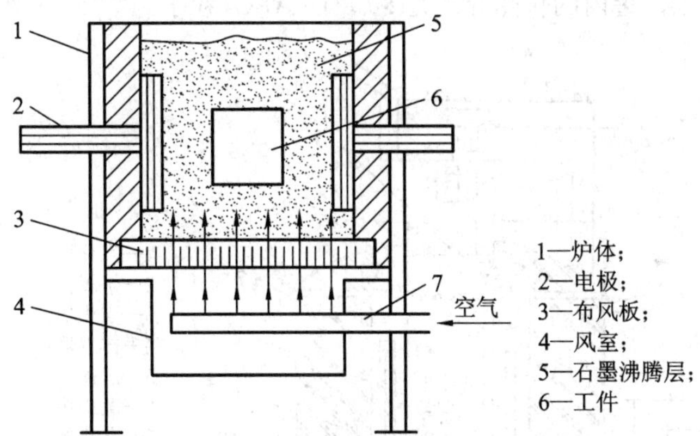


图 20.5　石墨流态化粒子炉结构图

开始时空气在石墨粒子间隙中通过，此时粒子仍处于静止状态，粒子与粒子、粒子与电极间有着固定的接触，形成一条良好的电通路，此时床层的电阻最小，用 $R_{min}$ 表示；当空气压力继续增加，静止状态的石墨粒子发生突发性膨胀上升，原先良好的电流通路被空气全部破坏，此时床层的电阻最大，用 $R_{max}$ 表示。随着空气压力继续增大，炉膛内的粒子就会全部沸腾流动，此时粒子与粒子之间、粒子与电极之间频繁激烈碰撞，床层电阻介于 $R_{min}$ 与 $R_{max}$ 之间，该炉床叫流化床。如果风压再继续增大，炉内粒子就会全部飞离炉膛，因此，能使粒子全部充分流动而又不飞出炉膛的范围为流动粒子炉实际操作范围，同时，也只有使粒子全部充分流动，处于流化床状态下才能通电后快速升温。

当通电使炉温升至 950℃后停电时，原来炉内的石墨粒子和新加入的干烟筒煤粉在高温条件下与空气中的氧等发生放热反应，供给了停电后维持炉温继续上升和工件加热时所的热量。利用化学能转变为热能实现停电操作，除了安全可靠外，工件放在炉膛内加热，接近电极的部分不会再因电流的热效应而产生局部温度偏高，也不会发生短路而导致烧伤工件和电极，进一步保证了工件的质量。

### 20.3.2　流态化粒子炉的结构组成

流态化粒子炉由炉体、供电系统、供气系统和除尘系统组成。

(1) 炉体：其炉膛有垂直型和扩散型，炉膛截面有圆形、长方形和正方形。炉墙的耐火层、保温层与内热式盐浴炉相同。

(2) 供电系统：有降压变压器、可控硅整流、电极及控制系统。电极加热与盐浴炉基本相同。

(3) 供气系统：透气风板为多孔钢板。

(4) 除尘系统：将废气排入大气，回收部分粒子。

### 20.3.3　外热式流态化粒子炉

图 20.6 所示为一种典型的外部电阻加热式流态化渗碳炉示意图。该炉衬为陶瓷材料，发热体布置在炉罐外侧，炉罐采用耐热合金钢制作，它由炉顶装入炉内，并靠自身质量定位。炉罐底有布风板，罐内的传热介质是 80 目的 $Al_2O_3$ 粒子。

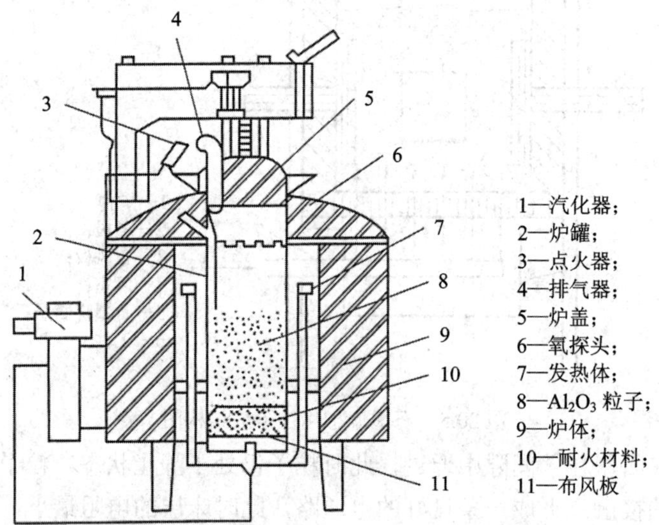


图 20.6　外部电阻加热式流态粒子炉结构图

氧分析仪的主要作用是测量气氛的碳势，氧探头以 45° 方向插入流态床中，插入的深度大于 75 mm。用三支热电偶检测温度，一支从炉罐顶沿内壁插入控制炉子工作温度，另外两支作为超温监控热电偶，分别监控发热体和风室的温度，风室内温度不得超过 290℃。

该炉操作流程为：

(1) 将盛工件的吊筐放入通氮气的流态床内，关好炉盖；

(2) 通氮气升温至渗碳温度，利用汽化器将甲醇气、氮气及少量天然气等一同经布风板通入炉罐内，使工件在要求的碳势下渗碳；

(3) 炉罐换气次数为 300 次/小时，废气由炉盖的排气口排出并点燃；

(4) 渗碳结束后用氮气吹洗 2 min，然后出炉淬火冷却。

### 20.3.4　内热式流态化粒子炉

内部电阻加热式流态粒子炉如图 20.7 所示，它的加热电阻元件布置在粒子中，根据炉子工作温度，可选用电热辐射管或碳化硅元件作为加热元件。这种炉型应保证电阻加热元件附近良好的流态化状态，无局部过热，以免毁坏元器件。

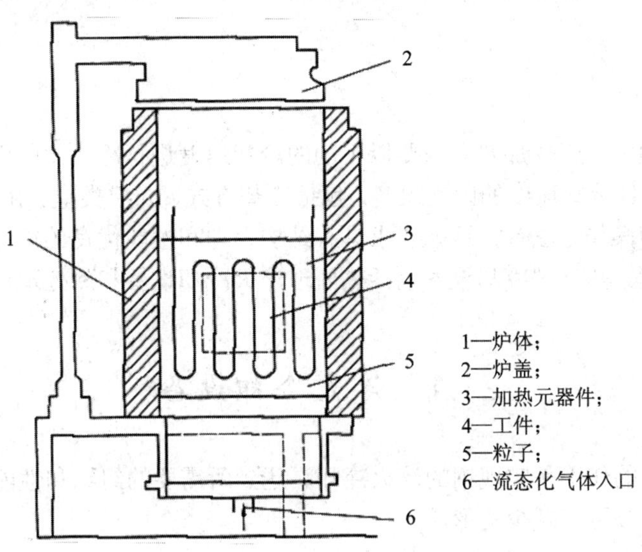


图 20.7　内部电阻加热式流态粒子炉结构图

### 20.3.5　流态化粒子炉的应用与特点

流态化粒子炉主要应用于碳钢、合金钢的淬火加热，也用于化学热处理。在底部通氨气，保持 550℃，则在工件表面形成氮化层，流动粒子可作冷却介质。

液态化粒子炉的主要优点：启动升温快，耗电量小，适用时开时停的生产条件；炉温均匀，开炉停炉方便，不用脱氧捞渣，工件表面清洁，不产生飞溅。它的主要缺点：流化床表面起伏较大，不适于局部加热；石墨粒子损耗多，要有除尘设备。

# 第 21 章　热处理冷却设备

在热处理过程中，工件加热后需要以不同的冷却速度进行冷却，从而获得所需要的组织及性能。影响工件冷却速度的因素很多，包括冷却方式、介质类型、介质温度以及介质、工件的运动情况和操作方法等，这就要求具有结构合理和性能优良的冷却设备来保证热处理效果和产品质量。热处理冷却设备包括热处理淬火冷却设备和冷处理设备。

## 21.1　淬火冷却设备

淬火冷却设备的作用是实现钢的淬火冷却，达到所需要的组织和性能，与此同时避免工件在冷却过程中开裂和减少变形。

### 21.1.1　淬火冷却设备的分类

**1. 按冷却工艺方法分类**

(1) 浸液式淬火设备。应用浸液式淬火设备时，工件直接浸入淬火介质中。该设备的主体是盛淬火介质的槽子，根据需要可设有介质供排管路、介质加热装置、介质搅拌和运动装置、淬火传送机械及介质冷却循环装置等。

(2) 喷射式淬火设备。喷射式淬火设备又分为喷液式和喷雾式。喷液式是对工件喷射液体介质而冷却，其冷却强度可通过喷射压力、流量和距离来控制。喷雾式是对工件喷吹空气或气液混合物而冷却，其冷却能力可通过控制压力、流量、气流中水的添加量和距离来控制。

(3) 淬火机和淬火压床。淬火机和淬火压床是依据工件的形状而设计的淬火机械装置，工件在机械压力或限位下实现淬火，使用此装置的主要目的是减少工件淬火变形。

**2. 按介质分类**

(1) 水淬火介质冷却设备。此类设备主要指盛水淬火介质的槽子。水的热容很低，冷却能力很强。工件在水中淬火时，易在工件表面上形成蒸汽膜，阻碍冷却。为此，淬火水槽应设搅拌器或其他介质运动的装置，以破坏蒸汽膜和使介质温度均匀化。水温控制系统在 15℃～25℃，可获得一致的淬火效果。

(2) 盐水溶液淬火槽。盐水溶液淬火槽的结构与淬火槽基本相似。工件在盐水中淬火时，蒸汽膜不易形成，所以盐水槽通常不设搅拌器。淬火盐水许可的温度范围也较宽。盐水冷却循环系统一般不使用冷却器，所用的泵和管路应考虑盐的腐蚀性。

(3) 苛性钠溶液淬火槽。此槽的结构与盐水溶液槽相似。

(4) 聚合物溶液淬火槽。此槽的结构与淬火水槽相似。工件在此介质中淬火时，易黏附一层薄的聚合物，影响冷却能力，因此，此槽应设置搅拌器。

(5) 油淬火介质冷却设备。此设备主要指盛油淬火介质的槽子。油的黏度较大，并影响冷却能力和温度均匀度，因此油槽应控制油温和加强搅拌。油温一般为 40℃～95℃。油槽应该设有油冷却循环系统和加热装置，也还应防止水混入并设置排水口。

(6) 浴态淬火槽。浴态淬火槽是指盐浴或铅浴淬火槽。

### 21.1.2　淬火槽

淬火槽是装有淬火介质的容器，当工件浸入槽内冷却时，需能保证工件以合适的冷却速度均匀地完成淬火操作，使工件达到技术要求。淬火槽除用作一般淬火外，有时为防止回火脆性，也用于回火后的快速冷却。

由于处理工件的尺寸、形状、批量以及生产规模的不同，淬火槽的形状、结构、尺寸以及机械化程度也有很大的差别。

**1. 淬火槽的基本结构**

淬火槽的结构比较简单，主要由槽体、介质供入或排出的管道、溢流槽等组成，有的附加有加热器、冷却器、搅拌器和排烟防火装置等。

(1) 淬火槽体。

淬火槽体通常是上面开口的容器，由低碳钢板焊接而成，槽内外涂有防锈漆。淬火槽的形状大小主要与所服务的炉子类型、数量及所处理工件的形状、尺寸和批量有关。常用淬火槽的截面积形状一般为长方形、正方形和圆形，而以长方形应用较广。配合井式淬火炉的淬火槽一般为圆形，几个炉子共用的大型淬火槽常作成正方形，小型淬火槽可做成双联式及可移动式。

在淬火槽底部或靠近底部的侧壁上，开有事故放油孔，以便在发生火灾或淬火槽清理时，将淬火介质迅速放出。淬火槽设有循环流溢装置，通常称为溢流槽。溢流槽设在淬火槽上口边缘的外侧，与槽壁焊在一起，淬火槽壁上面开有溢流孔或溢流缝隙，并隔有过滤网，使淬火介质流入溢流槽。

(2) 淬火槽的加热装置。

淬火介质的温度是影响工件淬火效果的重要因素之一，因此严格地控制淬火槽中介质的温度，是保证热处理质量的一个关键举措。

淬火介质的加热方式很多，通常可往介质中注入热介质，投入炽热金属块或直接向淬火用水中通入水蒸气。但是前者加热温度难以精确控制，后者会改变水溶液浓度。还有采用电热管装加热器或者用燃料加热辐射管，其中管装加热器应用较广，且可以配有温度自动控制器。当淬火介质的温度低于给定的下限值时，电加热器通电加热。当介质温度超过给定的上限值时，电加热器停止加热，循环泵启动，热介质流经冷却系统冷却，然后返回淬火槽，这样可使淬火介质的温度能自动控制在给定温度范围内。小淬火槽也可利用燃料和电能在淬火槽外部加热。

(3) 淬火槽的冷却装置。

为了保证淬火槽能够正常地连续工作，使淬火介质得到比较稳定的冷却性能，常需要将被淬火工件加热了的淬火介质冷却到规定的温度范围内。

淬火介质的冷却方式很多，常见的有以下几种：

① 自然冷却。淬火介质只靠本身自然冷却，冷却效果很差，安装在地面上的中型淬火槽，冷却速度不超过(3～5)℃/h；安装在地坑中的淬火槽，冷却速度为(1～2)℃/h。自然冷却一般用于小批量生产的周期性局部淬火介质冷却。

② 水套冷却。水套冷却通过调节冷却水流量来实现，这种方法结构简单，但热交换面积小，冷却速度慢，淬火介质温度不均匀。水套冷却适用于周期性作业、小批量生产。

③ 蛇形管冷却。将铜管或钢管盘绕布置在淬火槽内侧，使冷却水通入蛇形管中，以冷却淬火介质。其冷却效果要比前两种方法效果好，但是结构复杂，淬火介质温度不均匀，需加强介质的搅拌才能减小槽内介质的温差。蛇形管一般只适用于中、小型淬火槽。

④ 淬火槽配独立冷却循环系统。这类淬火槽常用于生产批量较大、连续生产或大型淬火槽，冷却效果最好。经过冷却系统冷却的淬火介质，送入淬火槽，被加热的淬火介质排到冷却系统中进行循环冷却。

⑤ 热处理车间统一设置冷却循环系统。这种冷却循环系统包括两种：第一，设有集液槽的冷却循环系统，如图 21.1 所示。这种系统油的循环流动线路是：热油从溢流槽流入集液槽，油中杂质在集液槽中沉积。油经过滤器，再由液压泵将热油打入换热器，热油被冷却后，进入淬火槽。第二，不设集液槽的冷却循环系统，如图 21.2 所示。这种系统的循环线路是：热油经液压泵从溢流槽中抽出，经过滤器到换热器，冷却后的油又回到油槽内。如果要加大油流动速度，可另设一油循环系统，即从油槽上部抽油又从油槽下部打入，这种系统结构紧凑，油的冷却完全由换热器承担。油中的污染物从过滤器清除，或沉积在槽底。

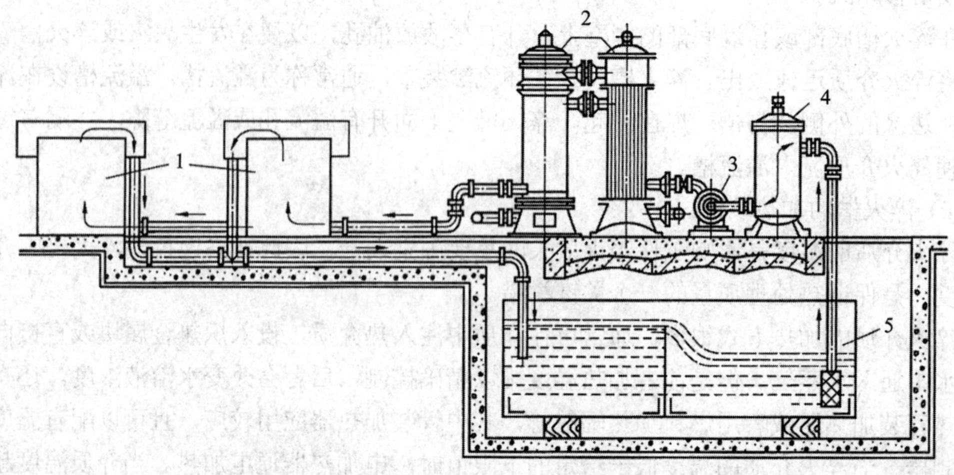


1—淬火槽；2—换热器；3—液压泵；4—过滤器；5—集液槽

图 21.1　设集液槽的油冷却循环系统

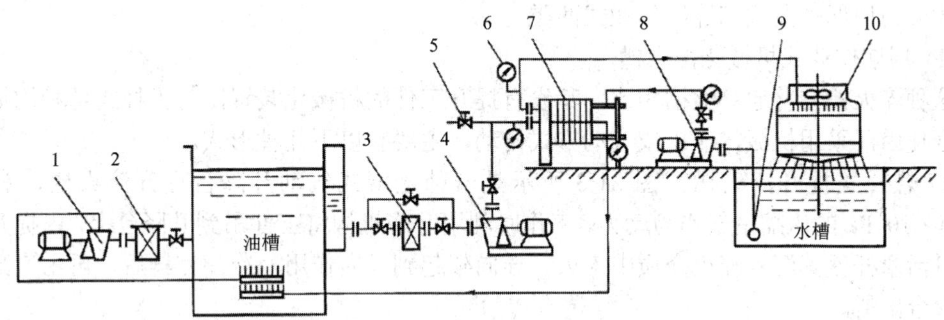


1、4—液压泵；2、3—过滤器；5—阀门；6—压力表；7—换热器；8—水泵；9—底阀；10—冷却水塔

图 21.2　不设集液槽的油冷却循环系统

(4) 淬火槽的机械搅拌装置。

淬火槽内采用搅拌装置，能促使冷却介质循环流动，迅速降低工件周围的温度，以提高介质冷却能力和温度均匀性，还能冲破工件表面的气泡，防止淬火油过热变质，从而延长其使用寿命。淬火介质的机械搅拌方法有喷射式搅拌和螺旋桨搅拌。喷射式搅拌是利用输入淬火介质，进行喷射搅拌。搅拌速度一般为(4.0～30)m/s，特殊的可达 150 m/s，泵的压力一般为(0.2～0.3)MPa。螺旋桨搅拌是利用螺旋桨搅拌淬火介质，可获得良好的紊流效果，其排送液体量十倍于相同功率的离心泵的排送量。

搅拌装置由电动搅拌器和导向机构组成，搅拌器的位置一般有上置式、侧置式和底置式。有的搅拌器还可以改变转数、变换转动方向等。若搅拌器能力不足，可增加搅拌器台数或适当加大搅拌器尺寸。搅拌器所需的最小功率是根据淬火槽体积和淬火介质种类确定的。对于大型工件和连续成批生产的淬火槽，才采用搅拌装置。

(5) 排烟装置。

排烟装置主要用于淬火油槽、淬火盐浴和金属浴槽，以排除淬火槽蒸发的烟气和其他有害气体。排烟方式一般是在淬火槽上部设置顶部排烟罩，或在侧面设置抽风装置。前者由于影响吊车操作，一般多用于小型淬火槽。侧抽风装置抽风口多设于淬火槽两侧，开口长度接近淬火槽边长。为了改善通风效果，有时采用一侧吹风，另一侧抽风的措施。

(6) 灭火装置。

在淬火油槽上方的淬火液面上部设灭火喷管，当油液面着火时，喷射二氧化碳，隔绝空气。还有的喷射干粉，即由高压氮气使碳酸氢钠干粉通过喷管喷出，干粉可覆盖油液面，隔绝空气，灭火速度快。

### 2. 普通淬火槽

普通淬火槽是用途最广的淬火槽，其结构、形状、尺寸也多种多样，选择和确定的原则主要根据产量和淬火工件尺寸、单件质量以及热处理炉的工作尺寸和操作条件来决定。对于产量不大的小型淬火槽，多采用冷却水套结构或在油槽内侧安装螺旋形水管、蛇形管进行冷却。对于产量较大的淬火槽，常附设淬火介质冷却用的循环装置，将热介质经冷却后再循环回淬火槽使用。

### 3. 机械化淬火槽

机械化淬火槽都安装有运送工件的机械化装置，效能较好，但结构比较复杂。机械化淬火槽分为周期作业式和连续作业式两类。

(1) 周期作业式机械化淬火槽。

这种淬火槽与普通淬火槽相比，其设有提升工件的机械化装置，与推杆式炉和周期式炉配合使用，采用机械、液压或气动方式传动，主要有以下几种形式。

① 悬臂式提升淬火槽。图 21.3 所示是一种悬臂式气动升降台提升淬火槽，利用 $(3\sim6)\times10^5$ Pa 的压缩空气作为动力，工作时利用升降机构将工件吊到升降台上，内提升气缸通过活塞杆使其沉入淬火介质中淬火。导向架起到导向作用，冷却完毕后，再由气缸提起淬火台出料。

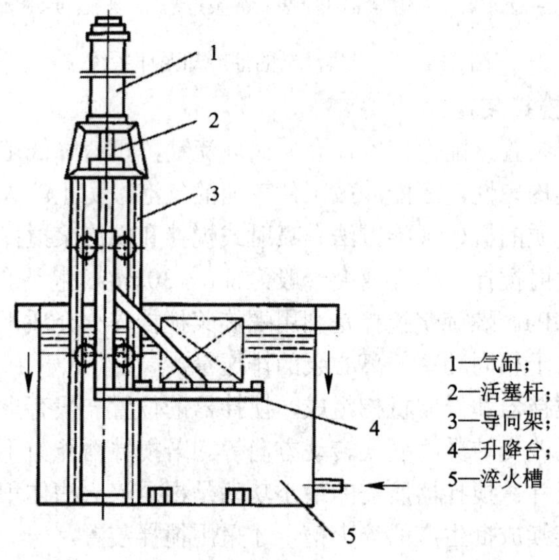


图 21.3　悬臂式气动升降台提升机淬火槽

② 提斗式提升机淬火槽。这种淬火槽一般是用电动机经减速器和传动机构驱动机械化装置。图 21.4 是提斗式机械提升机淬火槽。提升机主要构件是接料料斗和丝杠提升机构，其工作原理为电动机带动螺母转动，由丝杠将料斗沿支架提升至液面以上，由于支

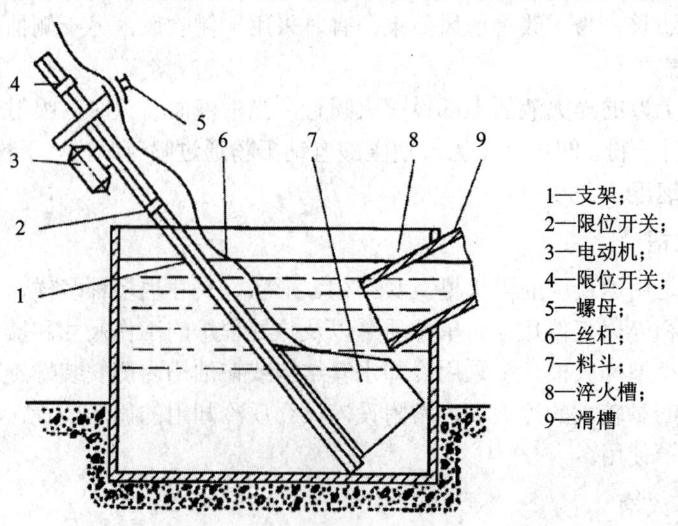


图 21.4　提斗式机械升降机淬火槽

架的限位，迫使料斗翻转，将工件自动倒入回火料盘上。上面的限位开关使电动机反转，将料斗送回到原来位置，进行下一批工件的处理。这种淬火槽结构比较复杂，效率较低，费用较大，但动作准确，设备能力大小不受限制。

③ 吊框式提升机淬火槽。图 21.5 所示是吊框式提升机淬火槽，由吊车吊着活动料筐，料筐沿导向支架上升到极限位置倾斜，把工件倒出。

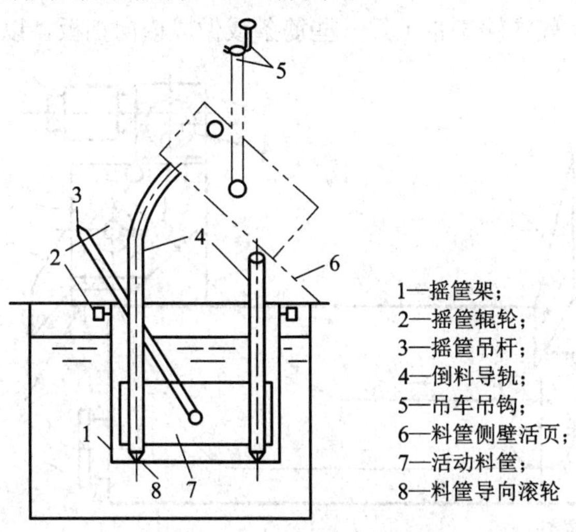


图 21.5　吊框式机械提升机淬火槽

④ 翻斗式缆车提升机淬火槽。图 21.6 所示是翻斗式缆车提升机淬火槽，由缆索拉料筐沿倾斜导向架上升，到极限位置翻倒。

还有液压式淬火槽，这类淬火槽利用液压装置驱动机械化装置。此外还有连杆式升降机构淬火槽，采用连杆链条作为传动机构，将物料托起或降下。

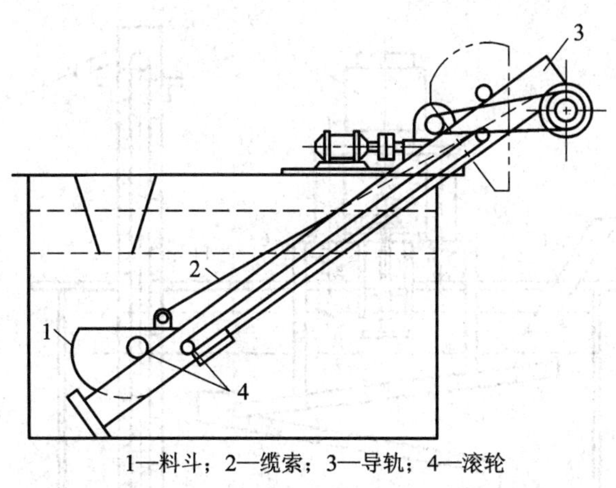


图 21.6　翻斗式缆车提升机淬火槽

(2) 连续作业式机械化淬火槽。

这种淬火槽中设有自动升降或运送工件的连续机械化作业装置，常与连续式热处理炉配合使用，主要用于处理形状规则的各种小型零件的大批量连续生产。

① 输送带提升装置淬火槽。图 21.7 所示为卧式输送带提升装置淬火槽，应用最为广

泛。在长方形淬火槽内，安装一运送工件的输送带，输送带分为水平和提升两部分。水平部分浸在淬火介质中，工件就放在上面冷却并向倾斜部分运送；倾斜部分逐渐升高到达淬火槽外，将工件提升到液面以上并送出淬火槽。输送带运动速度可以调节，根据工作需要的冷却时间选定。常用输送带宽度为 300 mm～800 mm，倾斜角度为 30°～45°。如果输送带水平部分长度过小，工件会冷却不足。倾斜部分角度要恰当，角度过小使输送带过长、过大时工件易下滑，一般在输送带上焊一些筋条或做成横向挡板，以防止工件下滑。

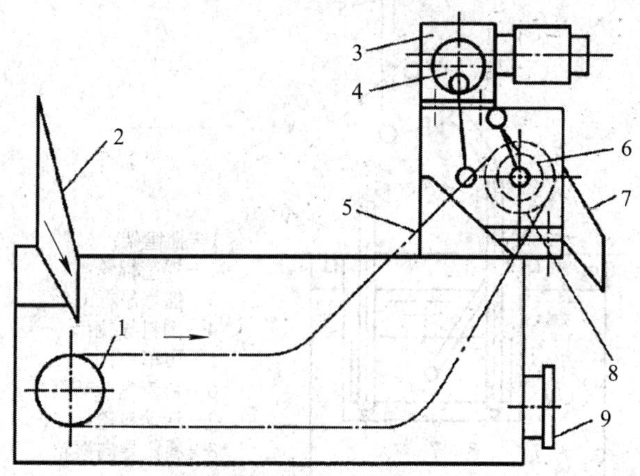


1—从动轮；2—淬火工件导槽；3—减速机构；4—偏心轮；
5—输送带；6—棘轮；7—料槽；8—主动轮；9—清理孔

图 21.7　卧式输送带提升装置淬火槽

② 振动传送垂直提升装置淬火槽。图 21.8 所示为振动传送垂直提升装置淬火槽，由电磁振动器使立式螺旋输送带发生共振，工件则沿螺旋板振动上升。

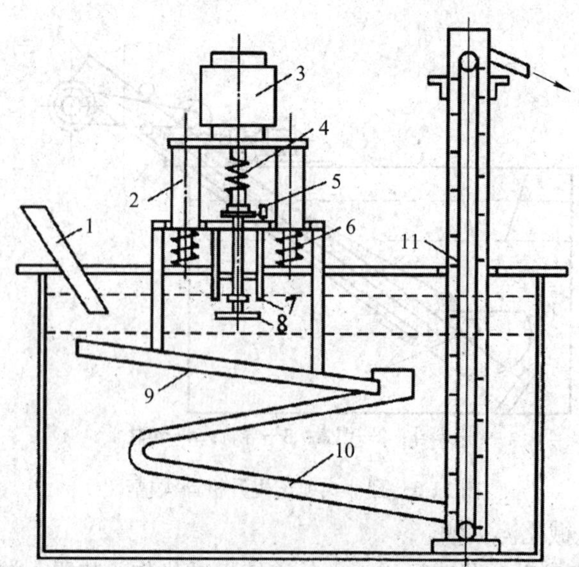


1—淬火工件导槽；2—支柱；3—电动机；4—扭力簧；5—上偏心块；
6—弹簧；7—下偏心块；8—搅拌叶片；9—振动滑板；10—轨道；11—垂直输送机

图 21.8　振动传送带式提升机淬火槽

③ 螺旋输送式淬火槽。图 21.9 所示为螺旋输送式淬火槽的结构图，这种淬火槽是使用滚筒式螺旋输送器连续推进工件，工件经落料筒和装料斗进入输送器。输送器由电动机经减速器和三角皮带驱动，外壳为一圆筒，可在支架上滚动，凭借筒内壁上的螺旋叶片向上运送工件，同时进入冷却，最后工件经料斗出料。

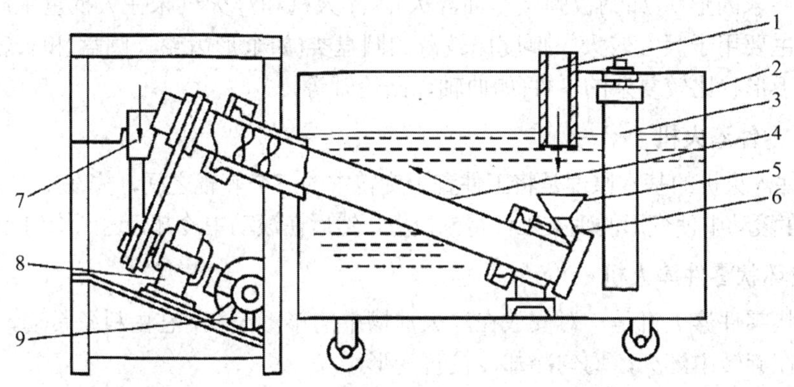


1—落料筒；2—淬火槽；3—管状电热元件；4—螺旋输送器；
5—装料斗；6—支架；7—料斗；8—减速器；9—电动机

图 21.9　螺旋输送带式淬火槽

④ 磁吸引提升机淬火槽。图 21.10 所示为磁吸引提升机淬火槽，磁吸铁条安装在输送带下滑道内部，保护它不受损伤。淬火件通过电动机带动密封在滑道支架内部的磁性传送带而被提出淬火槽，在输送带端部通过消磁圈进入收集箱中。

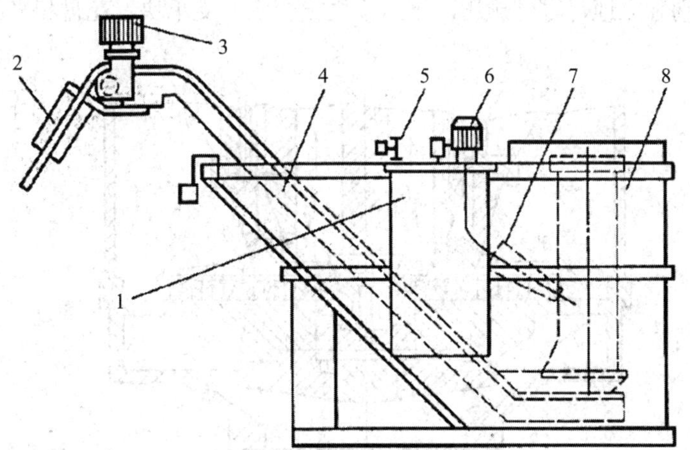


1—油冷却器；2—消磁器；3—提升电动机；4—磁吸引输送带；
5—恒温器；6—液压泵；7—喷嘴；8—油槽

图 21.10　磁吸引提升机淬火槽

该淬火槽设有油喷射装置，将淬火液喷向落料口。在淬火槽旁设有油冷却器，有两个恒温控制器，一个是双触点恒温控制器，控制淬火槽加热和冷却；另一个是安全控温器，防止油温过热。此外，还有液流式提升机淬火槽，它由液压泵向淬火管喷入淬火介质，高速的淬火介质将落入管道中的工件输送至淬火槽。

### 21.1.3　淬火机和淬火机床

淬火机和淬火机床的作用是使工件在压力下或限位下淬火冷却，以减少工件变形与弯曲，或者把工件加热成形和淬火工序合并成为一个工序，以简化工序和节能。淬火同时将工件热压成要求的形状(如钢板弹簧弯曲淬火)。淬火机和淬火机床在大批量生产的工厂中广泛应用，主要用于尺寸较大、厚度比较薄的圆盘类(如伞形齿轮、圆盘)和长轴类容易变形件，也用于形状比较复杂的零件(如曲轴、凸轮轴等)。

#### 1. 轴类零件淬火机

轴类零件淬火机的基本原理是将工件置于旋转中的三个轧辊之间，先在压力下滚动，再喷液冷却。在滚动中使变形的轴类工件得到校直，然后在滚动中冷却，达到均匀冷却的效果。

#### 2. 大型环状零件淬火机

大型环状零件淬火机是一对安放在淬火油槽中的锥形滚杠，它由料条带动，高速旋转，使环形零件在旋转中淬火，均匀冷却，校直变形。

#### 3. 齿轮淬火压床

齿轮淬火压床是在淬火冷却过程中，对齿轮间歇地施以脉冲压力的设备。卸压时，淬火件自由变形；加压时，矫正变形。在压力交替作用下，工件淬火变形得到矫正。常用于各种薄形和环形零件(如齿轮、齿轮圈、离合器片、轴承套等)。

齿轮淬火压床由主机、液压系统、冷却系统和电气系统等组成，如图21.11所示，主机由床身、上压模组成，上压模由内压环、外压环、中心压环及整套连接装置组成。内外压环、中心压环可以分别独立地对零件施压。下压模由模套圈、支承块、花盘和平面凸轮组成。

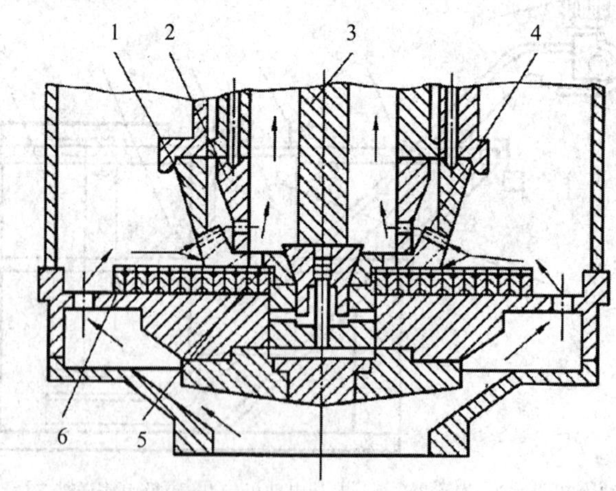


1—外压环；2—内压环；3—扩张模压杆；4—工件；5—扩张模；6—下压模工作台

图21.11　脉动淬火压床主机结构图

#### 4. 板件淬火压床

大钢板的淬火压床机常为立柱式，由安在上压模板上部的油缸施压，图21.12所示为锯片淬火压床。该机构设有上下压板，下压板固定，上压板为动压板。在加压平面上沿同心圆布置308个喷油支承钉，以点接触压紧锯片并喷油冷却。为防止氧化皮堵塞油孔，可用压缩空气和油相连，以清洁喷油孔。该机可用于薄板型工件的加压淬火，冷却效果好，变形小。

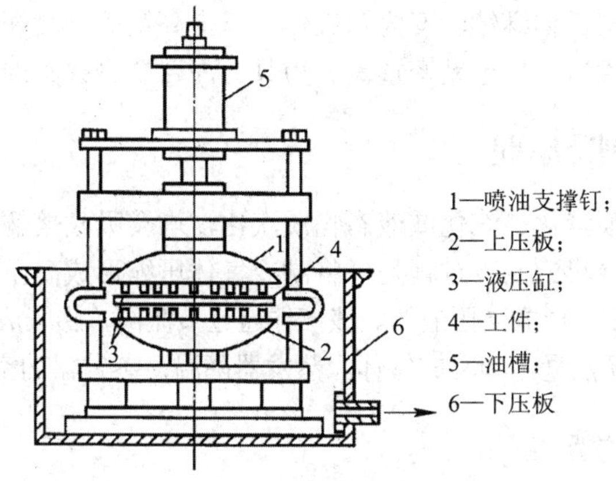


图 21.12　锯片淬火压床

### 5. 钢板弹簧淬火机

钢板弹簧淬火机是把压力成形与淬火合并为一个工序的淬火机，如图 21.13 所示。其上下板做成月牙形，压板的夹头由一系列可移动的滑块组成，便于调整钢板弹簧形状，同时不影响淬火介质通过、冷却。钢板弹簧淬火机夹持热加工件后，浸入淬火槽中，由液压缸带动摇摆机构，使淬火模板在槽中摇摆冷却工件。

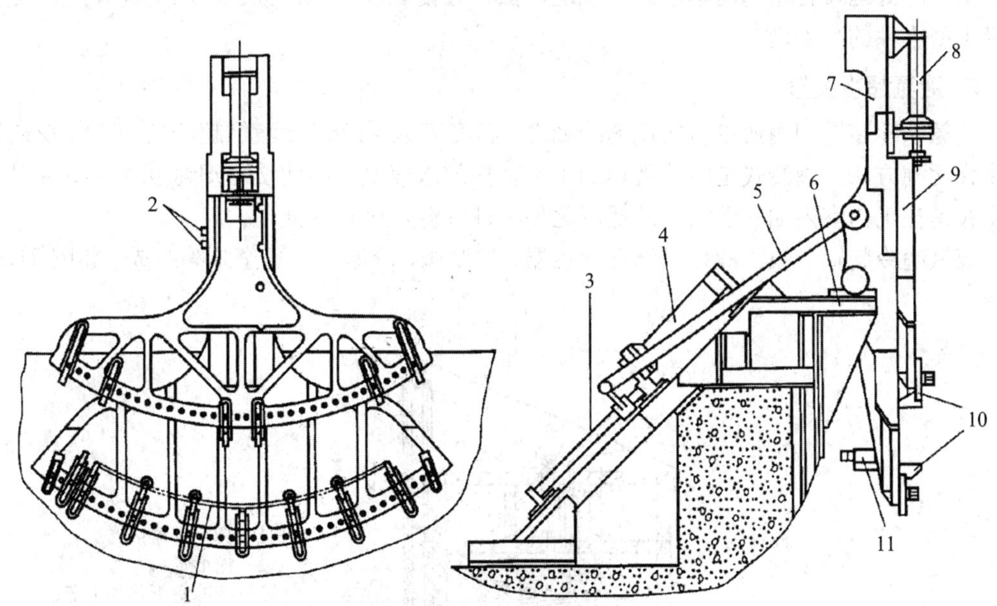

1—成型板簧；2—限位开关；3—导杆；4—摇摆液缸机；5—拉杆；6—机座；7—下夹；8—夹紧液压缸；9—上夹；10—平具；11—脱料液压缸

图 21.13　摇摆式钢板弹簧淬火机结构图

## 21.2　冷处理设备

冷处理设备用于工件在 0℃～-200℃进行冷处理。冷处理可促使钢中比较稳定的奥氏体以及在淬火后的残留奥氏体继续转变为马氏体，以提高钢的硬度和耐磨性，改善工件的组织稳定性和尺寸稳定性，多用于精密量具、刃具、高合金钢模具的处理。

## 21.2.1　制冷设备的制冷原理

制冷原理是固态物质液化、汽化或液态物质汽化，均会吸收熔解潜热或汽化潜热，从而使周围环境降温。制冷机的制冷过程是，将制冷气体压缩形成高压气体，气体升温，该气体通过冷凝器降低温度，形成高压液体。该液体通过节流阀，膨胀成为低压液，低压液体进入蒸发器吸收周围介质热量，蒸发成气体。蒸发器降温，蒸发器的空间就成为低温容器。

## 21.2.2　常用冷处理设备

### 1. 干冰冷处理设备

干冰(固态 $CO_2$)很容易升华，很难长期储存。储存装置应具有很好的密封性和保温性。干冰冷处理设备常做成双层结构，层间填以绝热材料或抽真空。冷处理时，除干冰外还需加入酒精、丙酮或汽油等，使干冰溶解而制冷。改变干冰加入量可调节冷冻液的温度，可达到 −78℃。

干冰冷处理设备结构简单，易于制造，操作方便，投资少，但生产成本较高，常用于少量小型零件的冷处理。

### 2. 液氮超冷装置

液氮超冷装置利用液氮可实现超冷处理，温度可达 −196℃。液氮超冷处理有液浸式和汽化式两种方法。液浸式是将冷处理的工件直接放入液氮中，此法冷却速度大，不常用。汽化式是在工作室内加入液氮，液氮汽化使工件降温，进行冷处理。

液氮超冷装置一般由液化气体真空容器、控制阀、冷冻室及真空泵等组成，如图 21.14 所示。

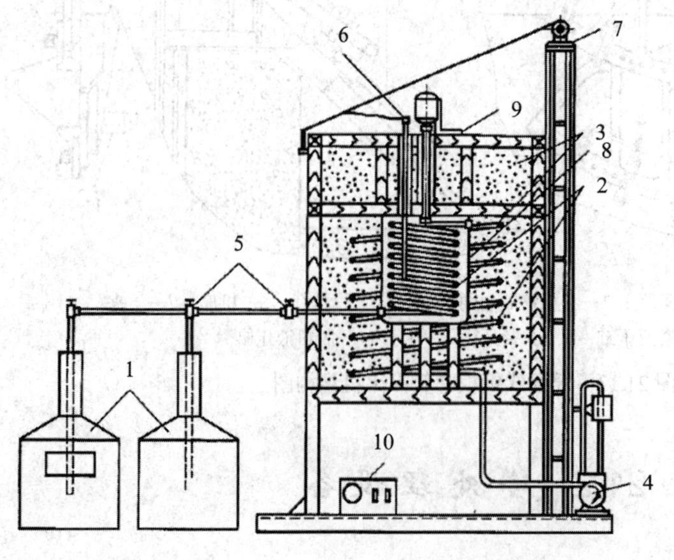


1—真空容器；
2—蛇形管；
3—冷冻室下体和上盖；
4—真空泵；
5—控制阀；
6—温度计；
7—启闭机构；
8—工作室；
9—风扇；
10—电器控制阀

图 21.14　液氮超冷处理装置结构图

**3. 低温空气冷处理装置**

低温空气冷处理装置结构图如图 21.15 所示，从车间管道引入的压缩空气，经油水分离器、干燥器，流经绕管式热交换器，利用由冷处理室反流回的低温气体，可使压缩空气预冷到 -50℃～-60℃，再进入透平膨胀机使膨胀后的气体温度降低到 -107℃左右，压力也降低。此温度下的低压气体直接通入装满工件的低温箱中冷却保温，气体反流至热交换器的绕管外，再流至电加热器复热至常温状态放空，或加热至 240℃作为干燥器的再生气使用，然后放入大气。

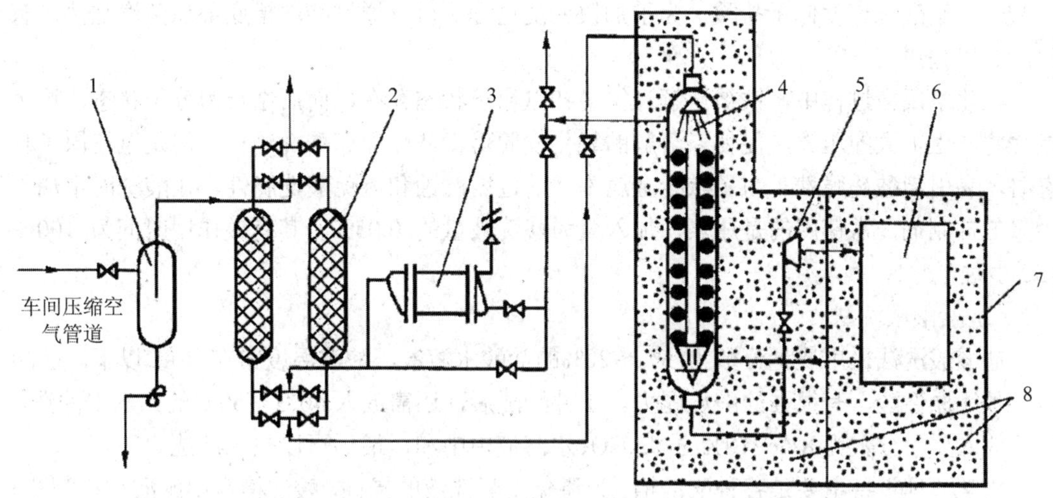


1—油水分离器；2—干燥器；3—电加热器；4—绕管式热交换器；
5—透平膨胀机；6—零件处理保温箱；7—冷箱；8—保温材料

图 21.15　低温空气冷处理装置结构图

**4. 低温冰箱冷处理装置**

对于 -18℃的冷处理，可用普通的深冷冰箱进行处理。

# 21.3　热处理辅助设备

机器零件的热处理，除需要各种类型加热和冷却设备外，还需要各种辅助设备配合，才能完成热处理各项工作，以保证零件热处理的最终质量。热处理辅助设备包括进行工件表面清理、清洗、校正以及起重运输等操作所用的各种设备。

## 21.3.1　清理设备

工件热处理后，有时存在氧化皮等污物。用来清除工件表面氧化皮等污物所用的设备称为清理设备。清理设备是热处理车间配套设备的重要组成部分，某些连续热处理生产自动生产线已包括清理设备。按清理方法的工作原理，清理设备可分为化学清理设备和机械清理设备。

### 1. 化学清理设备

化学清理设备以化学方法清除工件表面氧化皮和黏附的不溶于水的盐类。常用的方法包括硫酸酸洗法、盐酸酸洗法、电解清理法以及配合超声波的清理法，其中使用最广泛的是前两种。

(1) 硫酸酸洗法。

硫酸酸洗法采用质量分数为 8%～12%的硫酸水溶液，温度为 60℃～80℃。硫酸是氧化酸性，其酸洗速度低于盐酸，为了加快酸洗过程，可以通过酸洗槽底部通蒸汽加热，有时配合以超声波。

在化学反应过程中，铁被溶解，氢最初以原子状态存在，而后结合为分子状态，这个过程将产生很大的压力，促使未溶解的氧化皮脱落，从而加速酸洗过程。但是氢在原子状态时，易引起酸洗脆性，为了减少金属本体的过度腐蚀和避免酸洗脆性，在酸洗时常加入少量的抑制剂，常使用的是尿素，加入量为酸洗液量的 0.05%，其有效作用时间为 100～150 小时。

(2) 盐酸酸洗法。

盐酸酸洗法采用质量分数为 5%～20%的盐酸水溶液，酸洗温度常在 40℃以下。盐酸是一种还原性酸，有很强的酸洗能力。工件酸洗后，还需放入 40℃～50℃的热水中冲洗，然后放入质量分数为 8%～10%的 $Na_2CO_3$ 水溶液中中和，最后再以热水冲洗。

化学清理设备主要是各种酸洗槽。为避免受酸洗液的侵蚀，酸洗槽常用耐酸材料制造。常用铅皮衬里的木制酸洗槽、耐酸混凝土酸洗槽和塑料酸洗槽等。为了改善工作环境、劳动条件和提高生产率，有的还配有各种提升机和连续输送机。成批量生产时可采用机械化酸洗设备。

### 2. 机械清理设备

机械清理设备利用高速运动的砂粒或铁丸喷射到工件表面，或者借助工件与工件之间、工件与设备之间的碰撞和摩擦作用，除去工件表面氧化皮。前者如喷砂机、抛丸机，后者如清理滚筒。

(1) 喷砂机。

喷砂机的工作原理是利用高速运动的固体粒子(丸)撞击工件表面，使氧化皮脱落。工件表面经喷砂处理后呈银灰色。粒子采用石英砂或铁砂，粒子高速运动的动力是压缩空气，压缩空气压力达到(0.5～0.6)MPa。石英砂的直径约为 1 mm～2 mm；铁砂为白口铸铁，直径约 0.5 mm～2 mm，其硬度约为 500 HB。石英砂消耗量约为工件质量的 5%～10%，铁砂消耗量约为工件质量的 0.05%～0.1%。

根据工作原理，喷砂机可分为吸力式、重力式和增压式。

吸力式喷砂机的工作原理如图 21.16 所示。压缩空气管的末端处在混合室内造成很强的吸力，促使砂子由吸砂管吸入，由喷嘴喷射到工件上。吸砂管另一端与储砂漏斗相连并与大气相通。

在重力式喷砂机中，砂子借重力自动流入混合室中，再由喷嘴喷出。

增压式喷砂机利用压缩空气给砂子以压力，促使其流入混合室或吸砂管内。

一般喷砂设备会产生大量粉尘，严重污染环境，同时也危害人体健康，因此劳动条件较差。近年来发展起来真空喷砂机和液体机。真空喷砂机把喷砂、回收、除尘集中在一个真空设备内进行，结构紧凑，操作简单，去除效果好，速度快。液体机利用液体带动砂粒运动，效率高，动作准确，不产生粉尘。

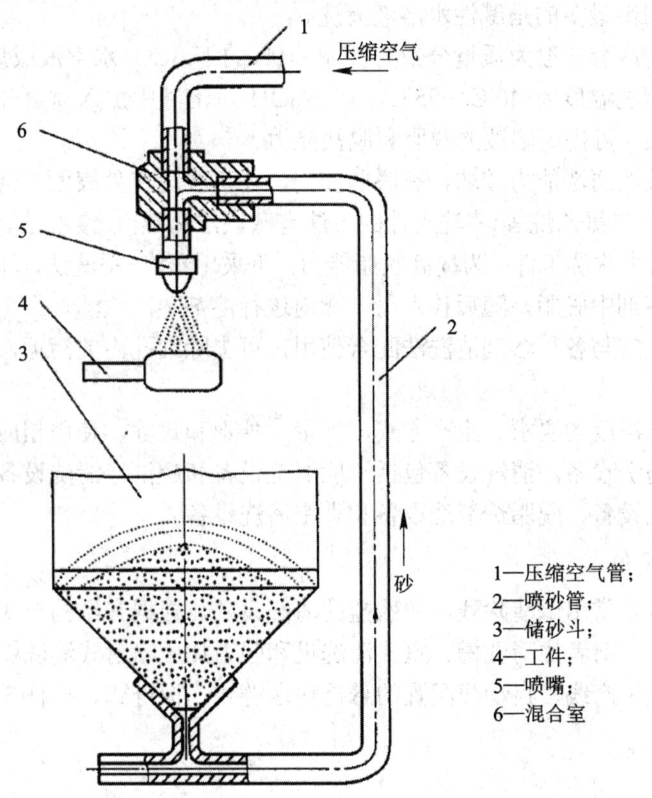


图 21.16　吸力式喷砂机工作原理图

(2) 抛丸机。

抛丸机的工作原理是将铁丸装入快速旋转的叶轮中，借助叶轮旋转所产生的离心力将铁丸高速射向工件表面，以铁丸的冲击作用，清除工件表面的氧化皮和黏附物。若对喷射和喷射过程加以控制，又可达到强化零件的作用，可提高零件的疲劳寿命。

抛丸机依其结构特点可分为滚筒式、履带式、转台式、台车式及悬挂输送链式等几种，用于不同类型的零件和生产模式。抛丸设备由抛丸器、零件运输装置、弹丸循环装置、弹丸粉尘分离装置、清理和强化室五个主要部分组成。

(3) 清理滚筒。

清理滚筒是内壁设有筋肋的转动滚筒。工作时，将带有氧化皮的工件装入滚筒内，连续旋转，靠筒内工件之间和工件与滚筒筋肋的相互碰撞，除去工件表面的氧化皮。这种方法产量大、成本低，能清除铸、锻件的毛刺，但清除氧化皮不够彻底，而且还会损伤工件表面刃口、螺纹、尖角等处，仅适用于各种半成品件。

## 21.3.2 清洗设备

为了清除热处理前零件表面上的污垢、切削冷却液、研磨剂和淬火后零件上附着的残油、残盐，通常采用清洗方法。

清洗工件的方法有碱性水溶液清洗、磷酸盐水溶液清洗、有机溶剂清洗、水蒸气清洗和超声波清洗，用得最多的是碱性水溶液清洗。

碱性水溶液的成分一般为质量分数为 3%～10%的 $Na_2CO_3$ 水溶液或质量分数为 3%的 NaOH 水溶液，清洗温度为 40℃～95℃。在 NaOH 水溶液中加入质量分数为 1%～5%的 $Na_2SiO_3$ 或 $Na_2PO_4$，可提高溶液的脱脂和脱盐能力。

磷酸盐水溶液的清洗能力较弱，有脱脂作用，还可去除工件表面的薄层氧化膜。利用有机溶剂(氯乙烯、二氯乙烷等)清洗工件的方法有蒸汽法和蒸汽-浸洗法。蒸汽法是将溶剂加热产生蒸汽，用来吹洗工件。为提高脱脂能力，可采用蒸汽-浸洗法，即先将较难脱脂的工件浸没在液体溶剂中脱脂，随后移入另一槽内进行溶剂蒸汽吹洗。

超声波清洗法常与各种溶剂清洗法配合使用，可去除细孔内的污垢，对清洗有明显促进作用。

根据零件对洁净度的要求、生产方式、批量、外形和尺寸，使用相应的清洗方式、方法和不同类型的清洗设备。清洗设备包括一般清洗设备和超洁净清洗设备，超洁净清洗设备包括超声波清洗设备、脱脂炉清洗设备和真空清洗设备。

### 1. 一般清洗设备

一般清洗设备是常用于清除残油和残盐的清洗设备，根据其结构形式的特点可分为间歇式与连续式两种。前者如清洗槽、室式清洗机和强力加压喷射式清洗机。后者如输送带式清洗机以及各类生产线、自动线配置的悬挂输送链式、板链式、推杆式和往复式等各类清洗专用设备。

(1) 清洗槽。

清洗槽的结构与淬火槽大致相同，只是在槽内增加了清洗液加热装置。清洗液一般采用蒸汽直接加热，也可通过槽内的蛇形管间接加热。采用蒸汽直接加热的方法可使热量得到充分利用，但清洗液浓度易改变。间接加热的方法可保证清洗液浓度，但蒸汽消耗量大。如果没有蒸汽，还可用管状电热元件直接安装在清洗槽中加热清洗液。

采用清洗槽时将工件浸入溶液中清洗，有时还在清洗槽底部安装有空气喷头，搅动溶液清洗。

(2) 清洗机。

生产规模比较大的热处理车间可以采用清洗机清洗工件，清洗机装有机械化装料及运送工件的机构和清洗装置，常用的有升降台式、喷射式和滚筒式等。

图 21.17 为室式喷射式清洗机，它适用于批量不大的中小型零件。整个设备为一封闭的箱室。箱室上部为工作室，其中安装上、下两个多孔喷头，工件放在料车上，手柄沿导轨操纵料车进行装卸料，装料口用橡皮帘封闭。用离心泵将清洗液经管道系统送到喷头，从上下两个方向喷射工件。清洗液储存在下部的储液室中，由蒸汽管通入蒸汽加热，清洗液经过滤器重新送到喷头上。

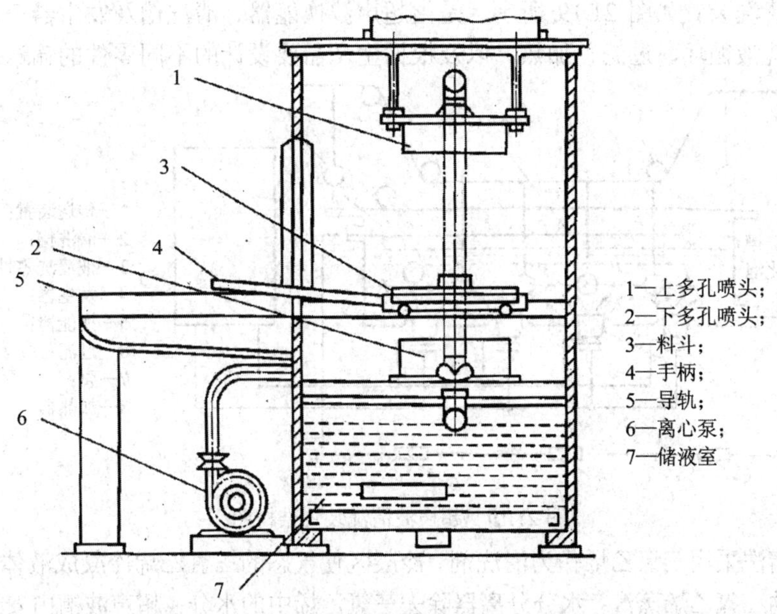


图 21.17　室式喷射式清洗机结构图

图 21.18 为输送带式清洗机，它适用于批量较大的小型零件。在其中布置一条水平或稍倾斜的输送带，工件放置在输送带上，输送带通过电动机经变速装置和棘轮驱动。在上输送带上方和下方安装喷头向工件喷射清洗液，清洗液由水泵经管道供到喷头。用过的清洗液通过输送带漏入下面内水槽中，清洗液在槽中用蒸汽加热后经过滤器流入外水槽重新使用。为满足清洗效果和保护环境，清洗机应具备水过滤装置、撇油装置和雾气处理装置。

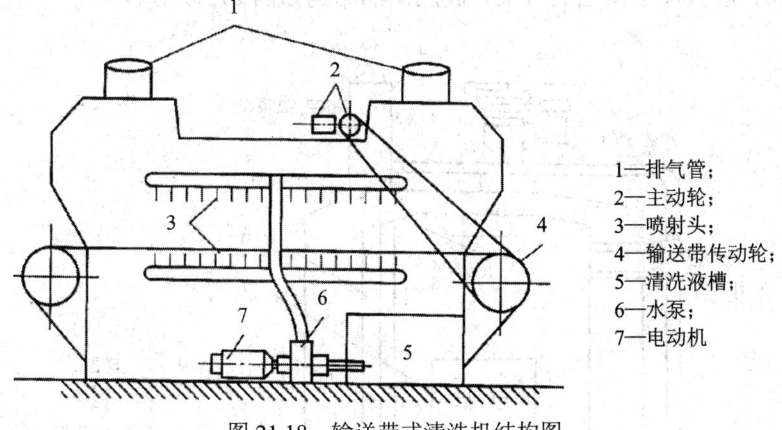


图 21.18　输送带式清洗机结构图

### 2. 超声波清洗设备

超声波清洗设备以纵波推动清洗液，使液体产生无数微小的空化泡，当气泡受压爆破时，产生强大的冲击波，将物体死角内的污垢冲散，增强清洗效果。一些特殊热处理零件，如有盲孔的零件，应采用超声波清洗。超声波频率高，穿透能力强，对复杂结构的零件有很好的清洗效果。

超声波清洗效果取决于清洗液的类型、清洗方式、清洗温度、超声波频率、功率密度、清洗时间、清洗件的数量及外形复杂程度等。

超声波清洗装置如图 21.19 所示，是由超声波换能器、清洗槽及发生器三部分构成。此外还有清洗液循环、过滤、加热，以及根据生产需要设计的不同零件的输送装置。

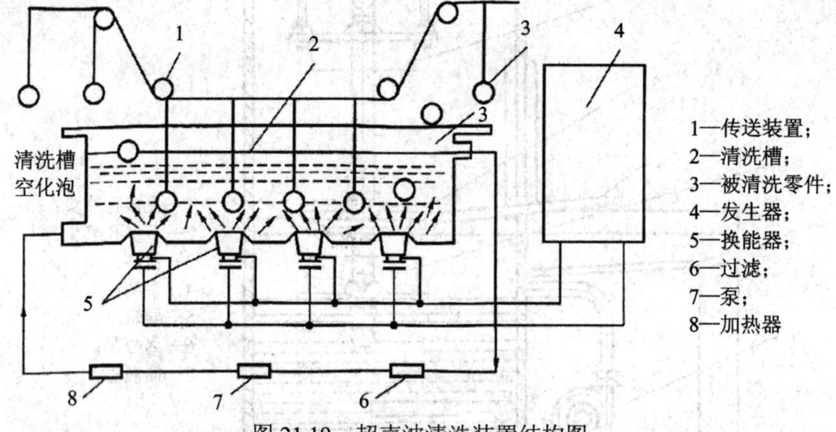


图 21.19　超声波清洗装置结构图

超声波清洗采用三氯乙烯作为清洗剂。冷凝区使气态的三氯乙烯冷凝成液体；蒸汽自由区为自由态的三氯乙烯蒸汽；水分分离器除去三氯乙烯中的水分；超声波槽内安装超声波换能器，零件在槽内被清洗；过滤器过滤清洗液中的杂质；蒸汽槽把零件上的三氯乙烯加热汽化，使零件干燥；加热器加热三氯乙烯；冷却槽冷却零件；泵使三氯乙烯液体循环。

超声波清洗机有单槽型、双槽型和三槽型等形式。

### 3. 脱脂炉清洗设备

在脱脂炉中脱脂是把工件加热到 450℃～550℃，使零件上的残油汽化，同时也起到零件预热和渗碳、渗氮件预氧化的效果。脱脂炉的结构如图 21.20 所示。

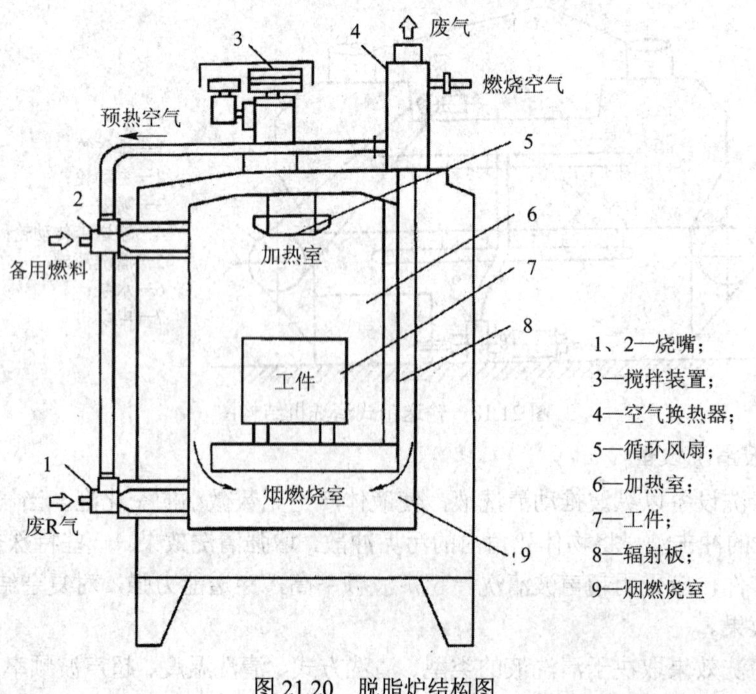


图 21.20　脱脂炉结构图

燃烧式脱脂炉可与渗碳炉(或氮化炉)等组成联合机，利用渗碳炉排出的可燃废气作为脱脂炉的热源。工件经脱脂炉后浸入渗碳炉，起到清洁表面、增强渗碳能力的作用。

**4. 真空清洗设备**

真空清洗设备是一种无污染的新型清洗设备，它的工作原理是：黏附在零件上的油及其他能被蒸发的物质在真空下被蒸发，蒸发量随着真空度和温度的提高而增大。淬火零件的清洗温度受其回火温度限制，通常控制在 180℃，在此温度下进行真空清洗，还会有相当多可蒸发物质残留在零件表面。所以一般采用水蒸气蒸馏和真空蒸馏相结合的方法，使油及其他能被蒸发的物质，在水蒸气作用下，先形成低沸点的混合物，然后再进行真空蒸馏清洗。

### 21.3.3　矫直(校直)设备

矫直设备用于矫正零件的翘曲变形。矫直有热矫直和冷矫直两类。

热矫直分为两种，一种是利用焊枪局部加热零件，使零件的应力释放或重新分布，再敲击或施压，从而矫正零件的翘曲变形。另一种是利用零件在奥氏体组织状态下进行矫直，适用于大尺寸的轴类、板件或矫直时易断裂的零件，以及冷矫直后弹性作用变形容易反弹的零件。

冷矫直是在热处理后，用手动机械、工具或压力机加压，以矫正零件的翘曲变形。锻件及细长杆件热处理后会产生翘曲和变形，需要进行矫平和矫直。锻件受热后通常进行冷矫平，常用的有液压机和摩擦压力机，大批量生产时还采用锻压机。热处理后的小型杆件使用手动螺旋压力机和齿轮压力机进行矫直。选择矫直机应考虑零件直径、状态、矫直机工作压力等因素。

近代的矫直设备向全过程机械化、自动化方向发展，这种矫直设备主要由上料运输装置、步进梁输送机、矫直机、弯曲度和裂纹检测装置、分类装置和卸料输送装置等组成。

### 21.3.4　起重运输设备

为了减轻劳动强度，提高生产效率，根据运送零件的大小及批量，除了大批生产用机械化设备外，热处理车间常用各种起重设备，如电动葫芦、梁式起重机和桥式起重机等。

大型长轴类零件垂直淬火时，为防止下降速度太慢，引起油面起火，应选用特制的下降速度达(20～60)m/min 的淬火起重机。为防止意外事故造成起重机不能正常运行，起重机传动机构应备有专用松闸机构，必要时可用手动操作，使吊钩能继续下降到一定深度。

### 21.3.5　热处理夹具

零件热处理过程中，为保证零件加热均匀不致变形，并保证装卸方便和操作安全，各生产厂根据热处理零件品种、尺寸、热处理工艺及采用炉型，在实践经验的基础上设计不同类型和特点的热处理夹具。

# 参 考 文 献

[1] 清华大学，华中工学院，郑州工学院. 铸造设备[M]. 北京：机械工业出版社，1979.
[2] 饶群章，陈敏学. 金属热加工设备[M]. 西安：陕西人民出版社，1991.
[3] 周锦照. 铸造机械设备[M]. 武汉：华中理工大学出版社，1989.
[4] 杨文杰，宋春梅. 金属材料热加工设备[M]. 哈尔滨：哈尔滨工业出版社，2007.
[5] 吴光治. 热处理炉进展[M]. 北京：国防工业出版社，1998.
[6] 吉泽升. 热处理炉[M]. 修订版. 哈尔滨：哈尔滨工业出版社，2006.
[7] 中国机械工程学会热处理学会《热处理手册》编委会. 热处理手册：热处理设备和工辅材料[M]. 3 版. 北京：机械工业出版社，2002.